应急管理业务系统
设计与应用总论

广东省电信规划设计院智慧应急行业能力中心　编著

应急管理出版社

·北　京·

内 容 提 要

　　本书详细介绍了应急管理业务系统的相关技术和方法，包括关键技术、系统设计、应用、优化、改进、管理和维护等，并通过实际案例阐述了应急管理业务系统的应用效果，为应急管理工作者、信息化设计人员以及高校师生提供了有益的参考和指导。此外，还对应急管理业务系统的未来发展趋势进行了分析，提供了一些有益的思考和建议，是一本全面探讨应急管理业务系统设计与应用的实用参考书。

编　委　会

主　　编　杜劲松

副 主 编　郑绵彬

参编人员（排名不分先后）

　　　　杜劲松　郑绵彬　周苏旭　吴曼德　张　静

序一

当前，世界百年未有之大变局加速演变，我国正处在公共安全事件易发、频发、多发期。深刻认识错综复杂的国际环境带来的新矛盾新挑战，深刻认识我国社会主要矛盾变化带来的新特征新要求，深刻认识我国灾害种类多、分布地域广、发生频率高、造成损失重的基本国情，防范化解各类重大安全风险挑战，加强应急管理体系和能力建设，是一项紧迫而又长期的任务。

应急管理是一项关系人类生存与发展的系统工程，是针对自然灾害、事故灾难、公共卫生事件和社会安全等各类突发事件，从预防与应急准备、监测与预警、应急处置与救援、事后恢复与重建的全灾种、全过程、全方位、全社会的管理。推进应急管理体系和能力现代化，必须坚持系统观念，把应急管理作为国家安全体系和国家治理体系的重要组成部分，处理好全局和局部、中央与地方、部门与部门、政府与社会力量、单一减灾与综合减灾、"防"与"救"、当前和长远等各种关系。习近平总书记强调，"要适应科技信息化发展大势，以信息化推进应急管理现代化。"而应急管理业务系统正是以信息化技术为基础，集成了人员、物资、设备、信息等应急资源，通过数据采集、传输、处理和分析，提供多元化的应急响应服务，为风险评估、监测预警、科学决策、指挥调度、协调联动等应急管理各环节提供技术支持的基础工作。因此，应急管理业务系统设计和应用非常重要。

《应急管理业务系统设计与应用总论》的编著团队顺应国内外信息化、数字化、网络化、智能化发展趋势，以极大的热情和对应急管理事业的责任感编著了这本书，这既是他们长期辛勤劳动和心血的结晶，也是他们多年来承担相关课题和项目的总结和升华。这本书全面系统地介绍了应急管理业务系统的相关技术和方法，包括关键技术、系统设计、应用、优化、改进、管理和维护等，并通过具体案例分析和实际场景模拟阐述了应急管理业务系统的应用效果。此外，还对应急管理业务系统的未来发展趋势进行了分析与展望。综上所述，本书的主要特点是全面系统，强调实践应用，旨在帮助应急管理工作者和信息系统设计人员了解应急管理业务系统的概念、意义、设计原则、方法、体系结构和组成要素等，与读者分享他们的实践经验和应用技巧，提供一些有益的参考、指导和建议，是一本全面探讨应急管理业务系统设计与应用的实用参考书。

加强应急管理，最大程度地预防和减少突发公共事件及其造成的损害，保障公众的生命财产安全，是人类生存发展的永恒课题。习近平总书记强调，"要发挥我国应急管理体系的特色和优势，借鉴国外应急管理有益做法，积极推进我国应急管理体系和能力现代化。"衷心希望有更多的应急管理实践者和专家学者们共同努力，坚持守正创新，坚持问题导向，继续推动应急管理业务系统设计与应用不断总结提升、不断探索创新，为建设更高水平的平安中国做出更多贡献。

2023 年 5 月 3 日

【注】闪淳昌：原国务院参事、原国务院应急管理专家组组长，国家减灾委专家委原副主任，中央党校（国家行政学院）、国防大学等兼职教授。

　　应急管理是一项非常重要的社会工作，关乎公众的生命财产安全，是衡量社会文明程度和国家治理水平的重要指标之一。科技信息化的快速发展和应用为应急管理工作提供了更为有效的手段和工具。借助现代科技手段，我们可以更加精准、高效地预警、响应和处置各类突发事件和灾害。科技信息化使应急管理工作更好地科学决策、精准应对、高效协同，极大提升应急响应能力和处置水平。

　　应急管理工作者要积极拥抱科技信息化的浪潮，加强科研创新和技术应用，推动应急管理工作与时俱进，不断探索和引入新的科技手段和方法，《应急管理业务系统设计与应用总论》一书的编著，正是对应急管理业务系统的深刻剖析，为提升综合应急管理能力，提供了宝贵的理论指导和实践经验。

　　作为从事安全生产教学研究工作20余年的高校老师，我深感本书的意义和价值。它不仅全面介绍了应急管理业务系统设计与应用，更能引导我们从科技信息化的角度重新审视和思考应急管理工作，以科技创新为动力，推动应急管理工作向更高水平迈进。

　　习近平总书记在中共中央政治局第十九次集体学习时强调，要加强应急救援队伍指挥机制建设，大力培养应急管理人才，加强应急管理学科建设。学校作为人才培养和推动科技创新的重要阵地，有责任和使命支持和促进应急管理工作的发展。本书可为高校师生提供一个系统、全面了解应急管理业务系统的契机。通过学习《应急管理业务系统设计与应用总论》，读者可以全面了解应急管理工作的重要性、现代科技信息化对应急管理的影响，以及应急管理业务系统的设计原则、方法和关键技术等。

本书不仅理论知识丰富，更注重实践应用和指导。通过案例介绍，读者能够更好地了解和掌握应急管理主要业务系统的实际操作和应用技术。注重理论与实践相结合，这将极大地促进应急管理学术研究和实际工作的紧密结合，为读者提供更具针对性和实用性的教学内容。

《应急管理业务系统设计与应用总论》是一本具有社会实践教学和学术价值的重要参考书。它不仅为应急管理工作者提供了宝贵的理论指导和实践经验，也能为高校教师和学生提供了一个深入了解和研究应急管理业务系统的平台。愿应急管理从业者不断深化科技信息化与应急管理的深度融合，为建设安全、和谐、创新的社会做出应有贡献。

2023 年 5 月 23 日

【注】陈国华：广东省应急管理专家委员会事故灾难类专业组组长、华南理工大学教授、安全科学与工程研究所所长。

党的十八大以来，以习近平总书记为核心的党中央对科技信息化工作高瞻远瞩，擘画实施创新驱动发展战略、网络强国战略和国家大数据战略等，为我们加快科技信息化发展、做好应急管理工作注入了强大思想动力，提供了根本遵循。应急管理部门承担着保护人民群众生命财产安全和维护社会稳定的重要职责。中国特色社会主义进入新时代，人民群众日益增长的安全需求，对应急管理工作提出了更高要求。因此，应急管理工作绝不能停留于传统手段，要主动适应科技信息化发展大势，紧紧抓住科技信息化这个战略制高点，改变传统的工作模式。我很高兴地看到，我们公司在应急管理领域取得了很多成果，不仅在技术创新方面取得了显著的进展，还在实践应用方面做出了积极的贡献。

应急管理业务系统作为一种支持应急管理的信息系统，可以快速响应、科学决策、高效协同、精准处置，提高应急管理工作的水平和效率。我们公司应急行业能力中心编著的《应急管理业务系统设计与应用总论》一书重点围绕自然灾害、安全生产、城市安全、应急响应指挥等领域全面、系统地介绍了应急管理业务系统的设计原则、方法、体系结构和组成要素，涉及了应急管理业务系统的关键技术，如数据质量和安全管理、故障排除和维护技术等，同时强调了实践应用，通过具体案例分析，全面介绍了应急管理系统设计与应用、系统优化与改进、系统管理与维护等方面的内容。

　　我们公司作为咨询设计行业的领军企业,一直在应急管理领域深耕,倡导和推动应急管理业务系统的研究和应用。编著此书的团队拥有丰富的实践经验,他们深入探索应急管理业务系统的设计与应用,积极开展科技创新工作,为应急管理领域的发展做出了积极贡献。这本书是我们公司应急管理业务系统研究的一次总结和回顾,同时也是我们公司在推动应急管理领域的发展和创新方面的努力和成果的展示。

　　我相信,通过阅读这本书,读者们能够更好地了解应急管理业务系统的概念、意义、设计原则、方法、体系结构和组成要素,掌握应急管理业务系统的关键技术,了解应急管理系统设计与应用、系统优化与改进、系统管理与维护等方面的内容。同时,这本书还为读者指明了应急管理业务系统的未来发展趋势和思考方向,促进应急管理领域的进一步发展和创新。

　　最后,我衷心希望《应急管理业务系统设计与应用总论》这本书能成为您在应急管理领域的得力助手。无论是作为公司党委书记还是作为一名应急管理工作者,我们都需要时刻保持对应急管理工作的敏感性和责任心。这本书的出版正是为了满足您在实际工作中的需求,提供全面而实用的参考和支持。

　　祝愿这本书获得良好的反响和影响力,希望它能够对广大读者的学习和实践工作产生积极的推动作用。让我们携手努力,共同推动应急管理领域的进步和发展,为建设安全、和谐的社会做出更大的贡献!

2023 年 5 月 25 日

【注】陈晓民:中国通服广东科技集团党委书记、广东省电信规划设计院有限公司总经理。

应急管理是保障人民群众生命财产安全的重要工作，而应急管理业务系统是保障应急管理工作有效开展的关键。本书旨在介绍应急管理业务系统的相关技术和方法，通过实际案例阐述应急管理业务系统的应用效果，为应急管理业务系统的设计与应用提供有益的参考和指导。

本书共分为十一章。第一章介绍了应急管理业务系统的背景和意义，阐述了应急管理业务系统的基本概念和意义，设计原则和方法、体系结构和组成要素。第二章介绍了应急管理业务系统中的关键技术，包括传感器技术、智能决策技术、数字孪生技术等。第三章介绍了干旱灾害、洪涝灾害和台风灾害等应急管理业务系统的设计与应用。第四章介绍了燃气安全、供水安全和排水安全等应急管理业务系统的设计与应用。第五章介绍了综合监督管理、危化品分类管理和非煤矿山分类管理等应急管理业务系统的设计与应用。第六章介绍了值班值守、应急救援和系统融合辅助支撑等应急管理业务系统的设计与应用。第七章介绍了应急资源、应急预案和移动应用等应急管理业务系统设计与应用。第八章介绍了显示系统、图像切换系统等应急指挥中心相关子系统的设计与应用。第九章介绍了应急管理业务系统的优化和改进方法，包括系统优化和改进的基本方法和技巧、数据分析和优化技术、模型建立和优化技术等。第十章介绍了应急管理业务系统的管理和维护方法，包括系统的管理和运行模式、数据质量和安全管理、故障排除和维护技术等。第十一章分析了应急管理业务系统的发展现状及未来发展趋势，以及系统实践和探索创新。

我们希望本书能够对广大读者了解应急管理业务系统的相关技术和方法提供帮助，为应急管理工作的开展提供有益的参考和指导。同时，我们也欢迎各位读者提出宝贵意见和建议，帮助我们不断完善和改进本书的内容。

编　者

2023 年 4 月

目录

第一章　概　述

应急管理业务系统是指为了在突发事件发生时能够高效、快速、准确地响应和应对，对应急管理业务流程进行数字化、智能化、集成化管理的信息化系统。该系统的设计与建设旨在提高应急响应能力和协同效率，提升应急资源调度和指挥决策水平，最大限度地减少突发事件造成的损失和影响。

第一节　基本概念和意义

应急管理业务系统是一种集成应急管理流程和信息技术的系统，旨在协调和支持应急管理机构的运作和决策。它涵盖了多个方面，如应急预警、信息收集、灾情评估、资源调度、应急响应、救援救护、恢复重建等。应急管理业务系统的意义在于提高应急管理效率和水平，加强应急管理能力，减少人员和物质损失，保障人民群众的生命财产安全。

一、应急管理

应急管理是指政府和社会组织等在自然灾害、事故灾难、公共卫生事件、社会安全事件等突发事件中采取一系列措施和行动，以保护人民生命和财产安全，维护社会稳定和正常运转的工作。应急管理工作主要包括预防、准备、响应和恢复4个阶段。

（1）预防。通过制定政策、法规、规范和标准，加强宣传教育，提高公众风险意识，加强监测预警，采取措施避免或减少事故发生的可能性。

（2）准备。根据可能发生的突发事件的性质和规模，制定应急预案和预案演练方案，建立应急指挥系统，完善应急物资储备，培训和提高应急人员和群众的应急能力。

（3）响应。在突发事件发生后，及时启动应急预案，迅速组织人员和物资投入到事故现场，采取措施控制和扑灭火灾，组织救援和转移人员，保障人民生命财产安全。

（4）恢复。事故发生后，应根据实际情况及时启动恢复工作，加强灾后物资储备，组织协调社会力量开展灾后重建，恢复正常的生产生活秩序。

二、应急管理体系

应急管理体系是指由政府、企事业单位、社会组织等构成的应急管理网络，是以应急预防、应急救援、灾后恢复和重建为主要内容的一套完整的应急管理制度体系。主要包括预防体系、应急响应体系、恢复重建体系和持续改进体系 4 个体系。

（1）预防体系。指通过建立预警机制、完善规章制度、强化安全防范等手段，减少事故、灾害的发生概率和对人民群众、社会经济的影响，避免事故和灾害的发生。

（2）应急响应体系。指一旦事故或灾害发生，迅速启动应急响应机制，采取有效的救援和应对措施，及时控制事态，减轻和消除事故或灾害对人民群众、社会和经济的损失。

（3）恢复重建体系。指在事故或灾害发生后，对人民群众、社会和经济造成的损失进行统计和评估，开展恢复和重建工作，尽快恢复社会生产和生活秩序。

（4）持续改进体系。指通过对应急管理工作中的各项措施和流程进行监测、评估和改进，提高应急管理的效能和水平，确保应急管理工作的可持续发展。

三、应急管理信息化

应急管理信息化是指应急管理工作中运用先进的信息技术手段，开展应急预警、信息收集、资源调度、指挥调度、救援救护等工作的过程。主要包括应急预警、信息收集、资源调度、指挥调度和救援救护。

（1）应急预警。通过对灾害、事故等预警信息的快速采集、处理和传输，为应急管理工作提供及时的预警和决策支持。

（2）信息收集。通过对突发事件的信息采集、整合和分析，为决策者提供详尽、准确、及时的信息支持。

（3）资源调度。通过对资源的快速调配和分配，实现资源的合理利用，提高应急响应能力。

（4）指挥调度。通过对应急人员和物资的指挥、调度和协调，实现应急管理工作的有效组织和协调。

（5）救援救护。通过对伤者的救护和治疗，降低事故造成的人员伤亡率和损失。

四、应急管理业务系统

应急管理业务系统是一种应急管理信息化平台，具有高效、快速响应、全局视野等特点，通过信息技术手段，对突发事件进行全流程管理、快速响应和决策支持，促进应急工作的规范化、标准化和科学化，主要具有以下 5 个特点：

（1）信息化平台。应急管理业务系统是一种基于信息技术建立的管理平台，可以实现数据的采集、处理、分析、展示和共享，能够提高应急管理的科学性、精准性和快速性，减少决策错误率和救援响应时间。

（2）全流程管理。应急管理业务系统实现了对应急管理工作的全流程管理，包括预警、应急处置、后续恢复等阶段。通过系统的整合和管理，可以有效地提升应急管理工作的效率和效果，提高突发事件的应对能力。

（3）快速响应。应急管理业务系统具有快速响应的特点，能够实时收集和分析突发事件的信息，及时发布预警和应急通知，指导各级应急机构和人员进行处置和救援，最大程度地减少损失和影响。

（4）决策支持。应急管理业务系统提供决策支持，通过对大数据的分析和挖掘，可以提供准确的情报和决策依据，指导各级领导做出科学的决策，最大程度地保障应急管理工作的质量和效果。

（5）标准化和科学化。应急管理业务系统实现了应急管理工作的标准化和科学化，通过规范化的工作流程和管理模式，提高了应急工作的规范性和标准化程度，使应急管理工作更加科学、高效、安全。

第二节　设计的原则和方法

应急管理业务系统的主要任务是通过科学、高效、快速的信息化手段来协调、组织和指挥各种应急救援资源，提高应急救援的响应速度和准确度，有效应对各种突发事件和灾害事故。设计一套科学合理、高效实用的应急管理业务系统需要遵循以下原则和方法。

一、用户需求导向原则

系统设计必须以用户需求为导向，系统设计必须符合用户的实际需求，确保系统可以为用户提供方便、高效的服务。为实现这一原则，需要进行用户需求调研，了解用户的实际需求，同时在系统设计、功能开发和界面设计等方面考虑用户的使用习惯和心理，提高系统的易用性和用户满意度。例如，在城市内涝监测预警系统中，系统应该能够及时准确地采集和展示城区主要易涝区易涝点的积水深度信息，同时以列表和 GIS 地图的方式进行展示，方便工作人员快速了解实时监测信息，并进行快速定位和综合判断。

二、模块化设计原则

将整个系统划分为若干个相对独立的模块，并分别进行设计和开发，以便于对系统进行管理和维护。这种设计方法可以使系统的开发、维护和升级变得更加简单和高效，并且可以根据实际需求进行灵活的组合和调整。例如，可以采用模块化设计的方式来划分不同的功能模块，如预警模块、指挥调度模块、资源管理模块等。每个模块都有独立的输入输出接口和数据存储区域，可以根据需要进行组合和升级。预警模块可以根据不同的监测数据和预警算法进行灵活配置，指挥调度模块可以根据实际情况进行灵活的组合和调整，以满足不同应急场景的需求。同时，模块之间的数据交互和通信也需要设计相应的接口和协议，确保数据的安全性和可靠性。

三、安全性设计原则

安全性是系统设计的重要考虑因素之一，系统必须具有足够的安全性，保护系统中的各种信息和数据不被恶意破坏或盗取。为了实现这些目标，需要采取一系列的安全性设计措施，比如身份认证、访问控制、数据加密、数据备份、系统监测等。同时，在系统的设计过程中，也需要遵守相应的法律法规和标准，比如信息安全等级保护标准、国家密码法等。例如，需要对操作人员进行身份认证，并通过访问控制技术对系统的各种操作进行授权和限制；同时采用加密技术对系统数据进行加密，确保系统数据的机密性和完整性；采用数据备份和恢复技术，保障数据的可靠性和可恢复性；采用安全监测技术，实时监测系统的安全状态，及时发现和应对安全问题。

四、可靠性设计原则

系统必须具备高可靠性，保证系统在使用过程中不会出现故障或失灵，同时要具备快速恢复能力。可靠性设计包括硬件、软件、网络等各方面，其中重要的一点是数据备份和恢复机制的设计。例如，为了避免数据丢失或损坏，系统可以定期备份数据，并将备份数据存储在不同的物理位置，确保备份数据的安全性和可靠性。另外，系统还可以设计自动恢复机制，当系统发生故障时能够快速恢复，减少对业务的影响。

五、可扩展性设计原则

系统应该具有足够的可扩展性，以便在系统需要扩展或升级时可以方便地进行修改或升级。例如，需要考虑到突发事件的突发性和不可预测性，可能会导致数据量急剧增加，因此需要预留足够的数据存储空间和计算资源。同时，还需要在系统架构上进行优化设计，将不同的功能模块进行分离，使得系统的各个模块之间可以独立扩展。

六、灵活性设计原则

系统应该具有足够的灵活性，以便在突发事件发生时能够及时地适应变化的环境。设计应该采用可配置、可定制、可扩展等技术手段，以满足各种特定应急需求的快速定制和调整。例如，在新冠疫情发生时，很多地方采用了可配置的"健康码"应急管理系统，以收集、管理和分析人员的健康状况信息，从而及时预警和应对疫情。

七、统一性设计原则

系统的设计应该保证各个模块之间的协调一致，统一管理各种资源和数据，确保系统的统一性和完整性。例如，在应急预警模块和资源调度模块中都需要记录相关的地理位置信息，这时候就应该采用相同的地理信息系统进行处理，保证各个模块数据的统一性。同时，在用户界面设计上也应该保持风格的一致性，让用户在不同的模块中都能够轻松地上手操作。这样，可以提高用户的工作效率，降低出错率。

八、成本效益原则

在系统设计时必须考虑成本效益的问题，确保在满足功能要求的同时能够控制成本，提高系统的经济效益。例如，在应急响应系统中，可以选择部署云计算等技术手段，减少硬件设备的投入和运维成本，从而达到成本效益的目的。另外，也可以通过合理的设计和测试，降低系统开发和运营中的错误率和故障率，提高系统稳定性和可靠性，最终降低整体的成本。

综上所述，应急管理业务系统的设计需要从用户需求出发，采用模块化设计、安全性设计、可靠性设计、可扩展性设计、灵活性设计、统一性设计和成本效益原则，以满足应急管理的需求，提高应急管理的效率和质量。

第三节 体系结构和组成要素

应急管理业务系统体系结构是指系统的总体架构和组成部分，通常包括硬件、软件、网络、数据等多个方面。

一、硬件设备

硬件设备包括计算机、服务器、存储设备、通信设备等。这些设备通过组网的方式相互连接，形成一个整体，为应急管理业务系统提供数据采集、传输、存储、处理等基础支撑。

例如，针对森林火灾监测预警子系统，通常需要配备视频监控摄像机、火险监测站等硬件设备。这些设备通过网络连接到数据中心，将实时采集的数据传输到数据中心，并进行存储和处理，从而支持森林火灾监测预警子系统的运行。这些设备通过网络连接到数据中心，将实时采集的数据传输到数据中心，并进行存储和处理，从而支持森林火灾监测预警子系统的运行。

二、操作系统

操作系统是非常重要的一环，其中，Linux 和 Unix 是应急管理领域常用的操作系统。它们具有稳定性高、可靠性好、安全性高等特点，广泛应用于应急管理信息化系统中。此外，国产操作系统如中标麒麟、红旗 Linux、统信等也逐渐被应用于应急管理信息化系统中。这些操作系统的选择与应急管理业务系统的具体应用场景有关，需要根据实际需求进行选择。

三、数据库系统

数据库系统用于存储和管理应急管理业务系统中的各种数据，包括灾害信息、预警信息、资源信息、人员信息等。它需要具备高效、安全、可靠、稳定等特点，能够满足大规模数据存储和高并发访问的需求。在应急管理信息化建设中，数据库系统还需要与其他组成要素进行无缝集成，以保证应急管理信息的及时性和准确性。常用的数据库系统包括Oracle、MySQL、SQL Server，以及国产的数据库系统如达梦、神州数码等。

四、通信网络

通信网络主要包括卫星通信网、移动通信网等。卫星通信网是一种基于卫星进行通信的技术，可以实现覆盖面广、通信质量稳定等优势。在突发事件中，如自然灾害，常常会造成地面通信中断，此时卫星通信可以为应急管理提供必要的信息传递途径。移动通信技术主要包括蜂窝通信和卫星移动通信，可以实现移动终端之间的语音、短信、数据传输等，也为应急管理提供了实时、便捷的信息通信渠道。例如，在救灾现场，应急人员可以使用移动通信设备进行通信、数据传输等操作，从而实现救援工作的协调、指挥和监测等。

五、应用系统

应用系统是应急管理业务系统的核心组成要素之一，包括各种应急管理应用，如预警系统、指挥调度系统、应急资源管理系统等。预警系统是应急管理的前瞻性防范措施，通过数据分析和监测，及时发出预警信息，帮助人们做好防御准备；指挥调度系统是应急响应的关键系统，通过集成多种资源，实现指挥、调度、协调、联动等功能，快速响应突发事件；应急资源管理系统是应急资源的信息化管理系统，通过资源的实时监控、查询、调度、协调等功能，优化应急资源的调配和使用效率。这些应用系统可以有机地组合在一起，形成一个高度集成化的应急管理业务系统，实现快速、高效、准确的应急响应和管理。

六、用户界面

用户界面是系统和用户之间的桥梁，包括各种人机交互界面和报表系统。用户界面应该简洁、易用，方便用户使用和操作。例如，在应急预警系统中，用户界面应包括预警信息的显示、报警声音的提示、预警等级的标识等；在指挥调度系统中，用户界面应包括地图显示、人员和资源调度等功能；在应急资源管理系统中，用户界面应包括资源信息的录入、查询、统计和分析等。这些用户界面的设计应符合人机工程学原理，使用户能够快速准确地完成各种操作，并提供清晰明了的报表系统，以便用户进行数据分析和决策。

七、安全机制

应急管理业务系统需要保护数据的安全和隐私，因此需要建立安全机制来保障系统的安全性。安全机制主要包括身份验证、访问控制、加密和审计等。其中，身份验证是指验证用户的身份以确定其是否有权访问系统；访问控制是指限制用户对系统资源的访问权限，确保用户只能访问他们所需的资源；加密是指通过对数据进行加密保护，确保数据在传输和存储过程中不被非授权人员访问；审计则是通过记录和监控系统的活动来检测和防止安全漏洞和非法行为。应急管理业务系统中常用的安全机制包括防火墙、入侵检测系统、加密技术、安全审计等，以保证系统数据的安全性和完整性。

总的来说，应急管理业务系统体系结构是多个要素的有机组合，需要按照系统设计原则和方法进行综合规划和设计，以确保系统能够高效、稳定地运行，为应急管理工作提供准确可靠的数据支持和应用服务。

第二章　应急管理关键技术

随着现代信息化技术的发展，应急管理领域的关键技术也不断地得到了更新和提升。信息化技术、传感器技术、智能决策技术、数字孪生技术、网络安全技术等的应用，使得应急管理业务系统在数据采集、存储和管理、数据质量和安全管理、应急指挥与决策等方面取得了重大进展。这些技术的应用，不仅提高了应急管理工作的效率和水平，还在突发事件中为决策者提供了更为准确的信息，从而采取更有效的应对措施，最大限度地减少灾害事故损失。

第一节　信 息 化 技 术

一、数据采集技术

应急管理技术是指在突发事件发生时，通过科学的方法和手段，应对突发事件进行组织、指挥、调度、救援和恢复等工作的综合性技术。数据采集技术是应急管理技术中的重要组成部分，它是指通过各种手段和方法，采集和获取与突发事件相关的各类信息和数据，以便于应急指挥部门及时做出决策、制定对策、协调救援资源和指导行动。

（一）数据采集相关技术

（1）传感器技术。传感器技术是一种实时监测和采集突发事件发生时各种物理量、化学量、生物量等信息的技术。通过安装传感器设备，可以实时监测突发事件的发生、发展和变化情况，如地震、火灾、水位、气温、气压等。

（2）遥感技术。遥感技术是指利用卫星、飞机、无人机等平台搭载遥感设备，对地表及其特征进行非接触式探测和获取信息的技术。通过遥感技术，可以获取大范围、高精度的突发事件现场信息，如自然灾害、事故灾难的发展情况等。

（3）移动终端技术。移动终端技术是指利用智能手机、平板电脑等移动设备获取突发事件信息的技术。通过移动终端技术，可以实时获取突发事件的位置、时间、人员、物资等关键信息，助力指挥人员实现随行指挥。

（4）无线通信技术。无线通信技术是指利用无线电波进行信息传输的技术。通过无线通信技术，可以实现后方指挥中心、前方指挥部、灾害一线救援人员、受灾群众双方或者多方的通信。相比于有线通信技术，无线通信技术更加灵活，能够更好地满足突发事件爆发时间、地点随机的特点。

（5）人工智能技术。人工智能技术是指通过计算机算法和模型实现人类智能的技术。通过人工智能技术，可以对大量的突发事件信息进行快速、准确、自动化的分析和处理，辅助应急指挥决策。

以上几种应急管理领域常用数据采集相关技术，能够为应急管理部门提供准确、及时、全面的信息支持，为应急管理业务系统开发建设奠定数据基础。

（二）数据采集相关设备

应急管理数据采集设备的种类繁多，根据不同的应急场景和数据采集需求，需要选择合适的设备。以下是一些常见的应急管理数据采集设备。

（1）GPS或北斗定位设备：用于采集人员、车辆、装备等的位置信息，实现轨迹信息的动态监管。同时支持导航功能，助力人员搜救、物资调度等。

（2）视频采集设备：可以用于采集灾害现场及周边实时视频数据，记录事故现场的情况，提供实时影像和图像支持。

（3）环境检测仪器：如气象监测仪、水质检测仪等，用于采集应急现场的环境信息，提供环境监测数据支持。

（4）地下空间探测设备：如探地雷达、激光扫描仪等，实现对城市地下空间的高精度探测和勘测，为应急管理提供重要的支持和保障。

（5）通信设备：如对讲机、手机、卫星电话等，用于保持应急人员之间的通信联络，以及与外界的联系。

（6）数据记录仪：如温湿度记录仪、气压记录仪等，用于记录应急现场的数据信息，提供数据支持。

应急管理数据采集相关设备的作用非常重要，应急救援工作的开展离不开相关设备采集的各类实时、动态数据的支持，应急管理业务系统的建设也需要相关前端设备的支持。

二、数据存储和管理技术

应急管理中的数据存储和管理技术是指对各类与应急管理相关的数据进行存储和管理，以确保数据的安全性、可靠性和及时性。这些数据主要包括各类传感器采集的定位数据、视频数据、环境数据、地理数据等。数据存储和管理技术有助于提高相关数据的利用水平，提高应急管理工作效率。

（一）数据存储技术

数据存储技术主要包括存储介质选择、数据备份和恢复、数据传输和存储安全等。其中，存储介质选择是非常重要的一环，常用的存储介质有硬盘、闪存、云存储等。数据备份和恢复则是为了防止数据丢失或损坏，进行定期备份，以保障数据的安全性和可靠性。数据传输则是指将数据从采集设备传输到数据中心的过程，传输的安全性和稳定性非常重要。

（二）数据管理技术

数据管理技术主要包括数据质量管理、数据访问控制、数据共享和数据集成等。其中，数据质量管理是为了确保数据的准确性、完整性和一致性等，可以通过数据清洗、数据标准化等手段来保障。数据访问控制是为了保护数据的安全，只有授权的人员才能访问和使用数据，可以通过密码、指纹等身份验证技术来实现。数据共享则是为了提高数据的利用率和效率，可以通过开放数据接口、数据集市等方式，方便其他系统和应用程序使用数据。数据集成则是将多个数据源的数据进行整合，为决策提供更加全面、准确的数据支持。

（三）数据存储和管理技术

数据存储和管理技术在应急管理中具有非常重要的应用价值。例如，在应急决策方面，可以通过数据存储和管理技术，将多个数据源的数据进行整合，形成综合的应急管理数据库，为决策提供更全面、准确的数据支持；在应急响应方面，可以利用数据存储和管理技术，实现对灾害现场的视频数据、图像数据、气象数据等进行实时监控和记录，为救援行动提供及时、准确的指导和支持。总之，数据存储和管理技术是应急管理中不可或缺的一部分，为应急管理提供了可靠的数据支持和技术保障。

三、数据治理和挖掘技术

数据治理是指通过制定数据治理策略、规范和流程，确保数据质量、保障数据安全、提高数据价值的过程。而数据挖掘是指通过分析和挖掘数据中的模式和关系，从中获取有价值的信息和知识的过程。在应急管理中，数据治理和挖掘技术可以提高应急响应的效率和准确性。

（一）数据治理技术

1. 数据质量管理

在应急管理中，数据的质量对应急响应的准确性和及时性具有至关重要的影响。因此，需要采取一系列措施来确保数据的质量，例如数据清洗、数据标准化、数据审计等。例如，在灾害响应中，如果数据存在错误、遗漏或不一致等问题，可能会导致响应的滞后或不准确，从而影响救援和抢险工作的开展。

2. 数据安全管理

数据安全是数据治理中的重要方面。在应急管理中，特别需要关注数据的保密性和完整性。例如，在救援行动中，可能需要收集和处理涉及个人隐私的敏感数据，如人员位置、病情信息等，因此需要采取措施确保数据不会被恶意攻击或泄露。

（二）数据挖掘技术

数据挖掘技术是在数据治理基础上的进一步深入，其目的是通过在数据集中发现模式、关系和规律，为应急管理决策提供支持和指导。以下是应急管理中常用的数据挖掘技术和应用示例。

1. 分类算法

分类算法是将数据集中的实例分成不同的类别或类标签。在应急管理中，分类算法可用于对灾害发生前后的数据进行分类和标记，以便更好地进行数据分析和决策制定。例如，在地震应急响应中，分类算法可以将受影响地区划分为不同的等级，以便决策者采取相应的措施。

2. 聚类算法

聚类算法是将数据集中的实例分成多个组，每个组内的实例相似度较高，而不同组之间的实例相似度较低。在应急管理中，聚类算法可以用于对灾害影响区域进行分组，以便更好地了解各组之间的差异和相似点。例如，在洪水应急响应中，聚类算法可以将受灾区域划分为不同的组别，根据各组别的特点和需求采取不同的救援措施。

3. 关联规则挖掘算法

关联规则挖掘算法是通过发现数据集中不同元素之间的关联性，来预测一个元素是否出现。在应急管理中，关联规则挖掘算法可用于发现某些灾害事件之间的关联性，并从中得出规律和模式。例如，在森林火灾应急响应中，关联规则挖掘算法可以用于发现不同天气条件下森林火灾的发生规律，以便采取相应的防范措施。

4. 时间序列分析

时间序列分析是通过对数据集中的时间序列进行分析，来预测未来的趋势和变化。在应急管理中，时间序列分析可以用于预测灾害事件的发生和发展趋势。例如，在气象应急响应中，时间序列分析可以用于预测未来几天的天气状况，以便采取相应的防范和应对措施。

（三）应用场景

数据治理和挖掘技术在应急管理中具有重要的作用，可以帮助决策者更好地了解灾害事件的情况和趋势，从而更加高效。

在应急管理中，数据治理和挖掘技术可以用于以下方面：

（1）事件监测和预警。利用数据挖掘技术对历史事件数据进行分析，挖掘出事件的规律和特征，从而建立预测模型，对潜在的突发事件进行监测和预警。

（2）信息分析和决策支持。利用数据挖掘技术对各种类型的数据进行分析，发现其中的关联规律和趋势，提供决策支持的依据。例如，在灾害响应阶段，可以利用数据挖掘技术对灾情数据进行分析，提供有效的指导和决策支持。

（3）统计分析和评估。利用数据治理技术对应急管理过程中的各种数据进行整理、标准化和归档，以保证数据的可靠性和完整性。同时，利用统计分析技术对数据进行分析和评估，评估应急管理措施的效果和成效，为应急管理的后续工作提供参考。

（4）应急演练和模拟。利用数据挖掘技术对历史事件数据进行分析，挖掘出事件的规律和特征，以此为基础进行应急演练和模拟。通过模拟不同的应急情景，可以帮助应急管理部门提高应对突发事件的能力和水平。

例如，在疫情防控中，利用数据挖掘技术对病例数据进行分析，可以挖掘出病毒传播的规律和特征，以此为基础制定疫情防控措施，并进行有效的监测和预警。同时，对防控措施的效果进行评估和分析，为后续疫情防控工作提供参考

四、数据共享和交换技术

数据共享和交换技术是应急管理信息化建设中的关键技术之一，其目的是实现不同部门、不同系统之间数据的无缝对接和共享，提高数据利用效率，避免信息孤岛和重复建

设，为应急管理决策提供更全面、准确、实时的数据支持。

应急管理部门有必要建立了一套完善的数据共享和交换平台，主要包括以下几个方面：

（1）数据规范和标准化。应急管理部门通过制定统一的数据规范和标准，保证各个部门和系统之间数据的一致性和互通性，为数据共享和交换打下基础。

（2）数据交换平台建设。建立了数据交换平台，将各个部门和系统的数据整合在一起，实现数据共享和交换。平台通过数据接口的方式，实现数据的在线交换和传输。

（3）安全保障机制。建立了一套安全保障机制，确保数据的安全性和隐私性。该机制包括数据加密、访问控制、审计跟踪等多种技术手段，为数据共享和交换提供有力保障。

（4）数据使用和授权管理。建立了数据使用和授权管理制度，规范数据使用流程，保证数据的合法性和规范性。该制度包括数据使用协议、数据审批、数据监管等方面。

通过以上技术和制度的实施，使应急管理部门各个系统之间实现了数据的共享和交换，例如：①灾情信息共享：各级应急管理部门可以通过数据交换平台，获取各地的灾情数据，包括灾害类型、受灾面积、受灾人口等信息，以此为基础制定应对措施和救援计划；②人员和物资调配：通过数据共享和交换，可以实现不同地区、不同部门之间的人员和物资调配，以满足应急救援需求；③应急演练和培训：各级应急管理部门可以通过数据共享和交换，获取各地的应急演练和培训资料，进行经验总结和分享，提高应急管理的水平和能力。

五、云计算和大数据技术

（一）云计算和大数据技术的作用

云计算和大数据技术在应急管理中扮演着至关重要的角色。具体来说，它们在以下几个方面发挥着关键作用：

（1）数据的高效存储和管理。提供了大规模的数据存储和管理能力，可以有效地存储和管理海量的应急管理数据，包括历史数据、实时数据和预测数据等。

（2）数据的高速采集和处理。能够实现对数据的高速采集和处理，例如通过物联网设备、传感器等实现数据的自动采集和实时传输，以及利用分布式计算等技术实现对数据的高速处理和分析。

（3）数据的智能分析和挖掘。能够实现对数据的智能分析和挖掘，例如通过机器学习、人工智能等技术实现对数据的自动分类、聚类、预测和决策等。

（4）数据的可视化呈现和共享。能够实现对数据的可视化呈现和共享，例如通过数据可视化工具和应用程序实现数据的可视化呈现和交互式操作，以及通过云计算平台实现数据的共享和协同工作。

综上所述，云计算和大数据技术在应急管理中的关键作用主要体现在高效存储和管理数据、高速采集和处理数据、智能分析和挖掘数据，以及可视化呈现和共享数据等方面。这些技术的应用能够提高应急管理的效率和准确性，加快应急响应的速度，降低突发事件对社会和经济的影响。

（二）云计算和大数据技术的应用

云计算和大数据技术在应急管理中的应用越来越广泛，可以大大提高应急管理的效率和精度。

（1）灾害预警。利用云计算和大数据技术可以对海量的气象、水文、地质等数据进行实时监测和分析，从而及时预警自然灾害的发生和发展趋势。例如，中国气象局利用云计算和大数据技术，研发了"天气大脑"系统，可以实时监测天气变化，预测未来天气趋势，为应急管理提供准确的气象预警信息。

（2）人员定位。在应急救援中，人员的准确定位至关重要。利用云计算和大数据技术可以通过手机、手环等设备定位受困人员的位置，并实时传输到应急指挥中心，提高应急救援的效率和精度。例如，2017年6月24日，四川省九寨沟县发生7.0级地震，当地采用了人员定位技术对灾区人员进行快速搜索和救援。采用的方法是在智能手环中安装GPS芯片，通过手机APP实现对救援人员和受灾人员的实时定位和监测，极大地提高了救援效率和成功率。

（3）应急响应。在突发事件发生后，利用云计算和大数据技术，可以实现快速响应和决策。例如，利用云计算和大数据技术，可以对受灾地区的人员、物资、交通等情况进行实时监测和分析，及时确定救援方案和调度资源。例如，在2017年的墨西哥地震中，墨西哥政府利用云计算和大数据技术，快速响应地震事件，组织救援力量，提供紧急救援服务。

（4）数据共享。用云计算和大数据技术，可以实现跨机构、跨地区的数据共享。例如，在广东省利用云计算和大数据技术，建立了一网共享平台，实现了各厅局委办的数据共享和交换，使得应急管理部门可以从其他厅局获得相关数据。

综上所述，云计算和大数据技术在应急管理中的应用非常广泛，可以提高应急响应能力和效率。

第二节 传感器技术

一、传感器原理和分类

传感器（英文名称：transducer/sensor）是能感受到被测量的信息，并能将感受到的信息，按一定规律变换成为电信号或其他所需形式的信息输出，以满足信息的传输、处理、存储、显示、记录和控制等要求的检测装置，部分传感器见表2-1。

表2-1 传感器类型

序号	传感器类型	常见传感器	用 途	应用场景
1	机械量传感器	压力传感器、温度传感器、加速度传感器等	测量机械量的大小，如压力、温度、振动等	工业生产、机械制造、交通运输等
2	光学传感器	光电开关、红外传感器、光电编码器等	检测、测量光学信号的变化，如光强、颜色、位置等	光学测量、工业自动化、安防监控等

表 2-1（续）

序号	传感器类型	常见传感器	用途	应用场景
3	电磁传感器	磁性传感器、电感传感器、霍尔传感器等	检测、测量磁场、电场、电磁波等电磁信号的变化	电力工程、电子设备、医疗器械等
4	生物传感器	生物传感器、基因芯片、生物微芯片等	检测、测量生物信号的变化，如 DNA、蛋白质、细胞等	医疗诊断、食品安全检测、生态环境监测等
5	气体传感器	氧气传感器、二氧化碳传感器、甲烷传感器等	检测、测量气体浓度、压力、流量等参数变化	空气质量监测、工业生产、煤矿安全等
6	液体传感器	液位传感器、流量传感器、pH 传感器等	测量液体的高度、体积、压力、流速、酸碱度等参数变化	化工生产、环保监测、水利工程等
7	声音传感器	麦克风、声压传感器、声速传感器等	检测、测量声波、噪声等声学信号的变化	语音识别、音频监测、声学研究等
8	热传感器	热敏电阻、热电偶、红外测温传感器等	检测、测量温度、热辐射等参数变化	工业生产、温度

这些传感器可以通过物联网技术进行联网，形成一个智能化的监测系统，实现被测对象的动态监测，结合设计好的预警程序，借助预警装置和设备，能够在一定条件下自动触发预警，提高监测效率。

在应急管理中，传感器的作用非常重要，能够提供及时准确的数据支持，为决策提供科学依据。例如，气象传感器可以提供实时的气象数据，为气象灾害的预测和防范提供支持；水位传感器可以监测水位的变化，为防汛救灾提供数据支持。

二、传感器网络技术

传感器网络是由多个分布式的、无线通信的传感器节点组成的网络系统，可以实时感知、采集、处理、传输和管理监测区域内的环境信息。其主要作用是对目标环境进行全方位、高精度、实时、连续的监测和数据采集，为后续的环境分析、预测、决策等提供数据支持。

（1）节点设计与制造技术。包括节点电路设计、能量管理、封装技术等。为了实现小型化、低功耗、高可靠的传感器节点，需要研究新的制造材料、设计方法和制造技术。

（2）网络拓扑与协议设计。根据传感器网络的实际需求和应用场景，设计合适的网络拓扑和通信协议，以提高网络的稳定性和可靠性。传感器网络的拓扑结构有星型、网状、树状等，通信协议有 MAC 协议、路由协议、传输协议等。

（3）节点定位技术。对于传感器网络中的节点，需要准确的定位技术，以实现精确的环境监测和目标跟踪。节点定位技术包括 GPS、无线信号定位、地磁定位等。

（4）能量管理和能量采集技术。传感器节点一般采用电池供电，因此能量管理和能量采集技术是传感器网络中的一个重要技术。研究如何延长节点的寿命，以及如何利用能量采集技术，例如太阳能、热能、振动能等，从环境中获取能量，以满足节点的能量需求。

（5）数据处理和挖掘技术。传感器网络采集的数据需要经过处理和挖掘，以提取有用的信息。数据处理和挖掘技术包括数据压缩、去重、分类、聚类、关联规则挖掘、异常检测等。

（6）安全和隐私保护技术。传感器网络中的数据容易受到攻击和窃取，因此需要研究安全和隐私保护技术，例如数据加密、访问控制、身份认证、匿名通信等。

传感器网络技术的应用非常广泛，可以用于环境监测、农业、能源、医疗、工业控制、智能交通、应急等领域。

三、传感器数据处理和分析技术

传感器数据处理和分析技术是将传感器获取的数据进行分析和处理的过程，以从中提取有用的信息和知识。该技术可以帮助应急管理部门更好地理解和评估紧急情况，以便更好地应对和处理各种危机事件。

（1）数据清洗和预处理。在数据进行分析前，需要对其进行清洗和预处理，以去除无效数据和噪声，减少误差和不确定性，确保数据的准确性和可靠性。

（2）数据聚合和降维。将传感器采集的大量数据进行聚合和降维，以减少存储和处理数据的负担，提高处理效率和性能。

（3）数据挖掘和分析。采用各种数据挖掘和分析技术，从传感器数据中发掘出隐藏在数据背后的模式和规律，提取有用的信息和知识。

（4）数据可视化和呈现。将处理后的数据以图表、图像、地图等形式进行可视化和呈现，以便应急管理部门更直观地了解紧急情况和做出相应的决策。

传感器数据处理和分析技术在应急管理中的应用非常广泛，例如：①在自然灾害监测和预警方面，可以利用传感器网络对各种环境因素（如温度、湿度、气压、降雨等）进行实时监测和采集数据，然后通过数据分析和处理快速预测和预报可能发生的灾害。②在交通管理和运输安全方面，可以利用传感器网络对交通流量、车速、道路状况等信息进行实时监测和采集，然后通过数据分析和处理，及时发现和处理交通事故、拥堵等问题。③在医疗卫生领域，可以利用传感器网络对患者的健康状况、生命体征等信息进行实时监测和采集，然后通过数据分析和处理，提高医疗诊断和治疗的效率和准确性。④在城市管理和公共安全方面，可以利用传感器网络对城市各个方面的信息进行实时监测和采集，然后通过数据分析和处理，帮助城市管理部门更好地了解和管理城市，提高公共安全水平。

四、传感器在应急管理中的应用

传感器在应急管理中的应用十分广泛，可以用于监测和控制各种自然灾害、人为事故等突发事件。

（一）应用场景

（1）气象灾害监测。通过安装气象传感器，可以实时监测大气压力、温度、湿度、降雨量等气象因素，从而使台风、暴雨、雷电等气象灾害的监测、预警具有更高的可能性。

（2）地震监测。通过地震传感器可以实时监测地震发生的位置、震级等参数，并且通过数据分析预测地震发生的概率和影响范围。

（3）烟雾监测。在建筑物、隧道等场所安装烟雾传感器，可以实时监测烟雾浓度，及时预警火灾。

（4）交通监控。通过在道路、桥梁等交通干线安装传感器，可以实时监测车流量、车速、道路状态等信息，从而优化交通路线，减少交通拥堵。

（5）人员定位。在突发事件发生时，通过在事发区域和受灾人群身上安装定位传感器，可以迅速确定人员位置，从而及时进行救援。

除了以上场景外，传感器还可以用于水利、环保、医疗等领域，提高突发事件的预警、响应和处置能力。

（二）传感器类型

应急管理业务系统中可以用到多种不同类型的传感器，具体使用哪些传感器取决于突发事件的类型和需要监测的参数。表2-2是一些常见的传感器及其在应急管理中的应用。

表2-2 应急管理常用传感器

序号	名 称	用 途	应 用 场 景
1	温度传感器	监测环境温度	用于火灾、地震等事件中
2	湿度传感器	监测环境湿度	用于洪水、台风等事件中
3	烟雾传感器	监测烟雾浓度	用于火灾、爆炸等事件中
4	气体传感器	监测气体浓度	用于化学泄漏、燃气泄漏等事件中
5	水位传感器	监测水位高度	用于洪水、泥石流等事件中
6	震动传感器	监测震动强度	用于地震、爆炸等事件中
7	人体红外传感器	监测人体活动	用于监测人员的位置和行动轨迹

在设计应急管理业务系统时，可能涉及的传感器见表2-3。

表2-3 设计业务系统涉及传感器

序号	名 称	涉 及 传 感 器
1	气象灾害监测	温度传感器、湿度传感器、气压传感器、风速风向传感器、雨量传感器、空气质量传感器等
2	地质灾害监测系统	地震传感器、地表位移传感器、地下水位传感器、崩塌滑坡传感器、泥石流传感器等
3	水文监测系统	水位传感器、流量传感器、水质传感器、水温传感器等
4	交通管理系统	交通流量传感器、车辆速度传感器、交通信号灯状态传感器、行人检测传感器等
5	消防监测系统	烟雾传感器、火焰传感器、温度传感器等

表 2 - 3（续）

序号	名 称	涉 及 传 感 器
6	医疗救护系统	体温传感器、心率传感器、血压传感器等
7	物资储备管理系统	温度传感器、湿度传感器、氧气浓度传感器等
8	应急指挥调度系统	定位传感器、声音传感器、烟雾传感器、水质传感器、地震传感器、气压传感器、摄像头等

不同的业务系统会使用不同类型的传感器，需要根据业务系统建设要求，结合具体应用场景选择及设计。

第三节 智 能 决 策 技 术

智能决策技术是一种基于计算机技术和人工智能技术的决策支持技术。它通过数据挖掘、机器学习、知识表示与推理等技术，对现实世界中的数据进行自动化分析和推理，从而帮助决策者做出更为准确、快速、智能的决策。

一、智能算法和模型

智能算法和模型是一类能够通过学习和自适应调整来实现某种特定目标的算法和模型。这些算法和模型通常基于数据驱动，能够自动分析和识别数据中的模式和规律，并利用这些模式和规律来做出决策、预测和优化等操作。在应急管理中，智能算法和模型被广泛应用于预测、风险评估、资源分配和决策支持等方面，具有重要的作用。这些智能算法和模型包括人工神经网络、支持向量机、决策树、遗传算法和粒子群算法。

（1）人工神经网络（Artificial Neural Network，ANN）。ANN 是一种基于生物神经系统的结构和功能设计的算法模型。它通过模拟神经元之间的信息传递和加权计算，实现对输入数据的模式识别和分类，适用于各种类型的数据处理和预测任务。

（2）支持向量机（Support Vector Machine，SVM）。SVM 是一种基于统计学习理论的分类器。它通过找到一个最优超平面，使得样本点能够被正确地分类，具有很强的泛化能力和可解释性，适用于数据量较小、特征维度较高的情况。

（3）决策树（Decision Tree，DT）。DT 是一种基于树形结构的分类器。它通过树状结构对样本进行递归划分，从而实现对输入数据的分类和预测，具有较强的可解释性和易于理解的特点，适用于各种类型的数据处理和决策支持任务。

（4）遗传算法（Genetic Algorithm，GA）。GA 是一种基于自然选择和遗传学原理的优化算法。它通过模拟生物进化过程，逐步优化问题的解，具有全局搜索能力和较强的鲁棒性，适用于各种类型的优化和决策支持任务。

（5）粒子群算法（Particle Swarm Optimization，PSO）。PSO 是一种基于社会行为的优化算法。它通过模拟粒子在多维空间中的运动和交互，逐步寻找问题的最优解，具有全局搜索和局部搜索能力，适用于各种类型的优化和决策支持任务。

二、智能优化和搜索技术

智能优化和搜索技术是指利用计算机和人工智能技术，通过寻找最优解或近似最优解来解决优化和搜索问题的一种技术。该技术在应急管理中具有重要作用，能够辅助决策，优化资源配置，提高应急响应效率。

智能优化技术主要包括遗传算法、模拟退火算法、蚁群算法、粒子群算法等。这些算法通过模拟生物进化、物理运动等自然现象，寻找最优解或近似最优解。例如，在应急物资调配中，可以利用遗传算法优化物资分配方案，使得物资能够最优地分配到各个应急场所，达到最佳的救援效果。

在应急管理中，智能优化和搜索技术还可以结合其他技术一起使用，例如结合传感器网络技术和人员定位技术，利用智能优化算法和搜索算法优化人员搜索路径，提高人员搜救效率。同时，智能优化和搜索技术也可以结合智能决策技术一起使用，为应急管理决策提供更科学、更精准的决策依据。

三、智能决策支持系统

智能决策支持系统（Intelligent Decision Support System，IDSS）是指通过利用计算机技术、信息技术、人工智能技术等多种技术手段，将一定领域内的知识、经验、技能、规则等形成的智能集成起来，以便辅助人们进行决策的系统。

智能决策支持系统通常由数据采集、数据预处理、建模、决策支持和结果评估 5 个部分构成。其中，建模是智能决策支持系统的核心部分，主要利用数据挖掘、机器学习、人工智能等技术，对数据进行建模和分析，以便对未知情况进行预测和决策。

智能决策支持系统的关键技术包括：

（1）数据挖掘技术。利用算法和模型自动分析和提取大量数据中潜在的、有价值的信息，帮助用户更好地理解数据。

（2）机器学习技术。通过让计算机自动从数据中学习经验规律和模式，以便辅助决策。

（3）专家系统技术。建立在专家知识和规则的基础上，实现对问题的分析和决策。

（4）人工智能技术。包括神经网络、遗传算法等人工智能技术，以便更好地辅助决策。

四、智能决策在应急管理中的应用

智能决策技术在应急管理中的应用主要体现在突发事件响应决策、资源调度决策、灾情评估和预测等方面。

1. 突发事件响应决策

在突发事件发生时，智能决策支持系统能够根据事件的种类、地点、时间等因素，自动化地进行分类、分级和定位，及时生成事件响应方案，辅助现场指挥决策。

例如，当发生突发事件时，智能决策支持系统可以自动进行事件类型判断和定位，从而帮助指挥决策者制定针对性的应急预案和处置方案，提高应急响应效率。

2. 资源调度决策

在突发事件中，资源的调度是至关重要的。智能决策支持系统能够通过分析实时采集的数据信息，如地理位置、任务需求、交通状况等，智能化地进行资源调度决策，优化资源利用效率，提高响应效率。

例如，当发生大规模灾害时，智能决策支持系统可以利用大数据技术，快速分析现场灾情，计算资源需求量和调度方案，优化资源配置，提高灾害应对效率。

3. 灾情评估和预测

智能决策支持系统能够通过采集实时数据信息，运用数据挖掘和机器学习技术，对灾情进行实时评估和预测，为指挥决策者提供参考。

例如，在灾情评估方面，智能决策支持系统可以通过地理信息系统等技术，实时监测灾情信息，对灾害影响范围、人员受影响情况等进行评估；在灾情预测方面，智能决策支持系统可以利用数据挖掘和机器学习技术，分析历史灾情数据和气象数据等，进行灾害趋势预测，提前做好应对准备工作。

总的来说，智能决策技术在应急管理中的应用，能够为指挥决策者提供更加准确、及时、高效的决策支持，帮助应急管理部门更好地应对突发事件和灾害。

某市的"三位一体"智慧城市应急管理系统结合智能感知技术、大数据技术和智能决策技术，实现对城市安全风险的实时监测、预测和预警，并提供应急响应决策支持。该系统包括传感器网络、视频监控、智能识别、数据分析和应急决策支持等模块。传感器网络实现对城市各类环境信息、设施设备运行状态和人员流动情况的感知和采集；视频监控和智能识别模块通过图像识别和算法分析，实现对城市内的人流、车流和物流等的实时监测；数据分析模块则将采集到的大数据进行分析处理，生成城市安全风险的评估报告和预测模型；最后，应急决策支持模块结合城市安全风险评估和预测，为应急管理决策者提供全面、准确的风险分析和决策支持。

第四节　数字孪生技术

一、数字孪生原理和技术

数字孪生是一种将实际对象的物理、逻辑、行为等方面的信息数字化和建模的技术，可以在虚拟环境中模拟、测试、预测实际对象的行为和状态。数字孪生技术主要包括数据采集、数据建模、数据仿真、数据分析和反馈优化等环节。

数字孪生的建模过程一般分为以下4个步骤：

（1）数据采集。通过传感器、相机、雷达等设备收集实际对象的数据，包括位置、形态、温度、湿度、压力、振动等参数，也可以通过3D扫描技术获取实际对象的精准模型。

（2）数据建模。将采集到的数据进行处理、拟合和优化，构建数字孪生模型。数字孪生模型可以包括几何模型、材料模型、物理模型、运动学模型等，可以使用3D建模软件和仿真软件进行模型的构建和优化。

（3）数据仿真。将数字孪生模型投入仿真环境中进行模拟，可以模拟实际对象的运动、变形、热力学等行为，也可以模拟不同条件下的突发事件，如地震、火灾等。数字孪生技术可以对突发事件进行虚拟演练和预测，提高应急响应的效率和准确性。

（4）数据分析和反馈优化。将仿真结果与实际数据进行比较和分析，根据分析结果进行反馈优化，不断改进数字孪生模型的精度和逼真度。

数字孪生技术主要包括建模技术、仿真技术和反馈优化技术三个方面的技术。建模技术包括3D建模技术、物理建模技术、逻辑建模技术、行为建模技术等，需要根据实际对象的特点和需求进行选择和优化。仿真技术包括运动学仿真、动力学仿真、热力学仿真、流体力学仿真等，可以模拟不同条件下的实际对象行为和突发事件。反馈优化技术包括数据分析、模型优化和决策支持，可以根据仿真结果和实际数据不断改进数字孪生模型的精度和逼真度，提高应急管理的效率和准确性。

二、数字孪生技术在应急演练中的应用

数字孪生技术可以应用于应急演练中，以提高演练的效率、准确性和安全性。

数字孪生在应急演练中的应用可以分为以下几个方面：

（1）模拟应急场景。数字孪生技术可以用来模拟应急场景，包括建立数字孪生模型、模拟突发事件发生的情景，如火灾、地震、洪水等。通过数字孪生技术，可以在虚拟场景中模拟不同的突发事件和不同的救援方案，从而提高应急演练的效率和准确性。

（2）建立虚拟训练场。数字孪生技术可以用来建立虚拟训练场，使应急人员可以在虚拟环境中进行应急演练。应急人员可以通过虚拟训练场进行虚拟救援、实战演练，提高应急响应能力和处置效率。

（3）提供实时数据支持。数字孪生技术可以通过传感器、监测设备等实时采集现场数据，提供实时的应急数据支持，以便应急指挥部根据实时数据做出决策。

（4）模拟演练方案。数字孪生技术可以用来模拟应急演练方案，如火灾疏散方案、地震应急预案等。通过数字孪生技术，可以在虚拟场景中对不同的演练方案进行模拟，从而提高演练的效率和准确性。

（5）支持应急决策。数字孪生技术可以提供应急决策支持，根据现场数据和模拟场景，辅助应急指挥部做出科学决策。

总的来说，数字孪生技术可以通过模拟应急场景、建立虚拟训练场、提供实时数据支持、模拟演练方案和支持应急决策等方式，在应急演练中发挥重要作用。

三、数字孪生技术在应急指挥中的应用

数字孪生技术可以在实际应急指挥中发挥多方面作用。

（1）实时模拟突发事件。数字孪生技术可以在实时模拟突发事件的同时，与现场获取的数据进行比对分析，帮助指挥员更好地了解灾情，制定相应的应急措施。

（2）辅助指挥决策。数字孪生技术可以对突发事件进行3D可视化呈现，辅助指挥员进行决策。例如，根据数字孪生的仿真结果，指挥员可以更好地了解灾情的复杂性和发展趋势，为应急决策提供科学依据。

（3）风险评估和预测。数字孪生技术可以基于实时监测数据对灾害风险进行评估和预测，例如，在洪涝灾害中，数字孪生技术可以通过监测实时水位、雨量等数据，对可能出现的淹没区域和淹没深度进行模拟，为灾害应对提供预测和指导。

总之，数字孪生技术可以为应急指挥决策提供更准确、更全面、更快速的数据支持，同时可以在应急演练和培训中提高应急人员的应对能力和水平。

在数字孪生技术应急指挥中已有相关的实践案例。例如，某市把数字孪生技术用于建筑物安全管理。利用数字孪生技术对城市建筑物进行实时监测，分析建筑物的结构和安全状况，以及潜在的安全隐患，并在出现危险情况时提供即时预警和应急响应服务。

第五节　卫星遥感技术

一、卫星遥感原理和分类

卫星遥感是指利用卫星对地面进行观测和测量，获得地球表面的信息和数据的一种技术。其原理是利用卫星搭载的遥感传感器对地表反射、辐射或发射的电磁波进行接收、记录和处理，获得有关地球表面的信息，如地表温度、地表覆盖类型、气象信息等。遥感数据包含光学遥感、微波遥感、激光雷达遥感、超声波遥感等多种类型。

按照遥感数据获取方式的不同，卫星遥感可以分为主动遥感和被动遥感两种类型。主动遥感是指卫星主动向地面发射电磁波，通过对反射回来的电磁波进行接收和处理获取地面信息。常见的主动遥感数据包括合成孔径雷达（SAR）和激光雷达等。被动遥感是指卫星接收地球表面反射或辐射的电磁波，通过对接收的电磁波进行处理，获得地表信息。被动遥感数据包括光学遥感数据、红外遥感数据、微波遥感数据等。

此外，还可以根据遥感数据的分辨率进行分类，分为低分辨率遥感数据、中分辨率遥感数据和高分辨率遥感数据。低分辨率遥感数据一般指的是卫星对大范围地表的观测，其空间分辨率较低，一般在 1000 m 以上，但可以获得大范围的信息。中分辨率遥感数据空间分辨率在 10~1000 m 之间，可以获得较为详细的地表信息。高分辨率遥感数据的空间分辨率可以达到亚米级别，可以获得非常精细的地表信息。

二、卫星遥感数据处理和分析技术

卫星遥感数据处理和分析技术是指将卫星获取的遥感数据进行处理和分析，得出有用的信息和结果的一系列技术方法和工具。

1. 卫星遥感数据处理和分析的主要步骤

（1）数据获取和预处理。通过地面站或卫星云服务等渠道获取卫星遥感数据，对数据进行预处理，包括数据去噪、定标、几何校正等。

（2）数据处理和分析。对预处理后的遥感数据进行处理和分析，包括图像处理、分类与识别、变化检测等，可以得出地表覆盖、植被生长、气象变化等相关信息。

（3）数据可视化和发布。将处理后的遥感数据进行可视化，制作地图、图表等展示结果，或将结果发布到相关平台供使用。

2. 卫星遥感数据处理和分析技术

（1）遥感图像处理。包括图像增强、图像滤波、边缘检测、分割和匹配等处理方法，可对遥感图像进行预处理和分析。

（2）遥感图像分类。通过对遥感图像进行分类和识别，可以得到地表覆盖、植被、水资源等相关信息。常用的分类方法有像元法、物体法、混合法等。

（3）遥感图像变化检测。通过对遥感图像进行时间序列分析，检测出地表覆盖、植被、水资源等的变化情况，可以提供重要的监测和预警信息。

（4）遥感数据融合。将多源遥感数据进行融合处理，可以得到更全面和准确的地表覆盖、植被、水资源等相关信息。

（5）遥感数据挖掘。通过对遥感数据进行挖掘，可以提取出有用的信息和知识，为应急管理提供支持。

卫星遥感数据处理和分析技术在应急管理中应用广泛，可以用于自然灾害监测、资源调查、环境监测、气象预警等方面。例如，卫星遥感技术可以对洪水、地震等自然灾害的影响范围和程度进行快速、准确的监测和评估；可以对森林火灾、沙漠化等生态问题进行监测和分析；可以对重要基础设施进行监测和管理，以提高应急管理的效率和能力。

三、卫星遥感在应急管理中的应用

（1）灾害监测和评估。利用卫星遥感技术对灾害区域进行监测和评估，可以获取灾害发生后的影响范围、受灾程度、损失情况等重要信息。如在地震、洪水等自然灾害中，卫星遥感技术可以提供受灾区域的影像和高程数据，进行灾害程度评估，指导救援和抢险工作。

（2）资源调查和管理。卫星遥感技术可以获取各种自然资源的空间分布、数量、质量等信息，为资源管理和开发提供重要参考。例如在油气资源勘探中，利用卫星遥感技术可以获取地表形态、地质构造等信息，辅助判断油气藏的位置和规模，提高勘探成功率。

（3）环境监测和保护。卫星遥感技术可以获取大气、水体、土地等环境参数，实现环境监测和保护。例如在空气污染监测中，卫星遥感技术可以获取大气成分浓度分布情况，指导环境治理和改善。

（4）交通运输管理。卫星遥感技术可以获取交通网络、车流量、道路状况等信息，为交通运输管理提供数据支持。例如在交通事故发生后，卫星遥感技术可以获取事故地点的高分辨率影像，协助事故现场勘查和证据收集。

应急管理业务系统可以通过卫星遥感数据提供商、地理信息系统服务商等渠道获取卫星遥感数据，然后通过数据处理和分析技术将卫星遥感数据转化为可用的信息，如灾情分布图、地形地貌图、覆盖范围等，以支持应急管理决策和指挥。同时，也可以将业务系统中的实时数据（如人员定位、气象信息等）与卫星遥感数据相结合，形成全面、精准的灾情态势，进一步提高应急管理的响应速度和决策质量。需要注意的是，在对接卫星遥感技术时，需要考虑数据的时效性、精度、空间分辨率等因素，并与卫星遥感数据提供商、地理信息系统服务商等合作，制定数据获取、处理、分析和共享的标准和流程。

我国在应急管理中广泛应用卫星遥感技术，以下是一些实际案例。

2008 年汶川地震：在汶川地震发生后，中国国家测绘局通过卫星遥感技术获取了地震灾区的高分辨率遥感影像，并将这些影像用于地震灾情评估和灾后重建规划。此外，卫星遥感技术还能提供地震预警和灾害响应等方面的支持。

2013 年雅安地震：雅安地震发生后，国家测绘局通过高分辨率卫星影像，制作了灾区地形、地貌、土地利用等专题图，对灾害情况进行了评估和分析。同时，卫星遥感技术还提供了道路交通状况、受灾房屋分布等信息，帮助救援人员快速掌握灾情并组织救援。

2014 年云南鲁甸地震：国家测绘局在地震发生后迅速调用遥感卫星，获取了灾区高分辨率遥感影像，为救援和重建工作提供了数据支持。同时，利用卫星遥感技术，快速获取地震灾区的变化情况，及时发现灾情，为后续救援和重建提供科学依据。

2020 年广东台风"黑格比"：台风过后，中国国家测绘局迅速调用卫星遥感数据，为救援和重建工作提供了支持。通过高分辨率卫星影像，可以清晰地得到受灾地区的房屋倒塌情况、道路交通状况等信息，为救援人员提供了实时的地面情况。

这些案例表明，卫星遥感技术在应急管理中具有重要的作用，可以为救援和重建工作提供有价值的数据和支持。

第六节　网络安全技术

一、网络安全威胁和防范技术

网络安全威胁是指对计算机网络系统的威胁，包括恶意软件、黑客攻击、病毒、木马、网络钓鱼等。为了防范这些网络安全威胁，需要采取一系列防范技术。

（1）网络防火墙技术。网络防火墙是一种硬件或软件设备，可以根据预先设定的安全策略，监控网络流量并阻止非法访问。通过对网络数据包进行过滤、协议检测、端口控制等多种技术手段来保证网络的安全。

（2）加密技术。加密技术是指对数据进行加密，使其在传输过程中不被窃听或篡改。加密技术包括对称加密和非对称加密两种方式，常见的加密算法有 DES、AES、RSA 等。

（3）认证与访问控制技术。认证是指确认用户身份的过程，而访问控制是指限制用户在网络中的访问权限。常用的认证技术包括口令认证、数字证书认证、双因素认证等。

（4）安全审计技术。安全审计技术是指记录和分析系统中安全事件的过程，以便对系统进行管理和改进。常见的安全审计技术包括日志记录、入侵检测、行为分析等。

（5）数据备份与恢复技术。数据备份与恢复技术是指对数据进行备份和恢复，以应对数据丢失、系统故障等突发事件。常用的数据备份技术包括硬盘备份、磁带备份、云备份等。

（6）威胁情报技术。威胁情报技术是指对网络威胁进行监测、分析和预警的技术。通过收集、分析网络威胁情报，及时发现并应对潜在威胁，提高网络安全水平。

（7）漏洞扫描技术。漏洞扫描技术是指对计算机网络系统进行安全漏洞扫描，以发现系统中存在的漏洞，并及时进行修补和加固。

（8）行为分析技术。行为分析技术是指对用户在计算机网络中的行为进行分析，以识别恶意行为。通过对用户访问记录、操作行为、数据流量等多方面的数据进行分析，来预测和发现潜在的安全风险。

二、网络安全监测和预警技术

网络安全监测和预警技术是一种基于网络安全态势感知和预测分析的技术，旨在通过对网络安全事件的实时监测和预警，及时发现网络攻击行为，为安全运营管理提供决策支持。

（1）网络安全监测和预警技术主要包括以下几个方面：

① 实时监测技术。通过对网络流量、设备日志等数据源的实时监测，及时发现网络攻击行为，为后续的防御和应急响应提供基础数据。

② 数据分析技术。通过对网络数据进行深度挖掘和分析，提取关键信息，挖掘攻击者的行为模式和攻击手段，以及网络漏洞和风险点，为网络安全态势的评估和预测提供决策支持。

③ 风险评估技术。通过对网络安全漏洞和风险点的评估和分析，及时发现网络安全威胁，为网络安全决策提供依据。

④ 预警机制。基于对网络安全态势的感知和分析，建立网络安全预警机制，及时向安全管理人员发出安全预警，引导其采取相应的安全防护措施，保障网络安全。

将实时监测技术、数据分析技术和预警机制相结合，形成一套完整的网络安全监测和预警系统，实现对网络安全态势的全方位监测和预测分析。

（2）网络安全监测和预警技术在应急管理中的应用主要体现在以下几个方面：

① 提供实时预警信息。通过网络安全监测和预警系统，及时向安全管理人员发出安全预警信息，帮助他们及时掌握网络安全态势，快速做出应对措施。

② 支持安全决策。通过对网络安全态势的分析和评估，为安全管理人员提供决策支持，帮助他们制定更加科学合理的安全策略和措施，提高安全防范能力。

③ 保障网络安全。通过对网络安全事件的实时监测和预警，及时发现网络攻击行为，帮助安全管理人员采取相应的应急响应措施，及时化解网络安全威胁，保障网络安全。

三、应急管理业务系统网络安全

应急管理业务系统的网络安全非常重要，因为该系统需要收集和处理大量的敏感数据，包括个人身份信息、通信记录、位置数据、视频和音频等。网络安全攻击会导致数据泄露、系统崩溃、恶意软件感染和系统中断等严重后果。因此，业务系统需要采取各种措施来确保网络安全，保护敏感数据。

应急业务系统建设时，可考虑以下网络安全措施：

（1）防火墙。防火墙是一种软件或硬件设备，用于监控和控制网络流量，以防止未经授权的访问和恶意攻击。

（2）虚拟专用网络（VPN）。VPN是一种安全的连接，通过公共网络建立加密通道，使用户可以在不安全的网络上安全地传输数据。

（3）数据加密。对于敏感数据，可以使用加密技术来保护数据的安全。加密技术可以使数据难以被窃取和窥视，即使被盗取，也无法读取数据。

（4）安全访问控制。访问控制技术可以限制谁可以访问系统和数据，以及访问数据的方式。

（5）安全认证。安全认证是一种验证用户身份的方式，例如通过用户名和密码登录。

（6）安全审计。安全审计是记录系统活动和安全事件的过程，以便监控和识别安全问题。

（7）恶意软件检测。为了保护系统免受恶意软件的攻击，需要使用恶意软件检测工具，例如反病毒软件和防火墙等。

应急管理业务系统需要采取多层次的网络安全措施，以确保敏感数据的安全和系统的正常运行。

第三章　自然灾害监测预警系统

自然灾害监测预警主要包括台风灾害、洪涝灾害、地震灾害等。其业务需求主要是实时监测自然灾害的发生和演变趋势，及时发布预警信息。功能需求包括地理信息系统、气象雷达、卫星遥感等。解决方案主要是利用遥感、地理信息系统（GIS）等技术进行灾害监测预警。常用的关键设备包括气象雷达、遥感卫星、全球定位系统（GPS）等。

第一节　干　旱　灾　害

一、灾害概述

干旱灾害是指因降水少、河川径流及其他水资源短缺，对城乡居民生活、工农业生产以及生态环境等造成损害的自然灾害。干旱可以分为气象干旱、农业干旱、水文干旱和社会经济干旱。气象干旱是其他三种类型干旱的基础。当气象干旱持续一段时间时，就有可能发生农业干旱、水文干旱和社会经济干旱，并产生相应的后果。

气象干旱指某时段内，由于蒸发量和降水量的收支不平衡，水分支出大于水分收入而造成的水分短缺现象；农业干旱指在作物生育期内，由于土壤水分持续不足而造成的作物体内水分亏缺，影响作物正常生长发育的现象；水文干旱指由于降水的长期短缺而造成某段时间内，地表水或地下水收支不平衡，出现水分短缺，使江河流量、湖泊水位、水库蓄水等减少的现象；社会经济干旱指由自然系统与人类社会经济系统中水资源供需不平衡造成的异常水分短缺现象。社会对水的需求通常分为工业需水、农业需水和生活与服务行业需水等。如果需大于供，就会发生社会经济干旱。

2022 年，我国西南地区东部、江南、华南北部等地旱情持续发展，遭遇夏秋连旱。中央气象台连续 70 多天发布气象干旱预警，贵州中北部、广西北部、湖南、江西、浙江南部、福建等地有重旱或特旱。湖南和江西两地气象干旱尤为严重，几乎全省都出现重旱或特旱，为 1961 年以来最为严重的气象干旱。洞庭湖、鄱阳湖水位均创历史新低，洞庭湖不少地方也成了"草原"，鄱阳湖部分区域变成沙地。且鄱阳湖星子站水位至 7.05 m，多次刷新历史最低水位纪录。据国家卫星气象中心遥感监测，洞庭湖和鄱阳湖水体面积较上年同期减少60%左右，为近十年同期面积最小。

二、系统设计

干旱形成的原因是多方面的，降水不足是其根本原因，其次还受水土保护、距水源远近、水利建设等多种因素的影响。我们可以通过采取有效的措施来预防和减轻其危害。

（一）业务需求

干旱灾害的发生主要是因为长期无雨或少雨，水分不足以满足人的生存和经济发展。为实现对干旱灾害的防治，需要对相关区域进行长期降雨监测，同时监控周边水域水源、水利设施情况，必要时通过人工降雨、水库放水、跨流域调水等工作实现灾害应对。

（二）功能需求

（1）数据采集。系统应能够采集来自多种来源的数据，例如气象、土壤、水文、河流水位、降雨雨量、水库等水利设施的监测与实时监控等方面的数据，以及卫星遥感数据和地面监测数据等。

（2）数据处理和分析功能。系统应能够对采集到的数据进行处理和分析，以便提取干旱的特征指标和监测指标，并进行实时监测和预测。

（3）预警发布功能。系统应能够根据监测数据和分析结果，及时发布干旱预警信息，包括预警级别、预警时间、预警区域等信息。

（4）信息共享和传播功能。系统应能够将预警信息以多种方式共享和传播给相关部门和群众，例如通过短信、微信、网站等途径。

（5）决策支持功能。系统应能够为政府和决策者提供科学依据和技术支持，以便及时采取干旱防治措施，并制定相关的政策和规划。

（6）数据可视化功能。系统应能够将监测数据和分析结果以图表、地图等形式进行可视化展示，以便用户更直观地了解干旱的情况和趋势。

（7）专业技术支持功能。系统应能够提供专业技术支持和培训服务，以便用户更好地使用系统，提高干旱预警和防治的能力。

（8）安全保障功能。系统应具备高安全性，保障数据的保密性、完整性和可用性，以及防止系统遭到黑客攻击和病毒入侵等安全问题。

（三）解决方案

干旱灾害监测预警系统是应急管理部门为保障水利工程的安全和防范干旱灾害而开发的一种综合性监测系统，其参考架构如图3-1所示。该系统通过远程监测水库/河流的水位、降雨量等实时数据，同时支持远程视频监控，为保障水库的适度蓄水和安全应对灾情提供了准确、及时的现场信息。

首先，该系统采用的前端感知设备主要包括雷达水位计、雨量筒、摄像机等设备，这些设备一体化部署在河流、水库旁边，用于实现河流水位、降雨雨量实时监测，水库等水利设施的监测与实时监控。这些设备能够实现数据的实时采集，为系统提供了实时数据支持。

其次，这些采集到的数据通过无线通信方式（也支持有线方式）回传至在区县监控

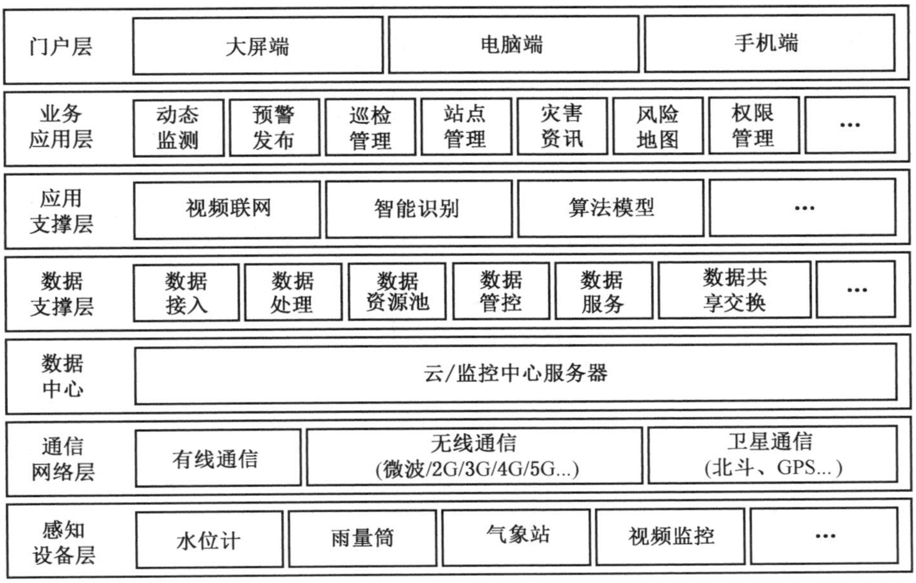

门户层	大屏端		电脑端		手机端		
业务应用层	动态监测	预警发布	巡检管理	站点管理	灾害资讯	风险地图	权限管理	...
应用支撑层	视频联网		智能识别		算法模型		...
数据支撑层	数据接入	数据处理	数据资源池	数据管控	数据服务	数据共享交换	...
数据中心	云/监控中心服务器						
通信网络层	有线通信	无线通信(微波/2G/3G/4G/5G...)		卫星通信(北斗、GPS...)			
感知设备层	水位计	雨量筒	气象站	视频监控	...		

图3-1 干旱灾害监测预警系统参考架构

中心服务器上部署的配套软件系统。该软件系统能够基于电子地图进行资源实时展示,包括监测点位分布、监测数据动态变化、现场实时监控数据等。通过这些展示,可以实时了解水库和河流的情况,及时发现异常情况,便于应急管理部门快速响应。

再次,该系统还支持相关监测、监控数据能够在手机上实时浏览查看,助力移动化办公。用户可以通过手机随时随地了解监测数据,及时开展相关工作。

最后,相关雨水情况、视频监控数据能够共享到省市级管理部门,支持多层级业务协同和管理。这样,不仅能够实现信息共享,还能够更好地协调各级应急管理部门的工作,提高整个应急管理工作的效率。

综上所述,干旱灾害预警监测系统是一个集数据采集、数据传输、数据展示和数据共享于一体的综合性系统,通过实时监测水位、降雨量等数据以及视频监控,为应急管理部门提供了及时、准确的现场信息,能够有效地预防和应对干旱灾害。

(四)关键设备

干旱灾害安全应急管理业务系统相关的关键设备包括前端监测设备、后端监控中心设备、通信设备等,具体见表3-1。

其他增配的设备主要包括旱情自动监测站和移动墒情监测站两部分。旱情自动监测站是一套集成系统,可以根据需要选择性集成土壤含水量、土壤水势、土壤温度、土壤盐分、土壤热通量、土壤蒸散、地下水位、地下水电导率、地下水温度、降雨量、蒸发、空气温湿度、风速、风向等指标,数据无线传输到中央基站进行处理。移动墒情监测站一般在旱情严重时组织巡测,或者需要加密测量以及增加旱情面积的代表性时使用。主要采用

表3-1　干旱灾害安全应急管理业务系统相关的关键设备

序号	设备类型	用　途	应 用 场 景
1	前端监测设备	气象站、土壤水分传感器、蒸发皿、水位计等监测设备，用于实时监测气象和土壤水分等数据	农田、草原、水库等干旱易发区
2	后端监控中心设备	数据处理服务器、数据库、GIS系统、报警设备等，用于数据分析、处理和警报预警	干旱监测中心、水利部门、气象局、环保局等监测、预警、管理机构
3	消防设备	灭火器、消防水带等，用于应对干旱灾害引发的火灾	干旱易发区的建筑、森林等
4	通信设备	手持对讲机、无线电台等，用于保证应急救援部门的通信联络	干旱易发区、干旱监测中心、水利部门、气象局、环保局等监测、预警、管理机构
5	水资源调配设备	水泵、输水管道等，用于调配水资源，缓解干旱状况	干旱易发区、水利部门
6	保障生活用水设备	净水设备、水车等，用于保障干旱区域居民的日常用水需求	干旱易发区的居民区
7	水利工程设备	水闸、堤坝等，用于防洪排涝、蓄水等	干旱易发区、水利部门
8	太阳能或风能发电设备	用于提供应急电源	干旱易发区、应急救援部门

便携式土壤水分速测系统 MiniTrase、土壤三相仪、土壤入渗仪、压力膜仪、手持式气象站等进行。

三、系统应用

干旱灾害应急管理业务系统的应用可以提高干旱预警、监测、评估和响应的效率和准确性，有助于减轻干旱灾害造成的影响和损失。

以我国某省为例，该省地处我国南方，气候湿润，但由于近年来气候异常，出现了一些严重的干旱灾害。因此，某省应急管理厅在干旱灾害应急管理方面加强了建设和应用。

省干旱灾害应急管理业务系统主要包括干旱监测预警、应急响应指挥、资源调度等模块。在业务需求方面，该系统需要能够对干旱灾害进行实时监测预警，并提供精准的干旱预警信息，以便及时采取应对措施。在功能需求方面，系统需要能够提供全省的干旱监测数据，并能够进行数据分析、研判，从而提高干旱预警的准确性。此外，系统还需要能够实现干旱应急响应的快速指挥和资源调度，协调各级各部门的应急力量，为灾民提供有效的救助和支持。

解决方案方面，省干旱灾害应急管理业务系统采用了传感器、卫星遥感、地理信息系统等技术，对全省干旱灾害进行实时监测和预警，并将监测数据进行汇总和分析，形成精准的干旱预警信息。同时，系统还采用了信息化技术，实现了快速的应急响应指挥和资源调度。

在关键设备方面，省干旱灾害应急管理业务系统主要采用了卫星遥感、传感器、通信设备、应急指挥车等设备，以实现系统对干旱灾害的实时监测和响应。

经过实际应用，省干旱灾害应急管理业务系统取得了良好的效果。在干旱发生时，系统能够及时发出预警信息，协调各级各部门的应急力量，实现快速响应和资源调度，为灾民提供了有效的救援和支持，减少了灾害损失。

此外，在干旱应急管理业务系统中，还可以集成气象、水文、土地等多源数据，通过数据融合和分析，提供全面的干旱监测和预测服务，帮助相关部门制定应对干旱的决策。同时，系统还可以实现应急响应和指挥调度功能，包括人员调度、物资调度、应急预案执行等，以及对灾后救援和恢复工作的跟踪管理和评估。

干旱应急管理业务系统的应用可以大大提高干旱应对工作的效率和准确性，减少人员和物资的浪费，同时可以提高干旱应急响应能力和灾后恢复能力，保障人民群众的生命财产安全。

第二节　洪　涝　灾　害

一、灾害概述

洪涝灾害是指因降雨、融雪、冰凌、溃坝（堤）、风暴潮等引发江河洪水、山洪泛滥以及渍涝等，对人类生命财产、社会功能等造成损害的自然灾害。如图 3 - 2 报道，2020年，中国南方地区发生多轮强降雨过程，造成多地发生较重的洪涝灾害。根据水利部消息，全国 16 个省区 198 条河流发生超警戒线以上洪水，多于常年同期；重庆綦江上游干流及四川大渡河支流小金川更是发生了超历史洪水。

图3-2　南方洪涝灾害报道

2022 年前三季度，我国共发生 43 次强降雨过程，全国面降水量 529 mm，较常年同期偏少 6%。广西、广东、福建、江西、辽宁等 28 省（区、市）共有 612 条河流发生超警以上洪水，部分地区强降雨引发洪涝灾害，局地山洪灾害频发重发。华南前汛期先后经历 9 次区域性暴雨过程，珠江流域降水量为 1961 年以来同期最多，发生流域性较大洪水，北江发生特大洪水，多地出现城乡内涝、山洪地质灾害等。除 6 月华南、江南洪涝灾害偏重外，7 月、8 月东北等地发生较为严重汛情灾情，长江流域的湖北、湖南、江西等省份洪涝灾害较常年同期偏轻。此外，全国共发生滑坡、崩塌、泥石流等地质灾害 5543 起，地灾类型以中小型为主，发生区域主要集中在中南、华南、西南等地。

二、系统设计

目前我国已建成水文和洪水监测预警预报体系，由 3171 个水文站、1244 个水位站、14602 个雨量站、61 个水文实验站和 12683 眼地下水测井组成的水文监测网构建，包括洪水预警预报系统、地下水监测系统、水资源管理系统和水文水资源数据系统等。

（一）业务需求

为有效防治洪涝灾害，应急管理部门应根据基于致灾因子的断链减灾措施，需要实现对暴雨、风暴潮有关的降雨信息进行实时监测；基于孕灾环境的断链减灾措施，需要对山洪沟、易涝点、行洪能力差的区域开展地质监测、视频监控，需要对排水能力差的城市开展城市内涝监测；基于承灾体的断链减灾措施，需要强化洪涝灾害短临预警能力。

（二）功能需求

1. 山洪灾害监测预警

（1）雨水情监测。雨水情监测是实现对水情、雨情和工情的远程监测。监测点可以是水监测断面、水文站、自动监测站等。监测数据可通过有线或无线网络从各级监测站获得。

（2）山洪预警。通过现代化的手段实现当有暴雨、溪河洪水与滑坡、泥石流等地质灾害隐患的时候自动发布山洪警报与组织山洪易发区居民躲灾避灾，达到尽最大可能减少人员伤亡的目标。

（3）预警管理。预警管理系统需要包括云图气象信息、雨水情查询统计、各类报表生成、工情信息查询、山洪预警决策支持系统。

（4）信息传输通信。需要实现雨水情信息的数据传输和预警信息的数据传输；通信方式可以是水利行业内部上下通信，也可以是平行部门的数据交换，实现与气象、国土、水文等系统的数据交换与共享。

（5）监测点管理。监测点是在容易发生洪水地质灾害的地段上建立的常年监测点。对一旦有暴雨、溪河洪水与滑坡、泥石流等地质灾害隐患发生时，能及时传回环境变化信息，包括水位情况、山体变化情况等。监测可根据需求分为固定监测点和流动监测点。

（6）信息发布。信息发布包括公众信息网站、政务信息查询、地理信息查询、山洪预警决策支持、系统数据维护、用户权限管理等。

（7）决策支持。决策支持功能提供根据监测数据、自然地理环境数据建立水利环境数据模型和专家预测案，计算水环境容量，模拟各种条件下的水利灾害影响结果。根据区域内的发展规划和状况，结合模拟山洪暴发结果，预测近期内水环境变化趋势，为决策提供依据各种评价模型，分析区域内环境质量变化趋势。系统可提供监测点点位分析，洪水蔓延、扩散模式分析，地形地貌等高线分析等。

（8）系统维护。系统维护包括数据的录入、修改、删除、备份、恢复，以及用户管理、网络通信管理、数据层管理、数据结构管理等。

2. 城市内涝监测预警

实现对低洼路段积水监测、隧道积水监测、窨井液位等典型区域、重点区域、易涝区域场景的动态监测和实时监控、监测和异常预警，提升城市内涝监测预测预警能力，从而提高城市安全管理与服务水平。

（1）低洼路段积水监测场景。主要包括高速公路路面、市政交通路面、城市管理、住宅小区、低洼地带、地下停车场、物流工业园区、农业灌区、旅游景区等场景。

（2）隧道积水监测场景。主要包括高速公路隧道、下穿式隧道通道、下穿式立交桥、桥梁桥洞涵洞、桥下易涝点等场景。

（3）窨井液位监测场景。适用于楼宇水箱、消防水箱、市政综合管廊、市政雨污水井、电力井管网液位监测等场景。

（三）解决方案

1. 山洪灾害解决方案

为了有效预防山洪灾害的发生，需要建立一套完善的山洪灾害解决方案，其参考架构如图 3 - 3 所示。

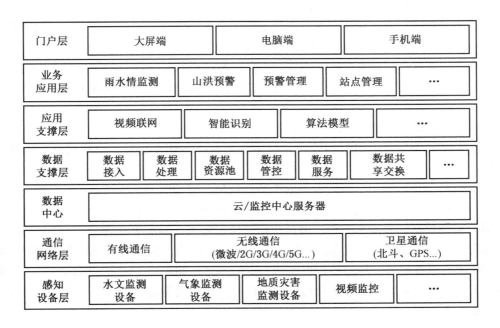

图 3-3　山洪灾害监测预警系统参考架构

1）雨水情监测子系统

雨水情监测子系统主要用于收集、分析和处理雨水情数据。其包括的设备有雨量计、温度计、湿度计和气压计等。监测站点可以分布在不同的地区，通过无线网络将数据传输到数据中心，为山洪灾害的监测和预警提供数据支持。监测数据可以在数据中心通过专业软件进行实时处理和分析，以便提供精确的预警信息。

2）山洪预警子系统

山洪预警子系统主要用于基于雨情数据、水情数据、水文数据等实时数据，实现对山洪灾害的预测和预警。主要包括水位预警、雨情预警、地质灾害预警、水库、水文等设施的预警等。该子系统采用复合预警模型，基于数据挖掘、模糊逻辑、神经网络等技术，通过计算机模型实现预警分析。当预警条件达到时，预警信息将发送到预警管理子系统。

3）预警管理子系统

预警管理子系统主要用于管理预警信息、发布预警信息、应急指挥和处置。主要包括灾情管理、信息管理、预警管理、指挥管理、通信管理等。预警信息通过短信、邮件、微信等渠道发布，实现预警信息的全方位覆盖和及时发布。

4）信息传输通信子系统

信息传输通信子系统主要用于实现各子系统之间的数据交换和通信。采用可靠的通信技术，如卫星通信、移动通信、光纤通信等，保证各子系统之间的通信稳定、快速、准确。该子系统还包括数据中心的网络安全防护机制，以确保系统数据的安全性和保密性。

5）监测点管理子系统

监测点管理子系统负责管理监测点位的基本信息，包括监测点位的名称、位置、监测参数、监测设备、监测时间等信息。同时，该子系统还支持监测点位的实时监测和状态检测，以确保监测设备的正常运行和监测数据的准确性。

监测点管理子系统通常由监测点管理平台和监测点位监测设备两部分组成。监测点管理平台是监测点位信息的管理和维护平台，监测点位监测设备则是负责采集和传输监测数据的设备。

监测点管理平台通常具有以下功能：

（1）监测点位信息的维护和管理，包括监测点位的基本信息、位置信息、监测参数等信息。

（2）监测设备的管理，包括设备的类型、规格、安装时间、维护记录等信息。

（3）监测点位状态检测，包括设备状态、数据传输状态等检测。

（4）监测数据的处理和分析，包括数据存储、处理、展示等功能。

监测点位监测设备是实现监测点位数据采集和传输的关键设备，通常由传感器、数据采集器和通信设备组成。传感器负责监测指定的参数，如水位、流量、降雨量等；数据采集器负责将传感器采集到的数据进行处理和传输；通信设备负责将采集到的数据通过网络传输到监测点管理平台。

6）决策支持子系统

决策支持子系统是系统中一个非常重要的组成部分，其主要功能是通过收集、整理和分析系统内部各个子系统所提供的数据信息，生成各类决策支持报告和分析结果，帮助管理部门进行决策。该子系统需要具备以下功能：

（1）数据分析与挖掘。通过对系统中的数据进行多维分析和数据挖掘，从中发掘出有价值的信息和规律，支持管理部门进行决策。

（2）决策支持报告。根据管理部门的需要，生成各类决策支持报告，包括山洪预警报告、应急响应预案、灾害评估报告等。

（3）可视化分析。通过可视化手段将数据分析结果呈现给管理部门，使其更加直观、清晰地理解数据信息，从而更好地支持决策。

（4）模型预测。基于历史数据和实时监测数据，运用数据挖掘、机器学习等技术，建立各类数学模型，用于预测未来可能发生的山洪灾害事件，为管理部门提供决策支持。

（5）专家系统。引入专家系统，利用专家知识库，对各种灾害事件的发生概率、影响范围、应对措施等进行评估和推荐，帮助管理部门制定合理的灾害应对策略。

7）系统维护子系统

系统维护子系统是保证整个系统正常运行的保障，其主要功能包括系统的巡检、监控和维护、数据备份与恢复、软硬件升级等。该子系统需要具备以下功能：

（1）系统巡检。定期对系统各个组成部分进行巡检，确保系统运行正常，及时发现和解决问题。

（2）系统监控。实时监控系统运行状况和资源使用情况，及时发现问题并进行处理。

（3）数据备份与恢复。定期对系统数据进行备份，保证数据的安全性和可靠性，在系统故障或数据损坏时能够及时恢复。

（4）软硬件升级。根据系统的需求，及时进行软硬件升级，保持系统的高效性和稳定性。

2. 城市内涝解决方案

城市内涝监测预警系统是一种能够实时监测城市内涝情况的解决方案，其参考架构如图3-4所示。该系统利用现代通信技术和信息处理技术，采集城区主要易涝区易涝点积水深度信息，并将采集的监测数据上传到服务管理平台，实现城市易涝区积水情况的实时掌握。

城市内涝监测预警系统由多个子系统组成，其中包括雨量监测、积水监测、信息传输、预警发布、数据处理等方面。其中，积水监测子系统是该系统的核心部分，负责实时采集城区主要易涝区易涝点积水深度信息。通过在城市易涝区部署大量的水位计和液位传感器等监测设备，能够实时监测城市积水情况。

同时，该系统利用无线网络将采集的监测数据上传到服务管理平台，实现城市易涝区积水情况的实时掌握。结合GIS地图展示积水监测站点的空间地理分布位置，同时以浮动的形式展示实时的积水数据。可以按照时间、行政区划、监测对象等分类，包括下立交、低洼处、涵洞、生命线设施等，通过列表方式展示积水实时监测信息，方便工作人员快速通过公安视频系统对现场积水情况进行分析。

此外，该系统还利用GIS地图和公安视频系统实现关联互动，通过列表信息能快速定

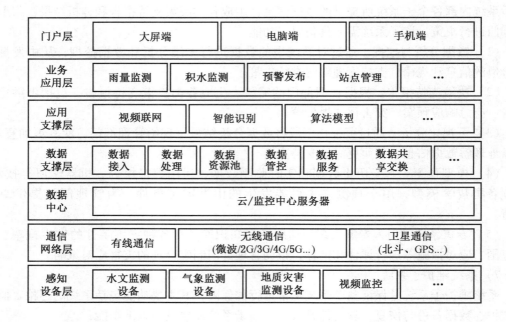

图3-4 城市内涝监测预警系统参考架构

位到 GIS 地图，方便对关注站点所在位置进行快速定位，并辅助对周边进行综合判断。这种方法不仅使得现场监测更加快捷、高效，而且能够在发生内涝灾害时迅速发布预警，提高抗灾应急反应能力。

综上所述，城市内涝监测预警系统通过高效、实时的数据采集和处理，以及多样化的信息展示方式，能够提供更加全面、准确的城市内涝情况监测服务，使应急管理工作更加高效、精准。

（四）关键设备

洪涝灾害安全应急管理业务系统相关的关键设备包括水文监测设备、地质灾害监测设备、监测控制中心设备等，具体见表3-2。

表3-2 洪涝灾害安全应急管理业务系统相关的关键设备

序号	设备类型	用途	应用场景
1	水文监测设备	监测降雨量、水位、流量等水文信息	河流、水库、堤防等水域区域
2	地质灾害监测设备	监测地表位移、滑坡、泥石流等地质灾害信息	地质灾害易发区
3	液位传感器	监测污水、雨水、河流等水位信息	水处理厂、河流等水域区域
4	紫外线消毒设备	消毒水源	水处理厂、水库等水源地
5	疏浚设备	疏浚河道、河口等	河道、河口、港口等水域区域
6	应急排水设备	应急排水	城市内涝、洪水等突发情况

表 3 - 2（续）

序号	设备类型	用途	应用场景
7	通信设备	传输监测数据、联络指挥调度等	各种应急场景
8	监测控制中心设备	数据处理、控制指挥中心	应急指挥中心
9	天气预报设备	提供天气预报信息	为应急决策提供支持
10	无人机	空中侦察、图像监测等	灾区、易受灾区域

表 3 - 2 中设备的作用在于实时监测、收集、传输灾害发生前、发生时和发生后的相关信息，为应急响应提供数据支持和技术保障，同时快速准确地了解灾情、救灾需求等信息，提高应对灾害的效率和准确性。

三、系统应用

洪涝灾害是我国面临的重大自然灾害之一，应急管理业务系统在洪涝灾害应急管理方面也起着重要作用。

2019 年 7 月，南方某省连续遭受多轮暴雨袭击，多地出现严重洪涝灾害。当地应急管理部门及时启动应急响应机制，利用洪涝灾害应急管理业务系统开展应急响应工作。

在洪涝灾害应急响应方面，省应急管理部门通过灾害信息采集和分析，及时发布洪涝预警信息，并通过应急指挥中心对灾情进行全面掌握和调度。同时，利用应急管理日常管理系统对灾情和应急救援资源进行监测和调度。

在救援方面，应急响应指挥救援系统帮助指挥中心实现了快速响应和资源调度。同时，安全生产监督管理系统对灾后恢复工作进行监测和调度。

由于及时启动应急响应机制和利用洪涝灾害应急管理业务系统开展应急响应工作，有效避免了人员伤亡和财产损失，有效保障了公众安全和生产秩序。

第三节　台　风　灾　害

一、灾害概述

台风灾害是指热带或副热带洋面上生成的气旋性涡旋大范围活动，伴随大风、暴雨、风暴潮、巨浪等，对人类生命财产造成损害的自然灾害。台风引起的直接灾害通常由狂风、暴雨、风暴潮三方面造成，可能会引发滑坡、泥石流、洪涝等次生和衍生灾害，给人民群众的生命财产造成巨大损失，图 3 - 5 所示就是台风过后的场景。

2015 年，首个登陆粤西的台风"彩虹"，登陆时挟着狂风暴雨，导致湛江市区一片狼藉，全城交通近乎瘫痪。街道上的保安亭、金属广告牌被刮倒，倒伏在地的树木随处可见，停在路边的汽车也难以幸免，各色广告条在半空中如群魔乱舞，道路两旁的商铺全部关闭。截至 2015 年 10 月 5 日上午 11 时，台风"彩虹"共致 6 人死亡，223 人受伤。台

图 3-5 台风过后场景

风"彩虹"还导致湛江市区首次出现 67.2 m/s 阵风,创历史纪录。

据民政厅 2015 年 10 月 6 日 15 时统计,台风"彩虹"共造成湛江等 9 市 42 个县不同程度受灾,累计受灾人口 353.4 万人,因灾遇难者升至 18 人,4 人失踪,紧急转移安置 17.04 万人,农作物受灾面积 28.27 万公顷,倒塌房屋 3374 间,直接经济损失达 232.4 亿元。

二、系统设计

当前我国已建成气象预警预报体系。成功发射并运营使用"风云"系列气象卫星,建成 146 部新一代天气雷达、91 个高空气象探测站 L 波段探空系统,建设 25420 个区域气象观测站。初步建立全国大气成分、酸雨、沙尘暴、雷电、农业气象、交通气象等专业气象观测网。基本建成比较完整的数值预报预测业务系统,开展灾害性天气短时临近预警业务,建成包括广播、电视、报纸、手机、网络等覆盖城乡社区的气象预警信息发布平台。

(一)业务需求

做好台风预报和服务,弄清台风中心当前位置和强度,即台风定位和定强分析。当台风位于远海时,需要利用气象卫星实现台风的定位定强;当台风移入近海时,需要利用多普勒天气雷达实现对近海台风的动态监测;台风准备登陆时,需要利用地面自动站提供更准确的观测资料,以确定台风登陆情况(登陆时间和强度等)。

(二)功能需求

一是利用气象卫星、多普勒天气雷达、地面自动站等实现台风路径和强度监测预报;二是提升台风降水和大风预报的准确率和精细化水平,包括台风过程降水总量、过程单点最大降水量、24/12/6/3 小时降水量、最大小时降水强度等，降水预报越准确越精细，对社会公众和防御部门的指导性就越有效。

（三）解决方案

台风灾害监测预警系统参考架构如图 3－6 所示。

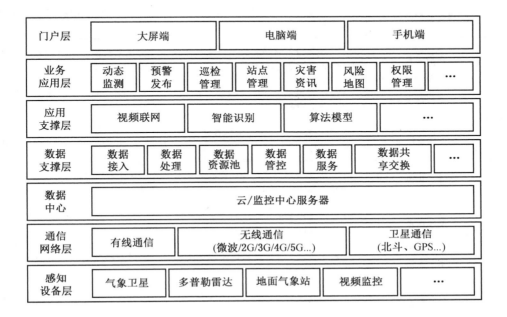

图3-6　台风灾害监测预警系统参考架构

1. 卫星遥感监测

对接气象部门卫星遥感监测数据实现对台风的监测，借助风云系列气象卫星和卫星云图分析技术，监测台风的定位定强信息，了解台风未来的动态和降雨信息，从而及时滚动发布有关台风的预警信息。

2. 天气雷达监测

对接气象部门多普勒雷达监测网数据实现对台风的监测，及时掌握台风最新动向和台风强度的变化。利用多普勒雷达反演的降雨和风场产品还可以实时监测有关台风强降雨和强风的发生发展信息，为决策者提供较为真实的台风风雨信息。

3. 地面自动气象站观测

对接气象部门地面自动气象站观测数据实现对台风的监测，借助于稠密的地面自动气象站网获取更精确的大风和强降雨数据，为提供台风短时降雨预报能力奠定基础。

（四）关键设备

台风灾害安全应急管理业务系统相关的关键设备包括气象监测设备、摄像监控设备、应急广播设备等，具体见表 3－3。

表3-3 台风灾害安全应急管理业务系统相关的关键设备

序号	设备类型	用途	应用场景
1	气象监测设备	用于获取气象数据,分析风力、降雨等信息,并及时预警	台风来临前、期间和过后的气象监测
2	摄像监控设备	用于实时监控风险区域,发现异常情况并及时报警	台风来临前、期间和过后的风险区域监控
3	通信设备	用于实现各设备之间的数据传输和互联互通,保证系统稳定运行	台风来临前、期间和过后的通信保障
4	应急广播设备	用于发布台风预警和应急指示,引导民众进行应急避险和救援	台风来临前、期间和过后的应急广播
5	GPS定位设备	用于定位救援人员和受灾民众的位置,指导救援工作	台风来临期间和过后的救援工作
6	智能分析设备	用于分析和研判灾情数据,提高灾情分析和决策的准确性和及时性	台风来临期间和过后的灾情分析和决策
7	电源设备	用于保障各设备的正常运行,确保系统的持续稳定运行	台风来临前、期间和过后的设备电源保障
8	水泵设备	用于排水抗洪,保证区域内水位的平稳和安全	台风来临期间和过后的排水抗洪工作
9	气象模拟设备	用于预测和模拟台风路径、强度和影响范围,为决策提供科学依据	台风来临前和期间的气象预测和模拟
10	救援装备	用于进行救援行动,如搜救器材、船只、救护车等	台风来临期间和过后的救援行动,如搜救、转移、疏散

三、系统应用

在2019年的台风"利奇马"来袭时,南方某省应急管理厅启动了该系统的应急响应模块,实时监测台风路径、风力、风向、降雨等气象信息,并结合地形、潮汐等因素对台风影响范围进行预测,对可能受灾地区进行了预警并做好了应急准备工作。

随后,通过应急指挥中心,调度各级应急力量和资源,开展紧急抢险救援工作。通过台风灾害应急管理业务系统,应急管理部门可以及时掌握台风灾情、调度应急资源,使得灾情得到了有效控制,大量人员和财产得以保护,取得了良好的应急管理效果。

第四节 暴 雨 灾 害

一、灾害概述

暴雨灾害是指每小时降雨量16 mm以上,或连续12 h降雨量30 mm以上,或连续

24 h 降雨量 50 mm 以上的降水，对人类生命财产等造成损害的自然灾害。

2021 年 7 月 17—23 日，河南省遭遇历史罕见特大暴雨，导致严重城市内涝、河流洪水、山洪滑坡等多灾并发（图 3 - 7），仅 20 日 16 ~ 17 时，郑州一个小时的降雨量就达 201.9 mm；19 日 20 时 ~ 20 日 20 时，单日降雨量 552.5 mm；17 日 20 时 ~ 20 日 20 时，3 天的过程降雨量 617.1 mm。其中小时降水和单日降水均已突破自 1951 年郑州建站以来 60 年的历史纪录。郑州常年平均全年降雨量为 640.8 mm，相当于这 3 天下了以往一年的量。灾害共造成河南省 150 个县（市、区）1478.6 万人受灾，因灾死亡失踪 398 人，其中郑州市 380 人、占全省 95.5%（图 3 - 8）；直接经济损失 1200.6 亿元，其中郑州市 409 亿元，占全省 34.1%。

图 3 - 7　暴雨灾害场景

二、系统设计

（一）业务需求

实现对道桥积水监测、窨井水位监测、雨污水泵站监控、城市河道水位监测，监控中心能够通过监测预警平台软件实时掌握低洼路段积水情况和排水现状。相关部门可根据监测结果及时采取防汛排涝措施，达到预警、减灾的目的。

（二）功能需求

（1）实现对隧道、下穿桥下、立交桥下、低洼路段和城市河道等重点区域水位、雨量的动态监测和实时视频监控。

（2）根据测点积水水位和降雨量，自动控制排水泵组的启停，实时监测排水泵组设备运行状态。

（3）监测排水管网窨井水位和流量，监测井盖状态，预防排水不畅导致积水成灾或井盖丢失导致群众失足危险。

河南省人民政府
WWW.HENAN.GOV.CN

无障碍阅读　进入适老模式

本站

首页　省政府　要闻动态　政务公开　网上服务　政民互动　走进河南　专题专栏

首页 > 要闻动态 > 河南要闻　　　　　　　　　　　　　　　　　　　　【打印】【字体：大中小】

河南郑州"7·20"特大暴雨灾害调查报告公布

河南省人民政府门户网站 www.henan.gov.cn　时间：2022-01-21 19:05　来源：新华社　　分享：

新华社北京1月21日电 记者从应急管理部获悉：日前，国务院常务会议听取了河南郑州"7·20"特大暴雨灾害调查情况的汇报，并审议通过了河南郑州"7·20"特大暴雨灾害调查报告。经国务院调查组调查认定，河南郑州"7·20"特大暴雨灾害是一场因极端暴雨导致严重城市内涝、河流洪水、山洪滑坡等多灾并发，造成重大人员伤亡和财产损失的特别重大自然灾害；郑州市委市政府及有关区县（市）、部门和单位风险意识不强，对这场特大灾害认识准备不足、防范组织不力、应急处置不当，存在失职渎职行为，特别是发生了地铁、隧道等本不应该发生的伤亡事件。郑州市及有关区县（市）党委、政府主要负责人对此负有领导责任，其他有关负责人和相关部门、单位有关负责人负有领导责任或直接责任。

2021年7月17日至23日，河南省遭遇历史罕见特大暴雨，发生严重洪涝灾害，特别是7月20日郑州市遭受重大人员伤亡和财产损失。灾害共造成河南省150个县（市、区）1478.6万人受灾，因灾死亡失踪398人，其中郑州市380人、占全省95.5%；直接经济损失1200.6亿元，其中郑州市409亿元、占全省34.1%。

图 3-8　郑州暴雨灾害影响

（4）实现水位/雨量数据越限、设备故障、供电异常时自动报警，并上传至监控中心。

（5）多种通信方式可选，支持多中心上报，方便多级管理，可根据汛期需求调整上报频率。

（6）实现所有测点和积水现状的地图纵览、历史数据查询、统计分析预测和实时视频调阅，支持发送预警信息给预警广播系统。

（三）解决方案

暴雨灾害监测预警系统参考架构如图 3-9 所示，通过部署前端积水监测、水文监测等设备，或是对接气象、水文、住建等部门监控监测数据，同时在城市内部隧道、下穿桥下、立交桥下、低洼路段和城市河道等重点区域部署道桥积水、窨井水位、河道水文等监测预警终端和雨污水泵站智能排水监控终端等自动化设备，及时监测监控关键位置水文水位变化并将数据通过各类通信网络回传至监控中心，同时提供水文水位信息超过危险阈值告警服务。支持多中心上报，方便多级管理，可根据汛期需求调整上报频率。

（四）关键设备

暴雨灾害安全应急管理业务系统相关的关键设备包括水位监测设备、下水道监测设备、雨量监测设备等，具体见表 3-4。

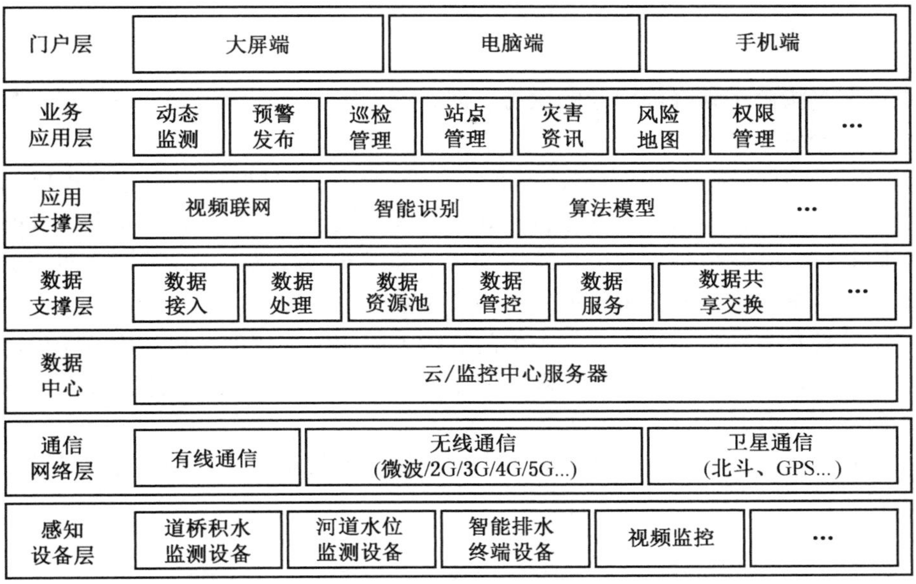

门户层	大屏端		电脑端		手机端			
业务 应用层	动态 监测	预警 发布	巡检 管理	站点 管理	灾害 资讯	风险 地图	权限 管理	…
应用 支撑层	视频联网		智能识别		算法模型		…	
数据 支撑层	数据 接入	数据 处理	数据 资源池	数据 管控	数据 服务	数据共 享交换	…	
数据 中心	云/监控中心服务器							
通信 网络层	有线通信		无线通信 (微波/2G/3G/4G/5G…)			卫星通信 (北斗、GPS…)		
感知 设备层	道桥积水 监测设备		河道水位 监测设备		智能排水 终端设备	视频监控	…	

图3-9 暴雨灾害监测预警系统参考架构

表3-4　暴雨灾害安全应急管理业务系统相关的关键设备

序号	设备类型	用途	应用场景
1	水位监测设备	测量水位高度，及时预警可能出现的水患	河流、水库、堤防等水利工程
2	下水道监测设备	测量下水道液位，防止排水管道堵塞，引发内涝	城市排水系统
3	雨量监测设备	测量降雨量，预测可能的降雨强度，及时预警可能出现的水患	水文气象站、城市气象站
4	地质灾害监测设备	检测土壤湿度、裂缝、地震等地质因素，预警山洪、泥石流等地质灾害	山区、地震多发地区
5	防洪排水泵站设备	对城市排水系统进行水位控制，防止排水管道堵塞，引发内涝	城市排水系统、防洪工程
6	防汛指挥调度系统	实时监控和处理暴雨灾害的信息，协调相关部门进行应急处置	政府应急管理部门、防汛调度中心
7	暴雨灾害预警系统	提供暴雨灾害的预警信息，帮助人们及时采取应对措施	水文气象站、城市气象站、政府应急管理部门、媒体等
8	通信设备	保障灾害发生时的通信联络	灾区、政府应急管理部门、救援队伍、媒体等
9	救援车辆	进行救援和运输工作	灾区、政府应急管理部门、救援队伍等
10	抢险救援器材	进行救援和抢险工作	灾区、政府应急管理部门、救援队伍等

三、系统应用

暴雨灾害是指由于强降雨引起的洪涝、泥石流等灾害。应急管理业务系统在暴雨灾害中的应用也十分重要。

以 2020 年 7 月的重庆暴雨为例，当地应急管理部门通过城市安全监测预警系统对降雨量、水位等数据进行实时监测和分析，并对可能受灾地区进行预警和预测，及时采取防范措施。同时，应急响应指挥救援系统协调相关部门开展救援工作，通过实时交通监测和通信系统，及时掌握灾情和救援进展，保障了民众的生命安全。

在应急管理日常管理系统中，相关部门进行灾前演练和培训，提高应急响应能力和处置水平。应急指挥中心及其系统在暴雨灾害中发挥重要作用，指挥调度救援力量和物资，协调各方面资源，及时进行应对和处置。

因此，安全监测预警系统在暴雨灾害中的应用，能够提高应急响应能力和处置效率，减少损失和伤亡。

第五节　强对流（大风）灾害

一、灾害概述

强对流（大风）灾害是指平均或瞬时风速达到一定速度或风力的风，对人类生命财产造成损害的自然灾害。作为风、雨、雷、电、雹等天气的集合体，强对流天气历时短、演变剧烈、破坏性强，甚至会出现飑线和龙卷风，被世界气象组织列为仅次于热带气旋、地震、洪涝的灾害性天气。

强对流天气因为其生命史短暂并带有明显突发性，约 1 小时至十几小时，较短的仅有几分钟至 1 小时，在气象科学上较难预报。但因为其存在天气剧烈、破坏力强等特点，强对流天气来临时经常伴随着电闪雷鸣、风大雨急等恶劣天气，致使房屋倒毁，庄稼树木受到摧残，电信交通受损，甚至造成人员伤亡等。

2015 年 6 月 1 日 21 时 30 分，隶属于重庆东方轮船公司的东方之星轮，在从南京驶往重庆途中突遇罕见强对流天气，在长江中游湖北监利水域沉没，如图 3 - 10 所示。"东方之星"号客轮上共有 454 人，其中遇难 442 人，成功获救 12 人。

二、系统设计

《气象灾害防御条例》明确地方各级气象主管机构和县级以上地方人民政府有关部门应当按照职责分工，共同做好本行政区域的气象灾害防御工作。

（一）业务需求

严防大风灾害，对城市广告牌、玻璃幕墙等易坠落物和塔吊、简易板房等易倒塌物采取加固或拆除措施，及时消除隐患。针对临时简易建筑、工矿企业、旅游景点、港口船舶等重点部位，探索建立"点对点"叫应服务机制，重点实现区域风向风速动态监测预警。

图 3-10　"东方之星"轮沉没事件

（二）功能需求

（1）预警监测。系统需要能够及时、准确地获取气象、环境监测数据，实时预警大风天气，同时进行灾害风险评估、监测分析和预测预报，确保对灾害的及时掌握和有效应对。

（2）应急响应。系统需要具备信息发布、指挥调度、救援救助等应急响应功能，能够快速响应、准确反应，及时启动应急预案，组织协调力量进行救援和灾后恢复工作。

（3）数据共享。系统需要实现多部门、多平台的信息共享和协同作业，整合社会公众的参与和协作，提高应急响应效率和质量。

（4）系统集成。系统需要具备与其他应急管理系统的接口集成能力，能够与气象、交通、电力、通信等多个领域的应急系统进行无缝对接和数据共享，提高应急管理系统的整体效能。

（5）安全保障。系统需要建立完善的信息安全管理体系，加强信息安全保障能力，保护数据的机密性、完整性和可用性，防止网络攻击、恶意篡改等安全威胁。同时需要保证系统硬件设备、软件程序的安全性，防范系统故障和设备损坏，确保系统的持续稳定运行。

（三）解决方案

强对流（大风）灾害监测预警系统参考架构如图 3-11 所示，通过部署气象雷达等设备，或是对接气象强对流监控监测数据，同时部署强对流天气雷达预警系统集雷达，充分利用网络化小型雷达时空分辨率高、精度高、机动性强的特点，采用神经网络模糊逻辑，智能识别跟踪危险天气过程，结合精细化 GIS 地图服务，根据回波特征和人影作业点位置，自动生成作业信息，并提供多参量作业效果评估。

（四）关键设备

强对流（大风）灾害安全应急管理业务系统相关的关键设备包括风速风向监测仪、气象雷达、电力线路监测系统等，具体见表 3-5。

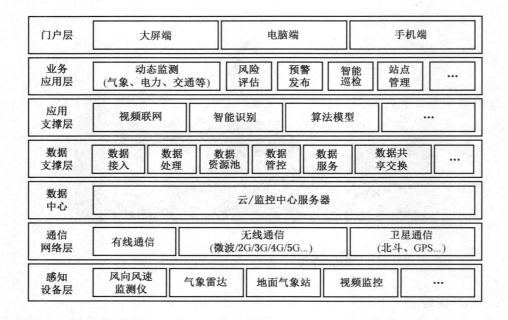

图3-11 强对流（大风）灾害监测预警系统参考架构

表3-5　强对流（大风）灾害安全应急管理业务系统相关的关键设备

序号	设备类型	用　途	应用场景
1	风速风向监测仪	监测风速和风向数据，预警风暴潮、强风等灾害	用于监测强风、风暴潮等极端天气条件下的风速和风向情况
2	气象雷达	检测气象信号和天气数据，实现雷达回波信号的处理和分析，预警雷暴、大风等灾害	用于监测雷暴、大风等极端天气条件下的气象信号和天气数据
3	电力线路监测系统	实时监测电力线路状态，及时发现并处理线路故障，预防电网因大风而造成的灾害	用于监测强风等极端天气条件下的电力线路状态，及时发现并处理线路故障
4	交通气象监测系统	监测交通气象信息，提供路面状况、车流量等信息，预警道路交通事故，减少因大风造成的交通事故	用于监测强风等极端天气条件下的交通气象信息，提供路面状况、车流量等信息
5	风险评估系统	对大风灾害的风险进行评估，分析灾害可能造成的影响，制定相应的应对措施	用于对强风灾害风险进行评估，分析灾害可能造成的影响
6	预警发布系统	根据实时监测数据，对可能出现的大风灾害进行预警和发布，通知相关部门和公众采取相应的应对措施	用于及时预警和发布强风等极端天气条件下可能出现的灾害信息
7	智能巡检系统	通过人工智能技术，对电力设施、通信设备等重要设施进行智能巡检，发现潜在风险并及时处理，预防大风等灾害	用于监测强风等极端天气条件下

三、系统应用

强对流（大风）灾害是一种常见的自然灾害，常常伴随着雷暴、冰雹、龙卷风等其他灾害。应急管理业务系统可以通过大风监测仪、预警系统和指挥调度系统等组成，及时了解灾情，有效应对。

某省 2019 年建立了一套强对流天气监测预警体系。该系统集成了雷电探测、降雨观测、闪电定位、风速风向监测等多种技术手段，及时掌握强对流天气信息，并且在风雹灾害发生前预警，提高了应急响应的效率。同时，该省还建立了应急指挥中心，利用监测数据，通过综合平台进行快速指挥调度，有效防范和减轻了灾害损失。

这个例子显示出强对流天气应急管理业务系统能够提供高效的监测和预警功能，并且在指挥调度和应急响应方面具有重要作用。

第六节　地　震　灾　害

一、灾害概述

地震灾害事指地壳快速释放能量过程中造成强烈地面振动及伴生的地面裂缝和变形，对人类生命安全、建（构）筑物和基础设施等财产、社会功能和生态环境等造成损害的自然灾害。

"5·12" 汶川地震，发生于北京时间 2008 年 5 月 12 日 14 时 28 分 4 秒，震中位于四川省阿坝藏族羌族自治州汶川县映秀镇（北纬 31.0°、东经 103.4°）。根据中国地震局修订后的数据，"5·12" 汶川地震的面波震级为 8.0 级。根据日本气象厅的数据，"5·12" 汶川地震的地震波确认共环绕了地球 6 圈。地震波及大半个中国以及亚洲多个国家和地区，中国国内北至内蒙古，东至上海，西至西藏，南至中国香港、中国台湾等地区均有震感，中国之外的泰国、越南、菲律宾和日本等国均有震感。

"5·12" 汶川地震严重破坏地区约 50 万 km^2，其中，极重灾区共 10 个县（市），较重灾区共 41 个县（市），一般灾区共 186 个县（市），如图 3 - 12 所示。截至 2008 年 9 月 25 日，"5·12" 汶川地震共计造成 69227 人遇难、17923 人失踪、374643 人不同程度受伤、1993.03 万人失去住所，受灾总人口达 4625.6 万人，造成直接经济损失 8451.4 亿元。"5·12" 汶川地震是新中国成立以来破坏性最强、波及范围最广、灾害损失最重、救灾难度最大的一次地震。

二、系统设计

我国已建有地震监测预报体系。建成固定测震台站 937 个，流动台 1000 多个，实现了中国三级以上地震的准实时监测。建立地震前兆观测固定台点 1300 个，各类前兆流动观测网 4000 余测点。初步建成国家和省级地震预测预报分析会商平台，建成由 700 个信息节点构成的高速地震数据信息网，开通地震速报信息手机短信服务平台。

（一）业务需求

图 3-12　汶川地震灾害场景

地震灾害应急管理的业务需求包括多个方面。首先，需要建立抗震设防的能力，通过地质条件分析和专业评价工具，为场地评估和工程项目建设提供可靠的抗震设防依据。其次，地震监测预警是关键需求，需要实现监测台站的可视化管理，以及对地震波形和频谱数据进行分析和展示，能够准确计算地震的影响范围和烈度圈，并能够快速触发地震应急响应。此外，地震应急救援是重要需求，包括对地震规模、影响范围和损失情况的计算，次生灾害的模拟分析（如洪水、滑坡、水污染和火灾），以及救援物资的管理和多人在线指挥等，以便高效、及时地展开救灾工作。

（二）功能需求

1. 抗震设防

通过集成多样化的地质专业图件编绘工具，如对钻孔柱状图、剖面图、地层等厚线图、等深线图、平面图等的编辑生成，为场地评估、工程项目建设的抗震设防提供简洁高效的地质条件分析手段。

结合抗震设防国家标准和行业规范，提供地震小区划评价、建筑物场地类别评价、城市用地抗震适宜性评价等多种专业分析评价工具，辅助相关从业人员快速完成专业评估工作。

2. 地震监测预警

对监测台站进行可视化管理，实现对其空间信息的查询、检索和统计，支持地震卫星波形数据、频谱数据的三维显示与分析，提供地震应急响应快速触发功能，可计算出地震的影响场范围和烈度圈，并对后续的一系列地震应急进行评价。

3. 地震应急救援

计算地震的规模、影响范围、损失情况等，进行次生灾害的可视化模拟，包括洪水淹没分析、滑坡预测、水污染分析和火灾模拟等，产出应急指挥辅助决策报告。管理地震救援物资信息，支持多人在线指挥，便捷、高效地完成救灾部署工作。动态跟踪现场人员调查结果，实现对余震引发次生灾害的精准评估。

（三）解决方案

地震灾害监测预警系统参考架构如图3-13所示。

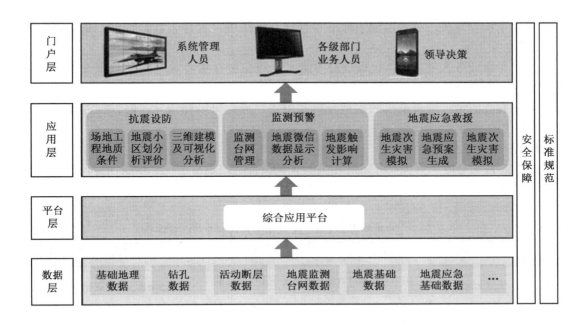

图3-13　地震灾害监测预警系统参考架构

1. 数据层

在数据层，系统需要获取并处理基础地理数据、地震卫星数据、地震监测数据、人员和资源数据等。其中，基础地理数据包括地图、地形、地貌等，是应急管理的基础数据；地震卫星数据是指通过卫星获取的地震相关数据，可以用于地震的监测和预警；地震监测数据是指地震测震台和地震监测设备获取的数据，包括地震震级、震源深度、震源位置等信息，可以用于地震的监测和预警；人员和资源数据包括救援队伍、救援装备、救灾物资、专家、医疗卫生资源等，是应急管理的重要数据。这些数据需要在系统中进行统一管理和处理，以便后续应用层的使用。

2. 平台层

平台层是指系统的基础设施层，主要包括硬件平台和软件平台两部分。硬件平台包括数据中心、服务器、存储设备等，软件平台包括操作系统、数据库、应用程序等。这些设备和软件为应用层提供支撑和基础服务。

3. 应用层

（1）监测预警。该模块主要包括地震监测网络建设、地震预警、地震预报等内容。该模块通过建设地震监测网络，实现对地震活动的实时监测和分析，提供地震预警和预报服务，以便及时采取应对措施。

（2）地震应急救援。该模块主要包括应急救援组织和指挥、应急物资管理、应急医疗救援等内容。该模块通过建设应急救援组织和指挥体系，实现应急救援力量的调度和协调，提供应急物资和医疗救援支援，最大限度地减少地震灾害造成的损失。

4. 用户层

（1）系统管理员。负责系统的运维和管理，包括用户管理、数据管理、系统安全管理等工作。

（2）各级业务人员。包括抗震设防专家、地震监测预警专家、应急救援专家等，负责系统各模块的业务操作和数据分析。

（3）领导决策。通过系统的数据分析和报告，进行决策和指导，确保抗震减灾工作的科学性和有效性。

（四）关键设备

地震灾害安全应急管理业务系统相关的关键设备有地震监测仪、地震预警仪、通信设备等，具体见表3-6。

表3-6　地震灾害安全应急管理业务系统相关的关键设备

序号	设备类型	用　　途	应　用　场　景
1	地震监测仪	用于监测地震的发生和强度，提供地震的基础数据	地震监测站、地震研究所等
2	地震预警仪	用于在地震发生前提供预警信息，让人们有时间采取应对措施	城市、地震灾害易发区、特殊场所等
3	通信设备	用于地震灾害发生后的应急通信	灾区、应急指挥中心、救援队伍等
4	现场指挥车	用于指挥现场应急救援，提供现场指挥和应急物资储备的功能	灾区、应急指挥中心、救援队伍等
5	搜救设备	用于搜救被困人员，如救生器材、探测器等	灾区、建筑物、地下通道、地铁等
6	现场应急照明灯	用于地震发生后的夜间救援和现场照明	灾区、现场指挥中心、救援队伍等
7	应急救援装备	用于地震现场的应急救援，如救生绳、救生衣、医疗包等	灾区、现场指挥中心、救援队伍等
8	卫星定位仪	用于救援队伍在复杂地形下的定位和导航	灾区、救援队伍等
9	消防设备	用于地震灾害发生后的灭火和防火	灾区、救援队伍、消防队伍等
10	无人机设备	用于灾区现场勘察、物资运输、搜救、图像监控等	灾区、救援队伍等
11	电力应急车	用于地震发生后电力应急维修	灾区、现场指挥中心、救援队伍等

三、系统应用

地震灾害是一种突发的自然灾害，需要及时的应急响应和救援行动来减轻灾害造成的影响。

在 2013 年的四川雅安地震中，应急管理部门采用了地震预警系统、地震监测系统、灾情评估系统等多种应急管理业务系统来应对地震灾害。其中，地震预警系统可以提前几秒钟到几十秒钟发出地震预警信息，让人们有更多的时间采取避难措施，降低人员伤亡和财产损失。

此外，地震监测系统可以实时监测地震发生的情况，并及时将信息传递给应急指挥中心，指挥中心可以根据地震情况采取相应的救援措施。灾情评估系统可以对地震灾害造成的损失进行评估，及时采取应急措施，最大限度地减少灾害的损失。

通过这些应急管理业务系统的协同作用，应急管理部门可以更快速、更准确地应对地震灾害。

第七节 地 质 灾 害

一、灾害概述

地质灾害是指自然地质作用和人类活动造成的恶化地质环境，降低了环境质量，直接或间接危害人类安全，并给社会和经济建设造成损失的地质事件。如崩塌、滑坡、泥石流、地裂缝、地面沉降、地面塌陷等。

2015 年 12 月 20 日，位于深圳市光明新区的红坳渣土受纳场发生滑坡事故，造成 73 人死亡，4 人下落不明，17 人受伤（重伤 3 人，轻伤 14 人），33 栋建筑物（厂房 24 栋、宿舍楼 3 栋，私宅 6 栋）被损毁、掩埋，90 家企业生产受影响，涉及员工 4630 人，如图 3 - 14 所示。事故造成直接经济损失 8.81 亿元。

图 3 - 14 光明山体滑坡场景

据自然资源部通报，2022 年 1—5 月，全国共发生地质灾害 552 起，造成 22 人死亡、5 人失踪、10 人受伤，直接经济损失 19745.14 万元。

二、系统设计

当前我国多地建有地质灾害监测系统。从 2003 年起，开展地质灾害气象预警预报工作，已建立群测群防制度的地质灾害隐患点 12 万多处。三峡库区滑坡崩塌专业监测网和上海、北京、天津等市地面沉降专业监测网络基本建成。

（一）业务需求

利用专业地质灾害监测设备，构建实时监测、预警预报、信息管理、群测群防、辅助决策的地质灾害综合解决方案，能够被运用于滑坡、泥石流、崩塌、地面塌陷、地面沉降和地裂缝等重点地质灾害隐患点实时在线的自动监测及预警。

（二）功能需求

地质灾害监测预警平台包括站点管理、实时监控、图像监测、预警管理、信息管理、统计分析、隐患点管理、系统管理等功能模块。

（三）解决方案

地质灾害监测预警系统参考架构如图 3-15 所示，地质灾害解决方案主要包含站点管理、实时监控、图像监测、预警管理、信息管理、统计分析、隐患点管理、系统管理等功能模块。

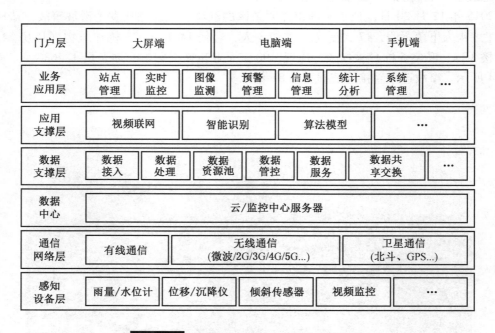

图 3-15 地质灾害监测预警系统参考架构

1. 数据层

数据层主要包括地质数据和卫星数据，这些数据通过平台层进行采集、存储、处理和分析，供应用层进行实时监控、预警管理和现场处理等。

2. 平台层

在平台层中，数据采集模块负责对地质灾害现场情况进行实时数据采集，并将采集的数据存储到数据库中，数据处理模块对采集的数据进行处理和分析，为应用层提供实时监控和预测预警服务。系统管理模块则提供对系统的管理、维护和配置功能。

3. 应用层

应用层主要包括报警预警、预测预警和现场处理3个模块。其中，报警预警模块通过实时监测地质灾害隐患点，提供及时预警和预报服务；预测预警模块通过对历史数据和现场实时数据的分析，提供对未来可能发生地质灾害的预测和预警；现场处理模块则提供针对地质灾害事件的应急救援和处置服务。

4. 用户层

用户层包括系统管理员、业务人员和决策人员，他们可以通过该系统进行数据查询、报表生成、决策分析等工作。

综上所述，该地质灾害解决方案通过集成数据采集、存储、处理、分析和应用等功能模块，为用户提供了全方位的地质灾害监测、预警、处理和决策支持服务。

（四）关键设备

地质灾害安全应急管理业务系统相关的关键设备有前端监测设备、灾害预警系统、现场监测设备等，具体见表3-7。

表3-7 地质灾害安全应急管理业务系统相关的关键设备

序号	设备类型	用 途	应 用 场 景
1	前端监测设备	监测地质灾害发生的前兆，包括地面形变、地震等	地质灾害易发区
2	灾害预警系统	根据前端监测设备的数据，对可能发生的灾害进行预警，并及时通知相关部门和群众	地质灾害易发区
3	灾情评估系统	对地质灾害造成的损失进行评估，为救援和补救提供科学依据	灾害发生后
4	现场监测设备	监测地质灾害现场情况，包括地质构造、水位、地面形变等	地质灾害易发区和灾害发生后
5	通信设备	与现场救援指挥中心、相关部门和群众进行信息通信	灾害发生后
6	灾害应急指挥中心	统一指挥、协调灾害应急救援工作	灾害发生后
7	现场应急救援设备	包括搜救设备、通信设备、救援工具等，用于现场救援工作	灾害发生后
8	水文地质勘探设备	用于对地下水地质条件进行勘探、探测和监测，提前预知地质灾害隐患	地质灾害易发区
9	数字地质勘探设备	利用现代化技术手段，对地质灾害进行数字化勘探、分析和预测	地质灾害易发区

以上设备主要是针对地质灾害易发区和灾害发生后，旨在提高对灾害的监测、预警、救援和评估能力，减轻灾害造成的损失。

三、系统应用

在四川省宜宾市长宁县，2019 年 6 月 17 日发生了里氏 6.0 级地震，随后发生了多起滑坡和崩塌。当地政府及时启动应急响应指挥救援系统，对地质灾害的监测、预警、应对等进行了全面管理。

该系统通过多种手段，如安装监测设备、搭建预警平台、加强人员巡查等，实现了地质灾害的实时监测和预警。同时，系统将地质灾害区域划分为不同的等级，并制定相应的应急预案和应对措施。在地质灾害发生后，系统自动启动应急响应指挥中心，快速协调各种资源进行应急救援和恢复工作。通过及时有效的应急管理，减少了地质灾害对当地人民生命财产的危害。

第八节　森林草原火灾

一、灾害概述

森林草原火灾是指由于雷电、自燃或在一定有利于起火的自然背景条件下由人为原因导致的，发生于森林或草原，对人类生命财产、生态环境等造成损害的火灾。

2020 年 3 月 30 日 15 时，四川凉山州西昌市突发森林火灾，火势向泸山景区方向迅速蔓延，大量浓烟顺风飘进西昌城区，如图 3 – 16 所示。截至 3 月 31 日 16 时，火灾过火面积 1000 余公顷，毁坏面积为 80 余公顷。

图 3 – 16　西昌森林火灾危害

此次森林火灾在救援过程中因火场风向突变、风力陡增、飞火断路、自救失效，致使参与火灾扑救的 19 人牺牲、3 人受伤。造成各类土地过火总面积 30.4778 km²，综合计算受害森林面积 7.916 km²，直接经济损失 9731.12 万元，如图 3 - 17 所示。

凉山州西昌市"3·30"森林火灾事件调查报告

2020 年 3 月 30 日 15 时 35 分许，四川省凉山州西昌市经久乡和安哈镇交界的皮家山山脊处发生森林火灾，在救援过程中因火场风向突变、风力陡增、飞火断路、自救失效，致使参与火灾扑救的 19 人牺牲、3 人受伤。这起森林火灾造成各类土地过火总面积 3047.7805 公顷，综合计算受害森林面积 791.6 公顷，直接经济损失 9731.12 万元。

图 3 - 17 西昌森林火灾调查报告

二、系统设计

当前我国多地区建设有森林和草原火灾预警监测系统。完善卫星遥感、飞机巡护、视频监控、瞭望观察和地面巡视的立体式监测森林和草原火灾体系，初步建立森林火险分级预警响应和森林火灾风险评估技术体系。

（一）业务需求

1. 立体化预警监测、综合处置火情报警、闭环管理火情信息

利用卫星遥感、航空巡护、视频监测、地面人工巡护等手段，构建立体化的监测信息，形成统一的森林草原预警监测数据中心，提供针对监测数据获取、发布、核查和反馈的闭环管理，实现火情综合处置、统一调度。

2. 指挥信息可视化、辅助决策智能化

运用大数据技术和数据可视化技术，直观、可视化地展示森林草原火灾突发事件数据逻辑。针对日常值守、实时监测、指挥调度等业务场景建立数据模型，按需即时提供辅助决策信息。

（二）功能需求

1. 预警监测

集成处理来源于卫星遥感、航空巡护、视频监测、地面人工巡护以及其他人工报警的火情信息，对监测数据获取、发布、核查和反馈进行闭环管理，实现火情综合处置。可对火点快速地图定位，查询周边信息。结合移动端 APP，可辅助核查人员目标定位，即时上报核查反馈信息。并通过数据接收、成果校验、数据入库实现数据的更新。

2. 指挥调度

以"应急管理一张图"为基础，汇总各类应急扑救资源和火情信息，实时展示火场

气象信息、火情报告、图片信息、视频信息和队伍位置信息，实现火场态势的统一展现，通过智能分析模型实现火场态势分析、路径分析，为火灾应急处置提供准确、快速、智能的技术支撑服务。

3. 日常值守

提供集成化的监测和反馈信息管理，便于值班人员跟踪热点和火情报警信息；值班日志，交接班管理；自动生成各类值班统计汇总信息、快速报告等。

4. 火灾统计及火灾档案管理

以火灾档案卡形式逐起火灾填报归档，结合森林防火大数据，生成各类统计报表和图标，通过智能化分析，以可视化方式展示，为防火决策服务。

5. 防火专题数据

实现森林草原防火专题数据的采集、上报和更新。专题数据包括防火设施、队伍分布、火灾威胁数据、林区社情民情数据等。

6. 移动应用

实现森林草原防灭火日常业务和应急救援的移动处置。包括火险预警、卫星监测、火灾情况、应急快报、请示报告、文档资料等。

（三）解决方案

森林草原火灾监测预警系统参考架构如图 3-18 所示。森林草原火灾安全应急管理业务系统解决方案包括火险预警子系统、卫星监测子系统、火情侦察子系统、视频监控子系统、护林（草）巡护子系统等子系统，各个子系统的功能点及作用如下：

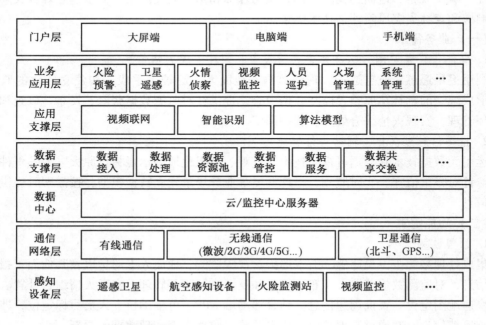

图 3-18 森林草原火灾监测预警系统参考架构

1. 火险预警子系统

火险预警子系统通过对天气、环境、火源等因素进行监测和分析，提前发现火险并预警，以便采取应急措施。

（1）火险等级划分。通过收集温度、湿度、风向等数据，根据火险等级划分标准，对森林草原火险进行等级划分。

（2）天气监测。通过气象站、探空仪等设备对气温、湿度、风速等数据进行实时监测，提供火险预警的依据。

（3）火源监测。通过安装摄像头、传感器等设备，对潜在的火源进行监测，及时发现火情。

（4）预警信息发布。在火险等级达到一定程度时，通过公告、短信、广播等多种渠道发布预警信息，提醒相关单位和群众做好防范准备。

2. 卫星监测子系统

卫星监测子系统通过卫星遥感技术对森林草原的火情进行实时监测，及时掌握火情蔓延情况和范围，以便采取应急措施。

（1）火情探测。通过卫星遥感技术实时监测火情，包括火点位置、面积、蔓延方向等信息。

（2）火情分析。对采集的火情数据进行分析，包括火情发展趋势、火势强度等。

（3）火情图像处理。对卫星遥感采集的图像进行处理和分析，提供火情监测的图像信息。

3. 火情侦察子系统

火情侦察子系统主要是通过无人机等设备进行空中巡视，以便及时掌握火场的情况和发展趋势，从而指导灭火救援行动。

（1）火情探测。利用多光谱相机等技术进行火源探测，及时发现火情，确保火场状况的准确性和及时性。

（2）火场勘测。利用高清相机进行火场拍摄和勘测，对火场周边环境进行评估，及时提供应急指挥决策的信息支持。

（3）火场监视。实时监测火场状况，及时反馈火情发展趋势，为灭火救援提供指导。

4. 视频监控子系统

视频监控子系统是通过部署监控摄像头等设备，对森林草原火灾的起火原因进行分析和研究，以便从根本上预防和控制火灾的发生。该子系统的主要功能包括：

（1）摄像头监测。对重点区域和易发火点进行视频监控，以实现对火情的及时掌握和发现，为火灾的防范提供技术支持。

（2）视频分析。通过对视频图像的处理和分析，识别和预警火情，减少火灾的损失。

（3）数据储存。将监控视频录制并储存，为火灾调查和责任追究提供重要证据。

5. 护林（草）巡护子系统

护林（草）巡护子系统主要用于巡护员在巡护过程中采集相关数据，并将数据上传至系统，供后续分析使用。该子系统包括以下功能点：

（1）GPS定位。通过巡护员携带的GPS定位设备，记录巡护员的实时位置信息，以便管理人员对巡护员进行跟踪管理。

（2）巡护路径记录。记录巡护员所经过的巡护路径，并在地图上显示，以便管理人员对巡护情况进行监督和管理。

（3）拍照录像。巡护员在巡护过程中可以通过手机等设备进行拍照录像，记录巡护现场的情况，为后续的火情侦察和处置提供重要的参考。

（4）数据上传。巡护员在巡护结束后，将采集的数据上传至系统，供后续分析使用。

综上所述，森林草原火灾安全应急管理业务系统通过多个子系统，将各种设备和传感器进行整合，实现对火情的预警、监测、侦察和处置，为火灾应急管理提供了有力的支持和保障。

（四）关键设备

森林草原火灾安全应急管理业务系统相关的关键设备包括火灾监测设备、火场图像监测、无人机等，具体见表 3 – 8。

表 3 – 8   森林草原火灾安全应急管理业务系统相关的关键设备

序号	设备类型	用　途	应 用 场 景
1	消防水泵房	提供灭火用水，增加灭火水源	森林、草原、野外等火灾现场
2	消防水池	储存灭火用水，提供应急灭火用水	森林、草原、野外等火灾现场
3	消防水枪	射程远、灭火效果好的喷水设备，用于现场灭火	森林、草原、野外等火灾现场
4	火灾监测设备	监测森林、草原等火灾情况，提供预警信息	森林、草原、野外等火灾可能发生场所
5	火场图像监测	通过监测森林、草原火场图像，提供火灾扩散情况	森林、草原、野外等火灾现场
6	无人机	通过搭载高清摄像头和红外线摄像头监测火灾情况和周边环境，为灭火指挥提供参考	森林、草原、野外等火灾现场
7	火灾扑救车	用于运输人员、物资和灭火装备，以及进行灭火作业	森林、草原、野外等火灾现场，或在火灾可能发生的区域或道路上
8	通信设备	用于在火灾现场进行联络和指挥，保障现场通信	森林、草原、野外等火灾现场

这些设备的作用是协助消防部门和应急管理部门快速响应和处置森林草原火灾事故，有效遏制火势蔓延。

三、系统应用

某省采用了基于 GIS 技术的森林草原火灾动态监测预警与响应系统，该系统利用遥感、气象、人工观测等多种数据源，对森林草原火灾进行实时监测、预测和评估，并及时发布预警信息，支持灾害应急决策。

　　通过该系统，可以实现对火灾发生位置、燃烧强度、火势扩散等信息的精确定位和及时掌握，有效提升了应对火灾的速度和准确性。同时，该系统还提供了实时的火灾态势分析和预测功能，可以帮助指挥部门进行科学决策和精细化指挥，提高了灾害应对的效率和质量。

第四章　城市安全监测预警系统

城市安全监测预警主要包括城市交通安全、火灾安全、环境安全等。其业务需求主要是实时监测城市安全状况，及时发现安全隐患并预警。功能需求包括视频监控、智能交通系统、环境监测系统等。解决方案主要是利用物联网、大数据等技术进行城市安全监测预警。常用的关键设备包括监控摄像头、传感器、智能终端等。

第一节　燃　气　安　全

一、事故概述

燃气是气体燃料的总称，它能燃烧而放出热量，供居民和工业企业使用。燃气的种类很多，主要有天然气、人工燃气、液化石油气和沼气、煤制气。燃气燃烧或爆炸所需要的点火能非常非常小。比如，你身体产生的静电、你走路摩擦的火星、你开灯弄出的火花等，这些能量足以导致燃气爆炸。

2021 年 6 月 13 日 6 时 30 分许，湖北省十堰市张湾区艳湖小区发生天然气爆炸事故，41 厂菜市场被炸毁，爆炸造成多人受困，如图 4 - 1 所示。事故直接原因是天然气中压钢管严重锈蚀破裂，泄漏的天然气在建筑物下方河道内密闭空间聚集，遇餐饮商户排油烟管道火星发生爆炸。

"6·13"十堰燃气爆炸事故造成 26 人死亡，138 人受伤，其中重伤 37 人，直接经济损失约 5395.41 万元。2021 年 7 月，湖北省对十堰市张湾区艳湖社区集贸市场燃气爆炸事故相关责任人进行严肃追责问责，包括 11 名省管干部在内的 34 名公职人员受到撤职、免职等处理。

二、系统设计

（一）业务需求

燃气安全应急管理是指针对燃气管道、燃气器具等相关设备的安全管理，防止燃气泄漏、爆炸等安全事故发生，保障人民生命财产安全。在这个领域，业务需求包括两方面。

图4-1 湖北十堰燃气事故现场

1. 规范要求

燃气安全的规范要求主要包括相关法律法规、行业标准和规范文件等，如《城镇燃气管理条例》等。这些规范要求对于燃气安全应急管理业务系统的设计和开发提供了重要的指导。

2. 信息化需求

为了更好地实现燃气安全应急管理，需要建立一套完善的信息化系统。需要满足以下信息化需求：

（1）燃气管网监测。对于燃气管道进行实时监测，检测管道运行状态，及时发现管道泄漏等问题，防止事故发生。

（2）燃气设备监测。对燃气设备进行实时监测，包括燃气热水器、燃气灶具、燃气炉具等，及时发现设备故障或安全隐患，防止事故发生。

（3）安全预警。通过对燃气供应系统进行分析，对潜在的安全隐患进行预警，并及时采取相应的措施，避免安全事故的发生。

（4）应急指挥。在燃气事故发生时，能够迅速响应、快速处理，并进行协调和指挥，保障人民生命财产安全。

（5）数据管理。对燃气供应系统的数据进行管理和分析，提高燃气供应的安全性和效率。

（二）功能需求

对燃气管网相邻地下空间甲烷气体浓度、管网流量、管网压力、餐饮场所可燃气体浓度、施工破坏、场站燃气泄漏等数据进行集成处理，实时感知燃气安全运行状态、风险评估与防控等。一般燃气安全应急管理业务系统的功能需求包括：

（1）实时监控。对燃气管网及其相邻空间的安全运行状态进行实时监控，包括管道压力、流量、温度、湿度等数据，以及相邻空间的气体浓度、温度、湿度等数据。

（2）风险评估与防控。对管网及相邻空间的安全运行风险进行评估，并制定相应的防控措施，包括管道安全等级评定、灾害风险预测、应急预案编制等。

（3）报警处理。对燃气管网及相邻空间的异常情况进行实时报警处理，包括管道泄漏、火灾、爆炸等情况，及时发送警报信息并通知相关部门。

（4）数据分析与统计。对监控数据进行分析和统计，形成数据报表、图表等形式，为安全管理和决策提供科学依据。

（5）应急响应。在燃气安全事故发生时，能够快速响应，包括紧急停气、紧急抢险、救援和转移等措施，同时配备应急救援装备和人员。

（6）可视化展示。通过三维地图和可视化界面，直观展示管网和相邻空间的运行状态和安全风险，便于管理和决策。

（三）解决方案

燃气安全应急管理系统是一个复杂的信息化系统，可以分为不同的层次，包括 IaaS（基础设施即服务）、PaaS（平台即服务）和 SaaS（软件即服务）等。燃气安全监测预警系统架构如图 4-2 所示。

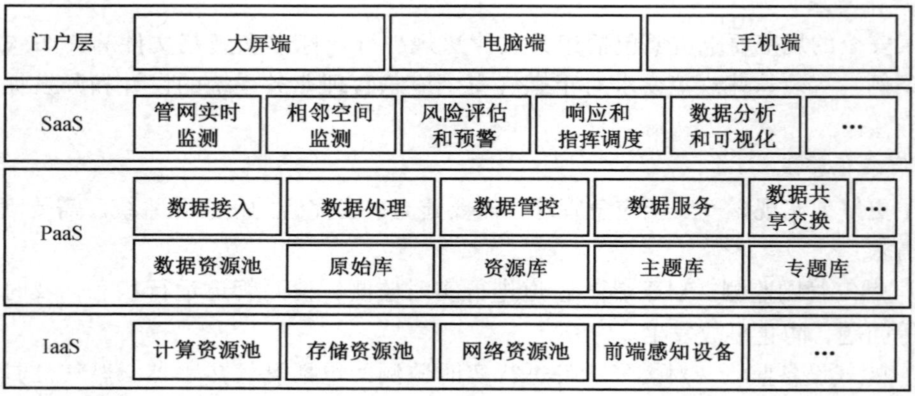

门户层	大屏端		电脑端		手机端	
SaaS	管网实时监测	相邻空间监测	风险评估和预警	响应和指挥调度	数据分析和可视化	…
PaaS	数据接入	数据处理	数据管控	数据服务	数据共享交换	…
	数据资源池	原始库	资源库	主题库	专题库	
IaaS	计算资源池	存储资源池	网络资源池	前端感知设备	…	

图4-2 燃气安全监测预警系统参考架构

1. IaaS 层

IaaS 层提供基础设施即服务，包括计算、存储、网络等底层资源的提供和管理。在燃气安全应急管理系统中，IaaS 层主要负责数据采集、传输和存储。具体包括以下组件：

（1）传感器。用于采集燃气管网和相邻空间的数据，包括燃气压力、流量、温度、湿度等。

（2）通信设备。用于将采集到的数据传输到数据中心，包括无线传感器网络、有线网络、蜂窝网络等。

（3）存储设备。用于存储采集到的数据，包括云存储、本地存储等。

2. PaaS 层

PaaS 层提供平台即服务，包括中间件、应用服务器等，用于构建和部署应用程序。在燃气安全应急管理系统中，PaaS 层主要负责数据处理和分析。具体包括以下组件：

（1）数据处理引擎。用于对采集到的数据进行处理和清洗，确保数据的质量和可靠性。

（2）数据分析引擎。用于对清洗后的数据进行分析和建模，提取数据中的有用信息。

（3）人工智能算法。用于对数据进行预测和预警，识别潜在的安全隐患。

3. SaaS 层

SaaS 层提供软件即服务，包括各种应用程序和工具。在燃气安全应急管理系统中，SaaS 层主要负责提供用户界面和功能模块。具体包括以下组件：

（1）燃气管网实时监测系统。用于实时监测燃气管网的运行状态，包括燃气压力、流量、温度等指标的实时监测和报警。

（2）相邻空间安全监测系统。用于监测与燃气管网相邻的地下管沟、窖井等附属设施的安全状态，包括空气质量、湿度等指标的监测和报警。

（3）风险评估和预警系统。利用分析管网及相邻空间的监测数据，对潜在的安全风险进行评估，并对高风险区域进行预警。同时，该系统还可以预测管网设备故障，并提供预警。

（4）应急响应和指挥调度系统。该系统主要负责应急响应和指挥调度，当管网或相邻空间出现安全事故时，该系统可以通过接收监测数据和报警信息进行实时响应，并启动应急预案。同时，该系统还可以实现应急指挥调度，协调应急救援力量，指挥现场处理和应急处置。

（5）数据分析和可视化系统。用于对监测数据进行分析和可视化展示，通过图表、地图等形式呈现数据，方便管理人员进行数据分析和决策。同时，它可以对历史数据进行分析和挖掘，为管网安全管理提供数据支持。

（四）关键设备

燃气安全应急管理业务系统相关的关键设备包括智能燃气传感器、燃气泄漏探测器、智能燃气表等，具体见表 4-1。

表 4-1　燃气安全应急管理业务系统相关的关键设备

序号	名　称	用　途	应 用 场 景
1	智能燃气传感器	监测燃气泄漏和安全状况	安装在燃气管道、燃气表等设备上，能够实时检测燃气压力、流量、温度等参数，并通过无线通信发送数据至燃气安全应急管理系统
2	燃气泄漏探测器	检测室内燃气泄漏	安装在室内，能够实时检测室内燃气浓度，并发出声光报警
3	燃气阀门	控制燃气流量和关闭燃气管道	安装在燃气管道上，通过控制阀门开关实现对燃气流量的控制和燃气管道的关闭

表4-1（续）

序号	名　称	用　途	应 用 场 景
4	智能燃气表	记录燃气使用量和供气情况	安装在用户家中，能够实时记录燃气使用量，并通过无线通信发送数据至燃气安全应急管理系统
5	燃气报警器	发出声光报警以提醒人员	安装在公共场所和人员密集区域，能够实时检测燃气浓度，并发出声光报警
6	燃气发生器	为紧急情况提供备用能源	安装在燃气调压站等场所，当外部供电中断时，能够为燃气安全应急管理系统提供备用能源
7	摄像头	视频监控和记录	安装在燃气站、管道等场所，能够实时监控设备运行状况，记录安全事故发生过程
8	无人机	快速勘查事故现场	在发生燃气事故时，能够快速飞行到事故现场进行勘查，提供高清影像和数据支持
9	GIS地图	空间信息管理和分析	对燃气管道、调压站等设施进行空间信息管理和分析，支持燃气安全应急管理系统的空间决策和应急响应

三、系统应用

2014年8月17日，山西省长治市市区发生了一起燃气爆炸事故。当时，爆炸由景山花园小区4号楼202室居民家中天然气泄漏所致，导致7人死亡，4人受伤。

该事故发生后，当地政府迅速组织应急救援工作，同时展开了调查和事故原因分析。据调查结果显示，事故的主要原因是燃气管网老化、设备维护不到位，以及居民使用燃气的安全意识不足。

为了防范类似的事故再次发生，长治市政府采取了一系列措施，其中包括加强燃气管网的维护和更新，加强对居民使用燃气的宣传和教育，以及引入相关业务系统来提高对燃气事故的响应能力和处理效率。

业务系统可以实时监测燃气管网的运行状况，并在发生异常情况时，自动向相关部门和人员发送警报信息。同时，该系统还可以快速识别事故现场，并协调救援资源，以尽快处置事故。

通过这些措施的实施，有效地提高了对燃气安全事故的预防和应对能力，有效避免了类似的事故再次发生。

第二节　供　水　安　全

一、事故概述

供水是指通过公共设施、商业组织、社区努力或个人提供水资源，水的输送通常是通过水泵和管道。供水事故，是指自来水厂出现运行故障、输配水管道发生爆裂、不可预测的外力破坏等因素造成的停水事故。不仅损失宝贵的水资源，造成局部停水，还会引发道路塌陷等其他灾害。

2021 年 12 月 10 日，贵阳市区自来水主管道破裂，水柱高达 3 m。街面水流成河，积水最深处达到了 20 cm，对面的人行道上也有大量的积水，行人无法通行，自来水还顺着人行道流进了南明河，而沿线的交通也受到了一定的影响，很多车辆都是减速涉水通行，如图 4 – 3 所示。

图 4 – 3 贵阳市自来水管破裂

该事故不仅造成了大量宝贵水资源的浪费，影响交通，而且水柱奔涌而出导致周围的人行道损毁严重，很多混凝土块还被冲到了车行道上。

二、系统设计

（一）业务需求

供水安全应急管理是指通过对供水系统的安全风险评估、监控、预警和应急处理等管理措施，确保供水系统的安全稳定运行。其业务需求主要包括以下方面：

1. 规范要求

供水安全应急管理需要遵守国家有关安全生产法律法规和行业标准，包括《城市给水工程项目规范》等，同时还需要进行水质检测、水资源管理等相关规范的执行。

2. 信息化需求

通过建立供水安全应急管理信息化系统，实现对供水系统的实时监测、风险评估、预警和应急处理等业务功能。具体功能包括：

（1）实时监测功能。对供水系统的水源、水质、水压、供水量等参数进行实时监测，及时发现异常情况并进行预警。

（2）风险评估功能。通过对供水系统进行风险评估，识别系统存在的潜在风险，制定针对性的风险防控措施，提高供水系统的安全稳定性。

（3）预警功能。在监测到供水系统存在异常情况时，及时进行预警，通知相关人员进行应急处置，避免事故扩大。

（4）应急处理功能。在供水系统发生事故或故障时，通过信息化系统进行应急处置，及时恢复供水系统的正常运行。

（二）功能需求

供水安全应急管理业务系统的功能需求可以分为以下几个方面：

（1）实时监测系统。建立供水管网监测系统，对水源、水质、水压、水流等指标进行实时监测，并在监测数据异常时及时报警，以便及时采取应对措施。

（2）风险评估和预警系统。基于供水管网监测数据，建立供水管网风险评估和预警系统，对供水系统的运行状态进行实时评估，并在发现异常时及时发出预警信号，通知相关人员做好应对准备。

（3）应急响应和指挥调度系统。建立供水应急响应和指挥调度系统，通过预案管理、应急响应流程管理、应急资源管理等功能，实现供水安全事故的及时响应和调度。

（4）数据分析和可视化系统。建立供水安全数据分析和可视化系统，通过数据分析和可视化技术，对供水管网运行状态、安全风险、应急响应情况等进行可视化展示，以便相关人员进行决策分析。

（5）相关管理模块。建立供水安全管理模块，包括供水管网设备管理、供水管网巡检管理、供水水源管理、应急预案管理等。

（三）解决方案

系统通过物联网、AI视觉、卫星遥感、云计算技术等新一代信息技术，将水厂、泵站运行状态，供水管网压力、流量状况，供水末端水质等与供水相关的基础参数数据连接起来，使供水各领域、各系统之间的内在关系更为明确，实现全面感知、泛在互联与融合应用。

供水安全应急管理系统架构可以分为基础设施层、平台层和应用层3个层次。其中，基础设施层提供云计算、存储、网络等基础设施支持；平台层提供数据处理、分析、管理等服务；应用层则提供实际的供水安全监测、预警、响应等应用服务。供水安全监测预警系统架构如图4-4所示。

1. IaaS 层

基础设施层是整个系统的基础，主要由硬件设施和云计算平台构成。硬件设施包括供水管网、水库、水泵、水厂等物理设备，以及供水数据采集设备、数据传输网络、数据存储设备等，云计算平台则提供虚拟化、计算、存储、网络等基础服务。

2. PaaS 层

平台层提供数据处理、分析和管理等服务，主要包括数据采集、处理、存储和管理等模块。平台层采用分布式架构，以保证系统的可靠性和可扩展性。

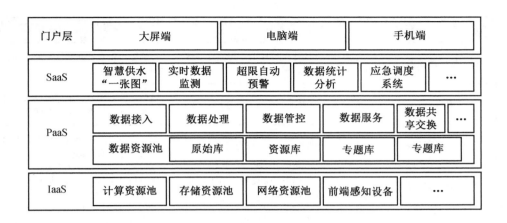

图 4 - 4　供水安全监测预警系统参考架构

3. SaaS 层

应用层是整个系统的最上层，主要提供实际的供水安全监测、预警、响应等应用服务，包括：

（1）智慧供水"一张图"系统。它能够将供水系统各个节点的数据集中在一张地图上，形成"一张图"，便于用户进行快速查询和监控。该系统还可以实时展示供水管网的运行状态，包括供水水源、水厂、输水管道、水箱、水泵等节点的实时运行数据。

（2）实时数据监测系统。它通过传感器对供水管网各个节点进行实时数据采集，包括水位、流量、水压等指标，实现对供水系统运行状况的实时监测。系统还能自动检测并警报异常情况，如水质问题、水压过低或过高等。

（3）超限自动预警系统。它能够通过数据分析和预测算法，识别出管道泄漏、供水压力过低等异常情况，并自动触发预警系统，通知相关人员及时采取措施。

（4）数据统计分析系统。该系统能够对实时监测的数据进行汇总、统计、分析，并将分析结果通过图表等形式展现给用户，帮助用户快速发现问题、分析原因，并做出相应的决策。

（5）应急调度系统。该系统能够根据预警信息，自动触发应急响应，快速组织调度应急抢修人员，定位故障点，采取及时有效的应急措施。

（6）视频监控系统。该系统可以实现对水源、水厂、输水管道、水箱等节点进行实时视频监控，为供水安全管理提供重要数据支持，及时发现异常情况。同时，该系统还可以通过智能识别技术，自动识别异常情况，并触发应急响应系统。

（四）关键设备

排水安全应急管理系统相关的关键设备包括管网监测设备、防污染设备、监控设备等，具体见表 4 - 2。

表4-2　排水安全应急管理相关的关键设备

序号	设备名称	用　途	应用场景
1	水质监测仪器	监测水质指标，如pH值、浑浊度、溶解氧等	监测城市供水管网和水源地水质，及时预警水质异常情况
2	传感器	监测水位、水压、水温等数据	监测水源、水库、水厂等供水设施状态，及时预警供水管网安全隐患
3	管网监测设备	监测管道破损、渗漏、压力等情况	监测城市供水管网运行状态，及时发现并处理管网安全隐患
4	防污染设备	包括过滤器、消毒设备等，用于防止污染物进入供水管网	保障城市供水安全，防止水源受到污染
5	监控设备	包括视频监控、闸门控制等，用于监测和控制水源、水厂等设施运行状态	监测城市供水设施的状态和运行情况，及时发现并处理异常
6	应急调度系统	用于接收预警信息、调度人员和设备进行应急处理	处理城市供水管网安全事件，保障供水安全
7	数据分析与可视化系统	用于对监测数据进行分析和展示，支持决策	分析供水设施运行数据，提供数据支持，辅助管理决策

三、系统应用

2014年1月，山东省滨州市出现了一起严重的供水安全事故。由于供水公司在维修水厂时操作不当，导致二次污染，引发了大量市民用水中毒。该事故严重影响了市民的生活和健康，引起了社会的广泛关注。

为了加强供水安全事故的应急管理，滨州市供水公司在该事故后建立了供水安全事故应急管理业务系统，并且加强了供水管网的监测和管理。该系统可以实时监测水质和供水量等指标，并且可以自动发出警报，提醒工作人员注意异常情况。同时，该系统还设置了应急预案和应急救援措施，可以在发生供水安全事故时快速响应和处理。

经过多年的应用和完善，该供水安全事故应急管理业务系统得到了广泛的应用，并在供水安全事故中发挥了重要作用。

第三节　排　水　安　全

一、事故概述

排水事故是指因地质灾害、船舶撞击、建设活动影响，严重淤塞或人为原因造成排水管网破损、渗漏、断裂、爆炸等事故，或污水处理厂发生有毒有害气体泄漏、危险化学品泄漏、火灾、爆炸、尾水超标排放等事故，造成取水中断、环境污染、人员伤亡或财产损失的事件。

2020 年 1 月 13 日 17 时 30 分左右，在青海省西宁市城中区南大街红十字医院一公交车站前突然出现大面积路面塌陷，一辆等候乘客上车的公交车掉入坑中，如图 4 - 5 所示。西宁官方通报该事故有 2 人伤亡，13 名伤者送往医院救治。

图 4 - 5　西宁排水事故图片

二、系统设计

（一）业务需求

排水安全应急管理的业务旨在保障排水系统的安全、稳定运行，防范和应对可能出现的突发情况和安全事故。

1. 规范要求

（1）排水设施安全运行必须符合国家和地方相关法规、规范和标准，如《城市排水工程项目规范》等。

（2）对排水设施的安全、环保、维护管理等方面，相关企业必须进行日常巡检、保养和定期检测，确保排水设施安全运行，及时发现和处理故障和隐患。

（3）在突发情况和安全事故发生时，应急响应机制必须迅速启动，及时采取有效措施控制事态发展，保障人民生命财产安全。

2. 信息化需求

（1）实现对排水设施的实时监控、数据采集和分析，包括涉及排水量、压力、水质等相关参数。

（2）实现对排水管道的远程监控和故障诊断，能够快速判断管道是否存在异常情况并进行预警。

（3）建立排水设施维修保养记录和故障维修记录的电子化管理系统，记录维修保养情况和维修过程，以及设备更换等信息，提高管理效率。

（4）实现排水设施的智能管理，通过智能算法优化管道布局和运行调度，减少设备运行成本和能耗。

（5）建立排水安全应急预案和应急演练系统，开展不同情况下的应急演练，提高应对突发事件的能力和效率。

（二）功能需求

对气象数据、排水防洪设施（包含管网、泵站、调蓄设施、道路易积水点、排口、河道、水文站等）状态数据、控源截污设施（包含管网、泵站、截留设施、排口、溢流风险较高的节点等）状态数据和空间爆燃监测数据进行集成处理，对内涝、水体污染和管理运行异常导致的雨量、道路易积水点液位、河道液位等报警。具体包括以下功能需求：

（1）排水管网实时监测。监测城市排水管网的运行状态、液位、流量、水质等数据，实现对排水管网实时监测，并对监测数据进行实时处理、分析和展示。

（2）相邻空间安全监测。监测排水管网相邻的面、污、水、电、通信等地下管沟、窨井等附属设施的安全运行情况，实现对相邻空间的实时监测和预警。

（3）气象数据监测。监测气象数据，包括降雨量、风速、温度等指标，实现对气象数据的实时监测和分析。

（4）排水防洪设施状态监测。监测城市排水防洪设施的状态数据，包括水位、液位、水压等指标，实现对排水防洪设施状态的实时监测和预警。

（5）控源截污设施状态监测。监测城市控源截污设施的状态数据，包括管网、泵站、截留设施、排口、溢流风险较高的节点等指标，实现对控源截污设施状态的实时监测和预警。

（6）空间爆燃监测。监测城市排水管网中的空间爆燃情况，实现对空间爆燃的实时监测和预警。

（7）数据分析和可视化。对监测数据进行分析、处理和可视化展示，实现对排水管网运行状态的全面、准确、及时的监测和分析。

（8）风险评估和预警。通过对监测数据进行分析和研判，实现对排水管网中的内涝、路面塌陷、大空间爆炸等风险进行评估和预警，提高排水管网安全运行水平。

（9）应急响应和指挥调度。在发生紧急事件时，实现应急响应和指挥调度，及时采取措施，减少事件影响。

（三）解决方案

排水安全综合监管应用系统以构建精细化、智慧化的区域水务管理体系为核心，以补齐排水信息化突出短板、夯实基础感知/支撑能力为重点，借助物联网、大数据、AI视觉、卫星遥感、云计算等技术，建设排水"智能感知、基础支撑和智慧应用"三大体系。以"源网厂河"为监测路线，从加强排水系统问题诊断能力、支撑城市排水系统联合调度、支撑污水处理提质增效三个业务应用方面开展系统性监测。

排水安全监测预警系统参考架构如图4-6所示。

1. IaaS 层

IaaS 层包括各种传感器设备、通信设备、存储设备等。这些设备能够实时采集城市排

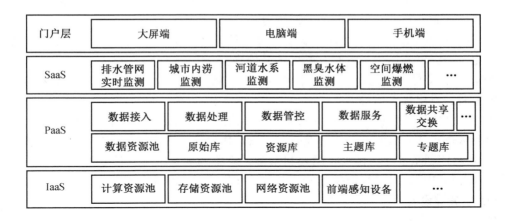

图4-6　排水安全监测预警系统参考架构

水管网及其附属设施运行的相关数据，如气象数据、排水防洪设施状态数据、控源截污设施状态数据、空间爆燃监测数据等。

2. PaaS 层

PaaS 层包括中间件、数据库等系统，并对 IaaS 层采集的数据进行处理、存储和管理。中间件主要负责数据的传输和转换，包括数据清洗、格式转换、数据分发等。数据库主要用于数据存储和管理，包括实时数据和历史数据。

3. SaaS 层

SaaS 层包括排水管网监测子系统、城市内涝监测子系统、河道水系监测子系统、黑臭水体监测子系统、空间爆燃监测子系统等子系统。这些子系统能够通过 PaaS 层的中间件和数据库，实现数据的查询、分析、处理、展示和报警等功能。具体功能如下：

（1）排水管网监测子系统。对排水管网运行的各项参数进行实时监测和预警，包括排水管网水位、流量、压力、水质等。一旦发现管网运行异常或超过预设阈值，系统将自动触发报警，并提示相关人员进行处理。

（2）城市内涝监测子系统。对城市内涝情况进行实时监测和预警，包括雨量、道路易积水点液位等参数。一旦发现城市内涝情况加剧或超过预设阈值，系统将自动触发报警，并提示相关人员进行处理。

（3）河道水系监测子系统。对城市周边河道水位、流量、水质等参数进行实时监测和预警。一旦发现河道水位过高或水质异常，系统将自动触发报警，并提示相关人员进行处理。

（4）黑臭水体监测子系统。对城市内的黑臭水体进行实时监测和预警，包括黑臭水体位置、污染程度等参数。一旦发现黑臭水体污染情况加剧或超过预设阈值，系统将自动触发报警，并提示相关人员进行处理。

（5）空间爆燃监测子系统。是排水安全应急管理系统中的一个功能模块，主要用于监测排水管网中可能发生的空间爆燃风险。具体功能包括：

① 监测管网中的气体浓度。通过安装气体浓度传感器，监测管道中气体浓度的变化，当气体浓度达到一定的预警值时，发出预警信号。

② 监测管道温度和压力。通过安装温度传感器和压力传感器，监测管道中温度和压力的变化，当温度或压力异常时，发出预警信号。

③ 监测管道异味。通过安装气体传感器，监测管道中异味的变化，当异味达到一定的预警值时，发出预警信号。

④ 实时数据采集和分析。通过采集传感器数据，对管道内的气体浓度、温度、压力、异味等参数进行实时监测和分析，及时发现管道内可能存在的风险，预警可能的事故。

⑤ 联动控制系统。与排水管网控制系统、应急调度系统等其他子系统联动，根据监测结果和分析结果，及时采取措施避免事故的发生或最小化事故损失。

（四）关键设备

排水安全应急管理系统相关的关键设备包括排水管网传感器、气象监测设备、水质监测设备等，具体见表4-3。

表4-3　排水安全应急管理系统相关的关键设备

序号	名　称	用　途	应 用 场 景
1	排水管网传感器	用于采集排水管网中液位、流量等相关参数	排水管网的实时监测和预警
2	气象监测设备	用于实时监测气象数据，包括降雨量、风向、风速等	监测预警
3	水质监测设备	用于实时监测排水管网中的水质情况，包括水体 pH 值、溶解氧、浊度等，以及污水中的重金属、有机物等污染物质	水质监测
4	污水处理设备	用于对排水管网中的污水进行处理和净化	污水处理监测
5	泵站设备	用于将污水从低处抽到高处，保证排水管网的正常运行	防淹、防洪救灾
6	可视化监测设备	包括视频监控设备和显示屏等，用于对排水管网及其周边环境进行实时监控和展示	受灾区域实时监控
7	数据中心服务器	用于存储和处理采集到的排水管网状态数据、气象数据等信息，并提供数据可视化、分析和预测功能	应急指挥中心

这些设备主要应用于城市排水系统中，可以实现对排水管网和周边环境的实时监测和预警，提高排水系统的安全性和运行效率。同时，这些设备的应用场景包括城市排水管网、河道水系、黑臭水体等场景。

三、系统应用

以某城市的排水系统为例，排水安全管理系统应用的一些效果和功能：

（1）排水管网监测。通过在排水管网中安装传感器和监测设备，可以对排水管道的状态进行实时监测。如果发现管道中出现了堵塞、泄漏、断裂等异常情况，系统将会自动发出警报，并及时通知相关工作人员进行处理，防止事故发生。

（2）城市内涝监测。通过各种监测设备实时监测城市内涝情况。例如，通过在道路边缘、水沟、排水沟、地下通道等地方安装水位计、流量计、降雨量计等设备，系统可以实时监测降雨情况、地下水位和排水系统的运行情况，从而及时发现城市内涝的风险并采取预防措施。

（3）河道水系监测。监测城市周边的河流、水库和水系等地方的水位和流量情况。通过安装水位计、流量计等设备，系统可以实时监测水位和流量的变化，及时发现可能导致洪水和水灾的危险，并采取相应的预防措施。

（4）黑臭水体监测。城市中的黑臭水体是排水安全的重要问题。通过各种监测设备，如水质监测仪、气体监测仪等，实时监测城市中的黑臭水体的变化情况。如果发现水质超标或有气味等异常情况，系统将会自动发出警报，并及时通知相关工作人员进行处理，避免黑臭水体对城市居民的健康造成危害。

第四节　热　力　安　全

一、事故概述

因各种原因造成的城区突发性停暖、供暖设施损坏、与供暖有关的人员伤亡等供热安全突发事故。

2021 年 1 月 5 日晚上，郑州大学路和建设路西南角热力管网突发爆管，如图 4-7 所示。爆管发生后，一名骑电动车的行人路过此处，不慎掉入路面塌陷区域不幸死亡，另一

图 4-7　郑州热力事故图片

路人在施救时脚被烫伤。暖气管道爆裂致 1 死 1 伤，约 37 万 m² 区域暂停供热。

二、系统设计

（一）业务需求

热力安全应急管理的业务主要涉及供热设施、热力管网、热力站等方面。下面从规范要求、信息化需求两个方面对热力安全应急管理的业务需求进行分析。

1. 规范要求

（1）《城市供热条例》等相关法律法规对热力供应设施的安全运行提出了要求。

（2）要求供热企业建立健全安全管理体系，明确责任、加强监管、规范操作。

2. 信息化需求

（1）实时监控。对供热设施、热力管网、热力站等进行实时监测，及时掌握运行状态，避免意外事故的发生。

（2）数据采集与分析。对供热设施的运行数据进行采集和分析，发现问题并及时处理。

（3）预警提示。对供热设施、热力管网、热力站等进行预警提示，如发现温度异常、压力过高等情况，及时采取应对措施。

（4）应急指挥。建立完善的应急指挥系统，能够对热力安全事故进行快速响应和处置，及时保障人员安全和供热运行的连续性。

（5）数据共享。与公安、消防、应急管理等相关部门建立数据共享机制，实现信息互通，提高应急响应效率。

综上所述，热力安全应急管理的业务需要通过信息化手段实现实时监测、数据采集与分析、预警提示、应急指挥和数据共享等功能，以确保热力设施的安全运行和人员的生命财产安全。

（二）功能需求

热力安全应急管理业务系统主要针对城市热力管网及其附属设施的安全运行风险进行监测。其功能需求如下：

（1）实时数据监测。监测热力管网、热力站点、换热设备等关键设施的温度、压力、流量、液位等数据，并进行实时采集、传输和处理。

（2）超限自动预警。对热力管网、热力站点、换热设备等设施进行监测，设定报警阈值，一旦超过设定阈值，系统将会自动触发预警，并进行信息推送、声光报警等处理。

（3）应急调度。根据监测数据和预警信息，对热力管网、热力站点、换热设备等设施进行调度和控制，确保设施运行安全。

（4）数据统计分析。对历史数据进行统计和分析，形成统计报表和分析报告，为决策提供依据。

（5）视频监控。安装视频监控设备，对热力站点、换热设备等关键设施进行全天候监控，及时发现问题并采取措施。

（6）安全评估。定期对热力管网、热力站点、换热设备等关键设施进行安全评估，评估结果用于指导系统优化和设备更新。

（7）热力站点智能化。对热力站点进行智能化升级，实现远程监测、自动控制和智能维护等功能，提高设施的运行效率和安全性。

（8）热力管网维护。定期对热力管网进行维护，包括管道防腐、设备更换等，确保热力管网运行的稳定性和安全性。

（9）热力管网规划。根据城市发展和人口变化情况，进行热力管网规划，为热力管网的建设和更新提供指导。

（三）解决方案

热力安全应急管理业务系统是为了保障城市供热系统的安全运行，及时识别潜在的运行风险，提供紧急处理方案，以确保城市供热系统的高效稳定运行。热力安全监测预警系统参考架构如图4-8所示。

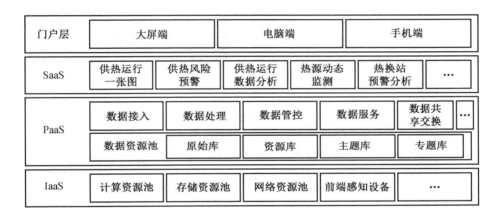

图4-8 热力安全监测预警系统参考架构

1. IaaS 层

IaaS 层主要包括传感器设备、通信设备和服务器等基础设施。传感器设备主要用于采集供热管网、热源、换热站等设备的运行数据，通信设备用于传输采集到的数据，服务器用于数据存储和处理。

2. PaaS 层

PaaS 层主要包括数据存储、数据处理、中间件等平台服务。数据存储主要用于存储采集到的数据，数据处理用于对数据进行清洗、预处理等操作，中间件用于不同系统之间的数据传输和协同工作。

3. SaaS 层

SaaS 层主要包括供热运行图、风险预警、运行数据、热源监测、换热站预警分析等应用服务。

（1）供热运行图系统。监测和分析供热系统的运行情况和性能指标，包括热力站点的温度、压力、流量等参数，以及热网的水流动态、水质指标等。

（2）风险预警系统。根据热力站点和热网的运行数据，结合历史数据和气象预报等因素，预测潜在的风险和问题，及时发出预警，以避免事故的发生。

（3）运行数据分析系统。对供热系统的历史运行数据进行分析和挖掘，以找出规律和趋势，为后续的运行和维护提供参考和指导。

（4）热源监测系统。对供热系统的热源设备进行实时监测和管理，包括锅炉、燃气轮机、余热锅炉等，保证其安全、高效、稳定运行。

（5）换热站预警分析系统。对换热站的运行情况和性能指标进行实时监测和分析，及时发现和处理异常情况，防止故障的扩散和影响。

（四）关键设备

热力安全应急管理相关的关键设备包括热源监测设备、换热站监测设备、热力管网监测设备等，具体见表4-4。

表4-4　热力安全应急管理相关的关键设备

序号	名　称	用　途	应　用　场　景
1	热源监测设备	监测热源设备运行情况，及时发现异常情况并报警	供热设备中心
2	换热站监测设备	监测换热站设备运行情况，及时发现异常情况并报警	供热设备中心
3	热力管网监测设备	监测热力管网运行情况，及时发现管网漏损和故障并报警	供热设备中心、热力管网
4	热力站点监测设备	监测热力站点的运行情况，包括压力、流量、温度等参数	供热设备中心、热力站点
5	温度传感器	监测管道、设备等部位的温度变化，判断设备的运行状态	供热设备中心、热力管网、热力站点
6	压力传感器	监测管道、设备等部位的压力变化，判断设备的运行状态	供热设备中心、热力管网、热力站点
7	流量计	测量管道中的热力流量，用于分析热力管网的运行情况	供热设备中心、热力管网、热力站点
8	供热运行图显示系统	展示供热管网的运行图，提供管网监控、预警等功能	供热设备中心、热力管网、热力站点
9	风险预警系统	对热力设备、管网等运行情况进行预警，及时发现异常情况并报警	供热设备中心、热力管网、热力站点
10	运行数据分析系统	对供热管网的运行数据进行分析，提供管网优化、节能等方案	供热设备中心、热力管网、热力站点、市政工程部门、能源管理部门

三、系统应用

热力安全事故是指在热力生产、输送、供热过程中可能出现的各种事故，如管道泄漏、设备故障、火灾等。为应对这些事故，可以采用热力安全管理系统进行监测和管理。

　　例如，某市采用热力安全管理系统，实现了热源监测和风险预警的功能。系统对热源进行实时监测，记录热力生产过程中的数据，并通过数据分析来判断是否存在风险。一旦发现异常情况，系统会立即发出预警信号，提醒相关人员进行应急处理。

　　此外，该系统还能够实现管道泄漏的实时监测和三维可视化，对热力输送管道进行实时监控，一旦发现泄漏情况，系统会立即发出警报，并及时通知相关部门进行处理。系统还能够记录历史数据，为后续的数据分析提供支持，提高了热力安全事故的应急响应能力和管理水平。

　　总之，热力安全管理系统可以实现热力生产、输送、供热等各个环节的实时监控和数据分析，有效提高了热力安全事故的应急响应能力和管理水平。

第五节　桥　梁　安　全

一、事故概述

　　桥梁事故是桥梁在施工和运营中所发生的事故，包括结构损坏、人员伤亡和机具倾覆等。

　　2020年11月1日9时许，天津市滨海新区天津港散货物流加工区一跨河铁路桥在维修施工过程中发生坍塌，部分施工人员被压，如图4-9所示。事故共造成8人遇难，其中5人现场遇难，3人经医院全力抢救无效死亡，伤者中有危重伤员1人。

图4-9　天津桥梁事故现场

　　2021年4月9日，国家铁路局发布天津南环临港铁路桥梁垮塌事故调查情况公告。报告显示，11人已被司法机关采取强制措施，26人被给予政务处分和诫勉谈话。

二、系统设计

（一）业务需求

桥梁是交通运输的重要组成部分，其安全对交通安全和经济发展至关重要。桥梁安全应急管理业务需要考虑以下方面：

1. 规范要求

（1）国家和地方政府对桥梁的设计、施工、维护、检测等方面有严格的规范要求，例如《城市桥梁设计规范》《城市桥梁检测技术标准》等。

（2）对于特定类型的桥梁，如公路大桥、铁路大桥等，还需遵守相应的行业标准。

2. 信息化需求

（1）信息采集与监测。建立桥梁安全监测系统，通过传感器、监测设备等手段，实时采集桥梁运行状态数据，实现桥梁健康状况的实时监测和预警。

（2）数据处理与分析。对采集到的数据进行分析处理，识别异常情况，预测可能出现的突发事件，为决策提供支持。

（3）应急预案数字化管理。建立应急预案数字化管理系统，实现应急预案的编制、审批、发布、执行、评估等全过程的信息化管理，提高应急预案的执行效率。

（4）应急抢险救援信息化。建立应急抢险救援信息化平台，实现应急抢险救援队伍、物资、设备的统一调度和管理，提高抢险救援的效率和响应速度。

（5）通信与信息交互。建立应急管理通信系统，实现应急管理部门、救援队伍、专家等之间的信息交互和协同工作，提高应急管理的协同效率。

（6）数据库管理与共享。建立数据库管理系统，存储桥梁安全应急管理相关数据，实现数据共享和交换，提高数据利用效率和管理水平。

通过信息化手段实现信息采集与监测、数据采集与分析、应急预案数字化管理等功能，可有效满足桥梁安全应急管理的业务需求。

（二）功能需求

桥梁安全应急管理业务系统是一个集成化的信息化平台，主要用于桥梁安全风险的监测、评估、预警和应急处置。其主要功能需求包括：

（1）桥梁结构健康监测。监测桥梁结构健康状况，包括桥梁振动、位移、应力、温度、裂缝等，以及各种环境因素（如风、雨、温度、湿度等）对桥梁结构的影响。

（2）桥梁安全评估。基于桥梁结构健康监测数据，采用现代结构健康监测技术和理论，对桥梁结构的安全性进行评估，提供桥梁健康度、安全性等指标。

（3）桥梁安全预警。基于桥梁结构健康监测和安全评估数据，开发预警模型，对桥梁结构的安全性进行预警，及时发现和处理潜在的安全风险。

（4）桥梁应急处置。一旦出现桥梁安全事故，系统能够快速响应，根据事故类型和级别，制定相应的应急预案，提供救援资源调度、现场指挥、数据采集等支持，以便最大程度地减轻事故损失。

（5）数据管理和分析。对桥梁结构健康监测、安全评估、预警等各类数据进行存储、处理和分析，生成相应的数据报告和分析结果，为决策提供支持。

（6）用户管理和权限控制。系统支持多用户管理和权限控制，可以对用户角色、权限进行分配和管理，确保系统使用安全可靠。

（7）告警和通知。系统对桥梁安全监测数据进行实时监控，一旦发现异常情况或安全风险，能够及时进行告警和通知，以便及时采取相应措施。

（三）解决方案

桥梁安全应急管理业务系统是基于物联网、云计算等技术的综合管理系统，旨在通过对桥梁安全状态进行实时监测、数据分析、预警及应急处置等功能，确保桥梁的安全运行。桥梁安全监测预警系统参考架构如图4-10所示。

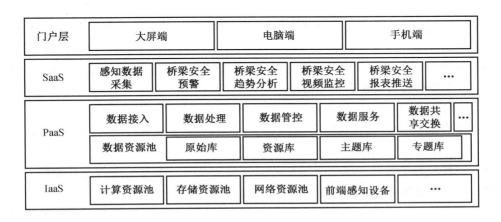

图4-10 桥梁安全监测预警系统参考架构

1. IaaS 层

IaaS 层包括传感器等设备，主要用于实时采集桥梁的结构数据，如温度、振动、变形等，以提供给上层应用进行分析和预警。具体的设备包括：

（1）应变传感器。用于监测桥梁的变形情况，如伸缩、扭曲、挠曲等。

（2）加速度传感器。用于监测桥梁的震动情况，如地震、车辆行驶等。

（3）温度传感器。用于监测桥梁的温度情况，如环境温度、桥梁温度等。

2. PaaS 层

PaaS 层包括中间件、数据库等平台软件，主要用于对 IaaS 层的数据进行处理和存储，以支持上层应用的运行和管理。具体的设备包括：

（1）数据库管理系统。用于对采集到的桥梁结构数据进行存储和管理，以便上层应用能够查询和分析。

（2）消息中间件。用于实现不同系统之间的数据交换和通信，以支持数据共享和业务协同。

（3）数据分析平台。用于对采集到的桥梁结构数据进行分析和处理，以识别异常和预测风险。

3. SaaS 层

SaaS 层包括感知数据采集子系统、预警子系统、紧急预案子系统、趋势分析子系统、BIM 管理子系统、视频监控子系统、报表推送子系统等应用系统，主要用于提供桥梁安全管理和应急响应服务。具体的设备包括：

（1）感知数据采集子系统。该子系统负责对桥梁结构进行监测，采集各种感知数据，如振动、应力、形变等。通过传感器、测量仪器等设备，实时监控桥梁的结构状况。

（2）预警子系统。该子系统通过对感知数据进行实时分析，预测桥梁可能出现的安全隐患，及时发出预警信息。预警信息可以通过短信、邮件等方式发送给相关人员，提醒他们及时采取相应措施。

（3）紧急预案子系统。该子系统用于处理突发事件，如地震、洪水等自然灾害或事故。在紧急情况下，该系统可以自动启动相应的预案，通过预设的应急措施，尽可能减轻事故的影响。

（4）趋势分析子系统。该系统对历史数据进行分析，通过数据挖掘、建模等技术，对桥梁的长期趋势进行分析，预测可能出现的问题，并提出预防性的措施。

（5）BIM 管理子系统。该子系统使用 BIM 技术，对桥梁进行建模和管理，实现对桥梁结构的全面监测。通过 3D 可视化技术，可以更直观地了解桥梁的结构和变化情况。

（6）视频监控子系统。该子系统使用摄像头等设备，对桥梁进行视频监控。可以实时监测桥梁的交通情况、人员活动等情况，及时发现异常情况。

（7）报表推送子系统。该子系统负责生成各种报表，并将报表推送给相关人员。报表内容包括桥梁监测数据、预警信息、紧急预案等内容，可以帮助管理人员及时掌握桥梁的安全状况，采取相应的管理措施。

（四）关键设备

桥梁安全应急管理系统相关的关键设备包括桥梁结构传感器、气象传感器、视频监控设备等，具体见表 4-5。

表 4-5　桥梁安全应急管理系统相关的关键设备

序号	设备名称	用　途	应 用 场 景
1	桥梁结构传感器	用于监测桥梁结构变形、温度等信息	安装在桥梁上，实时监测桥梁结构变化
2	气象传感器	用于监测环境温度、湿度、气压、风速等信息	安装在桥梁附近，为桥梁的环境条件提供数据支持
3	视频监控设备	用于监控桥梁周围的情况，发现异常情况	安装在桥梁周围，24 小时实时监控
4	紧急广播设备	用于紧急情况下向周围人员广播警告信息	安装在桥梁周围，紧急情况下启用
5	应急救援设备	用于在发生紧急情况时进行救援	安装在应急救援车辆上，随时待命

表4-5（续）

序号	设备名称	用 途	应 用 场 景
6	数据中心服务器	用于存储和处理感知数据和管理系统数据	安装在数据中心中，提供系统后台支持
7	交换机、路由器等网络设备	用于连接系统中的各种设备，保证数据的流畅传输	安装在数据中心和各个设备之间，构建系统的通信网络
8	服务器机柜、UPS等设备	用于提供服务器的电源保障、数据存储保护等	安装在数据中心中，为服务器提供电力保障和存储保护

三、系统应用

长江二桥是连接江苏南京和江苏镇江的一座大型跨江公路和铁路双用桥。其全长为8206 m，主跨1490 m，是世界上跨度最大的斜拉桥之一，也是我国的重要交通基础设施。为了保障长江二桥的安全运行，需要采用桥梁安全事故应急管理业务系统进行监控和管理。

实时监控是桥梁安全管理系统的重要功能之一。通过安装在桥梁结构上的传感器和监测设备，可以实时监控桥梁的结构变化、振动情况、温度变化、车流量等信息。这些数据可以通过系统进行汇总、分析和显示，对桥梁的安全状况进行实时监控。比如，在长江二桥的桥塔、斜拉索、主缆和悬臂梁等关键部位设置了振动传感器和倾斜传感器，实时监测桥梁结构的变化情况，及时发现问题并进行处理。

三维可视化是桥梁安全管理系统的重要功能。通过采集桥梁的三维模型和实时监测数据，可以实现桥梁的三维可视化，快速了解桥梁的结构和运行状况。在长江二桥的桥塔、主缆、悬臂梁等部位安装了高清摄像头，采集桥梁的实时图像，并通过三维建模技术将图像转化为三维模型。这样，桥梁管理人员可以通过桥梁安全事故应急管理业务系统进行三维可视化，快速了解桥梁的实时运行状况。

数据分析是桥梁安全事故应急管理业务系统的另一个重要功能。通过对桥梁的监测数据进行汇总和分析，可以对桥梁的安全状况进行评估和预测。在长江二桥的桥梁安全事故应急管理业务系统中，采用了先进的数据分析技术，对桥梁的结构参数、温度、振动等数据进行分析，对桥梁的安全状态进行评估，并能预测可能出现的问题。另外，桥梁安全事故应急管理业务系统还具备风险评估和预警功能。系统可以通过分析历史数据、天气情况、车流量等因素，对桥梁安全风险进行评估，并进行预警提示。在发生灾害事故时，系统可以根据实时数据和风险评估结果进行快速预判和决策，以便及时采取有效的应急措施，减少损失和人员伤亡。

综上所述，桥梁安全管理系统的应用效果非常显著，不仅可以实现对桥梁的实时监控和管理，还能通过数据分析、三维可视化和风险预警等功能，为应急决策提供重要的支持和依据。因此，建设和完善桥梁安全管理系统对于保障公共安全、提高社会治理水平具有重要意义。

第六节　综合管廊安全

一、事故概述

综合管廊就是地下城市管道综合走廊，即在城市地下建造一个隧道空间，将电力、通信、燃气、供热、给排水等各种工程管线集于一体，设有专门的检修口、吊装口和监测系统，实施统一规划、统一设计、统一建设和管理，是保障城市运行的重要基础设施和"生命线"。

2013 年 11 月 22 日，山东青岛中石化东黄输油管道泄漏原油进入市政管网，在形成密闭空间的暗渠内油气积聚遇火花发生爆炸，如图 4 – 11 所示。事故造成 62 人死亡、136 人受伤，直接经济损失 75172 万元。

图 4 – 11　青岛输油管道事故现场

二、系统设计

（一）业务需求

综合管廊是一种集中布置各种公用管线的地下设施，包括给水、排水、天然气、通信、电力等多种管线，为城市的基础设施提供了重要支持。因此，综合管廊安全应急管理显得尤为重要。

1. 规范要求

（1）《城市综合管廊安全管理技术标准》《城市综合管理工程技术规范》等相关标准

规范的要求。

（2）《城市综合管廊安全管理规定》《城市综合管廊应急预案》等相关管理规定的要求。

（3）国家相关部门和地方政府对综合管廊安全管理的要求，如环保、消防、安监等。

2. 信息化需求

（1）建立综合管廊信息管理系统，对综合管廊基本信息、管线信息、设备信息等进行管理。

（2）建立综合管廊监测系统，实时监测综合管廊的温度、湿度、气体浓度等参数。

（3）建立综合管廊安全预警系统，对综合管廊的安全情况进行实时监测和预警。

（4）建立综合管廊安全评估系统，对综合管廊的安全状况进行评估和分析。

（5）建立综合管廊应急指挥系统，实现对应急资源的调度和指挥。

（6）建立综合管廊视频监控系统，对综合管廊内部的情况进行监控和记录。

（7）建立综合管廊安全培训系统，对综合管廊相关人员进行安全培训和教育。

（8）建立综合管廊安全信息共享平台，实现相关部门之间的信息共享和协同处理。

（二）功能需求

综合管廊安全应急管理业务系统是指用于管理综合管廊安全的一系列软硬件设备及管理流程。其功能需求主要包括以下几个方面：

（1）监测与预警功能。综合管廊安全应急管理业务系统需要具备监测管廊内外环境的传感器设备，并能对其进行实时监测和数据采集。同时，系统还需要能够根据预设的安全标准和规范，对采集到的数据进行分析和处理，预警管廊内的安全隐患并及时报警，确保安全隐患得到及时处理。

（2）管廊安全运行管理功能。系统需要能够监测管廊的运行状态，包括管道流量、温度、压力等参数。同时，还需要能够对管廊运行中的异常情况进行识别和处理，保证管廊的安全运行。

（3）突发事件应急处理功能。系统需要能够对突发事件进行应急处理。包括能够及时发现和报警，提供应急处理方案，协调相关部门和人员开展应急处置工作，以及记录和评估应急处理过程中的效果等。

（4）管廊维护管理功能。系统需要能够对管廊的维护和保养进行管理。包括对管廊的设备、设施等进行维护保养，及时更新和修缮，确保管廊的长期安全运行。

（5）数据分析与决策支持功能。系统需要能够对采集到的数据进行分析和处理，并生成相关的数据报表和统计分析结果，提供数据支持给决策者。同时，还需要能够通过数据分析预测管廊的运行趋势和风险，提供决策支持给管理者，协助其制定管廊安全运行策略和规划。

（6）后台管理功能。系统需要提供后台管理功能，包括用户管理、权限管理、数据备份和恢复、系统日志等。这些功能可以帮助管理员进行系统管理和维护，保证系统的稳定运行。

（三）解决方案

综合管廊安全应急管理业务系统是用于管理管廊设施的安全和应急管理的系统，可以帮助管廊管理部门进行管廊设施的实时监测、预警、安全风险分析和应急响应等工作。综合管廊安全监测预警系统参考架构如图 4-12 所示。

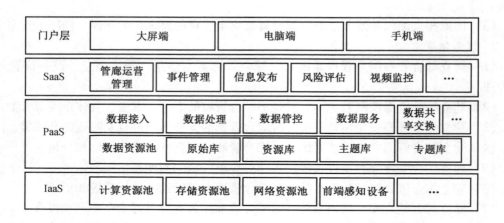

图 4-12　综合管廊安全监测预警系统参考架构

1. IaaS 层

IaaS 层包括传感器、网络设备和服务器等。

（1）传感器。用于采集管廊设施的各类数据，如温度、湿度、气体浓度、水位、压力等，为系统提供实时数据支持。

（2）网络设备。包括交换机、路由器等，负责管廊设施的数据传输和交换，保证数据的实时性和可靠性。

（3）服务器。用于处理和存储从传感器和其他设备收集的数据，并为 PaaS 层和 SaaS 层提供支持。

2. PaaS 层

PaaS 层是系统的平台层，主要包括数据处理、分析、存储等系统。

（1）数据处理中心。负责对传感器采集到的数据进行处理和过滤，确保数据的可用性和准确性。

（2）数据存储中心。负责对处理后的数据进行存储，可以采用关系数据库或分布式存储系统等方式。

（3）数据分析中心。通过对管廊设施数据的统计、分析和挖掘，发现管廊设施的潜在风险，为应急响应提供数据支持。

（4）通信平台。负责系统内部和外部通信，包括短信、邮件、语音通知等方式，为应急响应提供便利。

3. SaaS 层

SaaS 层是系统的应用层，提供用户界面、功能模块和数据分析等服务。

（1）管廊运营管理子系统。该子系统负责管廊运营管理的各个环节，包括巡检管理、维修管理、设备管理、工单管理等，实现对管廊运营管理全流程的监控和管理。

（2）事件管理子系统。该子系统负责事件的接报、处置、跟踪和评估，包括安全事件、故障事件、突发事件等，实现事件的全生命周期管理。

（3）信息发布子系统。该子系统用于发布管廊安全相关的信息，包括实时视频监控、安全提醒、紧急通知等，提供多种信息展示和推送方式。

（4）风险评估子系统。该子系统用于对管廊安全风险进行评估和分析，包括管廊基础信息、施工图纸、监测数据等多维度的数据分析，为安全风险控制提供科学依据。

（5）视频监控子系统。该子系统负责管廊内视频监控的采集、存储、传输和管理，提供多种视频监控展示和控制方式。

（6）GIS 地理信息子系统。该子系统集成地理信息技术，用于管廊空间信息管理和展示，包括地理信息查询、叠加、分析和展示等。

（7）数据分析子系统。该子系统用于对管廊运营、维护、安全等方面的数据的分析和挖掘，包括数据清洗、建模、算法优化等，为决策提供数据支持。

（8）移动端应用子系统。该子系统为移动设备提供管廊安全应急管理的移动端应用程序，包括事件接报、处置、跟踪、评估等各种功能模块。

（四）关键设备

综合管廊安全应急管理系统相关的关键设备，包括数据采集处理中心、数据存储中心、视频监控设备等，具体见表4-6。

表4-6　综合管廊安全应急管理系统相关的关键设备

序号	名　称	用　途	应 用 场 景
1	传感器设备	采集管廊各种监测数据，如温度、湿度、气体浓度等	管廊内部布设，实时采集数据并传输至数据处理中心
2	数据采集处理中心	接收并处理来自传感器设备的数据，并将处理后的数据上传至数据存储中心	管廊应急指挥中心
3	数据存储中心	存储各种监测数据、视频、报警记录等信息	管廊应急指挥中心
4	视频监控设备	监控管廊内部情况	管廊内部布设，实时监控管廊内部情况并传输至数据处理中心
5	通信设备	保障管廊内部各设备间的通信	管廊内部布设
6	服务器设备	运行各种软件系统，如数据处理系统、视频监控系统等	管廊应急指挥中心
7	UPS 电源设备	保障各关键设备的持续运行	管廊应急指挥中心
8	门禁设备	控制管廊出入口，保障管廊安全	管廊入口处布设
9	灭火设备	防止火灾发生，保障管廊安全	管廊内部布设
10	紧急广播设备	在紧急情况下向管廊内部人员发布指令或警报	管廊内部布设

三、系统应用

综合管廊安全应急管理业务系统在实际应用中发挥着重要作用，以下以某市的管廊项目为例描述其实际应用效果。

该管廊项目采用综合管廊安全应急管理业务系统进行管廊的安全管理和应急响应。系统通过部署传感器和监测设备来获取管廊内部各种安全信息，包括温度、湿度、烟雾、气体浓度、水位等，并通过网络将数据传输至数据中心进行分析处理。同时，系统还配备视频监控设备对管廊进行实时监控，对于发生的安全事件能够及时发出预警信息，提高了安全管理的效率。

在实际应用中，综合管廊安全应急管理业务系统发挥了如下作用：

（1）实现了管廊的全面监测和实时预警。通过部署传感器和监测设备，系统能够实时获取管廊内部的各种安全信息，并在发生异常时及时发出预警信息，保证了管廊的安全运行。

（2）提高了应急响应的效率。系统不仅能够实时监测管廊的运行状态，还能够对发生的安全事件进行快速定位和应急处理，提高了应急响应的效率和准确性。

（3）优化了管廊的管理模式。系统能够对管廊的各项数据进行实时监测和分析，帮助管理人员及时了解管廊的运行情况和安全状况，为管廊的管理和维护提供了有力支持。

综合管廊安全应急管理业务系统的实际应用效果表明，通过科技手段对管廊的安全管理和应急响应进行全面优化，能够有效提高管廊的安全性和可靠性，为城市基础设施建设提供了强有力的支持。

第七节 消 防 安 全

一、事故概述

火灾是指在时间或空间上失去控制的燃烧所造成的灾害。新的标准中，将火灾定义为在时间或空间上失去控制的燃烧。在各种灾害中，火灾是最经常、最普遍地威胁公众安全和社会发展的主要灾害之一。

2022年9月16日下午，位于湖南长沙市区内的中国电信大楼发生火灾，现场浓烟滚滚，数十层楼体燃烧剧烈，如图4－13所示。

2022年4月3日，应急管理部消防救援局通报，一季度全国共接报火灾21.9万起，共有625人因火灾死亡、397人受伤，直接财产损失15.2亿元。

二、系统设计

（一）业务需求

消防安全应急管理的业务主要涉及防火、灭火、疏散等方面，下面从规范要求、信息化需求等方面描述管理业务需求。

1. 规范要求

图 4-13　长沙消防安全事故现场

（1）《中华人民共和国消防法》规定了各类建筑物的消防安全要求及消防设施配置标准。

（2）《建筑设计防火规范》对建筑的防火设计、消防设施设置、疏散通道等方面做出了具体规定。

（3）《火灾自动报警系统设计规范》《建筑消防设施维护管理规范》等规范对消防设施的设计、维护、管理等方面做出了具体规定。

2. 信息化需求

（1）消防设施设备管理。对建筑物内的消防设施设备进行智能化监控和管理，包括数据采集、实时监控、故障预警、自动化控制等。

（2）火灾应急预案管理。对火灾应急预案进行信息化管理，包括预案编制、发布、更新、调整、演练等。

（3）消防培训管理。对消防培训进行在线化、个性化和定制化管理，包括培训计划、培训资料、考核等。

（4）火灾事件处理。对火灾事件进行快速响应和处理，包括火灾报警、应急疏散、灭火、救援等。

（5）数据分析与报告。对消防设施设备运行、火灾预防、应急响应等方面的数据进行分析和报告，提供决策支持和持续改进。

（二）功能需求

消防安全应急管理业务系统的功能需求：

1. 基础信息管理

（1）支持消防安全基础信息管理，包括建筑物基本信息、消防设施信息、物资仓库信息、人员信息等。

（2）支持对以上信息的增、删、改、查、导入、导出等操作。

（3）支持信息的分类和归档，便于管理和查找。

2. 消防设备管理

（1）支持消防设备管理，包括消防水源、灭火器、消防栓、喷淋系统、报警系统等。

（2）支持消防设备的巡检、保养和维修，及时记录设备的使用情况和维护记录。

3. 应急预案管理

（1）支持应急预案管理，包括火灾、爆炸、化学泄漏等各种应急情况的预案制定、审批、发布和执行。

（2）支持应急预案的分类和归档，便于查找和更新。

（3）支持应急预案的演练和评估，定期对预案进行更新和完善。

4. 突发事件处理

（1）支持突发事件的快速处理，包括应急响应、救援处置、事故报告等。

（2）支持突发事件的跟踪和记录，及时了解事件进展情况。

（3）支持突发事件的分析和评估，提高应急响应和处置能力。

5. 信息发布与共享

（1）支持信息发布和共享，包括发布各类安全预警、新闻报道、安全知识等。

（2）支持信息的分类和归档，便于查找和分享。

（3）支持信息的实时推送和定时发布。

6. 统计分析与报表输出

（1）支持统计分析和报表输出，包括对设备、预案、事件、人员等各种数据进行分析和汇总。

（2）支持各种报表的生成和导出，满足用户对数据分析和决策的需求。

（三）解决方案

消防安全监测预警系统参考架构如图 4 - 14 所示。通过部署前端温度传感器、烟雾探测器等前端感知设备或接入城市消防远程监控系统中的火灾自动报警系统数据，实时获取建筑消防设施运行状态、消防隐患等数据，为构建城市火灾防控体系提供信息化支撑手段。消防安全专项软件应用服务需包括基础数据管理、风险评估、实时监测与报警、紧急应对处置等服务功能。

1. 基础数据管理子系统

基础数据管理子系统主要包括基础信息综合查询、基础信息综合展示、任务数据管理、基础数据更新维护、基础数据统计分析等。

2. 风险评估子系统

综合考虑建筑结构特征、企业消防设施现状、消防安全管理现状、外部环境因素等因素，并结合消防物联网动态监测信息对建筑物进行火灾风险评估。主要包括建筑物火灾风

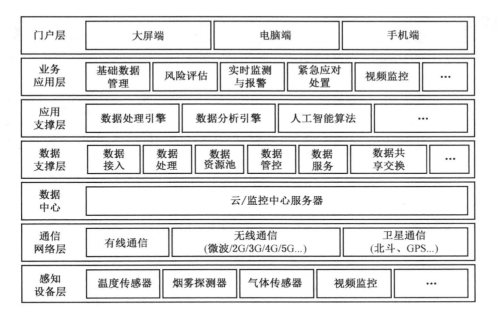

图4-14 消防安全监测预警系统参考架构

险评估参数设置和开展建筑物火灾风险评估。

3. 实时监测与报警子系统

实时监测与报警子系统实现社会单位消防设施和消防物联网监测设备的实时监测与报警，和消防安全重点部位的实时视频监控，并可查看实时监测报警总体情况及趋势。主要包括实时监测与报警总览、联网社会单位消防设施实时监测与报警、联网社会单位消防物联网监测设备实时监测与报警和消防安全重点部位实时视频监控。

4. 紧急应对处置子系统

紧急应对处置子系统主要实现对应急维保任务和例行维保任务的管理，主要包括应急处置管理及结果和主动处置管理及结果。

（四）关键设备

消防安全应急管理业务系统相关的关键设备包括消防报警控制器、消防喷淋控制器、火灾自动报警控制器等，具体见表4-7。

表4-7 消防安全应急管理业务系统相关的关键设备

序号	名 称	用 途	应 用 场 景
1	消防报警控制器	监测火灾报警信号，控制火警报警器响应	消防系统中的主要控制设备，可用于室内或建筑物消防系统
2	消防喷淋控制器	监测火灾信号，控制喷淋系统启动	可用于工厂、仓库、商场、酒店、住宅等建筑物的消防系统

表4-7（续）

序号	名　称	用　途	应 用 场 景
3	火灾自动报警控制器	检测火灾烟雾、火焰等信号，触发火警信号	可用于商场、学校、医院、办公楼等公共场所的消防系统
4	火灾气体自动灭火系统	监测火灾，自动喷洒灭火剂	可用于电力、石油化工、印刷、食品等易燃易爆场所的消防系统
5	火灾图像监控系统	通过摄像头采集火灾图像，实现火情监测与分析	可用于商场、酒店、学校、医院等公共场所的消防安全监控
6	烟气探测器	检测火灾烟雾，发出火灾警报	可用于公共场所、居民区、医院等的火灾探测系统
7	温度探测器	检测火灾温度变化，发出火灾警报	可用于商场、酒店、学校、医院等公共场所的火灾探测系统
8	消防应急广播系统	提供语音广播、紧急广播、警报等消防安全信息	可用于学校、医院、工厂、商场等公共场所的消防安全广播系统
9	消防水泵系统	提供消防水源，保障消防灭火需求	可用于工厂、商场、学校、医院等公共场所的消防灭火水源系统
10	手持终端设备	提供移动应用功能	现场巡查、指挥、紧急呼叫
11	视频监控设备	监控火灾发生情况	火灾现场监控、录像回放

三、系统应用

消防安全管理系统是指通过信息化技术，对火灾、爆炸等突发事件的应急处置和管理进行全面的监测、预警、响应和评估。

某市的消防安全事故应急管理业务系统主要由视频监控系统、消防警报系统、楼宇自动喷水灭火系统、实时数据采集系统、GIS系统等多种技术手段组成，能够实时感知火灾等事故的发生，及时启动预案并派遣救援力量。系统还能对建筑物的消防安全情况进行实时监测，对可能存在的隐患进行预警，及时通知相关部门进行整改。同时，系统还具备事件评估、处理记录、分析统计等功能，为相关部门提供数据支持，提升了消防安全事故的应急管理水平。

近年来，该市发生了一起大型商场火灾事故。消防安全事故应急管理业务系统迅速启动，通过视频监控系统实时监测火情扩散情况，向消防队伍提供详细的火场情况及楼层平面图，协助消防队员快速制定灭火方案，最终成功控制了火势。此外，系统还提供了对事故现场的实时监测和评估，对整个事故进行了详细的分析和统计，为事故后的调查和处理提供了重要的数据支持。这充分证明了消防安全事故应急管理业务系统的应用效果和价值。

第八节　道路交通安全

一、事故概述

交通事故是指车辆在道路上因过错或者意外造成人身伤亡或者财产损失的事件。交通事故不仅是由不特定的人员违反道路交通安全法规造成的；也可以是由于地震、台风、山洪、雷击等不可抗拒的自然灾害造成。

2011 年 7 月 23 日 20 时 30 分 05 秒，甬温线浙江省温州市境内，由北京南站开往福州站的 D301 次列车与杭州站开往福州南站的 D3115 次列车发生动车组列车追尾事故，如图 4－15 所示。此次事故已确认共有六节车厢脱轨，即 D301 次列车第 1 至 4 位，D3115 次列车第 15、16 位。

图 4－15　*温州动车事故现场*

"7·23" 甬温线特别重大铁路交通事故造成 40 人死亡、172 人受伤，中断行车 32 小时 35 分，直接经济损失 19371.65 万元。

二、系统设计

（一）业务需求

道路交通安全应急管理是指针对道路交通领域中可能发生的交通安全事故，建立一套完整的预防、应对和处理机制，以保障公众交通出行的安全。

1. 规范要求

（1）道路交通安全法律法规的要求，如《道路交通安全法》《机动车驾驶证申领和使用规定》《道路运输车辆技术条件》等；

（2）国家和地方交通运输部门的安全管理要求，如要求建立道路交通安全应急预案、实施交通安全检查、进行安全隐患排查等。

2. 信息化需求

（1）建立道路交通安全事件和事故管理，包括事件上报、事故调查、处理结果反馈等。

（2）建立道路交通安全隐患排查和整改，包括隐患上报、整改进度跟踪、整改结果反馈等。

（3）建立道路交通安全风险评估，包括数据收集、分析和报告等功能。

（4）建立道路交通安全监测和预警，包括监测设备、数据分析和预警提示等。

（5）建立道路交通安全宣传和教育，包括安全知识普及、宣传活动管理和教育培训等。

（二）功能需求

为了满足道路交通安全应急管理业务的需求，一个完整的应急管理系统应该包含以下功能：

（1）信息采集和处理。能够自动采集、处理和分析交通信息，并提供可视化的分析结果，包括交通流量、车速、路况、交通事故等信息。

（2）预警和预测。基于采集到的交通信息，能够预测未来的交通状况，并能够发出相应的预警信息。

（3）任务派发和执行。能够将应急任务进行分派，并对执行情况进行实时监控。

（4）紧急预案制定和执行。能够根据不同情况制定应急预案，包括交通事故处置、路面管制等。

（5）实时指挥调度。根据实时的交通状况和应急情况，对交通管制和路面处理进行指挥调度。

（6）信息发布和传递。能够及时向相关人员和群众发布交通状况和应急信息。

（7）数据分析和报表生成。能够对交通信息进行数据分析，并生成统计报表，为应急决策提供支持。

除了以上功能外，还需要考虑数据安全、系统可靠性、可扩展性等方面的需求。

（三）解决方案

道路交通安全监测预警系统参考架构如图 4-16 所示。

1. 轨道交通安全专项

接入风险数据、隐患清单数据、综合预警及应急数据，布设电子界桩（包括电子标志桩和电子标志牌），同时接入保护区施工点基坑监测报警和预警数据、周围基础设施监测数据及保护区地质沉降信息，在此基础上形成轨道交通施工项目及保护区的综合风险管控。

轨道交通安全专项软件应用系统主要围绕轨道交通建设施工安全和保护区安全两方面内容进行建设。

（1）轨道交通建设施工安全管控子系统。轨道交通建设施工安全管控子系统主要实

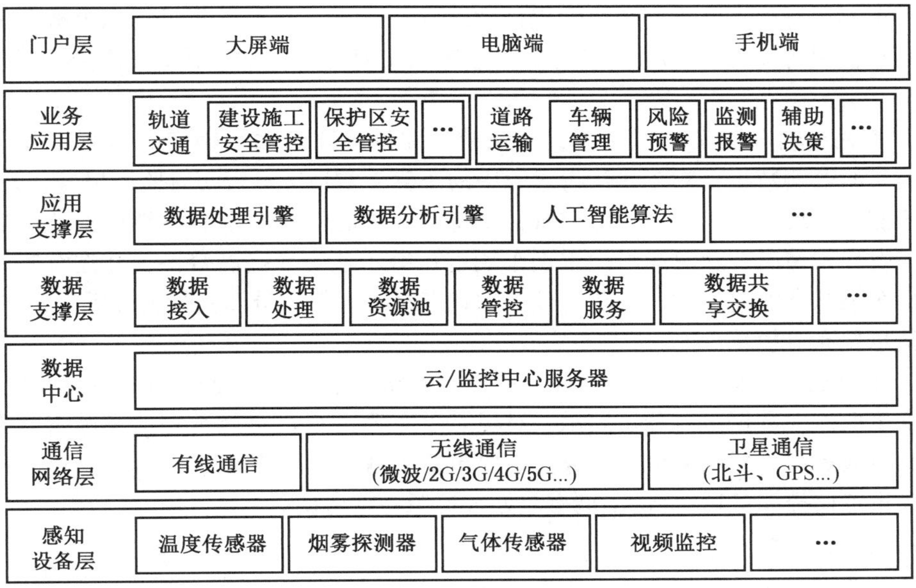

门户层	大屏端				电脑端				手机端	
业务 应用层	轨道 交通	建设施工 安全管控	保护区安 全管控	…	道路 运输	车辆 管理	风险 预警	监测 报警	辅助 决策	…
应用 支撑层	数据处理引擎		数据分析引擎		人工智能算法		…			
数据 支撑层	数据 接入	数据 处理	数据 资源池	数据 管控	数据 服务		数据共 享交换		…	
数据 中心	云/监控中心服务器									
通信 网络层	有线通信		无线通信 （微波/2G/3G/4G/5G…）				卫星通信 （北斗、GPS…）			
感知 设备层	温度传感器		烟雾探测器		气体传感器		视频监控		…	

图 4－16　道路交通安全监测预警系统参考架构

现轨道交通建设施工安全管控基础数据的管理，建立轨道交通安全精细化的档案管理模式；对数据进行结构化处理分析，结合不同参数设置报警阈值，对超阈值参数及时报警；可为用户提供隧道体日常运行监测、预警、突发事件处置和评估等总体情况和隧道体的整体安全状况，为实现业务决策提供便捷的数据支撑。主要包括轨道交通建设安全基础数据管理、监测预警和辅助分析等模块。

（2）轨道交通保护区安全管控子系统。轨道交通安全保护区安全管控子系统实现安全保护区的基础数据管理，可以提供安全保护区类的各类风险的分析评估，对各类监测数据进行处理分析，给出相应报警提示等，并为事件的处置提供辅助支持。主要包括轨道交通保护区基础数据管理、风险评估、监测预警和辅助支持等模块。

2. 道路运输车辆安全专项

道路运输车辆安全专项系统是基于重点监管车辆的基础信息、卫星定位、动态监管等数据进行设计。道路运输车辆安全专项软件应用系统分为基础数据管理子系统、风险分析预警子系统、实时监测报警子系统、安全辅助决策子系统。

（1）道路运输车辆基础数据管理子系统。道路运输车辆基础数据管理主要实现道路运输车辆基础数据的查询、更新与维护、统计分析，提高基础数据的准确性，建立道路运输车辆安全信息精细化的档案管理模式。主要包括运输企业基础数据管理、车辆基础数据管理、危运/货运车辆禁区信息数据管理、运载危险货物基础信息管理、车辆运营信息采集与发布、应急救援资源信息管理和专家库数据匹配信息录入。

（2）道路运输风险分析预警子系统。风险分析预警子系统实现重点监管的道路运输车辆运行风险研判、风险动态分级以及多级预警。基于安全运行态势，结合车辆卫星定位数据，对车辆运行前方道路交通风险进行动态评估分析，并提供实时动态提醒预警服务。主要包括车辆运行风险分析、道路运输风险等级实时动态分级和沿途车辆提示预警信息发布。

（3）道路运输车辆实时监测报警子系统。建设道路运输车辆实时监测报警子系统，基于各类实时监测数据，对车辆运行过程中的车辆异常情况进行实时监测报警，并通过综合一体化监控系统进行针对性跟踪监管，支持监控中心用户对车载终端设备的广播功能，如车辆突发异常情况，及时向沿途重点车辆进行警示通告，提高警惕，并注意减速避让。主要包括车辆状态实时监测、车辆行驶异常状态报警、驾驶员驾驶行为分析告警和车辆运行报警信息发布等模块。

（4）道路运输车辆安全辅助决策子系统。道路运输车辆安全辅助决策子系统实现对汇聚的安全监测大数据进行分析展示，对黑名单车辆进行重点展示和追踪监管，为危运/货运车辆事故提供处置救援信息服务。主要包括运输车辆大数据汇总分析及概览、黑名单企业车辆重点监控和危运/货运车辆事故处置资源一键协调。

（四）关键设备

道路交通安全应急管理业务系统相关的关键设备包括视频监控设备、智能交通信号灯、道路状态监测设备等，具体见表 4-8。

表 4-8　道路交通安全应急管理业务系统相关的关键设备

序号	设备名称	用　　途	应 用 场 景
1	视频监控设备	监控道路交通状况，及时发现异常情况并进行应急处置	道路交通重点区域，如高速公路、城市主干道等
2	智能交通信号灯	控制交通流量，优化道路交通状况	城市主干道、交叉口等
3	道路状态监测设备	监测道路状态，及时发现道路状况异常，指导交通疏导及道路维修	高速公路、山区、隧道等
4	交通事故指挥车	进行现场事故指挥，提供快速应急救援	事故发生地点，需要现场指挥的道路交通事故现场
5	交通事故抢险车	进行现场抢险救援，提供快速救援	事故发生地点，需要现场抢险救援的道路交通事故现场
6	交通警用装备	维护道路交通秩序，进行交通指挥及事故现场处置	城市主干道、高速公路、交叉口等
7	GPS 定位设备	监控车辆行驶轨迹及车速，提供行驶数据分析和指挥调度	公共交通车辆、消防车、抢险车等需要实时监控行驶状况的车辆
8	天气预警设备	监测天气变化，及时发布预警信息，指导交通管制和调度	全市范围内

三、系统应用

道路交通安全是应急管理工作的重要领域之一。以某省份的道路交通安全应急管理业务系统为例，该系统主要包括信息采集、信息分析、指挥调度、应急响应等功能模块。在实际应用中，该系统对于道路交通安全事故的应急处置起到了重要的作用。

（1）事故信息采集。该系统可以通过网络摄像头、传感器等设备对道路交通安全事故进行实时监测和数据采集，快速获取事故发生时间、地点、车辆及人员伤亡情况等信息。

（2）信息分析。该系统可以通过数据挖掘和智能分析技术对采集的大量数据进行处理和分析，及时发现事故趋势和规律，并提供预测和预警信息。

（3）指挥调度。该系统可以实现多部门之间的信息共享和协同工作，快速组织应急力量，指挥调度现场救援、交通疏导等工作，并对救援进展情况进行实时监控和调度。

（4）应急响应。该系统可以通过移动终端、语音通信等技术，快速向现场指挥员、应急人员、相关部门和公众发布应急响应信息，提高应急响应的时效性和准确性。

综上所述，道路交通安全应急管理业务系统的应用，可以提高应急响应的效率和准确性，加强现场指挥调度和资源协调能力，减少人员和财产损失，实现道路交通安全事故快速应急处置的目标。

第九节　特种设备安全

一、事故概述

电梯是特种设备之一，它是高层建筑中重要的运载工具，一旦出现故障，可能发生乘客被困、坠落等危险事故。

市场监管总局发布的关于2021年全国特种设备安全状况的通告显示，截至2021年年底，全国电梯数量达到879.98万台，2021年，全国共发生特种设备事故和相关事故110起，死亡99人，其中电梯事故23起，死亡17人。

2015年7月15日18时许，沈阳市和平区华阳国际大厦写字楼一员工电梯突发事故，如图4-17所示。电梯坠落时，里面一共有12名启天锐力传媒有限公司的员工。电梯厢从27楼开始左右碰撞向下坠落，直到电梯厢至12层时，不再受任何牵引，直接从12楼着落到了一楼。事发后12人受伤被送进医院，其中5人住院治疗，多为腰部、腿部骨折。

二、系统设计

（一）业务需求

特种设备安全应急管理的业务主要包括特种设备的安全管理、维护和故障排除等。其中，特种设备包括但不限于压力容器、起重机械、电梯、升降机等。

1. 规范要求

国家和地方相关法律法规要求企业必须对特种设备进行安全管理，对设备进行定期检验和维护。

图4-17 沈阳电梯安全事故现场

特种设备的使用单位必须配备具有相应职业资格的操作人员，并定期进行培训和考核。

2. 信息化需求

（1）特种设备的管理信息化，包括设备档案管理、设备巡检计划管理、设备检验记录管理、设备维修记录管理等。

（2）设备监测信息化，即通过传感器等装置采集特种设备的运行数据，并进行实时监测、分析和预测，实现设备故障预警和快速排除故障。

（3）应急响应信息化，包括应急预案管理、突发事件信息记录、应急救援人员调度等，能够实现应急响应的快速启动和高效运作。

以上是特种设备安全应急管理的业务需求分析。在开发特种设备安全应急管理业务系统时，需要考虑以上需求，设计系统的功能和架构，以满足特种设备安全管理和故障排除等方面的需求。

（二）功能需求

特种设备安全应急管理业务系统的功能需求：

（1）设备档案管理。建立特种设备档案，包括设备基本信息、安装位置、维保记录、使用单位等相关信息。

（2）安全监测。对特种设备进行实时监测，包括运行状态、故障报警等情况，及时发现设备问题并采取措施。

（3）预警预测。通过对设备运行状态和历史数据的分析，对特种设备进行预警预测，提前预防设备故障和事故。

（4）维保管理。建立特种设备维保计划，安排维保人员进行设备定期维护保养，记录维保过程和结果。

（5）故障处理。记录设备故障信息、处理结果及时处理设备故障，保障设备正常运行。

（6）事故处理。建立应急处理机制，当发生特种设备事故时，快速响应，组织应急救援，及时处理事故。

（7）安全培训。对使用特种设备的人员进行安全培训，提高安全意识和应急处理能力。

（8）数据统计与分析。对特种设备的运行数据进行统计和分析，制定更加科学的设备管理方案。

（9）权限管理。对不同职能部门和人员分配不同权限，确保信息的安全和管理的准确性。

（10）系统配置。对特种设备管理系统进行配置，包括设备信息、维保计划、警报规则等。

（11）信息通信。与其他系统进行联动，如与消防监控系统、环境监测系统等进行联动，实现信息共享。

（12）移动端支持。支持移动端设备，让用户随时随地查看设备信息、处理报警和事故等。

（13）数据备份与恢复。对系统数据进行定期备份和恢复，确保数据的安全性和可用性。

（三）解决方案

特种设备安全监测预警系统参考架构如图 4 – 18 所示。

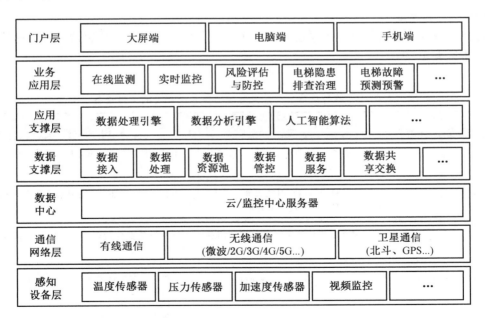

图 4 –18　特种设备安全监测预警系统参考架构

基于智能化产品、物联网技术、大数据分析、AI 视觉分析，提供物联数据应用的综合性产品和服务，包含全生命周期管理系统、安全运行监测、信用评价系统、信息发布等业务系统。达到故障精准处置、事故预测报警和人员快速救援的效果，下面以电梯为例。

1. 实时在线监测报警

电梯运行状态数据实时在线监测，对电梯使用问题（遮挡关门）、电梯故障和异常（超速、冲顶、蹲底、困梯等）、记录故障和问题数据（故障和问题次数、发生位置）、轿厢门动作及状态（开过程、关过程、开启、关闭）等信息监测，异常时主动发出报警。

2. 电梯实时监控

实时监控电梯运行情况，实现双向语音对讲，在紧急故障时用于现场指挥；对非机动车进入电梯、人员被困、偷盗行为触发异常报警，对公共场所犯罪行为进行约束，对电梯事故提供直接证据。

3. 风险等级评估与防控

依据电梯运行状态维保记录、检验记录、配件更换记录等评估电梯运行的风险等级及制定防控措施与计划。

4. 隐患排查治理

对电梯存在的隐患进行记录与排查，依据隐患类型、级别制定隐患排查计划。

5. 故障预测预警

依据电梯运行实时状态及运行记录并结合故障预测模型，对电梯运行可能出现的故障进行分析预测。

（四）关键设备

特种设备安全应急管理业务系统相关的关键设备包括摄像头、传感器、网络通信设备等，具体见表 4-9。

表 4-9 特种设备安全应急管理业务系统相关的关键设备

序号	设备名称	用　　途	应　用　场　景
1	摄像头	监控特种设备的运行情况，及时发现异常情况并报警	电梯、压力容器、起重机械等设备的运行场所、设备内部等
2	传感器	监测特种设备运行时的温度、压力、振动等物理量，及时预警异常	电梯、压力容器、起重机械等设备内部、周围环境等
3	网络通信设备	通过网络连接各类设备，实现信息传输和控制	特种设备安全管理中心、特种设备运行场所、报警中心等地点
4	服务器	存储、处理、管理各类数据和信息	特种设备安全管理中心、报警中心、特种设备运行场所等地点
5	控制器	对特种设备进行远程控制	特种设备安全管理中心、特种设备运行场所等地点

表 4 - 9（续）

序号	设备名称	用　　途	应 用 场 景
6	GPS 定位设备	对特种设备的位置进行定位和跟踪	特种设备运行场所、特种设备安全管理中心等地点
7	UPS 电源	在停电等突发情况下为设备提供稳定的电源保障	特种设备安全管理中心、特种设备运行场所等关键设备的电源保障

其中，摄像头、传感器、网络通信设备、服务器等设备为信息化系统的基础设备，通过这些设备收集、处理、管理各类数据和信息。控制器和 GPS 定位设备可对特种设备进行实时远程控制和位置定位，UPS 电源为各关键设备提供稳定的电源保障。

三、系统应用

特种设备安全监测系统是针对特种设备（如压力容器、锅炉、压力管道、电梯等）在运行过程中可能发生的安全事故而设计的。下面以电梯为例，介绍其应用效果。

（1）实时在线监测报警。通过传感器等设备实时在线监测电梯的运行状态，包括电梯的电流、电压、速度、高度等信息，一旦出现异常情况，系统可以通过报警通知相关人员进行处理。

（2）风险等级评估与防控。通过对电梯设备的运行状态、历史故障、维修保养情况等数据进行分析，评估电梯的风险等级，并根据评估结果提出相应的防控措施，如加强维护保养、加装安全装置等。

（3）故障预测预警。对电梯设备的历史故障数据进行分析，建立故障预测模型，预测电梯未来可能出现的故障情况，并提前发出预警通知，以便及时采取措施避免事故的发生。

第十节　人员密集场所安全

一、事故概述

人员密集场所是指公众聚焦场所，通常指设置有同一时间内聚焦人数超过 50 人的公共活动场所的建筑。包括医院的门诊楼、病房楼、学校的教学楼、图书馆、食堂和集体宿舍，养老院、福利院、托儿所、幼儿园、公共图书馆的阅览室、公共展览馆、博物馆的展示厅、劳动密集型企业的生产加工车间和员工集体宿舍、旅游、宗教活动场所等。人员密集产能过剩人员流动性强，人员的组成复杂。由于个体差异，在面对突发情况时，极易造成场面混乱，从而引发人员密集场所事故的发生。

2022 年 10 月 29 日晚，韩国首尔龙山区梨泰院举行万圣节派对，附近聚集人数据推测约 10 万人。发生踩踏事故的小巷是一个宽约 3.2 m，长约 45 m 的斜坡，事故发生时，整条小巷都挤满了人，如图 4 - 19 所示。发生踩踏事故的地点是其中大约长 5.7 m 的一段，警方称当时这一段约 18 m² 的空间里有 300 多人，本次事故死伤者基本处在这一空间内。

图 4-19　首尔人员踩踏事件现场

韩国首尔警察厅通报，截至当地时间 30 日 18 时，事故致 154 人死亡，另有 130 多人受伤。

二、系统设计

（一）业务需求

人员密集场所安全应急管理的业务是为了保障人员密集场所的安全和紧急情况的处理，包括但不限于商场、体育馆、会展中心、剧院等公共场所的安全管理。下面从规范要求和信息化需求两个方面进行分析。

1. 规范要求

人员密集场所安全应急管理需要遵循相关的法律法规和规范要求，主要包括以下两个方面：

（1）法律法规。人员密集场所安全管理的相关法律法规主要包括《消防法》《公共安全防范技术标准》《场馆消防安全管理规定》等。

（2）规范要求。除了法律法规，人员密集场所的安全管理还需要遵循相关的规范要求，如国家标准《大型公共建筑灭火器配备规定》《安全出口设计规范》《电气安全规范》等。

2. 信息化需求

随着信息化技术的发展，人员密集场所安全应急管理的信息化需求也日益突出。具体需求如下：

（1）实时监测。通过安装传感器、监控设备等技术手段，对人员密集场所进行实时监测，包括消防设施、安全出口、电力设备、空气质量等，及时发现异常情况并进行处理。

（2）预警预测。通过数据分析和人工智能等技术手段，对可能存在的安全隐患进行预测和预警，提前采取相应的措施，避免事故的发生。

（3）应急响应。建立人员密集场所安全应急管理应急响应机制，通过信息化手段实现紧急通知、应急指挥、信息发布等功能，及时响应突发事件。

（4）信息共享。建立信息共享平台，实现相关部门之间的信息共享和协同工作，提高安全管理效率和水平。

综上所述，人员密集场所安全应急管理需要遵循相关的法律法规和规范要求，同时还需要建立信息化平台，实现实时监测、预警预测、应急响应、信息共享等功能。

（二）功能需求

人员密集场所安全应急管理业务系统的功能需求：

1. 人员管理

（1）人员档案管理。包括人员基本信息、从业资格证书、健康证明等。

（2）人员考核管理。包括考勤管理、绩效考核、安全培训等。

（3）人员实时监控。包括人员出入记录、区域进出监控、实时位置跟踪等。

2. 安全预警

（1）视频监控预警。通过视频监控系统实时监测人员密集场所的安全情况，发现异常事件及时预警。

（2）门禁系统预警。通过门禁系统实时监测人员出入情况，发现异常事件及时预警。

（3）烟雾报警预警。通过烟雾报警系统实时监测烟雾情况，发现火灾等危险事件及时预警。

3. 应急响应

（1）应急预案管理。包括制定应急预案、组织演练、定期修订等。

（2）应急指挥调度。包括组织指挥、信息发布、调度协调等。

（3）应急救援资源管理。包括救援力量、救援物资等资源的管理与调度。

4. 数据分析

（1）事件记录分析。对历史事件进行统计、分析、挖掘，提供对应的决策依据。

（2）风险评估分析。通过对场所的风险评估和分析，提供相应的防范措施。

（3）统计报表分析。对人员密集场所的人员数量、分布、出入情况等数据进行统计和分析，提供相应的报表分析。

（三）解决方案

人员密集场所安全监测预警系统参考架构如图4-20所示。

人员密集场所安全应急管理业务系统解决方案包含多种设备和系统，旨在实现对人员

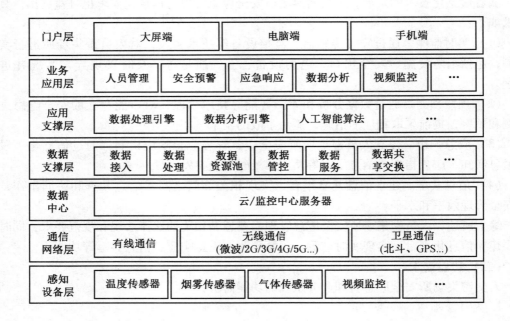

图4-20 人员密集场所安全监测预警系统参考架构

密集场所的全面安全监测、管理和应急响应。包括以下子系统：

（1）摄像头监控系统。通过安装摄像头对人员密集场所进行全面监控和录像，可以帮助安保人员及时发现并处理安全事件和异常情况。

（2）门禁管理系统。用于对人员进出场所进行管控和管理，可以防止未经授权的人员进入敏感区域，有效保障人员安全。

（3）火灾报警系统。通过感应烟雾、温度、气体等火灾危险信号，及时发出警报并启动疏散机制，减少火灾造成的人员伤亡和财产损失。

（4）应急广播系统。用于紧急通知和指导人员疏散，及时传递应急信息，帮助人员在应急情况下做出正确的决策。

（5）电梯监控系统。用于对电梯进行实时监控，确保电梯运行的安全性和稳定性，及时发现和处理电梯故障和事故。

（6）温度、湿度监测系统。通过实时监测温度和湿度等环境参数，预防火灾、水灾等突发事件，保障人员的安全。

（7）应急电源系统。在停电或电力系统故障时，自动切换为备用电源，保证设备和系统的正常运行，避免因停电造成的安全隐患。

（8）数据备份与恢复系统。用于备份和恢复系统数据，防止数据丢失或被恶意攻击，保障业务的连续性和安全性。

（9）应急指挥调度系统。用于快速响应和应对突发事件，实现指挥、调度、应急决策等功能，提高应急处置效率和能力。

（10）GIS 地图信息系统。通过地理信息技术和空间分析，实现对人员密集场所的全方位管理和分析，提高安全防范和应急响应的能力。

（11）无线通信系统。用于在突发事件发生时，及时传递应急信息，提高应急响应的效率。

（四）关键设备

人员密集场所安全应急管理业务系统相关的关键设备摄像监控系统、紧急广播系统、火灾报警系统等，具体见表 4 - 10。

表 4 - 10　人员密集场所安全应急管理业务系统相关的关键设备

序号	名　称	用　途	应用场景
1	门禁系统	控制人员进出	机场、火车站、客运站等
2	摄像监控系统	监控人员活动	机场、公共图书馆、博物馆、文化馆等
3	紧急广播系统	发布紧急通知	机场、火车站、客运站等
4	火灾报警系统	检测并报警火灾	机场、公共图书馆、博物馆、文化馆等
5	安全疏散指示系统	指示人员疏散方向	机场、火车站、客运站等
6	通信系统	联系相关人员	机场、公共图书馆、博物馆、文化馆等
7	应急照明设备	提供紧急照明	机场、公共图书馆、博物馆、文化馆等
8	应急电源设备	提供紧急电力	机场、公共图书馆、博物馆、文化馆等
9	防火门、防火卷帘门	阻止火势蔓延	公共图书馆、博物馆、文化馆等
10	安全监测设备	监测人员密集度、环境空气质量等	机场、公共图书馆、博物馆、文化馆等

三、系统应用

人员密集场所安全事故是指人员聚集的场所发生的突发性安全事件，如演唱会、体育比赛、商场等场所的火灾、踩踏事故等。针对这种场景，应急管理业务系统可以提供实时数据采集、分析、处理、应急指挥等功能，从而提高应急管理效率和减少损失。

以上海国际马拉松为例，该活动每年吸引数万名参赛者和观众前来，人员密集度高，一旦发生安全事故，后果不堪设想。因此，组织方采用应急管理业务系统进行安保工作。具体包括以下三个方面：

（1）数据采集。应急管理业务系统通过监控设备采集人员密集场所的实时视频、图像和声音数据，实现对场馆内外环境、人员行为的全方位实时监控和预警。

（2）信息处理。应急管理业务系统通过对采集到的数据进行处理和分析，利用人工智能技术，实时识别异常事件并自动报警，提供指挥员的决策支持。

（3）应急指挥。应急管理业务系统集成了应急指挥中心，通过调度无人机、警力、医护人员等资源，及时处置突发事件，最大限度地减少人员伤亡和财产损失。

通过应急管理业务系统的应用，上海国际马拉松的安保工作得到了有效加强，保证了参赛者和观众的人身安全和财产安全，保证了活动的成功举办。

第五章　安全生产监督管理系统

安全生产监督管理主要是对生产安全进行监督和管理，预防和减少事故的发生。其业务需求主要是对生产过程中的各种风险进行实时监控和预警。功能需求包括生产过程监测、安全管理、危险化学品管理等。解决方案主要是利用云计算、大数据等技术对生产过程进行实时监测和分析。常用的关键设备包括监测传感器、智能控制系统等。

第一节　综 合 监 督 管 理

一、概述

安全生产综合监督管理主要包括隐患排查治理和风险分级管控两个方面内容。安全隐患排查治理是指根据国家安全生产法律、法规，利用安全生产管理相关方法，对生产经营单位的人、机械设备、工作环境和生产管理进行逐项排查，目的是发现安全生产事故隐患。发现隐患后，根据各种治理手段，将其消除，从而把生产安全事故消灭在萌芽状态，达到安全生产的目标。

安全风险分级管控是指通过识别生产经营活动中存在的危险、有害因素，并运用定性或定量的统计分析方法确定其风险严重程度，进而确定风险控制的优先顺序和风险控制措施，以达到改善安全生产环境、减少和杜绝安全生产事故的目标而采取的措施和规定。风险分级管控的基本原则：风险越大，管控级别越高；上级负责管控的风险，下级必须负责管控，并逐级落实具体措施。风险分为蓝色、黄色、橙色、红色四个等级（红色最高）。

二、系统设计

（一）业务需求

围绕安全生产监督管理工作，满足安全生产日常综合监测、风险智能评估、风险监测预警、安全生产监管和大数据可视化等业务要素。

（二）功能需求

1. 安全生产日常综合监测

充分利用视频监控和物联网感知网络系统，融合安全生产风险要素数据及相关共享数据，基于大数据、知识图谱、机器学习等技术，建设风险可视化综合监测、专题展示等功能。

2. 安全生产风险智能评估

采集和汇聚企业基础数据和安全监管数据，结合企业分类分级办法，建立企业安全生产风险评估模型；抽取行业、区域共性指标，建立行业、区域安全生产风险评估模型，构建行业、区域风险云图。

3. 安全生产风险精准预警

实现安全生产信息和推送方案智能化生成，满足一键式推送等功能，实现对安全生产风险的类型、区域、行业、综合统计。

4. 安全生产风险趋势预测

建立安全生产智能化风险趋势预测模型，智能预测企业安全生产风险发展趋势和行业、区域风险趋势。

5. 安全生产综合展示

实现安全生产数据治理后的综合可视化展现，包括综合分析展示、物联感知展示、预警分析展示和风险分析展示等内容。

6. 安全监督管理

建设重大风险管理系统、安全应急知识库系统、举报投诉管理系统、安全信用评估系统等业务子系统。

系统中的各子系统，应根据用户对象部署于政务外网或互联网，供应急管理全体系、安委会成员单位、企业、中介机构、社会公众使用。主要功能包括行政许可、行政执法、行业监管、企业安全生产标准化、中介机构监管、诚信管理、事故报告和统计分析、安委会综合监管。

（三）解决方案

安全生产综合监督管理系统参考架构如图 5 - 1 所示。

1. 安全生产日常综合监测

安全生产日常综合监测主要包括风险要素数据汇聚与可视化、企业安全监控系统运行状况感知、安全隐患视频智能识别等模块。

1）企业日常综合监管

（1）一企一档管理。对辖区监管企业构建完整详细的监管档案，涵盖企业安全生产基本信息、风险点信息、隐患排查治理信息、执法检查情况、违法行为、监测预警等各方面。

（2）双重预防体系管理。按照应急管理部风险分级管控和隐患排查治理的要求，对企业安全生产风险点进行摸排汇总，建立风险四色图，建立风险点台账，明确风险点风险要素、预防措施、风险点等级、隐患排查清单、隐患排查周期等，并按照清单开展隐患排查治理工作。

（3）许可证书管理。汇集所有发证信息，掌握企业许可有效时间，对即将超期和已经超期的证书进行预警提醒。

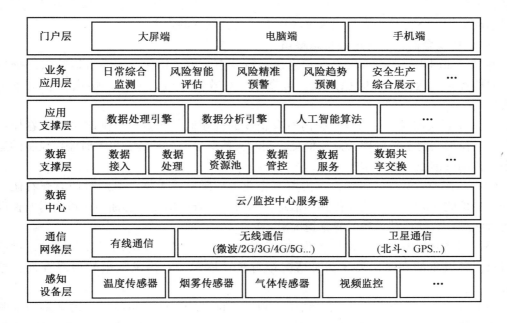

图5-1 安全生产综合监督管理系统参考架构

（4）特种作业人员管理。对所有特种作业持证信息管理，建立持证人员档案，关联培训考试信息。

（5）特种设备管理。管理辖区企业特种设备使用的情况，包括特种设备的检测检验情况。

（6）事故管理。对辖区事故情况进行登记、核销管理，并按照应急管理部要求生成各类事故统计表。

（7）安全生产信用管理。包括企业法人及个人安全生产不良信用记录管理，企业法人及个人黑名单的纳入移除管理。

（8）培训考试管理。对企业全员培训情况、三类人员（高危行业企业主要负责人及安全管理人员、一般行业企业主要负责人及安全管理人员、特种作业人员）培训考试情况进行管理。

（9）企业安全生产履职管理。依据安全生产法和企业标准化达标管理要求，针对不同类型企业，制定企业需要落实的安全生产主体责任工作，通过信息化台账的方式采集企业主体责任落实证据，督促企业自我管理、自我落实。

（10）安全指数评估。以企业个体为最小单元，运用大数据技术，构建专业、全面的安全指数评估指标，对企业安全指数进行动态评估，构建以安全信用为核心的新型监管模式，实现精准监管、智能监管。

（11）安全生产执法检查。提供便捷有效的信息化工具，辅助相关人员开展辖区企业安全生产检查工作，通过"菜单式"的检查工具，固化检查标准，让相关人员知道该查什么，怎么查，辅助监管部门更好、更方便地落实安全生产检查工作。安全生产监督检查提供移动应用，方便检查人员记录现场检查情况、发现的隐患。

2）企业安全监控系统运行状态感知

通过感知网络获取企业安全监控系统运行状态数据，构建监控系统运行状态分析模型，对监控系统运行过程的稳定性、可靠性、有效性等进行研判，强化企业主体责任落实。

（1）视频监控查看。汇集系统内所有企业的视频监控数据，可随时调取查看任一企业任一点位的实时监控画面及监控信息，同时支持历史回放功能；可实时监控设备的运行状态，自动反馈设备的异常情况。

（2）传感监控数据。汇集系统内所有企业的传感监控数据，可随时调取查看任一企业任一点位的实时传感曲线及传感器信息，同时支持查询历史传感曲线；可实时监控设备的运行状态，自动反馈设备的异常情况。

（3）设备运行管理。自动监控设备的运行状况，记录设备的离线异常记录，对各类视频及传感设备的在线、离线实时情况进行统计展示，并提供数据的列表查询、导出功能。

（4）安全隐患视频智能识别。利用视频模式识别和智能分析技术，动态感知企业重点场所、关键部位、特殊岗位的安全隐患，对人员违规违章行为、设备设施安全隐患等自动形成告警信息。隐患识别的场景类型主要包括人员离岗、人员睡岗、人数超限、通道堵塞、未佩戴安全帽等内容。

（5）装卸台作业管控。在危化品企业运输车辆装卸作业台实现监控全覆盖。利用视频监控提供人工在线巡查管控，便于发现各类高危违规作业。

（6）园区高空瞭望。在园区高点，设置高空瞭望摄像机，实现从园区整体的高空范围对全园区的实时视频信息进行掌握。

3）传感报警数据智能分析

（1）气体浓度超标。接入企业的可燃、有毒气体传感器，在线监测可燃、有毒气体浓度，当监测到可燃、有毒气体浓度超过阈值时，产生气体浓度超限事件信息，并根据高低二级阈值设定，将预警事件分为一级、二级预警事件。

（2）温度超限。接入企业的温度传感器，在线监测温度信息，当监测到的温度超过或低于阈值时，产生温度超限事件信息，并根据高低二级阈值设定，将预警事件分为一级、二级预警事件。

（3）液位超限。接入企业的液位传感器，在线监测液位信息，当监测到的液位超过或低于阈值时，产生液位超限事件信息，并根据高低二级阈值设定，将预警事件分为一级、二级预警事件。

（4）压力超限。接入企业的压力传感器，在线监测压力信息，当监测到的温度超过或低于阈值时，产生温度超限事件信息，并根据高低二级阈值设定，将预警事件分为一级、二级预警事件。

（5）风险要素数据汇聚与可视化。全面汇聚非煤矿山、危险化学品、烟花爆竹等高危行业企业风险要素基础数据、感知数据和相关共享数据等，实现风险基础信息、风险监测数据综合展示、逐级钻取和线上巡查等功能。

2. 安全生产风险智能评估

1）企业安全生产风险综合评估

采集和汇聚企业基础数据和安全监管数据，结合企业分类分级办法，综合汇总企业安全生产基础数据、实时监测数据、安全监控系统运行状态数据、视频智能分析数据、监管监察业务数据和其他部门共享数据，建立企业安全生产风险评估模型，动态评估企业安全生产风险；结合风险评估分析指标，通过企业画像多维展示风险特征。

2）行业、区域安全生产风险综合评估

抽取行业、区域共性指标，建立行业、区域安全生产风险评估模型，结合承载体脆弱性、环境敏感性等影响因素，实现行业、区域风险耦合分析，动态构建风险云图，可视化展现行业、区域风险指数，为行业、区域安全生产风险管控提供决策支撑。

3. 安全生产风险精准预警

1）风险预警信息自动生成

通过数据比对、关联分析等方法，提取超阈值报警等异常监测数据、高等级风险数据等各类信息，自动生成风险预警信息。

2）风险预警推送方案智能生成

按照风险类型、风险等级、责任主体等维度，智能生成风险预警信息推送方案。预警事件产生后，系统通过自动报送机制进行分级分类报送，包括企业级、园区级和镇街级等。

3）风险预警信息一键推送

一键式推送风险预警信息，保障风险预警信息快速、统一发布。包括企业接收人、政府部门接收人等内容。

4）预警事件综合统计

按周次、月度、年度统计各个企业的预警事件数、处置事件数、事件处置率及未处置事件数的情况，提供列表查询和导出功能。

5）预警事件区域统计

按周次、月度、年度统计各个辖区的企业数、预警企业数、预警事件数、处置事件数、事件处置率及存在未处置事件企业数的情况，提供列表查询和导出功能。

6）预警事件行业统计

按周次、月度、年度统计各个行业的企业数、预警企业数、预警事件数、处置事件数、事件处置率及存在未处置事件企业数的情况，提供列表查询和导出功能。

7）预警事件类型统计

按周次、月度、年度统计各个预警事件类型的预警企业数、预警事件数、处置事件数、事件处置率的情况，提供列表查询和导出功能。

4. 安全生产风险趋势预测

1）企业风险趋势分析

建立不同规模、不同类别的企业安全生产风险趋势分析模型，结合企业安全生产各类风险监测数据、评估数据和隐患数据等，智能预测企业安全生产风险发展趋势。

2）行业、区域风险趋势推演

按照不同行业及自然环境特点，建立行业、区域安全生产风险趋势推演模型，结合行业、区域安全生产风险监测数据、评估数据和自然灾害监测预警数据等，智能推演行业、区域安全生产风险发展趋势。

5. 安全生产综合展示系统

根据实际情况定制开发大数据可视化展现。

1）综合分析展示

对企业、区域、行业的历史风险情况进行统计分析，并采用各类图表进行可视化展现。

2）物联感知展示

对传感器、监控摄像头、企业信息结合地图进行可视化呈现，可总览企业和各类监测设备的地理位置分布情况。

3）预警分析展示

呈现24小时内发生及处置的预警事件信息列表，事件信息动态置顶，可实时关注最新动态，同时提供事件详情的查看功能。

4）风险分析展示

提供全市风险热力分布图，根据企业分布及风险情况用不同深浅的颜色标记风险热力情况。

6. 安全监督管理系统

1）行政许可

接入各级发证信息、证书信息，实现证书信息导入、查询、预警管理。包括证书管理、证书到期预警、安全审查意见书管理。

2）行政执法

实现从现场执法、立案、调查取证、行政处罚、结案归档等安全生产行政执法监督全过程的计算机信息化管理，包括执法检查管理、案件管理、移动执法。

（1）执法检查管理。包括检查计划管理、监督检查与复查、清单检查与复查、执法文书管理。

（2）案件管理。自动生成电子版执法文书，按照流程实现文书自动编号、网上审批、审核流转、电子存档和纸质输出。

（3）移动执法。面向安监执法人员、巡查人员，利用移动终端的便利性，对企业开展日常检查、专项检查，记录现场检查记录。包括企业信息查看与维护、隐患排查治理、行政执法检查、文书下发与打印、统计分析、辅助应用。

7. 行业监管系统

行业监管系统实现安监部门监管的危险化学品、烟花爆竹、非煤矿山、工贸四大行业企业的分类分级监管。行业监管系统主要功能包括企业注册审核、企业分类监管、企业分级监管、一企一档管理、企业地图、企业信息综合展示。

1）注册

企业使用统一社会信息代码、企业（单位）名称等工商登记信息注册，注册时同步创建企业（单位）管理员账户。

2）审核

对待审核的企业信息进行核实，核实正确的通过审核，核实存在问题的退回企业重新填写。

8. 企业分类监管

根据企业的监管特性、行业进行分类标签。按照行业可以分为行业大类、行业小类，行业大类包括危险化学品、非煤矿山、烟花爆竹、工贸，行业小类包括危险化学品生产、危险化学品经营、危险化学品使用等。

9. 企业分级监管

根据企业隐患排查治理、教育培训、风险评估辨识等情况，对企业安全生产管理情况进行评估，根据评估结果对企业进行分级。评估结果以雷达图的形式显示，评估结果根据评级办法分为 A、B、C、D 四级，支持按照年度、季度进行评级。

10. 企业地图

基于 GIS 地图，对企业基本信息进行展示，可对企业名称、所属行业、规模情况、标准化等级进行筛选查看，在地图上点击企业可查看该企业的关键信息和详细一企一档。

11. 企业综合信息展示

用一张页面直观展示所查看企业的基础信息、信息填报完整度、分级评估新消息、分类特性信息、隐患排查信息、执法检查情况等。

12. 诚信管理系统

诚信管理包括不良信用信息登记、企业黑名单管理、诚信等级评价、企业诚信信息发布等功能。

1）不良信用信息登记

对企业涉及的行政处罚信息、违法行为信息进行登记管理，支持系统填报、模板导入、自动抽取三种方式，自动抽取根据系统设定的规则自动从数据库中获取企业的不良信用信息。支持根据行业、企业名称等条件查询不良信用信息。

2）企业黑名单管理

黑名单分市级与区县级，市级和区县安监部门能够依据企业存在的不良信用信息将企业纳入相应等级的黑名单，黑名单到期后可根据情况解除黑名单。

3）诚信等级评价

根据监管部门制定的等级评定办法，系统采用自动或手动的方式打分，最终根据得分对企业的诚信等级进行评价。

4）企业诚信信息发布

将企业的诚信评定信息和黑名单信息导出 Excel 文件，同时可根据行业、企业名称等条件查询黑明单和企业的诚信等级。

13. 事故报告和统计分析系统

事故报告和统计分析系统包括事故快报、事故快报续报、事故统计、事故综合查询功能等。

1）事故快报

生产经营单位发生事故后，可通过"事故快报"页面进行网上上报，并提交给系统，支持事件的 GIS 标注。

2）事故快报续报

事故上报之后可以对之前事故快报上报的事故进行续报，续报之后状态变成续报。

3）事故统计

根据事故类型、事故发生区域、事故等级等维度对指定时间范围发生的事故情况进行统计，支持数据的层层钻取，支持数据导出 Excel 文件。

4）事故综合查询

根据事故发生时间、事故级别、事故类型等条件查询发生事故的信息。

14. 隐患排查治理系统

隐患排查治理面向安全监管部门提供有效的信息化手段监管辖区内隐患排查治理情况，监管企业隐患排查治理工作，实时掌握企业隐患自查自报情况，监督企业隐患整改、抓好重大隐患人、资金、时间、措施、预案的"五落实"。通过隐患排查治理系统建设最终能实现隐患不排查系统能觉察、排查不上报系统能知道、上报不整改系统有记载、整改不及时系统有提示。

1）隐患超期提醒

对辖区范围内企业超期隐患情况进行提醒，方便监管部门工作人员及时对异常情况进行监督处理。

2）隐患情况汇总

按隐患来源、行业、区域查看指定时间周期内隐患汇总情况，包括辖区企业数、查报隐患企业总数、发现隐患数量、已整改隐患总数、超期未整改隐患总数、整改率。点击区域名称可查看该区域下每家企业的隐患情况，列表信息包括企业数、查报隐患企业总数、发现隐患数量、已整改隐患总数、超期未整改隐患总数、整改率。点击本单位监管隐患页签，可以查询出本单位监管的企业中政府排查出来的隐患，并可以导出列表。

3）企业自查隐患监管

监管部门对辖区企业自查自报隐患情况进行监管，查看辖区企业隐患自查的汇总与台账，对企业上报的重大隐患进行核查。

4）政府监督检查隐患监管

监管部门对辖区各下级单位隐患监督检查工作进行监管，查看辖区各单位隐患监督检查的总体情况及监督检查发现的隐患台账。

5）隐患挂牌督办

对辖区内的重大隐患进行挂牌督办，挂牌督办时录入挂牌日期、挂牌督办级别、挂牌单位、督办文号、督办要求、督办销号单位等信息。

挂牌督办的隐患整改完成经监管部门现场核查通过后，进行摘牌和销号处理。

6）隐患移交

对非本部门处理的隐患进行移交，移交时登记移交类型（系统内移交、系统外移交），受理部门。移交完毕后，可以查看移交记录。

7）隐患综合查询

根据企业名称、行政区划、行业分类、隐患监管部门、隐患来源、隐患类别、上报时间等条件查询隐患记录及详细隐患信息。

（四）关键设备

综合监督管理安全应急管理业务系统相关的关键设备包括视频监控设备、环境监测设备、火灾报警设备等，具体见表5-1。

表5-1 综合监督管理安全应急管理业务系统相关的关键设备

序号	设备类型	用途	应用场景
1	视频监控设备	监控生产场所，及时发现安全隐患	工业、矿山、建筑工地等生产场所
2	环境监测设备	监测空气、水质等环境指标，及时发现环境污染	工业、矿山、化工厂等生产场所
3	火灾报警设备	监测火灾情况，及时报警并进行应急处置	仓库、工厂、公共场所等
4	气体检测设备	监测有害气体浓度，及时发现安全隐患	化工厂、矿山、地下管道等场所
5	安全生产监管软件系统	对企业安全生产管理进行综合监管和数据分析	安全监管部门

这些设备都是综合监督管理安全应急管理业务系统中必不可少的组成部分，能够有效地监控和预警生产场所的安全隐患。

三、系统应用

综合监督管理业务系统主要任务是贯彻落实"始终把安全生产放在首要位置""安全生产第一意识"等重要指示，运用先进的技术方法，完善标准化考核体系，推进安全质量标准化建设，强化安全基础管理，实现各级应急管理部门对安全生产企业的有效、长效监管。

如某省应急管理厅智慧安全监督管理应用根据实际工作需求，从系统信息架构、操作流程、数据（信息）录入、CA电子签章、数据对接、企业参与、建立专家库、完善执法文书、执法人员信息化管理等方面建设智慧安全监督管理应用。

智慧安全监督管理应用的企业数据库主要依托全省安全生产隐患排查治理信息系统的企业数据库，行政执法业务产生的数据对应记录在该数据库中，并具有提醒、查询等功能。

根据隐患排查治理标准，执法人员能够针对不同企业现场配置对应的检查表，并对每个检查项目依照的法律法规、检查方法等进行列举；能够将检查结果以及对应的法律依据智能导入现场检查记录、责令改正指令书等现场执法文书，文书自动生成率应达到60%以上，初步实现现场执法智能化。同时，现场执法文书制作要能够配套上传现场取证相片等附件。

对经隐患排查和现场执法检查后，需要进一步调查取证的，可以调用询问笔录、勘验笔录、询问通知书、先行登记保存证据通知书等执法文书，进行前期调查取证。确需立案查处的案件，设置确认立案的功能，根据对企业立案的案由和涉嫌存在的违法行为，系统能够智能地检索出对应涉嫌存在违法行为的各种违反法律依据、行政处罚依据，并能够将相应的自由裁量权进行一一对应。立案后案件转入案件办理流程，每一个案件从立案到结案。

第二节　危化品分类管理

一、概述

危险化学品是指具有毒害、腐蚀、爆炸、燃烧、助燃等性质，对人体、设施、环境具有危害的剧毒化学品和其他化学品。

"8·12"天津滨海新区爆炸事故是一起发生在天津市滨海新区的特别重大安全事故。2015年8月12日22时51分46秒，位于天津市滨海新区天津港的瑞海公司危险品仓库发生火灾爆炸事故，如图5-2所示。该事故中爆炸总能量约为450 t TNT当量。截至2015年12月10日，依据《企业职工伤亡事故经济损失统计标准》等标准和规定统计，该起事故已核定的直接经济损失达68.66亿元。经国务院事故调查组调查认定，"8·12"天津滨海新区爆炸事故是一起特别重大生产安全责任事故。

图5-2　天津滨海新区爆炸事故现场

"8·12"天津滨海新区爆炸事故造成165人遇难（其中参与救援处置的公安现役消防人员24人、天津港消防人员75人、公安民警11人，事故企业、周边企业员工和居民

55 人），8 人失踪（其中天津消防人员 5 人，周边企业员工、天津港消防人员家属 3 人），798 人受伤（其中伤情重及较重的伤员 58 人、轻伤员 740 人），304 幢建筑物、12428 辆商品汽车、7533 个集装箱受损。

二、系统设计

《危险化学品安全管理条例》第六条第一点明确安全生产监督管理部门负责危险化学品安全监督管理综合工作，组织确定、公布、调整危险化学品目录，对新建、改建、扩建生产、储存危险化学品（包括使用长输管道输送危险化学品，下同）的建设项目进行安全条件审查，核发危险化学品安全生产许可证、危险化学品安全使用许可证和危险化学品经营许可证，并负责危险化学品登记工作。

（一）业务需求

在危化品监管上，基于危化品事故高发现状，需以危险化学品为关注对象、危险化学品容器为载体，借助云储存方式，通过危险化学品电子单据追踪制度，建立全省统一的危险化学品追溯体系。借鉴危险化学品生产、储运过程中的危险化学品定量管理经验，定量跟踪危险化学品全生命周期行为，以解决危险化学品全生命周期安全风险管理业务需求。具体需求包括以下几方面：

（1）采集危化品相关企业的基础信息，对企业安全风险进行评估分级。

（2）接入企业、园区的内部视频数据及在线监测数据，对实时动态在线数据、视频数据进行安全分析，实现对危化品企业安全生产的风险预警、防控。

（3）对涉及重大危险源企业进行三维建模，融合视频数据、在线监测数据，实现对危化品企业直观、清晰的三维实景融合的安全管控。

（4）通过获取危化品运输车辆卡口、高速公路出入口相关数据，利用车辆二次识别分析技术，以及对车辆行驶安全行为评估，实现对辖区内及跨辖区的危化品运输车辆的安全监管。

（5）借鉴危险化学品生产、储运、救援过程中的危险化学品经验，通过事故模拟、化学知识图谱及 MSDS 数据等行为，解决危险化学品安全风险管理业务新需求。

（6）安全风险分析，包括危险化学品生产总量、使用总量、从业单位数量、从业人员数量、使用单位数量、危化品品种数量、事故总量等基本信息。建立数据预测模型，通过总量的历史数据，预测未来的数据总量。

（7）三维实景融合应用，整合危化品静动态数据视图、地图位置视图、视频监控图层、传感器数据图层、应急预案工作流图层等多图层多视图于一体的可视化引擎，实现危化品全生命周期的身临其境的直观体验，实时同步危化品各种数据和传感器数据，GIS，二、三维建模等多种可视化效果，实现精准指挥、对风险监测全量汇聚、对安全态势全程感知、对全过程实时处置，做到全生命周期的风险可知、可测、可控。

（8）事故模拟，对涉及重大危险源危险化学品（风险点、危险源）的企业，实现其重大危险源的事故模拟，包括爆炸、火灾、泄漏等事故模拟，模拟危化品爆炸、火灾、泄露等不同事故的影响范围，并在地图上进展事故模拟影响范围展示。

（9）危化品移动应用 APP 分为政府端及企业端，政府端包括监管和宣传等需求；危化品企业端包括企业自查隐患、上报及安全宣传等需求。

（二）功能需求

1. 危化品安全综合监管需求

1）危险化学品基础信息管理

通过对危化品相关企业的基础信息采集，整合汇聚全省全量危化品数据，通过企业端、政府端进行分类管理。主要包括用户注册、企业端功能、政府端功能、综合查询及分析功能等。

2）危险化学品安全风险动态监管信息管理

通过企业的基础安全风险信息对企业安全风险评估进行分级，通过重点监管危险化工工艺参数的报警阈值、报警数据和实时数据等安全信息对企业进行动态安全预警，通过监控监测设备设施信息数据对企业前端设备的安全情况进行监管，实现对危化品企业的安全风险动态监管。主要包括企业安全风险评估分级、数据在线监测预警、监控监测设备设施管理等。

3）危险化学品安全风险预警与防控系统

通过危险化学品全生命周期数据链条管理功能，以某种危险化学品为维度，可获取危险化学品在全省的生产、储存、经营、运输等环节相关风险情况，主要包括危险化学品全生命周期风险管理、风险预警和决策支持功能、风险分布图、企业安全风险和重大危险源信息展示、安全风险评估诊断分级信息展示、化学品安全知识图谱及化学品安全技术说明书（SDS）数据、事故应急支持等。

4）化学品安全知识图谱及 MSDS 数据

建立化学品安全知识图谱及 MSDS 数据，包括完善化学品知识图谱分析工具、建全智能的化学品知识问答系统、丰富危险化学品安全技术说明书、更新行业法规和标准规范知识库等。

5）安全风险分析

通过系统实现对涉及"重点监管危险化工工艺"和"重大危险源"的危险化学品生产、储存、使用、经营和危险废物利用、处置企业的化工工艺、储罐、库区等安全参数进行在线监测预警的目的。

6）数据收集模版

完成重点监管危险化工工艺参数的报警阈值、报警数据和实时数据、重大危险源的常压及低压、压力、全压力式、半冷冻式及全冷冻式等储罐的介质液位、温度、压力、可燃或有毒气体浓度等参数、报警数据和实时数据等数据的模板制作。

7）数据接入

重点监管危险化工工艺参数的报警阈值、报警数据和实时数据接入；重大危险源的常压及低压、压力、全压力式、半冷冻式及全冷冻式等储罐的介质液位、温度、压力、可燃或有毒气体浓度等参数的报警阈值、报警数据和实时数据接入；重大危险源的由单个或多个库房构成的库区内可燃或有毒气体浓度等参数的报警阈值、报警数据和实时监测数据等的接入。

8）应急救援队伍辅助

整合应急救援队伍资源数据，应包括应急救援队伍基本信息、灭火抢险救援车信息、举高抢险救援车信息、专勤抢险救援车信息等，为应急事故指挥救援提供辅助决策。

2. 危化品三维实景融合安全管控需求

1）三维实景融合应用

整合危化品静动态数据视图、地图位置视图、视频监控图层、传感器数据图层、应急预案工作流图层等多图层多视图于一体的可视化引擎，实现危化品贮存的入库、位移、出库全过程的身临其境的直观体验，实时同步危化品各种数据和传感器数据、GIS、三维建模等多种可视化效果，实现精准指挥、对风险监测全量汇聚、对安全态势全程感知、对全过程实时处置，做到危化品贮存风险可知、可测、可控。

2）事故模拟

对于生产、储存、使用、经营和废弃处置等所有涉及危险化学品（风险点、危险源）的企业，实现其重大危险源的事故模拟，包括爆炸、火灾、泄漏等事故模拟，模拟危化品爆炸、火灾、泄漏等不同事故的影响范围，并在地图上进行事故模拟影响范围展示。

3. 危化品移动应用 APP 需求

1）政府端 APP

实现政府工作人员快速定位监管手段；实现安全宣传软文或者微文传递；增强协同救援功能，以工作小组模式建立群聊群组，完成即时信息交流功效；增加通讯录和日常安排，实现快速查询相关人员信息，辅助办公。

2）危化品企业端 APP

安全宣传软文或者微文传递；增强企业自查隐患手段，达到企业自查隐患真实有效上报；延伸企业告警处理，贯穿系统与移动应用协同处置告警。

4. 危化品管道应急管理需求

1）管道一张图

将管道本体及附属设施、站场设备设施、沿线周边环境、管道周边应急资源等数据进行管理，实现管道基础信息、周边环境和应急资源在 GIS 系统上的综合展示和查询。

2）安全生产监测

通过与企业自有系统集成或是企业在系统中进行数据填报，实现风险要素数据汇聚与可视化、危化品管道安全运行状态感知、高后果区视频监控。

3）风险智能评估

针对危化品管道风险的智能评估，包括高后果区管理、风险评价、管道风险评估、管道完整性结果展示等内容的分析评估。

5. 重点车辆监控预警需求

接入交通运输部以及各省相关厅局平台及数据，获取客运班车、客运包车、危化品运输车辆、重型货车等车辆相关数据进行融合分析。实现"两客一危一重货"重点车辆监测预警系统的共建共用、数据互联互通，全过程动态监控监测预警。

（三）解决方案

危险化学品分类管理系统参考架构如图 5-3 所示。

系统整体架构涉及数据感知层、通信网络层、基础设施层、数据服务层、应用支撑

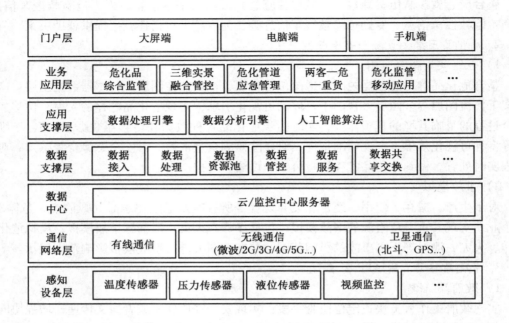

门户层	大屏端		电脑端		手机端	
业务 应用层	危化品 综合监管	三维实景 融合管控	危化管道 应急管理	两客一危 一重货	危化监管 移动应用	…
应用 支撑层	数据处理引擎		数据分析引擎		人工智能算法	…
数据 支撑层	数据 接入	数据 处理	数据 资源池	数据 管控	数据 服务	数据共 享交换	…
数据 中心	云/监控中心服务器					
通信 网络层	有线通信	无线通信 (微波/2G/3G/4G/5G…)			卫星通信 (北斗、GPS…)	
感知 设备层	温度传感器	压力传感器	液位传感器	视频监控	…	

图5-3　危险化学品分类管理系统参考架构

层、业务应用层6个层次中业务相关内容的建设。

① 数据感知层：针对危险化学品行业接入危化品相关数据，包括危化品企业内部数据（内部视频数据、企业三维数据、在线监测数据等），政府相关监管部门数据（交通运输信息数据、公安信息数据、市场监管信息数据、工商企业数据等），构建危化品综合数据库。

② 通信网络层：传输网络支撑各类前端感知采集设备的接入和数据传输，横向主要由政务网和各政府部门专网组成，并涉及互联网，后续传输网络可分省、市、区（县），多级建设，同时可上联到应急管理部。

③ 基础设施层：为应用服务层、数据服务层提供业务系统运行、视频图像解析、数据分析等所需的基础 IT 资源。

④ 数据支撑层：利用大数据资源池为应用服务层提供数据接入、处理、交换共享、管理、服务等数据治理服务能力，实现跨部门和跨层级的业务协同和信息共享，提高应急管理相关单位和部门之间的业务协同能力和跨系统的信息共享效率。

⑤ 应用支撑层：主要涉及专题业务应用管理、物联网应用管理、数据应用管理、视频联网、融合音视频调度等服务。

⑥ 业务应用层：根据危化品安全管理业务需求，建设危化品安全综合监管模块、危化品三维实景融合安全管控模块、危化品管道应急管理模块、"两客一危一重货"重点车辆监测预警融合管理模块等，实现对危化品全生命周期的安全管理。

1. 危化品安全综合监管

1）危险化学品基础

企业端：通过企业端实现企业用户注册登录，登记本企业基本信息、危险化学品和重大危险源等信息。包括生产企业信息、经营企业信息、加油加气站企业信息、经营带储存企业信息、运输企业信息、管道运输企业信息、城镇燃气企业信、废弃处置企业信息、使用企业信息、仓储/储存/管道信息、重大危险信息、企业安全承诺信息、监督检查交办信息、企业购销存信息等。

政府端：通过政府端监管本部门企业危险化学品分布情况，企业用户、政府用户分别进行用户身份信息注册政府端功能——管理用户信息。管理人员在完成系统用户信息注册后，需上级单位对应行业主管部门或管理部门管理人员进行审核方能进行登录，审核未通过的管理人员无法登录系统进行操作。包括用户信息、企业信息、企业列表信息、危险化学品列表信息、生产工艺列表信息、重大危险源列表信息、单位安全承诺列表信息、单位日常检查列表信息、统计分析信息、地图分布信息、综合查询及分析、重大危险源分布一张图信息、企业基础管理信息、企业分类分级信息、企业资质证照信息、企业相关人员信息、重点危险化工工艺信息、重点危险化学品信息、危化品重大危险源管理信息、危化品应急救援资源管理信息、安全公共服务信息管理信息等。

2）危险化学品安全风险动态监管

关键参数信息：实现危险化学品企业信息、危险品物料的性质和数量、重大危险源级别、关键参数报警等关键参数的维护。

区域划定信息：实现不同区域的划定，根据企业风险分级情况，对高风险级别企业进行重点管控，对其异常报警建立处置流程，提升政府安全监管效率。

评定因子信息：对企业风险评估的关键评定数据进行修正调整，确保风险评估的准确性。

数据在线监测预警：实现对涉及"重点危险化工工艺"和"重大危险源"的危险化学品生产、储存、使用、经营、运输和危险废物利用、处置企业的化工工艺、储罐、库区等安全参数进行在线监测预警的目的。

危险化学品企业购销使用跟踪：包括运输流向可视化跟踪、购销使用数量闭合校验和废弃超量预警信息等内容。

报警机制配置信息：通过对前端终端安全参数监测设备参数的进行报警机制的配置管理，可设定多级预警机制的定义（高高报、高报、低报、低低报等），一旦达到预警条件后，系统自动进行报警。

预警信息推送：通过该模块，能够及时将异常情况的警示信息分级向相关企业和单位负责人自动推送，通过报警信息列表及 GIS 地图的方式展现，并且可以按照预先设定的报警通知规则（通知规则包括报警类型与等级、通知条件、接受方、通知方式等）进行自动报警通知或者人工的选择报警通知。

数据统计分析：包括总体报警趋势分析信息、参数报警分析信息、区域报警统计分析信息、企业报警统计分析信息等内容。

监控监测设备设施管理：实现对监测设备（主要指摄像头、传感器）的空间位置，厂家信息，设备的型号、参数，安装信息，维修信息，年检信息，标定信息，是否报废，满足监管用户对企业前端设备的安全情况进行监管，提供设备到期未维护更换的智能提醒。

3）危险化学品安全风险预警与防控

全生命周期数据管理信息：以危险化学品为关注对象、危险化学品容器为载体，借助云储存方式，通过危险化学品电子单据追踪制度，建立统一的危险化学品追溯体系。借鉴危险化学品生产、储运过程中的危险化学品定量管理经验，定量跟踪危险化学品全生命周期行为。

全生命周期数据关联信息：用以提供危险化学品全生命周期数据链条管理功能，以某种危险化学品为维度，可获取危险化学品在全省的生产、经验、储存、运输等环节相关风险情况。

危化品溯源信息：对危险化学品不同节点处经手单位、经手人、危险化学品净含量信息进行追溯，为流通过程单位无资质、产品超期等风险预警、应急、事故分析提供支撑；在标签损坏的情况也可以实现对危化品的溯源。

危化品态势分析信息：分析包括危险化学品生产总量、使用总量、从业单位数量、从业人员数量、使用单位数量、危化品品种数量、事故总量、运输车辆总量、运输人员数量等基本信息。建立数据预测模型，通过总量的历史数据，预测未来的数据总量。

监管异常分析信息：对危险化学品全流程监管信息异常数据进行挖掘。根据危化品交易信息、运输信息及剧毒化学品交易信息等数据，对交易时间、买卖主体、数量对比等方面进行数据挖掘，分析异常交易信息，从而为规范危险化学品经营提供数据支撑。

流量分析信息：展示流入流出热力图、具体数据和近 6 个月内流入流出量的变化趋势以及重点交易品种排行。使用地图专题图，以镇为单位数据，展示存量分布图、生产量分布图和有电子运单的车辆在线分布图。直观地反映了以市为中心，危险化学品的流量动向。

风险预警和决策支持功能：主要包括工艺参数（压力、温度、流量、液位）、有毒有害气体、可燃气体、火灾不同类型的报警；超期运行预警包括资质证书、设备检验和超量储存预警；重大险情预警包括泄漏、火灾、雷击、超压、溢罐、抽空等预警。

安全参数报警信息：实现实时、超期运行和重大险情预警及预警信息的展示、即时推送，并可查看每个报警点的详细信息。

有毒有害气体报警信息：实现有毒有害气体的预警及预警信息的展示、即时推送，并可查看每个报警点的详细信息。

证书超期预警信息：实现证书超期的预警及预警信息的展示、即时推送，并可查看每个报警点的详细信息，在 GIS 地图上展示发生超期运行的相关企业。

检测超期预警信息：实现检测的预警及预警信息的展示、即时推送，并可查看每个报警点的详细信息，在 GIS 地图上展示发生超期运行的相关企业。

预警级别设定信息：基于风险的多维度数据，利用风险预警评估的建模方法对预警信息进行研判。

预警数据历史回看：实现预警数据的历史回看功能。

预警决策支撑－仪表盘信息：综合多维度的风险预警信息，为管理部门提供预警决策支持。

企业风险趋势分析：在综合分析危险源信息、设备报警信息的同时结合企业是否按时自查自纠隐患等因素的基础上，针对不同的危险化学品建立相应的事故预警模型，事故预警级别设定为蓝色、黄色、橙色和红色4个级别。

企业异常预警：根据企业风险监测数据和企业风险、行业风险及区域风险评估结果，利用风险预警智能模型自动生成相对应的预警信息。通过颜色标注实现生产环节风险数值的分布展示和查询。当风险值超过阈值时系统进行提醒，并在地图上发出预警信息并推送相关人员或人为干预管控。

企业异常预警分析：对企业出现的异常预警进行综合分析。

数据审计、联网巡查信息：多维度审计数据，确保数据安全可靠，能够持续稳定运行，满足企业、园区、政府、第三方等各方面监测审核、预警预防、监管巡察需要。设置数据报警阈值，进行大数据"去噪"。

预警自动生成：根据企业风险监测数据和企业风险、行业风险及区域风险评估结果，利用风险预警智能模型自动生成相对应的预警信息。通过颜色标注实现生产环节风险数值的分布展示和查询。当风险值超过阈值时系统进行提醒，并在地图上发出预警信息并推送相关人员或人为干预管控。

预警信息研判：基于风险的多维度数据，利用风险预警评估的建模方法，对预警信息进行研判。

预警信息推送：通过报警信息列表及 GIS 地图的方式展现，按照预先设定的报警通知规则（通知规则包括报警类型与等级、通知条件、接受方、通知方式等）进行自动报警通知或者人工的选择报警通知，报警方式具体包括 GIS 地图报警展现、信息系统"报警"、手机短信方式和 E－mail 等方式。

预警信息发布：自动生成安全生产预警指数图和安全生产预警报告，发布给安全管理机构及各相关部门，辅助企业管理层及各部门的安全管理、决策工作。可通过安全生产预警信息系统、办公自动化系统、电子邮件和短信等多种方式将预警信息发送到领导层、安全预警机构及各相关部门人员。

风险分布图：通过风险云图可以简单地聚合大量数据，并使用一种渐进的色带来呈现，最终效果一般优于离散点的直接显示。云图可以很直观地展现空间数据的疏密程度及数值高低。单个点按权重值大小确定中心的颜色值，透过扩散模型按照扩散半径的大小从中心点到边界渐进的填充颜色值。

固有风险信息：以 GIS 地图的形式进行展示，可通过行政区域、风险源等级、行业、品种等条件进行查询。固有风险云图危险源的风险等级按设计储量进行计算，结合区域地理条件和人口密度等因素，选择风险评价方法，构建危险化学品企业安全风险评价模型，定性与定量风险评估方法相结合，实现危险化学品企业安全风险的分级评判。

动态风险信息：提供报警监控、查询、分析等功能，便于管理员处理报警信息。

企业安全风险和重大危险源信息展示：实时显示基于地理信息系统（GIS）的危险化学品安全风险和重大危险源"一张图""一张表"。

安全风险评估诊断分级信息展示：显示涉及"重点危险化工工艺"和"重大危险源"

的危险化学品生产、储存企业的安全风险评估诊断分级结果的可视化实时展示。

企业承诺内容填报信息：危化品生产储存企业按照风险评估诊断分级标准模型填写各类相关指标的信息，然后提交监管部门进行信息审核。

安全风险研判信息：系统依据安全风险评估诊断分级标准自动进行安全风险的评估分级，从高到低依次对应为红色、橙色、黄色、蓝色。

已/未承诺内容统计信息：企业在进行全面安全风险研判的基础上，落实相关的安全风险管控措施，由企业主要负责人承诺当日所有装置、罐区是否处于安全运行状态，安全风险是否得到有效管控。统计已/未承诺的企业信息。

企业大屏展示数据生成信息：企业大屏每天显示今日企业安全风险等级和相关的安全生产数据。

承诺公告公示信息：生产、经营（带仓储）企业每日填写安全承诺公告，并通过大屏形式进行公告公示。

安全风险信息申报信息：危化品生产储存企业按照风险评估诊断分级标准模型填写各类相关指标的信息，然后提交监管部门进行信息审核。

安全风险信息审核信息：监管部门对企业提交的信息进行审核，必要时可以根据实际的情况直接调整相关的指标信息，然后系统自动汇总最终安全风险的总分值。

安全风险评估分级信息：系统依据安全风险评估诊断分级标准自动进行安全风险的评估分级，从高到低依次对应为红色、橙色、黄色、蓝色。

安全风险地图展示信息：结合 GIS 地图，实现危险化学品生产储存企业安全风险的可视化展示，按照风险的级别以不同的颜色和图标进行显示，便于属地监管人员了解区域内企业的安全风险分布状态，点击企业名称可以直接查看企业安全风险的相关详细信息。

企业安全承诺信息：企业在进行全面安全风险研判的基础上，落实相关的安全风险管控措施，由企业主要负责人承诺当日所有装置、罐区是否处于安全运行状态，安全风险是否得到有效管控。

化学品安全知识图谱及 SDS 数据：详情检索功能，包括全文检索信息、关系检索信息、高级检索信息和搜索结果展示信息等详情检索信息。

用户管理：用户管理模块包括了用户注册、对账号进行增删改查、重置密码、重置绑定、对账号进行启用禁用、修改账号使用期限等诸多管理，并可给用户配置相应的角色，使其拥有对应的功能。

数据管理维护：系统导入的数据进行查看、管理。对于上传的数据，自动匹配模板并融入系统的知识图谱之中，对于暂时匹配不到模板的数据，系统会暂时搁置，并未融入知识图谱中，待有相应的模板被创建，可再次匹配模板进行数据的融合。

图谱展示分析信息：依托底层已经构建好的知识图谱，借助可视化的技术将数据以知识图谱的形式实际的呈现给用户，用户可直观友好地获取信息。在图谱之上根据用户实际工作的需求，提炼出一个个一键分析功能按钮，使得用户借助系统的算法和功能可以快速得到日常工作所需的知识和答案，避免了烦琐地查阅资料的过程。

路径分析信息：在当前的分析场景中选取两个节点进行分析，分为最短路径和所有路径的分析，根据用户输入的内容，在图谱分析库中查询两个节点之间的路径，将查询的结果高亮显示。

反应链分析信息：框选或点选两个及以上化学品节点，点击反应链分析，即可展示化学品之间所存在的连通的反应链图谱。

图表统计：从宏观的视角，将用户关注的数据实时统计出来，方便领导层从整体全局的角度出发制定政策方案。

智能问答信息：在化工行业日常的工作中，有很多知识资料需要翻阅查阅，哪怕是一个小问题，都必须查阅资料得出准确的答案，不然就有可能带来不可想象的后果。而人工去翻阅查阅的工作总是重复烦琐且低效的，依托知识图谱等相关技术的进步和成熟，抽象化工行业相关的知识问题，形成化工行业的知识问答，帮助用户从繁重的查找答案过程中解脱出来，方便地获取知识和答案。

事故应急支持资源信息：事故应急支持包括应急处置联动、应急救援辅助决策。

2. 危化品三维实景融合安全管控

1）三维实景融合可视化应用

三维实景融合可视化应用以倾斜摄影三维实景快速建模、涉及重大危险源企业重点场所建筑信息模型（BIM）精细化建模为可视化模型基础，采用地图视频数据三合一的微内核实景融合引擎，绘制鸟瞰视角、倾斜视角、第一人称视角、伴随视角，构建对涉及重大危险源企业重点场所整体环境的总体态势感知；通过微服务感知各类前端数据采集信息，将传统的二维地图升级打造为兼容多种地图视角和内容的三维实景地图、支持卫星云图、2.5D 瓦片地图、3D 建模地图、VR 街景地图、AR 高清渲染地图、视频拼接投影地图，利用自主引擎的海量点云数据支持特性，构建危化品实时动态更新的各类安全风险源（兴趣点）视角 POI 数据展示；通过应急管理的危化品车辆路径、人物 – 物物关联轨迹、贮存位置室内建筑信息模型（BIM）动态监测实现危化品仓库在线实时监测的图屏联动，实现全景视觉、全局感知、全程交互、多灾种适用的应急指挥、重点防控、实时监测的应急赋能应用平台。

重大危险源企业三维模型展示：地理数据信息。基于危化品企业平面计算机辅助设计（CAD）图纸，以及企业建筑的层高、楼层数等地理数据实现对危化品企业地图模型进行快速建模。

倾斜摄影信息：通过倾斜摄影测量技术以大范围、高精度、高清晰的方式全面感知复杂场景，实现对危化品企业快速建模，直观反映地物的外观、位置、高度等属性。

精细化三维模型信息：基于危化品企业建筑平面标准计算机辅助设计（CAD）图纸以及建筑真实外观图片数据，实现对企业建筑的三维立体模型构建，高精度比例还原建筑外观、内部结构等特征信息。

地图叠加：基于地理三维模型或倾斜摄像三维模型地图，将精细化三维模型叠加到地图图层上，做整体三维模型地图的应用。

视角切换：针对形成的整体三维模型地图，支持对模型地图的放大、缩小以及视角的切换应用。

企业方位图：基于一张图 GIS 平台，描绘企业所在的具体方位。标明本企业所在的路、街、巷名和门牌号码；标明本企业左、右邻舍的单位名称；如是荒地，可标明近处比较明显的地物（或建筑物）名称。

视频资源应用：视频资源点位信息。对视频资源点位信息进行管理，通过点击三维模型上落地的视频资源图标，在三维地图模型上以弹框形式呈现当前点击的视频实时画面。

视频地图投影呈现信息：通过视频地图投影技术，将特定角度的监控视频画面无缝融合到三维模型对应场景中，实现虚实结合场景的深度融合。对视频对应在三维地图中的投影位置、呈现等信息进行保存。

安全风险数据可视化应用：企业安全风险设施。包括企业建筑信息、危化品生产设施信息、危化品储存设施信息和其他相关设施信息等内容。

视频实景设备信息：呈现接入企业内部视频设备总列表，可根据关键字搜索并在地图上定位对应点位。

安全生产设施：包括企业安全生产设施数量统计、设施查询定位、设施实时信息、设施预警统计、设施预警信息查询和设施预警详情等内容。

企业安全保障应用：包括安全管理领导值班信息、全员执勤数据统计信息、相关应急救援资源统计信息、相关应急救援资源定位信息和相关应急救援资源详情信息等内容。

应急预案管理：应急预案列表信息。在应急预案列表中呈现当前已经完成应急救援资源部署的所有预案，通过选择对应预案并启动，系统自动切换至三维模型对应的应急救援资源部署区域，再次点击，预案关闭。

应急基础信息：启动应急预案后，应急基础信息区域呈现当前应急任务基本信息。

应急救援资源部署：启动应急预案后，应急救援资源部署区域呈现当前应急任务资源部署情况。

应急救援部署资源定位信息：选择对应应急任务资源，系统自动定位至三维地图模型上对应应急救援部署图标，可对人员到岗/离岗进行选择。

应急救援部署资源详情信息：点击三维地图模型上应急救援图标，可查看对应应急救援资源基本信息。

重点区域管理信息：对企业内部类似重点安全风险源、监控中心等重点区域进行信息管理，在三维地图上实现重点区域调取、重点区域切换等功能。

设备监控管理信息：对资产设备进行可视化管理，实现资产设备在三维场景中的定位、信息查询、统计分析等功能。如储罐的具体位置、储存材料类型、储存容量等信息展示。

2）三维数字化事故演练仿真

事故模拟展示：包括事故模拟参数信息、事故模拟结果信息、模拟事故处置信息、模拟事故撤退路线信息等内容。

模型基本参数选取：事故演进及造成的影响受气象条件、泄漏源参数、典型化学物质物性参数等多方面因素的影响，时效性要求高，数据的快速准确获取是事故模拟及可视化展示的关键。气象参数由现场固定式或便携式气象仪实时获取，通过数据线接入计算机，经解析处理后写入数据库。泄漏源参数来自接警信息和设备档案数据。报警电话接通后，系统根据来电号码自动匹配事发单位、装置及设备，提取泄漏源参数，同时在地图上进行事故点定位。

事故模拟结果数据接口：获取三种事故模拟的相关参数数据，提供三种事故模拟结果数据提供给三维以供可视化展示。

模拟计算结果及影响范围可视化：包括计算结果、影响范围图形等内容。

3）重大安全风险区域异常检测预警

通过企业内部视频图像进行重大安全风险区域异常检测，一旦出现重点区域人员非法入侵、危废品堆放超标等异常行为，系统进行预警。由于各企业的监控场景及预警需求均有不同，同一策略下，部分企业可能出现误报、漏报等情况，系统需要支持分析策略调整，针对误报、漏报较高的企业进行分析策略调整，已减少误报、漏报数量。

重点区域跨线检测信息：针对企业、生产区域或储存区域外围等重点区域，通过视频图像进行智能识别，检测是否在重点区域有跨线行为。

重点区域跨线预警信息：针对企业、生产区域或储存区域外围等重点区域，有跨线行为时，可通过视频图像进行智能识别，一旦发现跨线行为发生，立即预警。

危废用品堆放超标检测信息：针对危化品仓储企业，采用危废用品堆放的方式进行检测，在规定的堆放区域内，对危废用品堆放超过安全区域进行检测。

危废用品堆放超标预警信息：针对危化品仓储企业，采用危废用品堆放的方式进行检测，在规定的堆放区域内，对危废用品堆放超过安全区域进行检测，一旦发现超过安全区域行为发生，立即预警。

3. 危化品移动应用 APP

1）政府端 APP

政府端 APP 采用 H5 开发模式，实现安卓/IOS/微信小程序多端移动应用，具有如下功能：

地图服务应用：用户应用地图，进行地图地址库搜寻功能，查找地图内置地址库，完成地址搜索。

手机查看视频信息：支持在手机上查看系统接入企业在线视频信息。

消息通知：接收系统消息通知，查阅消息内容；应用移动应用发起消息，全员或定向发送消息。

新闻咨询：用户可随时随地查看最新政府资讯和政府公告，图文展现至移动应用。

通讯录：通讯录实现了应急联络的智能化应用，为日常值守工作和突发事件处置的快速联动提供最准确，最直接的联络应用方式。

定位监管：用户可快速定位位置或搜索企业，进行该企业监管录入；定位位置，展现周边危化企业；搜索企业，定位企业位置；监管录入：检查人员、检查描述、发现问题。

日常安排：日常工作安排，满足工作人员对值班安排查看的需要，以月历形式展现安排信息。

软文管理：满足用户对工作内容、交办事项、安全须知等知识信息，编写微文，推送至企业或者驾驶员用户，达到知识贯彻的目的。

2）危化品企业端 APP

危化品企业端 APP 采用 H5 开发模式，实现安卓/IOS/微信小程序多端移动应用，具有以下功能：

隐患排查：企业用户对企业内部自查，发现隐患信息，及时录入隐患；企业隐患记录；隐患发现时间、隐患内容、隐患等级、隐患处理时限、隐患发现人、排查时间、排查人、排查处理内容、隐患处理情况、隐患处理完结时间、附件（图片、视频）。

报警处理：企业在线监控告警、企业库存量告警、运单异常告警推送至企业人员进行告警处理，并要求企业人员对告警处理的过程记录。

告警信息的接收：接收来自平台推送过来的告警信息，包括告警信息的基本信息。

告警信息反馈：对接收到的告警信息进行反馈，处置内容包括告警标题、告警内容、告警发生时间、处理时间、处理地点、处理人、处理情况、当前经度、当前纬度。

告警信息查询：通过查询条件对历史告警处理信息进行查询展现。

企业行业信息管理：企业用户根据企业生产/经营/储存/使用/废弃处置各个环节，有效进行行业信息管理；

咨询：企业用户接收软文，阅读并学习知识。

值班管理：值班管理，满足企业用户值班安排工作需求，实现值班、交班、信息环节不脱轨。

企业安全承诺公告：包括企业安全承诺公告信息。

4. 重点车辆监控预警融合管理模块

重点车辆监控预警融合管理模块通过接入汇聚交通、公安、市场监管等单位的共享数据，获取客运班车、客运包车、危化品运输车辆、重型货车等车辆相关数据进行融合分析。

1）客运班车专题

根据客运班车具有固定线路、固定班次（时间）、固定客运站点和停靠站点的特点，建立客运班车专题应用，通过接入公安、交通运输、市场监督等单位的客运班车信息及关联数据进行数据展现，并通过关联监控视频、预警信息等数据进行辅助分析，从而实现对客运班车的监控预警。通过大数据分析，经过数据模型计算，确定不同等级，生成对应逻辑文件，包括车辆信息、企业信息、人员信息、风险等级等，并按车辆类别区分。客运班车分为本省车辆信息和外省车辆信息。

2）客运包车专题

根据客运包车的旅游线路特点，建立客运包车专题系统，通过接入公安、交通运输、市场监督等单位的客运包车信息及关联数据进行数据展现，并通过关联监控视频、预警信息等数据进行辅助分析，从而实现客运包车的监控预警。通过大数据分析，经过数据模型计算，确定不同等级，生成对应逻辑文件，包括车辆信息、企业信息、人员信息、风险等级等，并按车辆类别区分。客运包车分为本省车辆信息和外省车辆信息。

3）危化品运输车辆专题

根据危化品运输车辆的特点，建立危化品运输车辆专题，通过接入公安、交通运输、市场监督等单位的危运车辆信息及关联数据进行数据展现，并通过关联监控视频、预警信息等数据进行辅助分析，从而实现危化品运输车辆的监控预警。通过大数据分析，经过数据模型计算，确定不同等级，生成对应逻辑文件，包括车辆信息、企业信息、人员信息，风险等级等，并按车辆类别区分，危化品运输车辆分成本省车辆信息和外省车辆信息。

4）重型货车专题

根据重型货车的运输特点，建立重型货车专题系统，通过接入公安、交通运输、市场监督等单位的重型货车信息及关联数据进行数据展现，并通过关联监控视频、预警信息等数据进行辅助分析，从而实现重型货车的监控预警。通过大数据分析，经过数据模型计算，确定不同等级，生成对应逻辑文件，包括车辆信息、企业信息、人员信息、风险等级等，并按车辆类别区分。

5）预警车辆处置数据管理

处置数据获取：开发移动警务系统信息处置读取接口，提供移动警务系统处理过程信息，并提供预警反馈展示信息。

处置数据推送：移动警务系统提供预警结果反馈，反馈预警处理结果，处理机构、人员等信息。

（四）关键设备

危化品分类管理系统相关的关键设备包括高性能网关、防火墙、智能视频分析模块、高性能客户端、高清图像处理器、气体监测仪、温湿度监测仪、气象监测仪、质量检测仪、火灾报警器、废气处理设备和紧急安全装置等，具体见表5－2。

表5－2　危化品分类管理系统相关的关键设备

序号	设备类型	用　途	应 用 场 景
1	高性能网关	实现对网络流量的高效处理和分流	危化品生产、储存企业的网络环境
2	防火墙	监控网络流量，保障网络安全	危化品生产、储存企业的网络环境
3	智能视频分析模块	对危化品生产、储存场所的视频进行智能分析和识别	危化品生产、储存企业的监控系统
4	高性能客户端	实现对危化品信息的高效管理、查询和分析	危化品生产、储存企业内部的电脑终端
5	高清图像处理器	对危化品生产、储存场所的图像进行高清处理和增强	危化品生产、储存企业的监控系统
6	气体监测仪	对危险气体浓度进行实时监测	危化品生产、储存场所
7	温湿度监测仪	对危化品生产、储存环境的温湿度进行实时监测	危化品生产、储存场所
8	气象监测仪	对危化品生产、储存环境的气象条件进行实时监测	危化品生产、储存场所
9	质量检测仪	对危化品质量进行检测和监控，防止因质量问题引发安全事故	危化品生产、储存企业
10	火灾报警器	对危化品生产、储存场所的火灾进行实时监测和报警	危化品生产、储存场所

表 5 - 2（续）

序号	设备类型	用　　途	应 用 场 景
11	废气处理设备	对危化品生产、储存企业产生的废气进行处理和净化	危化品生产、储存企业
12	紧急安全装置	当危化品发生泄漏或事故时，能够及时采取措施避免事故扩大	危化品生产、储存场所，以及运输危化品的车辆和船舶等场所

三、系统应用

危化品管理业务系统主要包括对涉及重大危险源危化品企业的视频监控、监测预警等。

近年来危险化学品事故仍时有发生，事故原因多为人员违规操作、设备带病运行等问题，比如中国石油化工股份有限公司茂名分公司"6·8"泄漏起火事故的直接原因是现场人员违规操作拆除了轨道球阀气动马达紧固螺栓，导致轨道球阀出口密封失效，大量乙烯物料泄漏爆燃；辽宁盘锦浩业化工有限公司"1·15"重大爆炸着火事故的直接原因是企业管线在带压堵漏状态下带病运行半年，且连续 4 次堵漏未堵住的情况下仍未停车处置，导致管线在带压堵漏时爆裂，大量物料泄漏，遇静电或明火引发爆炸着火。为深刻吸取事故教训，通过信息化手段来监测设备运行、人员现场操作等情况，逐步从对物的不安全状态的监测预警，扩展到对人的不安全行为的管理，更加精准、高效地防范事故发生。

以某省为例，2019 年以来，省应急管理厅先后组织开展了监测预警系统一期、二期建设，接入了全省 363 家重大危险源企业，958 个重大危险源点，320 套重大化工装置、5004 座储罐，完成了全省危化品企业基本信息的收集，对 363 家重大危险源企业做了三维建模，1209 家危化品生产企业做了全景图像，同步接入了 15652 路企业内部监控视频。系统通过对全省危化品企业基础信息的采集，对企业安全风险评估进行分级管理；对危化品动态数据进行监测，建立安全风险分析模型，对危化品安全生产的风险预警与防控，实现了实时监测监控和可视化管理，并通过政务短信平台及时向基层监管部门和企业推送预警信息；形成"一园一档""一企一档"，确保基础数据完整、准确；达到对危化品企业生产安全风险动态监控预警的目的，牵头建设"两客一危一重货"重点车辆监控预警融合平台，有效防范遏制了危险化学品重特大事故，得到了国家、省各级领导的充分肯定。

第三节　非煤矿山分类管理

一、概述

非煤矿山是指开采金属矿石、放射性矿石，以及作为石油化工原料、建筑材料、辅助原料、耐火材料及其他非金属矿物（煤炭除外）的矿山和尾矿库。非煤矿山属于高风险特殊行业，具有现场环境复杂、受自然条件制约、生产条件变化大、不安全因素多等特点。

2021年1月10日14时，山东省烟台市栖霞市一金矿发生爆炸事故，致井通梯子间损坏，罐笼无法正常运行，因信号系统损坏，造成井下22名工人被困失联，如图5-4所示。

图5-4 烟台金矿发生爆炸事故救援现场

事故发生后，涉事企业（山东五彩龙投资有限公司）迅速组织力量施救，但由于对救援困难估计不足，直到1月11日20时5分才向栖霞市应急管理局报告有关情况，存在着迟报问题。接报后，立即成立省市县一体化应急救援指挥部，投入专业救援力量300余人，40余套各类机械设备，紧张有序开展救援。经全力救援，11人获救，10人死亡，1人失踪，直接经济损失6847.33万元。

二、系统设计

（一）业务需求

按照尾矿库信息"一张网、一张表、一张图、一盘棋"的目标，针对非煤矿山尾矿库重大安全风险防控，利用信息化手段致力于建设"一张图、一个系统、一组数据库、一个中心"工作内容。

（1）建设风险预警一张图，通过集成风险预警模型、气象数据及在线监测系统等信息，宏观上实现全省、各市不同层级、不同等级的风险预警管理，微观上实现对试点矿山企业业务逻辑和安全态势的实时监控。

（2）集成高风险尾矿库智能检测数据和高风险尾矿库仿真分析系统，形成针对增高扩容库及"头顶库"的全生命周期风险评估与隐患诊断能力。

（3）建立尾矿库三维动态信息数据库，接入试验尾矿库运行信息，开展对试验尾矿库的三维可视化动态风险分析。

（4）形成高风险尾矿库宏观风险预警中心，形成国家、省级和市级三级安全生产信息化建设工作"一盘棋"协调机制。借助于应用数值仿真、安全诊断及大数据模型，为各级政府提供区域性尾矿库风险评估和灾害预警决策支持，为增高扩容及高坝尾矿库企业提供重大隐患无损探测技术支撑，有效提高全省高风险尾矿库灾害防控能力。

（二）功能需求

1. 尾矿库天地空一体化显示平台

可视化平台需采用统一的具有国内完全自主研发的三维引擎。平台通过内容综合、形式统一的空间数据库，统一采集存储和管理二维、三维地理信息及企业三维模型，实现大场景站线的二三维一体化管理，为各应用系统提供空间操作、空间分析、数据导航、三维展示、专题应用等空间数据处理、显示、计算、存储、共享与分发服务，满足后期二次开发进行应用扩展的需求。

2. 尾矿库三维动态信息库及遥感识别分析

通过对尾矿库的安全巡测，获取不同时期尾矿库坝体（如坝高、干滩长度、浸润线）、排水设施、安全监测设施等高精度遥感测绘数据，通过将不同时期的测绘数据、三维实景模型数据叠加展示和分析，将尾矿库重点监测指标（如干滩长度、坝高）随着时间的变化直观呈现，构建矿山三维动态信息数据库。通过高分遥感卫星对尾矿坝库区进行侦测和自动筛查，分析遥感影像数据，与理论设计数据、安全标准规范数据比对分析，发现高风险区域。

3. 尾矿库日常监管及隐患排查

结合尾矿库企业安全隐患监督的实际业务特点，对企业安全隐患工作进行全面、可靠、动态的监控、管理和检查，实现安全隐患数据的上传和汇总，把安全隐患排查结果及时传递和下发给安全责任单位，按照统一、规划、协调的原则实现尾矿库安全隐患排查管理功能。隐患排查子系统的设计，应严格按照安全生产环节的各个细节进行充分考虑，使各个工作流程紧密衔接，从而逐步形成安全生产检查计划设置、隐患排查、隐患记录和上报、隐患方案制定和实施、隐患处理复查和监督等闭环式管理体系。

4. 高风险尾矿库的仿真分析

通过借助应用数值仿真、安全诊断及大数据模型，为各级政府提供区域性尾矿库风险评估和灾害预警决策支持，为增高扩容及高坝尾矿库企业提供重大隐患无损探测技术支撑，有效提高全省高风险尾矿库灾害防控能力。

5. 高风险尾矿库宏观风险预警系统

通过集成风险预警模型、气象数据及在线监测系统等信息，应能够实现各级政府不同层级、不同等级的尾矿库宏观风险预警管理，同时应实现对试点尾矿库企业业务逻辑和安全态势的实时监控。

6. 应急演练与辅助决策

借助于空间信息共享服务平台、地理信息数据、数据挖掘等技术，结合应急预案、应急知识库，以及事件信息、周边环境、人口分布信息，建立应急处置一张图，实现应急状态下信息及时反馈与共享，保证在尾矿库溃坝等突发事件发生时能够迅速、有效地采取应对措施，并为预案的完善提供支持。

（三）解决方案

非煤矿山分类管理系统参考架构如图 5 - 5 所示。

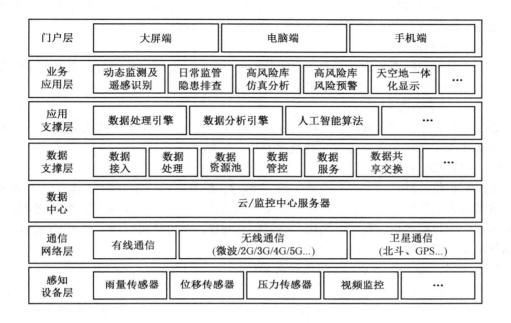

图 5 - 5 非煤矿山分类管理系统参考架构

系统接入：以一个数据采集平台为基础，集成 DOM/DEM、DLG 数据、倾斜摄影等地理信息 GIS 数据；矿山企业的位置信息、企业基础信息、周边敏感目标等基础信息；三维模型数据；矿山在线监测系统、视频监控系统等流媒体数据的实时集成；风险预警模型的集成；构建智慧化的矿山企业风险预警与防控系统的应用。

数据中心：将系统底层集采后的各类数据按照空间地理信息数据库、矿山企业基础数据库、实时在线监测数据库、气象与地质监测数据库、应急资源数据库、算法模型等维度进行数据组织关联，构建成对应的业务数据组织层。

平台层：通过尾矿库天地空一体化显示平台组织后的各类业务数据构建对应的数据服务、计算服务、显示服务、仪表盘配置服务、数据集成服务、三维数据处理转换、数学模型支撑及其他的专业数据分析组件。

系统应用：基于底层数据和平台服务，构建上层的尾矿库三维动态信息库及遥感识别分析、尾矿库日常监管及隐患排查、高风险尾矿库的仿真分析。

1. 尾矿库天地空一体化显示服务

1）专业可视化服务

系统应具备核心渲染服务、地理信息数据可视化服务、图表可视化服务、布局管理服务、数据解析服务、视觉特效服务、多层地质可视化服务、可视化联动服务、空间标绘服务、第三方系统嵌入服务等，支撑对非煤矿山尾矿库"天眼地眼"安全风险预警专业可视化服务能力。

2）高级可视化服务

系统应具备高级特效服务能力、虚实融合可视化服务能力、云渲染服务能力，满足非煤矿山尾矿库"天眼地眼"系统在安全预警业务呈现的可视化需求。

3）空间计算服务

系统应具备空间查询服务能力、空间分析服务能力、空间解析能力，支撑非煤矿山尾矿库"天眼地眼"系统空间计算服务要求。

4）三维平台框架服务

系统应具备用户登录和权限管理、日志和审计服务能力、消息总线服务能力，支撑非煤矿山尾矿库"天眼地眼"系统可视化平台统一管理。

5）三维空间分析服务

系统应提供多种平台工具，支持对场景本身、场景之间、不规则区域的空间量算能力，支持多种测量方式，包括空间距离测量、地表距离测量、埋深测量、纵断面测量等。包括但不限于目标定位、自定义剖切、空间距离测量、地表距离测量、空间面积测量、地表面积测量、坡度量测、图层控制等。

2. 尾矿库三维动态信息库及遥感识别分析

1）尾矿库三维动态信息库

对全省尾矿库的安全巡测，获取不同时期尾矿库坝体（如坝高、干滩长度、浸润线）、排水设施、安全监测设施等高精度遥感测绘数据，将不同时期的测绘数据、三维实景模型数据叠加展示和分析，将尾矿库重点监测数据（如干滩长度、坝高）随着时间的变化直观呈现，构建矿山三维动态信息数据库。

2）尾矿库遥感影像动态信息库

接入地理信息数据，针对全省尾矿库建立尾矿库遥感影像动态库，支持查看不同时期尾矿库遥感影像，为尾矿库的安全风险识别分析提供数据支撑。

3）尾矿库倾斜摄影动态信息库

对全省尾矿库每年进行一次倾斜摄影数据采集。通过对尾矿库倾斜摄影单体化处理，获取尾矿库重点关注设施的倾斜摄影动态库。能够对不同时期倾斜摄影数据进行查询浏览。

4）尾矿库实时监测数据动态库

接入在用尾矿库在线监测系统，对尾矿库的实时监测数据，如干滩监测数据、库水位监测数据、位移监测数据、内部测斜数据、浸润线监测数据、降雨量监测数据等进行动态监管，从而掌握尾矿库实时动态变化情况，对异常情况进行预测预警。

5）尾矿库遥感影像识别分析

通过对尾矿库遥感影像中水位线、干滩、溢水塔、初期坝、下游建筑物、周边工程等各类地物的光谱信息和空间信息进行分析，选择目标图像特征，划分为互不重叠的子空间，建立识别卫片中潜在安全生产隐患的计算机自动判定和人工校核流程。

6）尾矿库近景建模融合展示

尾矿库实景可视化展示：基于三维可视化平台，结合矿山具体业务，对在用尾矿库企业精细化场景构建。整合尾矿库企业基本信息、尾矿库在线监测信息以及周边环境信息，实现在计算机上构建尾矿库"数字双胞胎",方便作业人员脱离空间和时间的局限对尾矿库进行实时监控。

尾矿库电子沙盘宏观展示:对在用尾矿库进行电子沙盘制作,支持将矿山信息以超现实方式进行呈现,凸显关键信息。整合尾矿库企业基本信息、尾矿库在线监测信息以及周边环境信息,实现对尾矿库的实时监控。

尾矿库三维场景漫游:基于三维可视化平台,通过脚本漫游的形式,系统支持从宏观层面查看全省、各市尾矿库企业分布情况。同时支持对在用尾矿库企业细节信息的查看。

3. 尾矿库日常监管及隐患排查

1)尾矿库多维监控态势

基于三维可视化平台,宏观上展示不同等级(一等、二等、三等、四等、五等)尾矿库的分布情况,并支持省、市、县、具体尾矿库层层推进,实现宏观分布展示到微观三维场景的无缝切换。

2)尾矿库隐患排查与风险管控

结合尾矿库企业安全隐患监督的实际业务特点,对企业安全隐患工作进行全面、可靠、动态的监控、管理和检查,实现安全隐患数据的上传和汇总,把安全隐患排查结果及时传递和下发给安全责任单位,按照统一、规划、协调的原则实现尾矿库安全隐患排查管理功能。包括安全生产检查计划设置、隐患排查、隐患记录和上报、隐患方案制定和实施、隐患处理复查和监督等闭环式管理体系。

宏观展示:基于三维可视化平台,融合不同矿山企业不同精度的卫星影像数据和高程数据,植入行政区划轮廓线数据,构建监控区域的矿山三维可视场景。支持在全省层面查看所有矿山企业的地理位置分布及企业名称信息,支持通过点击企业名称实现从全省视角无缝切换到具体尾矿库企业位置,查看该企业矿山不同区域(如尾矿库)总体分布情况。

安全检查:结合矿山企业具体业务,提供针对尾矿库企业的安全检查功能,主要包括综合检查和专项检查。

隐患排查:提供对尾矿库隐患排查 PDCA 闭环管理,包括安全检查计划实施、隐患排查、隐患处理、隐患复查、重大隐患管理、整改落实等模块。系统提供隐患填报、隐患举报功能。

安全管理:提供对非煤矿山尾矿库日常安全管理功能,支持对尾矿库设备定期检测、危险作业审批、固定作业等进行安全管理。

风险管控:基于三维可视化平台,通过构建矿山企业真实三维场景,同时结合企业风险管理具体业务,实现对地上尾矿库的分类管控。支持基于风险管控实现三维场景中风险等级标色。并提供对尾矿库风险清单、岗位告知卡、风险告知栏的综合管理。

安全档案:通过对尾矿库隐患排查 PDCA 闭环管理,实现每一条隐患的完整闭合和文字、图片、视频的归档。

统计分析:提供对企业隐患信息和风险信息的统计分析功能,支持不同维度、不同图标方式进行统计分析。

3)尾矿库监管信息数据库

尾矿库企业监管数据库:实现对尾矿库的全生命周期基础数据,以及安全监管、企业上报、在线监测、辅助决策等业务数据进行分类管理和统计分析。提供对监管数据的批量导入、入库管理、关键字检索、信息交互式查询、统计分析等功能。

尾矿库运行数据上报数据库：对上报的安全监管、辅助决策相关信息以及尾矿库监管相关业务服务分类管理。支持对数据的检查、统计分析等功能。提供对运行数据的批量导入、入库管理、关键字检索、信息交互式查询、统计分析等功能。

尾矿库监测数据备查数据库：支持对尾矿库安全监测数据的实时上传、检查和统计分析。系统能够按照一定的规则进行在线监测效用评估。支持信息交互式查询、关键字检索查询等功能。

预警与应急信息数据库：支持对尾矿库安全预警及事故信息、应急专家信息、公安机构、医疗保障机构、消防保障机构、专业救援队伍、应急物资、应急预案的入库和分类管理，支持信息交互式查询、关键字检索查询等功能。

4. 高风险尾矿库的仿真分析

尾矿库在一定程度上都存在溃坝的风险，尤其在初期坝下游有村民居住区或重要设施时，更需要通过高风险尾矿库仿真分析开展研究论证，给出可行的工程技术措施，科学制定解决方案，提高尾矿库设施的安全富余度，确保尾矿库本身安全。系统应建设高风险尾矿库仿真分析模块，形成增高扩容库安全论证、可接受风险评测能力。

1）稳定性数值仿真与风险评估

通过建立稳定性数值仿真与风险评估系统，可以对尾矿库溃决各个因素进行重复性实验，从各个方面直观展现溃决演化的方式、途径、结果。

2）尾矿库失稳成灾全过程模拟

失稳成灾全过程模拟具有较强的灵活性和任意性，其不受时间、空间、条件的限制，可快速得到结果，重复性高，适应性广，可以任意施加各种方向的载荷，模拟各种极端天气或其他实验方法达不到的条件，可对各个区域、各个测点进行应力分析和位移分析，对实验研究进行补充，在风险监测、效果预测等方面具有重要价值。

3）数值计算模型数据融合

尾矿库仿真分析软件一般通过复杂内部物理模型完成对坝体、边坡及渗流等要素的数学运算，生成坝体破坏、溃坝、洪水漫顶等灾害仿真结果。

4）尾矿库安全评估与诊断分析系统

尾矿库安全评价系统主要是结合巡检情况辨识各库存在的安全隐患，校核采集数据与设计参数，分析年度数据的变化，自动诊断小流域单点超强暴雨的动态风险。尾矿库在线诊断系统主要是利用现有的尾矿库在线监测系统故障模型库，开发故障诊断专家系统，实现远程自动判别传感器、网络和系统异常与故障。

5. 高风险尾矿库宏观风险预警系统

建立高风险尾矿库预测预警系统，提升尾矿库安全生产管理中的风险感知能力。风险监测预警系统建立针对社会风险、环境影响、气象因素、水文地质、工程地质、综合因素等6方面综合影响的统计与大数据分析模型，开展尾矿库重大风险的预测预警。

基于三维可视化场景，通过集成尾矿库风险评价模型，对矿山企业安全风险（如浸润线超限、坝面位移演化风险、库水位超限风险、山洪与地质灾害风险、降雨量超标风险）进行全面辨识评估，并绘制"红、橙、黄、蓝"四色等级安全风险空间分布图，对不同等级尾矿库进行风险预警多维监控。

6. 气象信息可视化

通过接入气象局共享的气象实况数据、气象预测预报数据、气象统计数据、气象预警数据等，实现将降雨、台风、地质灾害等信息及趋势进行可视化表达。实现基于一张图可视化呈现全省降水量、大风、温度等实时气象分布情况，从而实时监测全省风雨动态。

7. 地质灾害信息可视化

通过接入地质灾害相关数据，实现对地质隐患点和地质预警信息的可视化呈现，便于对地质灾害的监管监控。

8. 尾矿库宏观风险预警多维监控信息

通过接入不同尾矿库的各类传感设备监测数据、GIS 数据、气象数据、倾斜摄影、三维模型等，实现对每个重点尾矿库的针对性风险预警，并将预警结果通过声光有效传递给监管人员。支持从宏观－中观－微观穿透式进入企业预警电子沙盘。

9. 应急演练与辅助决策

通过综合应用尾矿库安全检测、仿真分析和风险评估等手段，实现尾矿库的综合监测预警，并结合大数据分析技术提供辅助决策服务，形成对尾矿库的"一张图"安全监管。也为各地市安监部门提供区域性尾矿库风险评估和灾害预警预报决策支持，有效提高尾矿库灾害防控能力。

1）情景分析建模系统

重大事故灾害模拟与演练：提供对尾矿库重大灾害事故的管理功能，主要管理重大事故灾害的名称、等级、相关协助单位等重大事故情景基本信息。提供可视化预案前情制作工具，编辑演练背景、演练内容、组织结构分工等内容，同时根据需要，添加音、视频信息，实现文字与音视频信息的同步展示。利用可视化工具制作事故场景模拟，确定事故地点，确认事故类型、等级等信息。

应急可视化预案：梳理尾矿库的典型应急预案，按照事故发生发展的不同阶段、应急处置流程、应急处置行为进行可视化制作，支持语音、图片、文字、人物动画模型、设施状态等的各类可视化展示，并支持可视化应急预案的二次编辑及下载播放。

应急演练脚本管理：数字化脚本是演练活动执行的基础，系统实现预案流程制定、参与角色、任务配置、分支管理等的数字化创建，最终形成 XML 格式与数据库表格相结合的数字化脚本。

角色管理：针对演练中各角色进行维护，确定角色分类，角色登录维护等。角色分类划分为指挥级和执行级两类。指挥级拥有明确的等级划分，可自定义等级，每个指挥级角色都有明确的等级信息。

角色配置：确定预案中可能使用到的角色，针对每个执行级角色，根据场景编辑中确定的资源内容，使其分配给特定角色。

过程任务关联：在流程中选中单一过程，并从任务列表中选择过程需要执行的任务，并且为每个任务设定不同的执行触发条件，设定任务必须执行、选择执行。

演练的执行与过程干预：根据预案设定好的前情内容如演练背景、演练内容、组织结构分工进行展示，并同步给每一个参演客户端，各客户端都可以随时查询。

事故模拟展现：系统在场景中把预案设定的事故模拟场景进行展现，并同步给每个客户端。

灾害干预：客户端可以往场景中增加各种灾害模型、装备模型等，模拟衍生灾害的发生、道路封闭等情况，干扰任务的执行。演练中可以对气象因素进行更改，如风速、风向、下雨、起雾等，增强视觉效果，提高演练真实性。

场景协同：演练活动中的各角色对场景中元素的控制，系统都能够在多角色间进行场景协同和同步展现，满足协同作业需要。

视角控制：系统支持视角与角色绑定，随时查看各角色任务执行情况。也支持与模型的绑定，以固定视角跟随模型的移动。支持多个窗口不同视角的展现。支持单人、多人视角的应急模拟演练。

资源配置干预：导调人员可以随时干预角色分配的资源数量、状态等，促使参演人员根据资源变化调整任务执行过程。

演练的导调与观摩：演练执行过程中，导调人员根据演练的即时执行情况，能够利用相关灾害模型进行分析（不影响整个演练活动的执行和场景），结合实际案例，结合相关知识进行比对分析，即时发现演练中的问题，即时进行演练干预。

演练观摩追踪：演练观摩角色能够全景观看演练过程，在场景中自由游离，同时能够跟踪并观察任意参演人员或设备。同时，将复杂场景有机组织，进行有选择显示，从而方便从宏观上观察训练过程。

全局数据检索：随时检索和查询各种演练数据信息，如查询各种角色信息、事件信息、事件状态、处置任务信息等。

过程记录与回放：演练过程追踪记录，实现自动记录演练过程信息的功能，也支持人工手动录入，以时间为节点，记录各节点的文字、视频、音频、动作执行等信息。

信息融合：根据需要，能够对过程记录信息进行补充完善，追加文字、图片、音视频等多源信息，形成完善的过程记录信息。

记录回放：对于查询到的历史演练记录，可以进行回放，能够分阶段、分角色的回放日志型演练信息、录屏演练信息，再现当时演练情况。

2）桌面演练系统

基于构建的重大事故情景，设计桌面演练的总体流程，分析不同阶段的情景事件、参与角色及演练重点，编写桌面演练脚本；将情景仿真片段、演练流程及内容与其进行全面对接，形成流程化的应急演练项目，开展实时交互的多角色协同桌面演练，实现磨合应急机制、完善应急准备等目标。

单人应急演练：提供单人应急演习演练模式，支持设置不同阶段的情景事件。在三维虚拟场景中设置角色及演练重点，以实际操作视角执行各种操作，单人扮演演练脚本中的一个操作人员，电脑自动模拟执行其他操作人员。支持多种事故场景应急演练；支持相同演练场景中不同角色的演习训练。

多人协同演练模式：支持分岗位的多人多级联网协同演练模式，自定义设置不同阶段的情景事件，支持以不同视角（第一人称、第三人称）进行观察与操作，对于应急演练脚本中无法参演的演练人员，由电脑作自动模拟与执行。

3）应急能力评估系统

演练评估评级指标管理：针对情景任务细分能力要求，结合国家应急预案演练评估指标体系，构建尾矿库重大事故情景演练评价指标体系；支持对评价指标、评价指标权重进行自定义设置。

演练评价模型管理：结合评价指标体系及指标体系权重，编制层次分析法模型，整合到系统中，根据演练过程的分析，可对参演人员的应急处置过程、信息上报流程等关键环节进行科学的评估评价。

演练过程评定：支持对演习演练或情景构建中参演人员的表现、演练整体的组织、事件处理等多个维度进行评估和打分，根据演练过程得分自动得到演练评分结果。

演练结果统计：支持将评价结果进行多维度统计分析，找出薄弱环节；并支持将评价结果导出为报表，生成能力评测表。

演练效果优化：对演练过程中的突出问题及亮点成果进行综合分析和管理，便于以后应急演练的跟进与优化。

4）培训与考核系统

支持对专业应急救援队伍的培训与考核，内容包括题库管理、试卷管理、考试计划管理、在线考试、人工阅卷、结果统计等。

5）态势分析与决策服务

应急宏观一张图信息：系统支持在一张图上实时展示应急资源（医院、消防机构等）位置情况及具体信息，实时追踪应急车辆活动情况。

应急资源可视化信息：可根据队伍规模大小和设备数量对其进行分类，在地图中以不同图标或者不同颜色标识其位置。

物资不足预警信息：支持以透视效果展示应急物资的分布情况，便于应急状态下及时调用，结合安全标准，对应急物资库存不足进行预警提醒。

应急调度指挥信息：支持各系统之间的联动响应，通过与风险预测预警系统联动，实现对风险预警信息的快速响应与定位，迅速掌握风险预警类型和等级以及风险预警企业的基本信息。

预案推荐：支持根据上报事件类型、事件等级、事件发生地点、事故区域信息，自动匹配预案，推荐出事件处置最相关的应急预案。

预案启动：支持根据程序、事件类型、等级、事故区域的物质及相关伤亡人数等关键参数信息，依次关联启动相关应急预案（危险源处置方案、专项应急预案、综合应急预案），启动应急预案的同时，可在 GIS、三维仿真场景中展示预案内容。根据预案响应级别，一键式生成相应的应急组织机构、行动任务、应急资源保障方案等。

任务管理：根据相关预案及指挥方案，生成具体的救援任务，明确所有参与应急救援工作的人员的具体任务，并可根据任务执行情况进行实时调整。系统支持对应急救援任务的智能生成、编辑修改、执行反馈、任务调整。

应急调度分析信息：系统提供应急指挥标绘工具，根据实时状况和资源分布情况部署资源，规划疏散区域、逃生路线。

综合查询：支持以关注点为中心按照圆形、矩形、多边形查询出周边敏感目标、应急资源等各类关注的各类信息，查询结果以列表形式分类展示，并在三维场景中进行着色、高亮显示。

路由分析：支持路由分析功能，可按时间最短、路程最短等方式规划出最佳的维抢修、疏散及救援路线。

协同应急信息：支持基于同一张地图的省、市、区相关应急部门（消防、环保、应急办等）以及现场指挥部（现场应急平台）等进行多方会商，提供用户一个统一的地图浏览范围。

救援情况监控：依靠通信和信息设备、大屏幕显示、专家视频会商、图像传输控制、三维 GIS、三维场景等，系统支持对事故救援过程中的应急物资、应急救援人员等信息的跟踪监测。

现场实时数据接入：支持接入现场卫星数据、无人机数据、单兵系统等，在三维场景中进行可视化展示。支持实时查看现场卫星、无人机、单兵的影像信息。

一键式应急决策报告信息：推送周边专业救援队伍、企业抢维修队伍以及医疗、公安、消防等应急资源，并根据应急能力、赶赴时间、行政区划等关键因素进行智能分析，制定最佳应急资源调度方案。

10. 数据共享

围绕非煤矿山尾矿库为出发点，产生尾矿库生产运行监测和安全风险预警等业务相关数据，如尾矿库关键指标监测数据、尾矿库倾斜摄影数据、尾矿库三维模型数据等，对相关业务数据进行开放共享，服务于相关业务需求。

（四）关键设备

非煤矿山分类管理系统相关的关键设备包括干滩监测设备、库水位监测设备、位移监测设备等，具体见表 5 – 3。

表 5 – 3　非煤矿山分类管理系统相关的关键设备

序号	设备类型	用途	应用场景
1	干滩监测设备	监测干滩变形及稳定性	填矿、尾矿库等干滩区域
2	库水位监测设备	监测库水位变化	尾矿库、水库等
3	位移监测设备	监测岩体位移	采矿工作面、井下巷道、采空区等
4	内部斜侧设备	监测矿山内部斜侧变形及稳定性	斜井、斜巷、矿井内部
5	浸润线监测设备	监测地下水浸润线位置及变化情况	矿井、采煤工作面等地下水涌出区域
6	降雨量监测设备	监测降雨量变化	矿山周边地区、尾矿库等
7	废水监测设备	监测废水排放及处理效果	矿山尾水排放口、废水处理设施、水源地等
8	矿压监测设备	监测矿山压力变化	矿山内部、采煤工作面等

表 5-3（续）

序号	设 备 类 型	用 途	应 用 场 景
9	岩层监测设备	监测岩层结构变化及破坏情况	矿山内部、采煤工作面等
10	风险评估系统	对矿山进行风险评估与预警	矿山各个区域
11	调度指挥系统	统一管理和指挥矿山运营工作	矿山调度指挥中心

以上设备可配合非煤矿山分类管理系统的重要组成部分，对矿山生产过程中可能出现的安全隐患进行监测和预警，保障矿山生产运营的安全和稳定。

三、系统应用

以某省为例，省非煤矿山业务系统采用省级统建，地市区县企业四级分级部署使用的模式，以信息化驱动非煤矿山监管体制机制改革和能力现代化为主线，以集成融合、协同创新和深化应用为指引，构建以"天空地一体化"为支撑的非煤矿山安全生产监测预警和风险研判技术体系。

一是接入全省所有 128 家地下矿山和 50 家露天矿山的非煤矿山企业安全监测数据，实时采集非煤矿山人员定位、环境监测、工业视频、关键设备监测、露天矿山边坡监测等数据，为非煤矿山全维度数据采集与风险监测预警提供支撑。接入全省即将关闭退出矿、停产矿、停建矿、技改矿、整合矿、基建矿、生产矿的工业视频数据，同步完成重点监管非煤矿山企业 3D 建模和三维倾斜摄影，基本建成覆盖重点非煤矿山的感知网络。依托省电子政务外网、省政务云平台，完成非煤矿山安全生产风险监测预警业务的全覆盖，初步实现非煤矿山安全生产风险监测预警数据"联得通、传得上"。结合非煤矿山致灾因素和指标，建立非煤矿山安全风险预警评价指标体系和智能风险分析模型，利用人工智能和机器学习，不断积累优化模型知识库，研判出非煤矿山安全生产风险等级，开展企业和区域安全风险画像，构建非煤矿山安全生产风险"一张图"。根据非煤矿山安全生产风险分析评估预警结果，着眼于突出风险点、高风险非煤矿山企业的灾害预警、预判，完善"监测预警—接报消警—核查反馈"闭环管理机制，实现"智能分析、预测研判、闭环管理"的目标。为精准执法、精准施策提供技术支撑，提升监管执法效率，遏制安全生产事故发生。

二是推进非煤矿山安全监管业务贯通和数据融合，实现非煤矿山监管"一盘棋、一张网"。通过非煤矿山监管业务流程互联互通，实现省级与市县各级非煤矿山监管部门的业务统筹、数据共享和融合应用，最终呈现全省非煤矿山"业务一体化+监管远程化、精准化"的现代化创新模式。

三是建设金属非金属地下矿山、设计边坡高度 150 m 及以上的金属非金属露天矿山和尾矿库建设项目安全设施设计审查专家库，严格非煤矿山安全准入。建设金属非金属地下矿山、边坡高度超过 200 m 的金属非金属露天矿山和尾矿库安全生产许可证审批，严格安全生产许可证审核颁发。建设采掘施工平台模块，切实落实外包工程安全生产主体责任，对承包单位实施统一管理，做到管理、培训、检查、考核、奖惩"五统一"，严禁"以包代管、包而不管"。通过深度融合省应急管理厅安全生产信息化现有数据，接入工矿商贸基础信息及隐患排查治理系统现有监管对象数据及隐患排查、自查自报记录信息，健全完善双重预防机制逐级监管体系，建设非煤矿山双重预防机制管理模块；面向各级非煤矿山安全监管监察部门提供重大风险管理和重大隐患管理服务，达到区域安全风险分级分类管控，重大隐患整改追踪。针对长期停产停建且井口物理封闭矿井，停产停工但井口尚未物理封闭矿井，电子封条智能监管子系统利用新一代 IT 技术"防三违、强管理"。建设包保责任动态管理模块，满足监管监察人员实时查询掌握非煤矿山基本信息和包保责任人信息的业务需求，抓住关键人、少数人，补齐非煤矿山安全管理责任短板，建立非煤矿山主要负责人、技术负责人、操作负责人的安全包保履职记录，做到可查询、可追溯。

四是将非煤矿山安全生产监管一张图与省数字政府省域治理"一网统管""三态势、一趋势"的业务融合，提升数据治理能力，推动多源数据融合，数据共享，拓展"一网统管新动能"，满足统计分析、趋势分析、多维查询、透视分析等要求，强化数据治理深度学习，善于透过现象看本质、分析历史见未来、捕捉弱信号背后的强信息，通过监管和预警数据发现问题、发现规律、发现趋势，实现对全省非煤矿山行业风险管控、预警分析、态势研判，服务应急管理部门回归监管职能本位，真正落实"放管服"工作要求，构筑一道非煤矿山安全风险防控防火墙。

第四节　工矿商贸分类管理

一、概述

工矿商贸（即安全监管领域八大行业）是一个历史概念，工矿商贸行业分类需参考《应急管理部办公厅关于修订〈冶金有色建材机械轻工纺织烟草商贸行业安全监管分类标准（试行）〉的通知》（应急厅〔2019〕17 号），具体分为冶金、有色、建材、机械、轻工、纺织、烟草、商贸行业等八个行业内容。

2022 年 2 月 6 日，马鞍山钢铁股份有限公司炼铁总厂球团带式焙烧机脱硫脱硝系统一灰斗因脱硫灰料位过高、重量过重，导致灰斗内部横拉杆断开，灰斗底部突然开裂，脱硫灰大量涌出，造成 4 人死亡，1 人重伤，1 人轻伤，事故调查报告如图 5 - 6 所示。

冶金行业生产过程相对复杂，工时长，连续性强，加之机械设备本身存在的问题，对整个冶金行业的安全生产产生了诸多潜在影响。据不完全统计，2022 年以来，冶金行业已发生 13 起生产安全事故，共造成 31 人死亡，21 人不同程度受伤。

二、系统设计

为有效防范化解我国工矿商贸行业安全风险，应急管理部一直以来高度重视安全生产信息化建设。应急管理部印发的《2019 年安全生产风险监测预警系统地方建设任务书》提出围绕煤矿、非煤矿山、烟花爆竹等高危行业安全生产重大风险，以感知数据为支撑，构建风险监测指标体系和监测预警模型，利用大数据、人工智能等技术手段，建设安全生

图5-6　马鞍山坍塌事故调查报告

产风险监测预警系统，实现对高危行业企业安全生产风险的监测、评估、预警和趋势分析，强化安全生产风险的分类分级管控，为重点监管、精准执法、科学施策提供支撑，有效遏制重特大事故。

（一）业务需求

1. 日常状态下的综合管理

为有效防范化解工矿行业安全风险，针对全省工矿重点企业构建源头辨识、过程控制、持续改进、全员参与的安全风险管控体系。强化工矿重点企业安全风险动态评估，确保安全风险管控措施有效实施，确保工矿重点企业安全风险始终处于受控状态。加强对工矿重点企业的易燃易爆物质浓度、有毒有害气体浓度、边坡位移等主要运行参数的监测，持续深入开展工矿重点企业隐患的综合治理。

2. 应急状态下的指挥调度

突发事件下，能够快速定位事故现场，通过视频监控等实时掌握现场状况，根据事故情况自动匹配事故专项应急预案、环境应急预案和现场处置方案，同时快速获取周边医院、公安、消防、应急救援器材、设备和物资等应急资源以及下游居民等敏感目标，基于一张图进行综合指挥调度。

（二）功能需求

1. 三维实景融合可视化

整合工矿重点企业综合信息，实现工矿重点企业安全风险管控业务的综合汇聚、分析与三维实景融合可视化，满足发生事故时有关领导指挥调度时实时直观掌握前方事故救援工作开展情况的需求。

2. 感知数据预警

采集工矿重点企业区域感知网监测数据，强化工矿重点企业安全风险预警监测能力的需求。

3. AI 分析视频识别

实现前端视频监控数据的展示及对设备的远程管理，以及 AI 分析各种不安全行为，综合提升视频监控效率的需求。

4. "空天地" 一体化监测

综合利用天基、空基、地基监测手段，实现对安全风险的全方位监测的需求。实现对于发现的监测报警信息，逐级推送到市、县级应急管理部门，辅助核查反馈。

5. 风险研判和分级

实现对安全风险综合研判，并按照红橙黄蓝 4 个等级进行风险分级，综合提升监管效率的需求。

6. 应急辅助决策

事故发生时，后方指挥中心指挥调度的需求主要包括基于二维、三维 GIS 实现事故快速定位，助力有关人员掌握事故情况，实现事故影响分析的需求；前方移动指挥部与后方指挥中心高效协同的需求主要包括前方采集事故信息，标绘态势后并实现事故、态势信息与后方的双向同步。

7. 外委单位管控

接入工矿商贸行业基础信息和隐患排查信息系统中企业外委单位上报信息，对全省工矿重点企业外委单位施工情况进行统计、分析，强化应急监管部门对企业外委单位的监管。

8. 移动终端企业端应用

满足工矿行业安全监管日常移动办公需要，解决移动办公的问题，提升基层工作人员工作效率的需求。

9. 企业端报送平台应用

实现工矿重点企业的各类型数据端到端的采集和上报，解决传统方式造成的数据更新周期慢、数据质量差等问题，提升对工矿重点企业基础信息的管理质量。

10. 综合管理

满足省、市和县三级应急管理部门日常监管和安全分析监测预警专题数据管理，提升各级部门管理效率的需求。

（三）解决方案

工矿商贸分类管理系统参考架构如图 5 - 7 所示。

工矿重点企业安全风险监测预警系统主要涉及基础设施层、数据支撑层、应用支撑层、业务应用层、门户等 5 个层次。

（1）在基础设施层，部署重点行业试点企业感知数据采集设备，加快部署具备 AI 识别的前端摄像机，接入企业已建设的远程视频监控系统，提升对企业的监控监测能力。

（2）在数据支撑层，接入感知设备产生的多源数据并对其进行加工处理，为应用支撑层提供数据服务能力，建立生产运行和风险预警专题库。

（3）在应用支撑层，主要建设视频联网、视频会商、工作流引擎功能模块内容，利用地理信息服务、统一身份认证服务和三防系统等已有能力。

（4）在业务应用层，重点建设工矿重点企业安全风险监测预警系统应用中的监测预

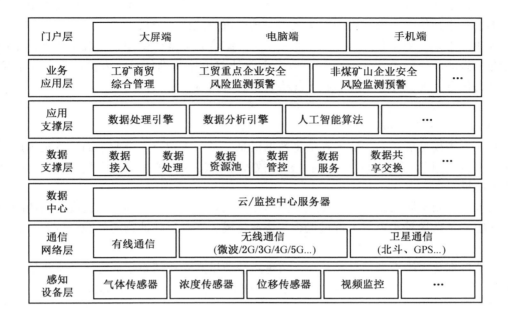

图5-7 工矿商贸分类管理系统参考架构

警系统，同时强化事故发生后灾害后果分析、周边应急救援流量识别等能力。

（5）在门户层，重点开发政务外网大屏和 PC 应用、企业管理平台和移动应用等内容。

系统旨在"强安全、控资源、提效率、优管理"，通过在 GIS 平台上，汇聚工矿重点企业各类安全数据，实现工矿重点企业数据可视化；建立空天地一体化监测感知网，采集工矿重点企业风险关键指标监测和视频监控数据，及时发现隐患险情，综合工矿重点企业预警指标体系和预警模型，实现工矿重点企业风险精准预警；建立应急辅助决策系统，实现基于 GIS 的数据展示及应急调度指挥，达到"动态数据可用、巡检流程可溯、风险隐患可控、调度指挥可视、管理形势可判"的目标，实现数据管理"一个库"、三维展示"一张图"、物联感知"一张网"、应急指挥"一张图"，为各级应急管理部门提供区域性工矿重点企业风险评估和灾害预警决策支持，有效提高工矿重点企业灾害防控能力，实现工矿重点企业安全风险的预测、预警、预防，提升工矿企业安全生产数字化管理、网络化协同、智能化管控水平。

1. 综合管理子系统

施工作业动态：结合施工作业类型（吊装作业、动火作业、动土作业、断路作业、高处作业、临时用电作业、盲板抽堵作业、设备检修作业、受限空间作业）及施工作业状态（计划施工、正在施工、施工完成、未施工）对施工作业动态进行实时展示，掌握外委单位施工情况。

数据统计分析：外委单位信息统计分析。从外委单位数量、委托单位外委单位数量等多维度进行统计、分析。施工作业信息统计分析。从累计作业数量、累计作业人员、累计发生事故、累计伤亡人数、施工作业风险等角度进行统计、分析。

企业外委单位施工管理：施工作业一张图。结合企业地图模型，实现企业外委单位施工作业一张图。外委单位作业信息。包括企业外委单位基础信息、人员信息、作业票信息、处罚信息、人员分布情况和施工前检查情况等内容。

2. 工贸重点企业安全风险监测预警子系统

1）工贸地图融合可视化

企业三维模型展示：工贸地理信息数据信息。基于工贸重点企业平面计算机辅助设计（CAD）图纸，以及企业建筑的层高、楼层数等地理数据实现对工贸重点企业地图模型进行快速建模。

无人机倾斜摄影信息：通过无人机倾斜摄影测量技术以大范围、高精度、高清晰的方式全面感知复杂场景实现对工贸重点企业快速建模，直观反映地物的外观、位置、高度等属性。

工贸精细化三维模型信息：基于工贸重点企业试点企业建筑平面标准计算机辅助设计（CAD）图纸以及建筑真实外观图片数据，实现对企业建筑的地图立体模型构建，高精度比例还原建筑外观、内部结构等特征信息。

（BIM）结构化信息：通过建立虚拟的企业生产、储存建筑地图模型，利用数字化技术，为模型提供完整的、与实际情况一致的生产、储存建筑信息库。该信息库不仅包含描述生产、储存建筑物构件的几何信息、专业属性及状态信息，还包含了非构件对象（如空间、运动行为）的状态信息。

工贸地图叠加信息：基于地理地图模型、倾斜摄像模型和激光扫描模型，将精细化地图模型叠加到高精度地理地图图层上，做整体模型地图的应用。

工贸地图视角切换信息：针对形成的整体模型地图，支持对模型地图的放大、缩小以及视角的切换应用。

企业位置地图：基于一张图GIS平台，描绘工贸重点企业所在的具体方位。标明各企业所在的路、街、巷名和门牌号码；标明本企业左、右邻舍的单位名称；如是荒地，可标明近处比较明显的地物（或建筑物）名称。

工贸安全视频资源应用：安全生产视频资源点位信息。对视频资源点位信息进行管理，通过点击地图模型上落地的视频资源图标，在地图模型上以弹框形式呈现当前点击的视频实时画面。

安全生产视频地图投影呈现信息：通过视频地图投影技术，将特定角度的监控视频画面无缝融合到模型对应场景中，实现虚实结合场景的深度融合。对视频对应在地图中的投影位置、呈现等信息进行保存。

应急情况视频联动信息：接收到应急情况消息后，根据当前急情发生的坐标/地点，在急情配置的联动视频半径范围内的监控自动以视频窗口弹出形式进行视频轮巡播放。

安全风险管控：实现对工贸企业安全风险设施、工贸行业安全生产设施的管理，并开发工贸企业安全保障应用满足管控需要。

2）工贸感知数据预警

数据收集管理信息：完成重点监管工贸重点企业各监测传感器的报警阈值、报警数据和实时数据等参数，以及报警数据和实时数据等的模板制作。

监测点配置信息：实现对不同工贸企业、厂区、生产车间、有限空间等区域和装置的监测点位的配置。

物联感知数据接入信息：通过该系统实现对冶金有色等重点工矿重点企业相关信息、重点企业及重点防护单位相关信息和安全生产企业相关信息的管理。

监测报警信息：报警数据及时通知和展示，报警信息按照不同类型汇总，为监管人员及时了解情况提供支持。

3）工贸行业预警信息管理

能够及时将异常情况的警示信息按照工贸行业企业主体责任和政府监管责任进行区分，分级向相关企业和单位负责人自动推送。系统通过报警信息列表及 GIS 地图的方式展现，并且系统可以按照预先设定的报警通知规则（通知规则包括报警类型与等级、通知条件、接受方等）进行自动报警通知或者人工的选择报警通知。报警方式具体包括以下几部分。

预警数据统计分析：总体报警趋势分析信息，系统满足按照时间、地区等维度，对传感器发生报警的工矿重点企业安全参数的报警信息进行统计分析，以饼状图、柱状图、趋势图等进行可视化的展示，直观地展示全省工矿重点企业安全参数的报警趋势。

点工艺部位参数报警分析：在时间粒度上以天、周、月、季度、年等为主要分析角度，发现辖区所有企业各类监测报警数据的变化规律。重点时段（汛期、复工复产等特殊时段）报警信息加密处理，根据需要不定期地传送、分析。

重点区域报警统计分析：根据时间维度，按行政区域进行安全参数的报警次数统计。

企业报警统计分析：按照时间维度，对辖区企业的安全参数的报警次数进行统计。

生产设备设施管理：包括监测设备（主要指摄像头、传感器）的空间位置，厂家信息，设备的型号、参数，安装信息，维修信息，年检信息，标定信息，是否报废。

工贸企业 AI 分析视频预警：AI 分析视频预警主要用于对工贸行业试点企业视频监控系统拍摄的画面进行 AI 分析，基于 AI 算法、视频结构化算法等，将视频及图片自动抽取生成特征模型并存储为结构化数据，支持通过特征数据、现场图片进行快速检索视频，并在边缘侧对通过实时上传的视频，应用训练好的特征模型实现对视频的实时分析和事件捕捉，将识别出的人不安全行为和物不安全状态自动报警，实现风险隐患的智能排查和主动推送，有力支撑安全监管人员快速掌握现状、准确判断和决策。

工贸行业人员安全管理：通过 AI 中台视频识别模块，实现对工厂员工在工厂的行为进行自动识别，主要是检查员工的穿戴是否符合安全标准，如头盔、静电帽、工作服、手套、口罩和绝缘靴。一旦发生自动识别，并启动预警提示，及时闭合安全隐患。对违规作业视频自动截图或录像及监控室弹出提醒（或语音提醒），并将预警信息推送给对应企业安全员和对应监管人员，自动生成一条实时隐患记录，督促其整改完毕。

危险行为监控：对接 AI 中台视频识别模块，实现对人的行为进行监控分析，实现对实时监控操作区域使用手机、吸烟、跌倒、人员违规、车辆违规等，如工作现场出现骚乱或者事故而引起工人倒地、慌乱跑动等非正常工作状态时，系统报警一旦发生自动识别，并启动预警提示，及时闭合安全隐患。对违规作业视频自动截图或录像及监控室弹出提醒（或语音提醒），并将预警信息推送给对应企业安全员和对应监管人员，自动生成一条实时隐患记录，督促其整改完毕。

工贸行业设备安全管理：对接 AI 中台视频识别模块，实现对安全状态实现实时监控，监控各种生产设备和工作区域的安全运行情况，通过在对重大设备不同维度采集数据、告警数据、视频数据进行大数据处理和融合，绘制企业重大设备智能画像，并在完成设备故障、运行异常模型训练，基于数字孪生技术实现设备预测性维护，并通过模型分发在边缘端及早感知设备运行异常和隐患，从而提高企业本质安全水平。

生产车间高温分析：在动火作业区或生产车间，采用先进的智能热成像摄像机，将先进的热成像技术和智能视频分析算法集成在一起，通过摄像画面获取任意位置的实时温度。

4）工贸"空天地"一体化监测

通过"空""天""地"三位一体化监控手段，自动接入卫星监测、视频监控发现的热点，结合本省网格化负责人信息，将热点信息逐级推送到市、县级防火部门，第一时间将热点推送给热点所在区域值班人员，实现在系统内热点的核查、反馈、审核、跟进，同步国家反馈结果，实现热点核查工作的全流程化管理。

建立异常监测模块，在融合企业安全环境监测数据、设备运行状态数据、工业视频等数据的基础上，对四大类企业上传的动态安全监测信息、异常报警信息等进行统计、分析、关联查看，以发现其潜在的危险和异常、违规违章行为等，并进行及时提示提醒，在重点时段（如汛期、复工复产等特殊时段）从系统、人员违规、生产、设备维护等多个层面进行远程监管，发现问题，督促、跟进问题处理进度，提高监察效率，进一步提升各行业企业安全生产自查能力和主体责任意识。

5）工贸风险研判

风险隐患管控：结合工贸企业风险点和隐患点，对企业风险隐患管控工作进行全面、可靠、动态的监控、管理和检查，实现风险点和隐患点数据的上传和汇总，把风险隐患结果及时传递和下发给安全责任单位，按照统一、规划、协调的原则实现风险隐患管控功能。系统形成了安全生产检查计划设置、风险隐患排查、记录和上报、方案制定和实施、处理复查和监督等闭环式管理体系。

行业风险指标体系管理：包括冶金有色企业安全风险评价指标体系、有限空间企业安全风险评价指标体系、涉氨制冷企业安全风险评价指标体系和粉尘涉爆企业安全风险评价指标体系，分别实现对人员安全风险分析指标管理、设备安全风险分析指标、环境安全风险分析指标、管理安全风险分析指标、事故安全风险分析指标、视频违章在线分析指标、巡查执法分析指标等内容的管理。

风险分析预警及评判：系统通过获取风险指标项实时数据、指标项数据，依据风险评价指标体系和评价模型，展开风险等级评判功能。

异常报警信息关联分析：包括冶金有色企业异常报警信息关联分析\有限空间企业异常报警信息关联分析、涉氨制冷企业异常报警信息关联分析、粉尘涉爆企业异常报警信息关联分析等内容。

风险信息发布：包括发布对象管理、发布方式管理两部分内容。

风险分析结果呈现：包括工贸企业风险一张图、重点企业风险一张图两部分内容

6）工贸应急辅助决策

应急辅助决策主要用于在发生以上风险事件时，提升应急管理人员对事故救援的决策支撑能力，为快速完成抢险救灾提供必要的保障能力。推动应急处置向事前预防转变，提升应急处置的科学性、精准性和快速响应能力。

7）工贸行业预警一张图

地图自动叠加感知数据预警子系统预警信息和隐患信息，一键式生成风险企业一张图。支持点击查看每个风险点和隐患点详细信息。

工贸行业隐患分布一张图：实现全省工贸重点企业隐患分布一张图，包括预警亮灯情况分布和隐患统计情况分布信息。

工贸行业监管重点一张图：包括企业监管权重排名、企业权重统计、工贸重点企业感知识别一张图、工贸行业气象分析、工贸行业灾害后果分析、火灾蔓延分析等内容。

8）工贸移动终端应用

建设工贸重点企业安全风险监测预警系统移动终端应用模块，满足政府管理人员对企业生产活动监测预警和企业人员对企业生产活动信息上报及审批的办公需要，减少基层工作人员工作压力。

3. 非煤矿山企业安全风险监测预警子系统

1）非煤矿山可视化模型管理

实景融合可视化应用：以倾斜摄影实景快速建模、企业工业场地精细化建模为可视化模型基础，采用地图视频数据三合一的微内核实景融合引擎，为非煤矿山重点企业绘制鸟瞰视角、倾斜视角、第一人称视角、伴随视角，构建对非煤矿山重点企业周边整体环境的总体态势感知、对企业的智能视频结构化算法识别、通过感知各类前端数据采集信息，构建非煤矿山重点企业实时动态更新的各类安全风险源（兴趣点）视角数据展示。

企业地图模型展示：包括地理数据信息、倾斜摄影信息、精细化地图模型信息、工业场地信息模型结构化信息、地下巷道布置信息、地图叠加信息、视角切换信息等7部分内容。

企业方位图信息：基于全省一张图GIS平台，根据企业经纬度坐标，描绘非煤矿山重点企业所在的具体方位。

视频资源应用：包括视频资源点位信息、视频地图投影呈现信息两部分内容。

安全风险数据可视化应用：包括企业安全风险设施、安全生产设施、企业安全保障应用三部分内容。

2）非煤矿山智能感知预警管理

通过该模块，能够及时将异常情况的警示信息分级向相关企业和单位负责人自动推送，系统通过报警信息列表及GIS地图的方式展现，并且系统可以按照预先设定的报警通知规则（通知规则包括报警类型与等级、接受方等）进行自动报警通知或者人工的选择报警通知。

3）非煤矿山视频智能分析

视频智能分析主要用于对非煤矿山行业试点企业视频监控系统拍摄的画面进行 AI 分析，基于 AI 算法、视频结构化算法等，将视频及图片自动抽取生成特征模型并存储为结构化数据，支持通过特征数据、现场图片进行快速检索视频，并在边缘侧对通过实时上传的视频，应用训练好的特征模型实现对视频的实时分析和事件捕捉，将识别出的人不安全行为和物不安全状态自动报警，实现风险隐患的智能排查和主动推送，有力支撑安全监管人员快速掌握现状，准确判断和决策。

人的不安全行为分析包括工作区域危险行为监控、危险区域入侵监测、离岗监测三部分内容。

物的不安全状态分析包括设备移位、生产机械安防监控、非煤矿山主副井口分析三部分内容。

4）非煤矿山监测管理

遥感监测是基于遥感数据，利用非现场监管方式，应用遥感分析、信息提取、识别监测等技术手段发现违法违规的行为。

空天监测：包括省高分中心信息、省气象局卫星气象信息、无人机遥感分析三部分内容。

在线巡查：包括线上远程巡查、潜在风险提示、全监测与异常报警统计三部分内容。

5）非煤矿山风险和分级管理

外包工程执法检查管理：根据国家矿山安全监察局发布的《关于加强金属非金属地下矿山外包工程安全管理的若干规定》，本模块建设金属非金属地下矿山外包工程专项检查功能，应急监管部门管理人员可以在本模块自定义需要专项检查的事项，并在移动端根据设置的专项检查事项进行逐一的事项检查。

行业风险指标体系管理：包括环境安全风险分析指标、管理安全风险分析指标、事故安全风险分析指标、巡查执法分析指标等四部分内容。

风险分析预警及评判：系统通过获取风险指标项实时数据、指标项数据，依据风险评价指标体系和评价模型，展开风险等级评判功能。

异常报警信息关联分析：包括异常报警与时间关联分析、异常报警与行业关联分析、异常报警与设备类型关联分析三部分内容。

风险信息发布：包括发布对象管理、发布方式管理两部分内容。

风险分析结果呈现：基于一张图，宏观展示非煤矿山企业不同等级风险分布情况，并绘制"红、橙、黄、蓝"四色等级安全风险空间分布图。用不同的图标展示不同的矿山类型，通过地市、矿山类型、矿种等条件筛选矿山数据，在一张图上关联矿山企业的隐患数据、视频数据等信息。

6）非煤矿山决策分析

非煤矿山重点企业生产安全事故类别主要为坍塌、中毒和窒息、其他伤害等。

应急辅助决策子系统主要用于在发生以上风险事件时，提升省、市应急管理人员对事故救援的决策支撑能力，为快速完成抢险救灾提供必要的保障能力。推动应急处置向事前预防转变，提升应急处置的科学性、精准性和快速响应能力。

预警一张图：地图自动叠加安全风险动态监测子系统预警信息和隐患填报系统隐患信

息，生成风险企业一张图。支持点击查看每个风险点和隐患点详细信息。

态势分析与决策服务：包括应急宏观一张图信息、应急调度分析信息、两部分内容。

7）非煤矿山移动端应用

建设非煤矿山重点企业安全风险监测预警系统移动终端应用模块，满足政府管理人员对企业生产活动监测预警和企业人员对企业生产活动信息上报及审批的办公需要，减少基层工作人员工作压力，包括政府端应用和企业端应用。

（四）关键设备

工矿商贸分类管理系统相关的关键设备包括数据平台采集端和传输端设备、视频智能分析处理模块、值班值守视频通话系统终端等，具体见表5－4。

表5－4　工矿商贸分类管理系统相关的关键设备

序号	设备类型	用　途	应用场景
1	数据平台采集端和传输端设备	用于采集和传输工矿商贸企业分类管理系统中的各类数据信息	工矿商贸企业现场
2	视频智能分析处理模块	通过视频智能分析技术，对工矿商贸企业现场进行实时监控	工矿商贸企业现场
3	值班值守视频通话系统终端	用于管理人员在远程进行工矿商贸企业现场的实时监控	值班室、指挥中心
4	商密设备	用于加密和保护工矿商贸企业分类管理系统中的敏感数据	数据中心
5	网络安全设备（防火墙、入侵检测系统等）	用于保障工矿商贸企业分类管理系统网络的安全稳定运行	数据中心
6	服务器、存储设备	用于存储和管理工矿商贸企业分类管理系统中的各类数据信息	数据中心
7	高性能客户端	用于提供优质的用户体验和快速响应工矿商贸企业分类管理系统	办公室
8	手持终端	用于管理人员在现场进行实时数据采集和处理	工矿商贸企业现场

以上是工矿商贸分类管理系统中的相关关键设备，这些设备可确保工矿商贸企业分类管理系统中的数据采集、传输、存储、分析和监控等各个环节的安全、稳定和高效运行。在实际应用中，这些设备通常会被集成在一个完整的系统中，以满足工矿商贸企业的分类管理需求。

三、系统应用

工矿商贸行业一直是应急管理领域的难点与重点，传统监管方式难以有效应对、防范和化解重大安全风险。《应急管理信息化发展战略规划框架（2018—2022）》提出建设智慧协同的业务应用体系，建设统一的全国应急管理大数据应用平台，形成应急管理信息化体系的"智慧大脑"，为上层的监督管理、监测预警、指挥救援、决策支持、政务管理5大业务域提供应用服务能力。

如某省按照"一张网、一张图、一张表、一盘棋"的目标，建设省工矿商贸重点行业安全风险预警预测系统。

一期接入39家钢铁企业、158家铝加工（深井铸造）企业监测预警数据，强化企业分级分类管理，实现与安全生产执法信息系统、工矿商贸行业安全生产基础信息和隐患排查信息系统、工贸重点企业安全风险监测预警系统的业务、数据深度对接、融合。

同时在大屏综合展示39家钢铁企业、158家铝加工（深井铸造）企业监测预警和企业画像数据。基于"粤政易"，通过智能分级分类推送，各级应急管理部门监管执法人员随时随地接收查阅钢铁、铝加工（深井铸造）企业监测预警信息，提高安全生产监管执法提前介入能力，实现工贸安全生产精准执法。

基于"粤商通"，将钢铁、铝加工（深井铸造）企业监测预警、安全生产法律法规标准规范、安全生产知识等信息点对点推送给企业负责人。

基于"粤省事"，实现高危行业预报名功能，通过信息化手段压实企业的主体责任，实现预警处置、学法用法普法、宣传教育等作用。

第五节　工业园区管理

一、概述

工业园区是一个国家或区域的政府根据自身经济发展的内在要求，通过行政手段划出一块区域，聚集各种生产要素，在一定空间范围内进行科学整合，提高工业化的集约强度，突出产业特色，优化功能布局，使之成为适应市场竞争和产业升级的现代化产业分工协作生产区。我国的工业园区包括各种类型的开发区，如国家级经济技术开发区、高新技术产业开发区、保税区、出口加工区以及各类省级工业园区等。《上海市工业园区安全生产管理暂行办法》明确园区应当贯彻执行"安全第一、预防为主、综合治理"的方针，对园区安全生产工作统筹规划。同时《上海市工业园区安全生产管理暂行办法》第四条明确，园区安全生产工作，实行园区管理单位统一协调管理和入驻企业自我管理。

2019年3月21日14时48分许，江苏省盐城市响水县生态化工园区的天嘉宜化工有限公司发生特别重大爆炸事故（图5-8），造成78人死亡，76人重伤，640人住院治疗，直接经济损失19.86亿元。11月15日，应急管理部发布事故调查报告，对44名涉案人员立案侦查并采取刑事强制措施，对涉嫌违纪违法问题的61名公职人员严肃问责。

事故发生后，响水化工园区被彻底关闭，江苏省化工行业的整治提升方案出台。江苏省委办公厅下发《江苏省化工产业安全环保整治提升方案》，提出全省要大幅压减沿江地区化工企业数量，取消部分化工园区定位，压减化工园区数量等举措。而后，山东、浙江等多地也出台了化工行业的整治提升方案，对于本地区的化工企业数量和园区规范等做出了详细的要求。

图5-8　盐城化工园区爆炸事故现场

二、系统设计

《中华人民共和国安全生产法》（2021修订版）第九条明确规定，乡镇人民政府和街道办事处，以及开发区、工业园区、港区、风景区等应当明确负责安全生产监督管理的有关工作机构及其职责，加强安全生产监管力量建设，按照职责对本行政区域或者管理区域内生产经营单位安全生产状况进行监督检查，协助人民政府有关部门或者按照授权依法履行安全生产监督管理职责。

（一）业务需求

1. 园区日常办公的需求

管委会对园区企业的管理尚无一套有效的信息化管理系统，仍然是采用传统的打电话、发邮件等管理方式。这种传统的方式已经难以适应开发区的日常工作，存在效率低下、文件混乱、安全性缺失等缺陷。因此，急需根据开发区管委会的日常工作特点开发一套办公系统来提高办公效率。

2. 园区管理和服务升级需求

从国内外的园区发展来看，随着大环境的变化，管理工作和管理难度都大幅增加。在有限人员的前提下，利用新一代信息技术进行智慧园区建设，针对性地部署各类信息化管理系统和线上服务平台。

3. 园区环境保护需求

化工园区针对企业废气、废水排放和固体废物的监管手段仍然部分依托监测设备进行监测，然而大部分企业仍然依靠手工监测的方式进行数据获取再进行相应的处罚。因此，有必要加强针对污染源在线排污监测建设，以健全园区污染源监测网络，为企业排污许可证的管理和摸清化工园区污染物排放来源提供实时的数据支撑。

4. 园区安防需求

工业园区在日常安全监管中主要负责生产经营单位作业场所职业卫生的监督检查和使用有毒物品作业场所的职业卫生安全许可、职业安全健康培训、职业危害申报工作和定期开展安全生产大检查，隐患全面排查等内容。总体而言，园区的安全生产监管监察和行政执法基础比较薄弱、安全生产基础支撑力量相对不足。

需建立健全以信息化为主导监督执法、服务社会的新机制，通过人工防范与技术防范相结合，将园区各类安全隐患扼杀在萌芽状态，减少生命财产损失，营造安全、美好、稳定的园区环境。

5. 园区发展需求

帮助园区在信息化方面建立统一的组织管理协调架构、业务管理平台和对外服务运营平台。建立统一的工作流程，协同、调度和共享机制，通过云平台的整合，以云平台为枢纽，形成一个紧密联系的整体，获得高效、协同、互动、整体的效益。

（二）功能需求

1. 运营指挥中心

建设运营指挥中心，包括园区综合信息展现、指挥、会商、调度、值班等功能区。系统主要有大屏显示系统、信号切换系统、音响扩声系统、数字会议发言系统、设备间及配套设施、操作席等模块内容。

2. 基础资源中心

建设基础资源中心，实现计算、网络、存储资源的整合，保证不改变上层业务系统应用的架构与部署，做到硬件资源的通用型以及与上层应用的无关性。

3. 物联大数据

建设物联大数据模块，包括智慧设施管理系统、智能机器人采集系统、园区数据仓库、大数据驾驶舱等内容。

4. 智慧服务

建设智慧管理模块，包括综合业务习题、工作集成管理门户、智慧园区 APP 等内容。

5. 智慧应急

建设智慧应急模块，包括前端监测、监测预警系统、安全生产知识库及教育系统、监控管理系统等内容。

6. 智慧环保

建设智慧环保模块，包括大气环境网格化管理监测系统、噪音网格化管理监测系统、地表水网格化管理监测系统、环保监测预警溯源系统、有毒有害气体监测预警系统等内容。

（三）解决方案

在综合国内外智慧园区先进理念、成功经验及发展趋势的基础上，结合经济开发区的总体定位和发展规划，经济开发区智慧园区建设总体技术架构遵循国家的相关标准和规范，按照"五层三体系"的总体架构进行建设。工业园区管理系统参考架构如 5 - 9 图所示。

感知网络层包括物联感知终端、视频感知终端等感知设备，以及相应的传输网络。感

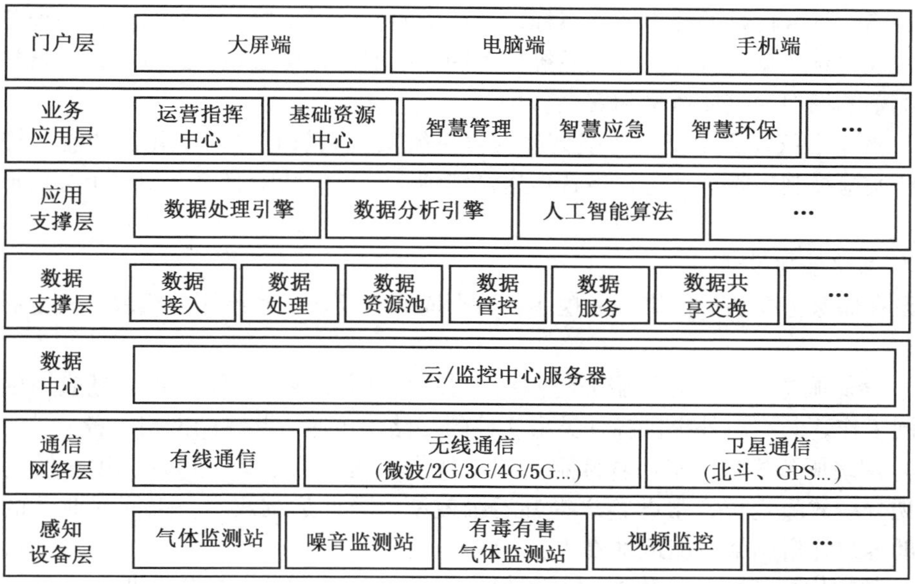

门户层	大屏端		电脑端		手机端	
业务应用层	运营指挥中心	基础资源中心	智慧管理	智慧应急	智慧环保	…
应用支撑层	数据处理引擎		数据分析引擎		人工智能算法	…
数据支撑层	数据接入	数据处理	数据资源池	数据管控	数据服务	数据共享交换 …
数据中心	云/监控中心服务器					
通信网络层	有线通信		无线通信 (微波/2G/3G/4G/5G…)		卫星通信 (北斗、GPS…)	
感知设备层	气体监测站	噪音监测站	有毒有害气体监测站		视频监控	…

图5-9 工业园区管理系统参考架构

知网络层是智慧园区管理与服务体系构建的基础，为各类应用提供数据支撑。

应用支撑层主要包括信息化基础平台，通过对服务器、存储、网络的虚拟化，为园区各类管理与服务应用提供按需获得、即时可取的计算、存储、网络、操作系统及基础应用软件等资源，从而有效降低运营维护成本，节省智慧园区建设的资金投入。

智慧应用层由多种智慧应用构成，包括智慧应急、智慧环保、智慧服务、智慧管理、物联大数据平台等，这些应用可依托平台实现园区范围的应用协同和一体化协作。智慧应用满足了园区管委会日常办公、政企交流、园区应急安全及环保管理、招商引资、运行状态掌控等各类业务需求。

运营展示层主要包括园区统一的运营指挥中心，可用以展示园区运行综合体征，为园区管理者提供直观的监控和决策支持手段，并辅助支撑园区日常管理和招商引资工作；同时运营指挥中心可与县应急管理平台进行对接，形成上下联动的应急指挥调度体系。

服务对象层主要是智慧园区平台的服务对象，包括开发区管委会、园区企业、园区从业者及社会大众。

1. 运营指挥中心

建设大屏显示系统、信号切换系统、音响扩声系统、数字会议发言系统等内容。

（1）大屏显示系统：大屏显示系统可以将各类实时的高清、标清的信号通过大屏显示系统进行灵活、全方位的展示，实现直观、全面、及时开展指挥处置工作。

（2）信号切换系统：信号切换系统支持多种格式信号交换，实现在各类屏体及投影机等显示端呈现信号内容，支持接入个人电脑等设备临时使用。

（3）音响扩声系统：音响扩声系统要满足各个位置无明显回声、颤动回声和声聚焦等音质缺陷；具有良好的传声增益指标，不产生明显的声反馈；音质自然，保证各个观众位置有一致的频率响应特性；音响系统扩声涵盖范围均匀覆盖观众区域；扬声器外观典雅美观，不影响场地的整体风格和安全。

（4）数字会议发言系统：数字会议发言系统实现会议程序简单化、功能多样化，能够对会议实施控制、管理，包括声音传送稳定纯正，讨论清晰有序，使整个会议形式具有高效性。

2. 信息化基础模块

建设存储服务模块、网络服务模块、数据库服务模块、运维服务模块、安全服务模块等内容。

（1）存储服务模块。存储服务将网络中各种不同类型的存储设备通过应用软件集合起来协同工作，共同对外提供各种类型文件的存储、传递、共享的网络服务。

（2）网络服务模块。采用软件定义网络技术，通过网络状态可视化度量管理和智能分析实现分级故障定位，帮助客户提升运维效率、降低运维成本。以面向业务的运维管理，帮助客户开启网络智能运维模式。

（3）数据库服务模块。数据库服务提供简单易用的配置、操作数据库实例，能提供可靠的数据备份和恢复、完备的安全管理、完善的监控、轻松扩展等功能支持。

（4）运维服务模块。运维服务是基于 ITIL 标准完整完善的运维服务管理体系，快速、高质量地向客户提供完善的运维服务、标准化的流程以及专业的运维技术，快速有效解决客户的问题。

（5）安全服务模块。安全服务的目标是保护信息化基础模块承载的服务器、应用系统等资源不被攻击者恶意侵入或进行拒绝服务攻击，保证客户上层业务应用的正常可靠运行，尤其针对管委会客户提供高标准的安全保障，提升客户的信心和满意度。

3. 物联大数据

智慧设施管理系统旨在提供一个安全、稳定、高效的连接平台，可以快速地实现"设备－设备""设备－应用"之间可靠、高并发的数据通信。实现设备之间的互动、设备的数据上报和配置下发，还可以基于规则引擎和应用平台打通，方便快捷地实现海量设备数据的存储、计算以及智能分析。系统主要包括智慧灯杆、智慧停车场、智慧测温道闸系统、智慧消防、智慧绿化、智慧市政等模块内容。

（1）智能机器人数据采集系统：智能机器人数据采集系统可以大大提高企业运营效率，降低运营成本的数字化劳动力。系统包括机器人集中管理平台、机器人开发平台、浏览器自动化机器人、脚本执行机器人等模块内容。

（2）园区数据仓库：基础信息资源库建设可以消除业务系统的信息孤岛，实现业务系统共享、政务协同，具有极大的经济意义和社会意义。基础资源库主要包括园区企业库、审批办件库、投资项目库、设施设备信息库。

（3）大数据驾驶舱：利用园区大数据结合先进的分析算法构建管理驾驶舱系统（即管理"一张图"系统），用一张张的"大屏视图"直观地展示园区运行状态，辅助管理者全面掌控园区的运行情况。系统包括用安监、环保、门户、产业服务、项目看板、产业看板、发展评价、党建、土地控规等模块内容。

4. 智慧服务

智慧服务主要包括门户网站、公众号、企业融通服务等模块内容。

（1）门户网站：门户网站是园区对外宣传窗口，也是企业服务的窗口，通过门户可以实现园区的对外宣传、招商宣传、招商环境和招商政策的展示；可以整合政府资源、行业资源，为园区管理者、企业和员工提供本地化的、一站式的园区门户，让企业充分感受到智慧园区的魅力。包括门户首页、走进园区、信息公开、新闻中心、投资园区、注册登录、企业办事、企业之窗、互动交流、统一认证等模块内容。

（2）公众号：园区服务公众号是基于微信服务公众号为载体，将园区对外服务的功能和咨询通过公众号的展示和推送，向园区内所有的企业和员工进行服务。包括园区信息窗口、招商服务窗口、企业服务窗口、安全生产空中培训学校、安监随手拍等模块内容。

（3）企业融通服务：企业融通服务子模块建设是园区管理者为更好的服务企业，大力提升信息化建设的重点项目，旨在建立一套网站平台与小程序相结合，为园区企业提供快捷服务与帮助。系统包括首页、企业办事、政策服务、招商宣传、企业融通服务、招工招聘、企业中心等内容。

5. 智慧管理

智慧管理模块主要包括综合业务系统、工作集成管理门户、智慧园区 APP 等内容。

（1）综合业务系统：根据园区公务人员日常工作内容，提供线上电子信息化工作的转变，涵盖了园区管委会所有部门的相关工作。系统包括招商考察接待、招商客户管理、入园项目管理、档案管理、党建管理等内容。

（2）工作集成管理门户：该门户将集中办公类应用、业务支撑类应用等各类型应用提供统一的管理入口。支持员工定制化的首页展示、个人工作台、站内信、即时通讯、内部邮件等个性化基础服务。系统包括个性化首页、个人工作台、沟通协作、流程任务中心、外网门户信息管理、统一认证等内容。

（3）智慧园区 APP：针对园区开发智慧园区应用程序，包含 Web 端和移动端版本。同时能将嵌入上级部门 APP，方便使用，促进数据共享和信息传递。系统包括个性化首页、流程任务中心、管理驾驶舱、系统管理、统一认证等内容。

6. 智慧应急

智慧应急模块需要根据各个园区的企业情况，通过对园区内企业的安全信息进行基础数据建档管理。以"物联网＋互联网＋人工智能"等先进技术，通过接入企业已建安全生产视频监控系统和物联感知系统数据，以及对接智慧环保、"数字乳源"等系统获取台风、洪水等自然灾害实时监控数据，打造可视化、高清化、网络化、智能化的企业安全生产监测预警系统，建立政府和企业联动一体的"防火、防汛、防事故"安监管控体系，为开发区安全生产事故及自然灾害的应急处理提供决策依据。

（1）前端建设。前端设备主要包括人脸识别测温设备、人数统计设备、5G 超融合 AR 监控设备，同时需要完成企业安全生产监控系统和企业物联感知系统的对接。具体包括路口视频监控、人脸识别测温设备、5G 超融合 AR 监控设备、对接企业安全生产监控系统、对接企业物联感知系统等内容。

（2）监测预警系统。通过接收前端摄像机和传感器的数据，设置预警条件，实现企业安全生产和台风、洪水等自然灾害预警，最终达成"防汛、防火、防事故"的目标。系统包括监控监测模块、三防预警模块、综合信息管理模块等内容。

（3）安全生产知识库及教育系统。系统主要面向园区所有企业，主要使园区企业及用户了解安全生产知识，包括系统管理、消息管理、发布管理、统计中心、考试管理、评论管理、反馈管理、收藏管理、奖励管理及竞赛管理等。

（4）监控管理系统。AI监控管理系统为各个业务系统提供视频接入、转发及存储能力。系统包括基础信息、视频监控、网络管理、运管中心、AR实景、视频微云存储系统等模块内容。

7. 智慧环保

智慧环保模块针对园区企业生产产物对环境造成的污染，进行实时的监控与管理，管理的业务主要包括园区内的大气环境网格化管理监、噪音网格化管理、地表水网格化管理，以及基于这些业务子系统监测数据、走航监测数据和企业档案信息进行的环境污染预警溯源业务；此外，智慧环保模块也要与省市已有危险源在线监控系统实现对接，将园区内的危险源监测数据接入平台进行展示，实现跨系统整合、信息交换。

（1）大气环境网格化管理监测系统。大气环境监测系统应重点控制风险区和边界区，重点控制有毒有害气体，并兼顾重点敏感区的布设原则，统筹规划立体布点，实现以环境风险监测为主、有毒有害气体溯源为辅的全功能预警监测网。大气网格化监测系统由监测单元、质控单元和数据处理分析单元组成。

（2）噪音网格化管理监测系统。系统通过对化工园区内的环境敏感点设置厂界噪声环境监测系统，对环境噪声监测数据进行实时展示，以列表的形式展示各个监测站点的实时监测数据、设备通信状态、污染预警状态等信息，通过GIS地图的形式可以直观反映出各个监测站点的噪声分布情况、污染级别，对污染进行不同形式的统计。

（3）地表水网格化管理监测系统。系统通过企业排污口、污水处理厂、河流排污口建设水质监测站，对COD、TOC、氨氮、总磷、总氮、重金属（六价铬/总铬、总铜、总锰、总锌、铅镉铜锌、砷、汞）等污染因子进行实时监测，做到污染早发现、早截流，避免水质污染的扩散，将事故影响范围控制在源头区域。

（4）环保监测预警溯源系统。监测预警溯源平台主要是采集前端物联传感设施数据，按照数据的分类形成一个多源同步感知的平台，平台可实时浏览各类监测监控采集的数据，自动对数据进行分析、预警、报警，可结合地图查看各类站点的分布以及实时的预警信息。

（5）有毒有害气体环境风险预警系统。系统通过在企业重点风险单元、重点企业厂界等位置建设必要的监测子站，配备合适的监测仪器设备，开发专业性、实操性强的预警平台，配套专业化的运维服务，围绕氯碱化工基地环境管理核心需求，构建运行可靠和管理专业的有毒有害气体环境风险预警体系。

（四）关键设备

工业园区安全应急管理系统相关的关键设备包括气体监测站、噪音监测站、水质监测站等，具体见表5-5。

表5-5 工业园区安全应急管理系统相关的关键设备

序号	设备类型	用 途	应 用 场 景
1	显示大屏	显示数据、预警信息等	工业园区大厅、监控室等
2	气体监测站	监测空气中的有害气体	化工厂、石化厂、涂装车间等
3	噪音监测站	监测噪音污染情况	市区周边、机械设备作业区等
4	水质监测站	监测工业园区内水质情况	污水处理厂、化工池塘、水源地等
5	有毒有害气体监测站	监测工业园区内毒气情况	化工厂、石化厂、涂装车间等
6	视频监控	监控工业园区内的安全情况	工业园区周界、车间区域、重要设施等
7	门禁系统	控制工业园区内人员进出	工业园区大门、车间门、重要设施门等
8	消防报警系统	监测火灾情况并及时报警	工业园区各个场所、危险品仓库等
9	环境监测设备	监测空气质量、温度、湿度等	工业园区内各个区域、办公室等
10	应急广播系统	进行应急广播、疏散指引等	工业园区各个区域、公共场所、办公室等
11	道闸系统	控制车辆出入口	工业园区大门、停车场、重要设施出入口等
12	人脸识别系统	实现人脸识别身份验证	工业园区大门、重要设施入口等
13	电子巡更系统	实现巡逻人员的巡逻管理	工业园区各个区域、安保巡逻人员巡逻路线等

三、系统应用

应急管理部办公厅关于印发《化工园区安全风险智能化管控平台建设指南（试行）》（应急厅〔2022〕5号）通知要求指出，化工园区智能化管控平台建设坚持以有效防范化解重大安全风险为目标，突出安全基础管理、重大危险源安全管理、安全风险分级管控和隐患排查治理双重预防机制（以下简称双重预防机制）、特殊作业管理、封闭化管理和敏捷应急等基本功能，强化感知、网络、安全等基础设施建设，推进信息共享、上下贯通，推动科技创新、工业互联网产业生态、安全生产在园区内外的渗透及融合发展，实现不同企业、不同部门、不同层级之间的协同联动，助力化工园区安全发展、高质量发展。

1. 园区风险态势研判

系统具备园区数据统计视图，包含按企业类型统计企业数量、"两重点一重大"信息概览、重大危险源在线监测报警类型统计每日报警数量、结合园区企业报警数据加权计算园区综合风险等级、安全承诺统计、视频在线离线统计及排名、巡检任务完成率统计及排名、每日巡检异常率统计及排名、综合风险等级数量统计、每日巡检处置率统计及排名。

2. 安全基础管理

系统具备一园一档、一企一档、安全生产行政许可管理、装置开停车和大检修管理、第三方单位管理和执法管理功能。

3. 重大危险源安全管理

系统具备安全包保责任落实监督功能、在线监测预警实时监测与抽查功能、视频监控数据智能分析功能、重大风险管控功能、评价/评估报告及隐患管理功能、重大危险源企业分类监管功能。

4. 双重预防机制

系统具备查看企业双重预防机制相关信息，包含企业风险分级管控清单、隐患排查清单、隐患整改督办提醒、企业双重预防机制建设及运行效果抽查检查等信息。

5. 特殊作业管理

系统具备企业特殊作业报备、特殊作业票证统计分析、特殊作业在线抽查检查功能。

6. 封闭化管理

系统具备人员管理、车辆管理、货物管理、通行证管理、危险化学品运输车辆停车场管理功能。

7. 敏捷应急管理

系统具备应急预案管理、应急资源管理、应急演练管理、应急指挥调度和应急辅助决策功能。

8. 基础硬件设施

基础硬件设施包括大屏显示系统、视频会议系统、音频扩声系统、值班值守坐席系统、UPS电力系统、安防系统、消防系统、封闭化管理前端感知等设备。

9. 视频AI智能分析设备

设备支持火焰监测、烟雾检测、离岗/睡岗检测、未戴安全帽、未穿工作服检测、区域人数超限检测、打电话检测、区域入侵检测、消防通道占用检测功能。

10. 易燃易爆有毒有害气体泄漏探测

园区在重点区域部署气体泄漏探测系统，用于实时监测园区易燃易爆有毒有害气体浓度。

11. 园区视频监控设备

在调度值班中心、主要出入口、主要道路、危化品专用停车场等公共区域设置网络高清摄像机，有防爆要求的场所使用防爆摄像机。

12. GIS地理信息平台

通过汇聚叠加各企业或园区的倾斜摄影航拍图、电子地图等服务，建立空间地理数据库，实现园区基础地理数据和业务地理数据采集、处理、建库、更新和维护。

13. 视频监控平台

视频监控平台支持对接入的固定摄像机、视频会议、布控球、移动终端等视频信号统一处理。

14. 智能分析系统

建设园区视频智能分析系统，支持实现中控室人员脱岗、早期烟火等的自动识别和报警，提升园区安全管理效能。

15. 园区数据可视化

应采用倾斜摄影、全景视图、数字建模等手段建设园区电子地图，支持平台的基本应用，实现园区可视化数据。

16. 融合通信平台

园区融合通信平台应支持融合各种不同的通信方式，将各种不同的音频信号、视频信号、即时消息进行统一的处理，实现各不同通信手段之间、各级人员之间的无缝通信，提高融合通信能力。

17. 管廊监测预警

在管廊关键部位及周边安装高清摄像机、红外成像仪、气体传感器等设备，配置智能巡检终端，对视频图像、物料泄漏等进行实时监测，部署公共管廊监测预警系统，汇聚定位信息、移动感知设备信息等，及时化解公共管廊安全风险。

第六章 应急响应指挥救援系统

应急响应指挥救援主要是协调指挥各方力量进行救援工作。其业务需求主要是实现应急指挥协同、快速响应和准确决策。功能需求包括通信调度、指挥控制、救援指挥等。解决方案主要是利用通信技术、GIS 技术等进行应急指挥。常用的关键设备包括无线通信设备、视频会议系统等。

第一节 值 班 值 守

一、概述

值守信息管理系统主要用于强化平时和战时（急时）的事件信息接报工作，实现辖区值班值守信息的统一管理。以应急指挥中心为节点、纵向贯通各级应急管理部门，横向联通省/市/县相关局委办、中央驻地方有关单位、驻地方部队和武警部队，构建一体化值班值守、扁平化速报响应的联合值守体系，使得信息接报的速度更快、更实时、更全面。

二、系统设计

（一）业务需求

在满足应急管理部门以及多部门联合值守的需求上，支持辖区现场、远程值班相结合，同时支持语音智能录入、大数据分析，使得辖区数据可看可感知可回溯，实现应急值守智能化、高效化、规范化，满足对各级指挥中心及相关单位值班值守信息和应急责任人体系的实时掌握需求，同时满足重要信息、灾害事故和险情快速汇聚、上报到指挥中心的需求，为应急值守和处置突发事件提供强有力的信息支撑。

（二）功能需求

1. 响应值班

应急值守工作是各级应急值班机构十分重要的一项日常工作，值班值守工作作为省/市/县指挥中心、应急管理部门、有关单位和部门、中央驻地方单位沟通上下、联系内外、协调左右的枢纽，在确保政令畅通、信息畅通高效传递中起着十分重要的作用，也是各级部门机构应对和处置突发事件、维护社会和谐稳定的重要保障。建立值守信息系统，可方便值班人员快捷完成信息收集处理和上传下达等应急值守工作，负责值班和接报信息的管理，结合电话、传真、短信、网络等多种信息收集、信息传递的通信手段，实现电话、传真、系统、移动终端 APP、服务对接等多方式、多途径、多渠道信息接报管理，完成来往电话、传真、文电、公文等业务信息化处理，通过对各类重大信息和突发事件信息的逐级报告，有效提高日常值班值守的工作效率，进一步规范和加强对应急值守成效的管理，实现值班和接报信息的多维查询展示和图表统计分析，支持通过不同颜色展示统计分析结果。响应值班应包括值班信息管理、排班信息、值班通讯录、收文发文、批示通知、工作动态、大事记、文档管理、短信管理、电话管理和传真管理等功能。

2. 联合值守一张图

联合值守一张图以应急指挥多灾种、大应急，多部门联动值守工作为核心，汇聚各类值班信息，实现快速查询值班人员在岗情况、一键电话联系值班人员，及时发现并解决值班问题；通过对值班值守工作的智能化管理，帮助指挥人员实时掌握值班动态，提升应急值守与响应的容错能力。联合值守一张图应包括值班信息、值班提醒、值班巡检、值班连线、值班统计和视频资源展示等功能。

3. 事件信息接报

联通应急管理部门及其他有关部门和单位，满足突发事件信息的统一报送管理，为快速应急响应提供基础支撑。事件信息接报应包括信息报送、信息接收、信息处理、信息合并、智能提醒、预警信息接收、接报统计等功能。

4. 信息发布

信息发布具备向辖区应急相关机构、人员以及公众发布经过审批的预警信息、灾情信息、处置信息、指挥救援、公众防范等多种信息发布能力，同时支持对发布信息进行全程跟踪和管理，实现多视角、可视化查看各渠道、手段的发布情况，信息发布应包括预警信息汇聚、发布信息审核、信息发布制作、发布渠道对接和发布可视化监控等功能。

5. 突发事件网络舆情监测

突发事件网络舆情监测以自然灾害、事故灾难、公共卫生、社会安全四大类事件为监测主要方向，兼顾社会热点事件等相关内容，协助值班员快速了解当前网络舆情的状况。突发事件网络舆情监测整合互联网信息采集技术及信息智能处理技术，提供对各类新闻网站、论坛、贴吧、微博、微信、博客、电子报及境外互联网海量文本、图片和视频等信息的自动抓取、自动分类聚类、主题检测、专题聚焦等服务；支持将分析结果以简报、报告、图表等方式呈现到值班值守系统中，并可以四大类突发事件的信息为主要对象，及时掌握群众发布动态，从侧面扩大突发事件上报的途径，也可以与系统上报信息进行核实参考。突发事件网络舆情监测主要功能包括国际舆情监测、国内舆情监测、省/市/县舆情监测等功能。

（三）解决方案

应急管理值班值守系统层次结构如图 6-1 所示。

以省级应急指挥中心为节点、纵向贯通应急管理部指挥中心和国家各区域应急救援指挥中心、应急指挥部门，横向联通省/市/县相关厅局委办、中央驻地方有关单位、驻地方

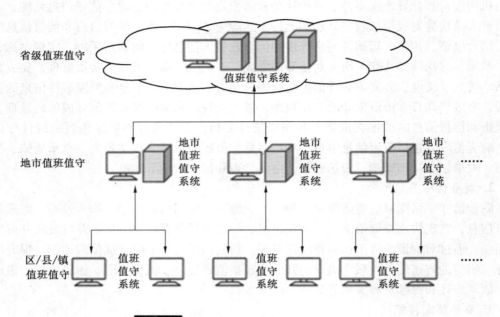

图6-1 应急管理值班值守系统层次结构

部队和武警部队，构建全省一体化值班值守、扁平化速报响应的联合值守体系。

1. 信息接报业务流程

应急指挥中心信息接报流程如图6-2所示。

县级应急机构和专项指挥机构、负有重要应急管理职责的应急委成员单位向市级应急管理机构上报各级各类突发事件信息，包括首报、续报和重报。

市级应急管理机构对各类上报信息接收并进行审核；当信息审核不合格时，向信息上报方退回重报。

市级应急管理机构将接收并核实的信息送审到上级领导进行批示，同时将信息上报至省级应急管理部门。

省级应急管理部门将接收并核实的信息送审到上级领导进行批示，同时将信息报送至省应急指挥中心。应急指挥中心同时接收其他省级有关部门的事件报送信息，根据领导指示转办或下发到相关部门进行应急处置。

2. 应用架构

应急指挥中心值守信息系统采用应急指挥中心统一的数据中心数据库资源，基于模型算法、语音解析、文本分析等应用支撑平台功能，支持大屏、PC端（支持部分功能触控模式）、手机端等多场景数据联动应用，实现响应值班、联合值守一张图、事件信息接报、信息发布和突发事件网络舆情监测等业务功能。

3. 与各系统、单位之间的关系

应急指挥中心值守信息系统，纵向与各级应急管理部门现有值班系统对接，接入值班信息和接报信息。

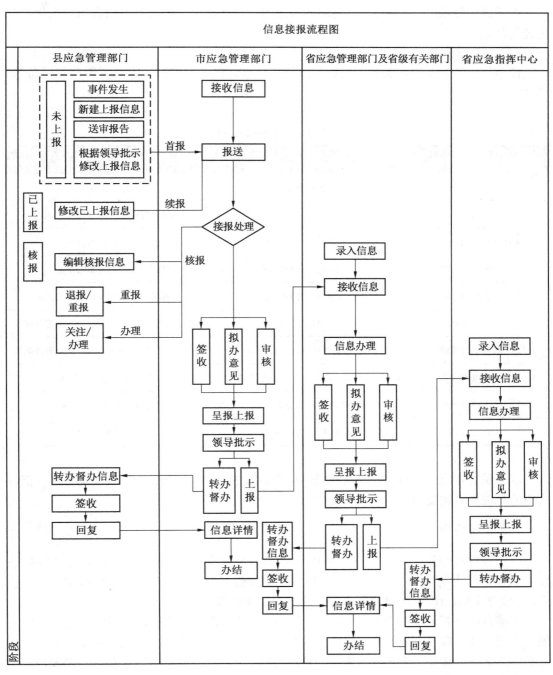

图6-2　应急指挥中心信息接报流程

横向对接各级组织和单位，中央驻地方单位、国家各区域应急救援中心、国际应急机构及同级有关政府部门数据。

在系统中提供 PC 终端与移动终端的报送与接收渠道，为各局委办联合值守提供信息传递的功能。

（四）关键设备

应急值班值守系统相关的关键设备包括值班电话机、对讲机、现场视频监控设备等，具体见表 6-1。

表 6-1　应急值班值守系统相关的关键设备

序号	设备类型	用　　途	应 用 场 景
1	值班电话机	接听来电，转接事故报告	应急值班室
2	对讲机	沟通协调指挥	现场指挥中心、应急救援队伍
3	现场视频监控设备	监控事故现场，指导救援	事故现场、应急救援中心
4	GIS 地图系统	实时监测事故现场地理信息	事故现场、应急救援中心
5	应急广播系统	发布应急指令、警报信息	应急值班室、事故现场、周边区域
6	短信广播系统	发布应急通知、指令	应急值班室、事故现场、应急救援队伍
7	视频会议系统	远程指挥协调	应急值班室、现场指挥中心、应急救援队伍
8	应急电源设备	保障应急值班室、现场指挥中心电力供应	应急值班室、现场指挥中心
9	火灾报警系统	检测火灾并发出警报	建筑物、设备房、厂区
10	应急救援装备	提供救援工具、设备和药品	应急救援队伍

以上设备在应急值班室、事故现场、应急救援中心等不同场所起着重要的作用，能够为应急救援提供重要的技术保障和支持。

三、系统应用

应急管理部办公厅"关于印发 2019 年地方应急管理信息化实施指南的通知"（应急厅〔2019〕22 号）要求，应急管理部统一建设突发事件接报和救援资源管理等子系统。省级应急管理部门统一建设值班值守、预案管理和培训演练等子系统。

如某省应急管理厅在 2020 年应急项目中，建设综合业务值班值守系统，建立反应灵敏、协同联动、高效调度的省、市、县（区）、镇街四级跨行业应急处置联动机制，落实各类应急责任人体系，实现各级应急处置能力标准化，包括事件专报、值守点名及视频调度、联合值守管理、通知任务下发统计、值班排班管理、通信联络管理、监控预警等功能模块等，确保指挥调度上下联动、高效协同、实时接入、快速响应。

系统支持短信、语音、视频、传真等多路并发，实现指挥调度信息一键分发、资源调度智能匹配、事件任务跟踪反馈等功能，强化突发事件应急处置全过程可视化管理。

电话自动录音，自动语音识别转文字，并能自动生成电话记录形成值班日志，全程留痕可跟踪。

数字传真一键发送，自动收取归档并支持多点打印，实现 OCR 图片识别转文字。系统智能程度高，有效地提升了工作效率，实现了值班工作的标准化和流程化管理。

第二节 应 急 救 援

一、概述

应急指挥一张图系统充分考虑利用各级政府"数字政府"改革建设成果提供的政务云平台、数据平台、统一身份认证平台、地理信息公共平台等相关服务能力（如没有则新建，下同），基于地图超市可提供的包括自然灾害、事故灾难、社会安全、公共卫生等各类自然资源和空间地理信息数据图层，汇聚如"数字政府"政务信息化系统数据，共享平台上包括应急、水利、公安、民政、交通运输、卫健委等全辖区局委办相关数据。以应急管理部 EGIS 为底图（也可自定），通过叠加应急指挥专业数据图层，实现对辖区各类突发事件、应急资源、应急响应、重点目标等辅助信息和现场实时音视频等数据的上图呈现。

二、系统设计

（一）业务需求

实时掌握辖区突发事件态势、应急资源分布情况、全辖区应急响应情况，以及重点目标、气象、人口、经济分布、交通路况等辅助信息，并可在图上进行应急通信和辅助决策指挥。根据突发事件应急处置和风险防控的需要，实现"一张图"应急指挥调度。

（二）功能需求

应急指挥救援系统是一个复杂的系统，其功能需求可以分为以下几个方面：

（1）突发事件一张图。该功能需要能够在一张地图上显示突发事件的位置、类型、范围等信息，以便指挥员进行实时监控和决策。同时，该功能需要支持对突发事件进行分类、筛选和查询，以便更好地理解突发事件的特点和趋势。

（2）应急资源一张图。该功能需要能够在一张地图上显示所有的应急资源的位置、类型、数量等信息，以便指挥员进行资源调配和协调。同时，该功能需要支持对应急资源进行分类、筛选和查询，以便更好地理解应急资源的特点和趋势。

（3）应急响应一张图。该功能需要能够在一张地图上显示应急响应的进展情况和结果，以便指挥员进行实时监控和决策。同时，该功能需要支持对应急响应进行分类、筛选和查询，以便更好地理解应急响应的特点和趋势。

（4）辅助决策一张图。该功能需要能够在一张地图上显示各种决策参数和指标，以便指挥员进行决策和评估。同时，该功能需要支持对决策参数和指标进行分类、筛选和查询，以便更好地理解决策参数和指标的特点和趋势。

（5）一张图通信调度应用。该功能需要能够实现指挥员对通信设备和调度系统的控制和管理，以便保证通信系统的可靠性和稳定性。同时，该功能需要支持通信调度的录音、回放、管理和统计，以便更好地了解通信调度的特点和趋势。

（6）一张图可视化构件中心。该功能需要能够提供可视化构件的管理、配置和调试，以便满足指挥员的不同需求和场景。同时，该功能需要支持可视化构件的开发和测试，以便更好地提高系统的可扩展性和可维护性。

（7）应急指挥综合业务管理。该功能需要能够支持应急指挥的综合业务管理，包括人员、物资、财务、档案等方面的管理。同时，该功能需要支持应急指挥的规划、协调和执行，以便更好地提高应急指挥的效率和水平。

（三）解决方案

应急管理应急救援参考架构如图6-3所示。

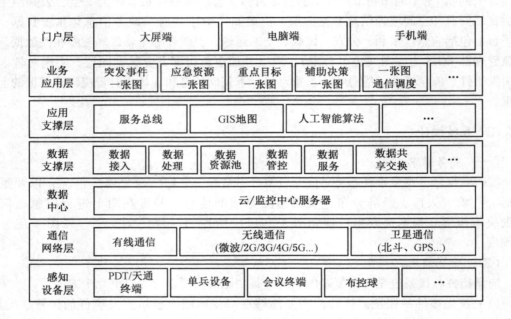

图6-3 应急管理应急救援参考架构

应急指挥一张图契合新形势下统筹多部门、统一指挥的应急管理工作模式，为指挥长提供快速了解事件概况的抓手并提供应急决策支持。系统基于数据可视化技术，在一张图上直观展示各类灾害、资源、救援力量的空间分布，为领导指挥决策提供基础信息、现场实时信息、应急决策信息支撑，提升实战指挥能力。

重特大突发事件应急指挥流程如图6-4所示。

结合不同灾害场景下应急指挥实际业务需求，按照响应迅速、灵活可控、提示智能、交互友好的设计理念，结合应急管理新形势下灾害应对场景，实现多源异构数据大屏动态综合展示，一张图全方位综合展示多灾种应急指挥所需的各类辅助信息，为领导提供多灾害、多场景、多事件辅助决策支持。

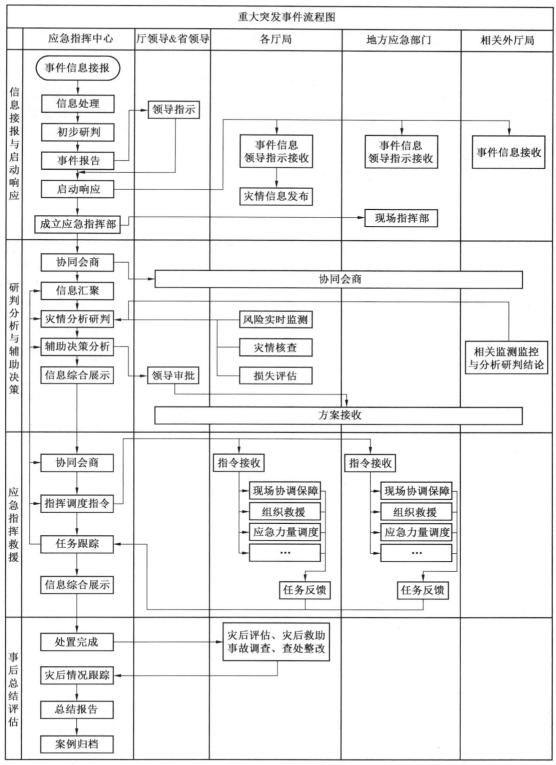

图 6-4　重特大突发事件应急指挥流程

（四）关键设备

应急救援系统相关的关键设备包括服务器、路由器、GPS 定位仪等，具体见表 6 - 2。

表 6 - 2　应急救援系统相关的关键设备

序号	设备类型	用　　途	应　用　场　景
1	服务器	提供应急指挥一张图系统服务	用于搭建应急指挥一张图系统的关键设备
2	路由器	提供网络互联服务	实现不同设备间的网络互联
3	交换机	提供局域网内部互联服务	实现不同设备间的网络互联
4	显示屏	用于显示一张图系统的地图、视频等信息	用于指挥人员查看地图、视频等信息
5	摄像头	用于视频监控、采集突发事件现场信息	用于监控突发事件现场情况、采集现场图像等
6	GPS 定位仪	用于定位指挥人员、车辆等位置信息	用于确定指挥人员、车辆等位置信息
7	无线对讲机	用于指挥人员间的语音通信	实现指挥人员间的语音通信
8	卫星电话	用于在通信中断或网络不畅时与外界联系	用于在通信中断或网络不畅时与外界联系
9	电脑终端	用于指挥人员操作应急指挥一张图系统	用于指挥人员对应急指挥一张图系统进行操作
10	电源设备	为其他设备提供稳定电源	保证应急指挥一张图系统设备的稳定运行
11	硬盘录像机	用于存储监控摄像头采集的现场图像等信息	用于存储监控摄像头采集的现场图像等信息，供后续查询和分析
12	UPS 电源	为应急指挥一张图系统提供稳定电源	防止因电力波动等原因导致设备损坏或数据丢失
13	防火墙	保障应急指挥一张图系统的信息安全	防止网络攻击等安全问题影响应急指挥一张图系统运行
14	防雷设备	用于保护设备	计算机机房、通信机房

三、系统应用

如某省应急管理厅在省政府应急指挥中心项目中，建设应急救援指挥一张图业务系统，通过应急资源数据可视化，在一张图上直观展示应急资源现状，快速了解资源空间分布以及信息详细情况。建设应急资源快速查询调度等功能，汇聚展示专业应急救援队伍、社会应急救援力量、专家、救援装备物资等各类应急资源信息，"战备"实现对各类资源的管理、维护、查询、统计，"战时"为突发事件所需资源的调拨、分配提供快速、灵活、有力的支撑。

（一）突发事件一张图

针对常态下的应急管理工作，需要实时了解当前突发事件情况、各类监测报警情况及相关突发事件的总体态势，以"一张图"形式展现事件相关信息，实现对全省突发事件的整体把控。在突发事件应对方面，在一张图上进行汇总展示，为突发事件应对提供信息支撑、能力支撑。

（二）应急资源一张图

通过应急资源数据可视化，在一张图上直观展示应急资源现状，快速了解资源空间分布以及信息详细情况。建设应急资源快速查询调度等功能，汇聚展示专业应急救援队伍、社会应急救援力量、专家、救援装备物资等各类应急资源信息，"战备"实现对各类资源的管理、维护、查询、统计，"战时"为突发事件所需资源的调拨、分配提供快速、灵活、有力的支撑。

（三）重点目标一张图

通过接入各类重点目标基础信息数据，需要实现重点目标数据可视化，在一张图上直观展示风险隐患、在建工地、水利工程、有限空间、学校考点、医疗机构等重点目标的基本信息。

（四）辅助决策一张图

辅助决策一张图需要汇聚全省监测预警信息、显示各地市应急响应情况、对全省监测预警信息和应急响应情况进行综合可视化展示。同时针对典型突发事件，为管理者提供全面的应急辅助决策信息。

（五）一张图通信调度

需在融合通信平台的软硬件平台提供基础功能的基础上接入到一张图上，并支持在一张图上调用融合通信各项服务能力，通过融合通信系统提供的通信服务能力完成对即时通讯、语音通信、短信服务、数字传真、视频通话、视频会商、视频监控等相关音视频通讯功能的上图会商和调度。

（六）应急指挥培训演练与评估系统

该功能模块需结合系统融合平台、省应急指挥值守信息管理系统、融合通信能力平台提供的各类功能，在一张图上完成"事前、事发、事中、事后"四大过程域的全流程模拟演练功能。业务功能需实现对演练过程中的管理、执行、复盘、评估等功能，满足对演练场景编辑、管理以及扩展的能力。与此同时，应满足对应急业务、技术、运营、运维等理论知识的展示与管理功能，包括但不限于 Word、PDF、PPT、音视频、教学软件等多种格式，为应急指挥中心提供定期的应急演练、系统演练等支撑。

（七）一张图可视化构件中心

根据应急业务功能需求，在现有地图功能的基础上，添加完善为应急指挥一张图提供应急所需的可视化组件能力，依据国家应急及消防相关可视化展示标准，满足应急指挥一张图在不同应急场景下的图上使用需求。

（八）应急指挥综合业务管理

应急指挥综合业务管理需要利用时空关系来表达、分析、管理突发事件发生的时空分布、演变规律与演化过程、后果评价等信息，与应急指挥一张图配合使用，并有效地表达应急处置过程中的各种应急态势信息。需要有灾害现场实时回传、互联网渠道监测获取、信息化系统信息整合接入、历史数据综合应用等信息的接收与管理能力，整合处理并融合应用各类信息和分析结果、历史案例经验教训等，满足多手段查询检索、分析研判、预案管理、应急决策、资源调度、指挥调度和任务管理与跟踪等核心功能。

系统需要具备异源异构数据管理集成能力，能够整合三维模型场景、三维地形影像、二维矢量 GIS 数据和符合 OGC 标准的数据源等多种数据，进行服务的发布和调用。

1. 辅助决策信息管理

非常态业务需求主要指事发、事中、事后三个阶段所涉及的业务，其中灾情报告、灾情信息发布贯穿非常态业务全部阶段。事发阶段应急管理业务包括应急响应、协调联动与应急调度；事中阶段应急管理业务包括指挥救援和资源调配；事后阶段的应急管理业务包括灾后评估、灾后救助等。

2. 突发事件信息管理

全省突发事件信息管理应具备突发事件的管理、分类、统计等功能，从事件类型、事件来源、事件上报单位及总体走势等多维度对事件信息进行统计，对各类事件上报内容、上报人信息、事件发生次数、事件办理情况进行归纳记录与展现。

3. 应急资源管理

应急资源管理主要针对突发事件应急响应、救援处置等各环节所必需的全部资源的管理，主要包括应急救援队伍（专业和社会救援力量）、应急救援装备、救灾物资、专家、物资装备企业、运输资源、通讯资源、医疗卫生资源、应急重点工程庇护场所、避风港、污染治理企业、重点物资装备生产企业等应急资源。

4. 重点目标信息管理

重点目标管理主要针对各地及各重点行业、各区域内的重点防护目标信息、风险隐患信息进行汇总管理，在系统功能上应包括应急资源数据采集与汇聚、数据审核、条件查询、分类管理、多维统计等。

5. 预警信息管理

需要汇聚融合全省相关各类数据（基础数据、实时监测监控数据、现有监测系统数据等），提供监测预警数据汇聚和整合，基于一张图服务技术实现全省各类突发事件及灾害的监测预警数据进行综合展示和统计分析，反映全省突发事件预警信息概况。

6. 应急预案管理

需要实现对应急预案的管理、审核、备案和修订，能够有效提高预案信息化管理水平；提供预案编制服务，有效提高预案编制的科学性和操作性；同时还包括预案交流与共享模块和数字化预案，数字化预案内置人工智能模型，实现预案智能结构化、预案流程数字化、预案内容数字化，提高对预案内容的检索效率，为正确应急决策提供了必要的辅助支持。同时，实现对系统对应急演练的管理、审核、评估和报备。

7. 应急评估信息管理

针对突发事件事前、事发、事中、事后全过程各项处置行为进行记录、归档，并对应急准备、监测预警、先前处置、扩大应急、应急结束、后期处置及恢复重建各应急流程提供评估功能。

8. 应急指挥体系管理

应急指挥体系管理系统业务主要包含通讯录管理、快速查询、一键联系、文档管理等内容。

9. 应急知识库管理

在应急管理工作中，不同部门、人员随着工作的开展都积累了一定量的突发事件案例、应急知识、法规标准，实现对历史案例、法规标准、应急知识的综合管理以及可视化展现，为有效管理各类信息，形成知识积累，为突发事件应对时提供知识辅助支撑。

第三节　系统融合辅助支撑

一、概述

系统融合平台是支撑应急指挥中心应用层的系统融合、支撑能力融合、数据融合、成果展示、服务集成的综合平台。可以基于各地方"数字政府"建设成果，结合应急指挥中心业务需求，接入各局委办、中央驻地方单位及相关国企的专业信息系统和应急指挥相关数据，建设平台服务门户、统一集成服务，强化应急指挥应用支撑，搭建应急指挥数据专区，构建反应灵敏、协同联动、高效调度、科学决策、智能化、一体化的支撑平台，为上层应用提供基础服务、业务服务和数据支撑，助力全辖区应急指挥信息化体系建设。

二、系统设计

（一）业务需求

（1）系统融合。平台需要提供服务门户，接入辖区各局委办、中央驻地方单位及相关国企的专业信息系统，并基于数字政府统一身份认证（如有）进行系统融合服务，便于接入和展示。

（2）能力提升。平台需要复用"数字政府"大数据中心公共支撑能力（如有），强化应急指挥地图支撑、智能分析算法支撑、数据支撑能力，充实全辖区"数字政府"的信息化底座。

（3）数字赋能。平台需要理顺各应急指挥相关数据共享和交互机制，建设成可复用的应急指挥数据资源专区，赋能"一张图指挥"，为辖区"数字政府"共建共治共享模式提供情景案例和落实助推。

（4）掌上应急，平台需要打造（如有）应急指挥体系移动应急指挥应用，打通应急指挥"最后一公里"，做到通信即时连通零距离、场景即时传播零时差、指令即时下达零延误。

平台通过汇聚接入应急、交通运输、水利、气象等各局委办及相关单位应急资源数据或相关系统，并汇聚应急管理部和周边区域数据，为应急指挥"一张图"等应用提供支撑和应用开发环境，满足应急信息全面汇聚、综合展现、快速传达、互联互通，构建反应灵敏、协同联动、高效调度、科学决策、智能化、一体化的综合应用平台，提升全辖区应急响应能力。

（二）功能需求

1. 统一集成服务

（1）异构数据集成。通过统一集成服务的数据集成服务，可以快速便捷地集成分布在不同位置、不同形态的各类数据源，外部单位的应用系统无须改动即可实现应用系统之间无缝的数据传递，同时支持多种数据源（文本、消息、API、关系型数据和非关系型数据等）之间的灵活、快速、无侵入式的数据集成。

（2）消息集成。消息集成作为消息中间件，支持提供丰富的消息管理、消费能力，同时保证良好的运维能力。消息集成能够提供异步通知、流量缓冲等功能，业务系统可以通过消息通道来对接实时数据，降低使用难度。

（3）服务集成。为了简单快速、低风险地实现应急指挥中心内部系统的集成和业务能力开放，需要构建统一的服务集成能力，提供高性能、高可用、高安全的 API 托管服务，快速将各类服务能力包装成标准 API 服务。API 提供者可以将成熟的业务能力作为后端服务，在服务集成中开放 API 并提供给业务系统调用使用，降低对接复杂度。服务集成通过提供 API 网关、API 开发（函数 API、数据 API）两大功能支撑应急指挥中心业务应用的建设，实现应急指挥一张图和融合系统一平台业务在架构上的解耦，让业务数据、基础能力沉淀到一平台，通过提供安全控制、可靠性控制来保证后端服务的稳定可用。此外，服务集成需要包括 API 开发编排、API 生命周期管理、安全访问控制、流量控制、API 监控分析等功能。

（4）感知物联集成。感知物联网集成可以通过接入多方位、全方面的感知，可靠快速地传输，高效智能的数据处理特征来实现最底层、最基础的信息数据采集。通过感知物联集成服务汇聚应急指挥所需要的各领域智能感知设备，并能够对物联感知设备进行实时查看及控制，实现应急指挥相关智能感知设备的接入及管理；并能够将获取的物联感知设备的 GIS 信息在一张图上进行定位和展示，为应急指挥一张图提供实时感知数据。感知物联集成服务提供设备管理、接入管理服务以及感知物联数据转发服务，向下实现各类终端协议标准化，物模型的标准化，为应急方案提供坚实的数据标准基础；实现设备的安全接入，保障物联网设备数据接入和传输安全。此外，感知物联集成需要包括接入管理、设备管理、感知物联数据转发等功能模块。

（5）应用微服务集成。应急指挥中心的应急指挥一张图、应急指挥中心值守信息系统接入展示等应用，平时应用访问量不大，但面向重大突发事件服务，就要求系统支持高并发访问量，确保系统稳定，不出现"慢、卡、顿"的现象。微服务技术运行在由微服务平台提供的一个高可用分布式环境之中，享受配套的监控和调度管理机制，以及自由伸缩的管理，充分保障了系统的稳定性和可靠性，当遇到高并发量访问的时候，根据预配置策略，可以实现分钟内自动扩展实例，让系统支持高并发访问量，确保系统稳定。

2. 应急指挥应用支撑需求

应急指挥应用支撑包括应急指挥地图支撑、应急指挥模型算法、智能视频分析、智能网关等。

1）应急指挥地图支撑

（1）基础地图支撑。需要通过建设地图开放平台引擎，实现接入互联网地图服务、EGIS 地图、人口热力图、三维模型数据服务等各类地图相关内容，并通过统一的服务接口，供上层应急指挥业务系统调用，由业务系统构建其所需的应急指挥地图。基础地图支撑需要包括地图开放平台引擎、三维数据可视化、EGIS 地图接入、互联网地图接入、缓冲区分析、路径规划服务等模块内容。

（2）遥感影像分析。需要通过与人口热力图、交通路况图和应急 GIS 开放平台的融合，统一为上层应急指挥一张图提供支撑，作为应急指挥管理手段的有效补充。通过构建"天空地一体化"的地质灾害识别调查与监测技术体系，开展突发地质灾害遥感应急和区域地质灾害遥感调查监测、地质灾害形变 InSAR 监测、地面沉降 InSAR 监测等工作，有助于灾前预判或灾害发生时及时判断受灾面积、范围、灾情、交通状况等，为应急管理人员科学决策、合理部署、制定救灾方案等提供准确有力的支撑。遥感影像分析需要包括地质灾害成果管理、地灾隐患识别与分析、遥感影像分析服务等模块内容。

（3）人口热力图。需要基于人口大数据的可视化展现，以选定区域为单位，对外准实时提供该区域内客流监测、客群画像等人群变化情况。此外，人口热力图需要以颜色深浅表征人口数据的大小，实现数据的可视化。人口热力图需要包括人口热力图建模、人口热力图呈现、区域人口热力分析、区域人口热力总览、重点区域实时热力监测、区域人群画像标签、突发事件专题、人口数据可视化、事件信息可视化、热力分析支撑组件、人口数据服务等模块内容。

（4）地图三维建模。需要以倾斜摄影三维实景快速建模、建筑信息模型（BIM）精细化建模、360 全景拍摄技术拍摄的全景模型等为可视化模型基础，采用实景融合引擎，构建对重大基础设施及其周边整体环境的总体态势感知。兼容多种地图视角和内容的三维实景地图，支持卫星云图、2.5D 瓦片地图、3D 建模地图、AR 高清渲染地图、视频拼接投影地图，支持海量点云数据支持特性，赋能上层应急指挥应用的全景视觉、全局感知、全程交互、多灾种适用的应急指挥、重点防控、实时监测等功能实现。地图三维建模包括三维建模软件、地图建模服务、紧急场景下地图建模服务、常规情况下地图建模服务等模块内容。

2）应急指挥模型算法

需要为区域风险分析、物资、救援力量需求、预案链事件链等常用应急业务模型建立基础性和综合性的模型库，可对各类模型进行管理，并支持不断完善更新。专题应用可根据事件类型匹配适用模型，推算事件影响范围和发展趋势等重要信息，为指挥人员进行处置决策提供参照。应急指挥模型算法包括区域风险隐患分析模型、救援力量调遣优化模型、事件链灾害链模型、预案链模型、应急资源需求估算模型、物资调度优化模型、应急能力评估模型等模块内容。

3）智能视频分析

为应急指挥的突发事件、重点目标等相关场景提供风险智能识别能力，为应急指挥预警识别、风险预判提供辅助决策支撑。主要面向重大活动保障、重大交通枢纽应急保障、自然灾害应急管理等场景提供视频实时监测能力。重大活动保障要实现基于视频的对重大活动过程中的人流量监测、人群聚集监测和非法入侵识别等能力；重大交通枢纽应急保障要实现基于视频的对重大交通枢纽应急保障过程中的危险行为识别、交通堵塞识别等能力；自然灾害应急保障需要结合水务、气象业务系统数据信息，通过图像视频分析河道水位变化，及时预警汛情，支撑对应区域相关部门做好防护及救援预案准备。

4）智能网关

需要通过智能网关的建设，保障应急业务应用之间、融合平台与业务应用之间、数据专区与应用之间能够安全地进行数据交换和服务交互。通过统一的智能网关服务，统一管理进出的接口数据和系统服务，优化增量系统的对接情况。智能网关需要包括 API 网关、准入网关、接入网关、应用管理平台、运营监控、供应商管理、机构管理、服务目录等模块内容。

（三）解决方案

系统融合辅助支撑系统参考架构如图 6-5 所示。本书将以省级应急指挥中心平台建设需求为例进行方案叙述。

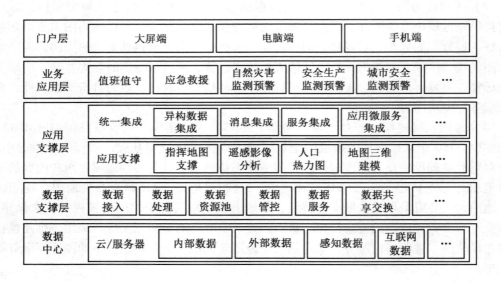

图 6-5 系统融合辅助支撑系统参考架构

平台通过统一集成服务汇聚融合平台应用支撑和数据能力，为应急指挥一张图、应急指挥中心值守信息系统、各相关厅局赋能，提供统一能力接入，包括将将融合通信服务注册至网关，应急指挥一张图和值守信息系统通过网关调用通信（语音、视频、会议）服务，实现连通一张网和一张图的目的。

平台在整个信息化中处于中间层，起到承上启下的作用，是支撑能力与应用的连接器，对下层的硬件、能力、通信进行统一的集成，实现能力开放共享，并对上层的应用提供统一的支撑，能够为应急指挥业务的快速响应、解决业务问题提供有力支撑。平台建设内容涉及集成层、支撑层和数据层，主要包括移动应急指挥专区、平台服务门户、统一集成服务、应急指挥应用支撑、应急指挥数据专区等内容。

平台一是建设服务门户，接入全辖区各局委办、中央驻地方单位及相关国企的专业信息系统，并对指挥中心基础设施、一张网、应用系统、数据专区建设成果进行集中展示；二是建设统一集成服务套件，对应急指挥相关消息、异构数据、服务、感知物联、应用微服务进行统一集成和管理，并与应急管理部数据总线对接；三是建设移动应急指挥；四是构建应急指挥地图支撑，结合政务大数据中心已有应用支撑能力，扩展应急指挥模型算法和智能视频分析，为应急指挥一张图系统提供数据支撑和应用支撑；五是汇聚各局委办及相关单位应急指挥数据资源，满足应急信息全面汇聚、综合展现、快速传达、互联互通的需求。

应急指挥中心信息化基础应用的应用数据安全应在各"数字政府"安全保障体系的总体框架下，依托"数字政府"已建设的国产加密算法，对密码认证、数据存储、数据传输、运行维护进行全方面安全加密防护。

（四）关键设备/服务

系统融合辅助支撑相关关键设备/服务包括服务集成、数据集成、消息集成等，具体见表6-3。

表6-3　系统融合辅助支撑相关关键设备/服务

序号	名称	功　　能	指　标
1	服务集成	服务集成是统一集成服务服务平台的 API 管理组件，包含 API 网关和 LiveData 两大模块。 （1）API 网关：API 的设计、管理、集成平台。提供 API 生命周期管理、请求参数校验和编排、认证、访问控制、流量控制、调用分析和开发 SDK 等功能。通过网关，可以将服务能力通过 API 对外开放 （2）LiveData：将数据库操作、函数调用标准化为 RestAPI。支持 Oracle、MySQL、MongoDB 等主流数据源。提供数据 API 从设计、开发、测试和部署流程管理	TPS 处理能力 转发时延 事务成功率 最大消息体 横向扩展
2	数据集成	数据集成作为统一集成服务服务平台的数据集成组件，支持文本、消息、API、结构和非结构化数据等多种数据源之间的灵活、快速、无侵入式的数据集成，可以实现跨机房、跨数据中心、跨云的数据集成方案，并能自助实施、运维、监控集成数据	地理容灾恢复时间 修复后任务自动恢复时间 单个任务配置时间
3	消息集成	高吞吐、高可用的消息中间件服务，适用于构建实时数据管道、流式数据处理、第三方解耦、流量削峰去谷等场景，具有大规模、高可靠、高并发访问、可扩展且完全托管的功能特点	消息吞吐量

三、系统应用

应急指挥中心是应急管理的重要组成部分，是应急指挥和协调决策的核心平台。随着信息化技术的发展，现代应急指挥中心越来越依赖于应急管理业务系统的支持，以便及时、准确地获取信息，做出合理决策。其中，系统融合辅助支撑作用是应急指挥中心的重要特点之一。

例如，某地区的应急指挥中心在应对一场突发事件时，通过应急管理业务系统实现了多个系统的融合，包括视频监控、传感器网络、卫星定位等，实现了多源信息的共享和整合，提高了信息的准确性和及时性。同时，系统还支持了多维度的数据分析和处理，辅助指挥人员做出更加科学、有效的决策。这种系统的应用效果非常显著，不仅提高了应急指挥中心的工作效率，还能够大大降低应对突发事件的时间和成本，最大程度地减少了灾害损失。

总之，应急管理业务系统的系统融合辅助支撑作用是现代应急指挥中心的重要特点之一，对提高应急指挥效率和减少灾害损失具有非常重要的作用和应用效果。

第四节　服务门户辅助支撑

一、概述

平台服务门户是把应急指挥中心提供的所有服务，以及各个建设部分、各应用厂商开发的各类应用服务、各类专题服务进行统一管理、统一授权、统一共享，推进"一张图、一张网、一平台"的深度融合，实现将不同技术架构的、不同结构的服务高效地集成起来，作为统一入口，打造一站式资源服务体验，促进各建设部分协同应用，推动各个厂商建设内容的服务共享和开放。

二、系统设计

（一）建设需求

1. 应急指挥平台管理

应急指挥平台管理需要包括应急指挥门户首页、行业厅局委办系统子门户、统一集成服务门户、应急指挥数据专区子门户、应急指挥后台信息管理、应急指挥统一用户中心等内容。

（1）应急指挥门户首页。门户首页是汇聚应急指挥中心建设的所有导航，让用户能够用最快捷的方式进入到想要查看的子系统中。应急系统融合平台的所有子系统按照管理门户的统一建设标准接入到管理门户进行统一管理。

（2）行业厅局委办系统子门户。实现各接入系统灵活配置，需要建立一个统一的、完善的、易用的后台配置管理平台。通过后台管理功能，实现统一访问，统一单点登录。

（3）统一集成服务门户。用户可通过该入口进入统一集成服务系统，在统一集成服务系统中，各局委办用户及开发商用户可实现接口在线调试、使用指引、服务在线订阅申请、服务创建等功能。

（4）应急指挥数据专区子门户。需要包括首页、数据资产目录、数据资产统计分析、应用成效分析等模块内容。

（5）应急指挥后台信息管理。管理员可通过后台信息管理了解所有建设的应用系统的基本情况，包含应用图标、应用名称、应用 PC 端地址等。需支持用户维护应用系统信息。

（6）应急指挥统一用户中心。建立应急指挥中心统一用户中心，实现应急指挥中心用户账号基本信息的统一管理、维护和访问控制等。

2. 指挥中心成果展示

汇总应急指挥中心所有的软硬件建设内容，将相应的建设成果通过可视化的方式直观展示出来，并可实时查看到各个建设部分当前的运行情况，实现一屏总览的目的。

（1）首页。综合展示应急指挥中心建设的成果，包括所有的软硬件设备，一张网、一张图、一平台的建设成果，从不同维度统计软硬件设备的使用率、故障率、在线状态等。

（2）数据专区成果展示。在大屏端用动态页面展示数据专区整个的建设成果，包括数据汇聚情况、数据资产总量、数据使用情况、数据治理等成果。

（3）应急指挥一张网成果展示。通过可视化的方式，将融合通信系统、视频联网系统的能力进行展示，将计算机网络、通信网络、统一网管的建设情况进行展示。

（4）指挥场所基础设施建设成果展示。将所有设备数量进行统计，设备状态进行监控，为前来参观的领导了解应用系统建设成果提供更直观的了解方式，帮助相关系统运行人员了解整体设备当前运行情况。

（5）应用系统成果展示。展示应急指挥一张图、值守信息系统建设现状及运行情况，为前来参观的领导了解应用系统建设成果提供更直观的了解方式，帮助相关系统运行人员了解系统当前运行情况。

3. 行业厅局委办系统融合接入

基于统一身份认证服务，接入辖区各局委办应急指挥相关的业务系统，完成各系统的用户信息整合，简化用户及其账号的管理复杂度，降低系统管理的安全风险。用户只需登录一次就可以访问所有相互信任的应用系统。

（1）系统融合服务。系统需要提供 API 服务对接、直接页面对接、单点登录对接等三种方式接入行业厅局委办系统。

（2）接入系统清单。需要完成应急、公安、交通、水利各局委办应急相关信息化系统接入。

（3）预留其他厅局委办系统对接。为了方便日后应急指挥中心信息化基础应用的升级和改造，更有效地为一张图赋能，预留局委办其他有需要的系统对接。

（二）解决方案

服务门户参考架构如图 6-6 所示。

图 6-6 服务门户参考架构

平台服务门户是把应急指挥中心项目提供的所有服务，以及各个建设部分、各应用厂商开发的各类应用服务、各类专题服务进行统一管理、统一授权、统一共享，推进"一张图、一张网、一平台"的深度融合，实现将不同技术架构的、不同结构的服务高效地集成起来，作为项目统一入口，打造一站式项目资源服务体验，促进各建设部分协同应用，推动各个厂商建设内容的服务共享和开放。

1. 应急指挥平台管理

1）应急指挥门户首页

门户首页是汇聚应急指挥中心项目建设的所有部分的导航，收录了行业局委办系统接入管理、数据专区、融合平台的服务超市、应急指挥一张图、应急值守系统、融合通信一张网、场所基础设施管理等模块，让用户能够用最快捷的方式进入到想要查看的子系统中。应急系统融合平台的所有子系统按照管理门户的统一建设标准接入到管理门户进行统一管理。

2）行业厅局委办系统子门户

应急系统融合平台是一个统一的、完善的、易用的后台配置管理平台，实现统一访问，统一单点登录。同时接入了多个与全辖区各局委办应急指挥相关的业务系统，支持各接入系统灵活配置。各局委办系统部署方式不一样，可根据部署的位置不同，开通不同的网络策略，确保网络互通，实现与其他局委办系统的对接。

3）应急指挥数据专区子门户

首页：包括门户大搜、快速入门、数据申请、数据目录、用户管理、数据治理、报障处理等模块功能。

数据资产目录：用户可在数据资产目录页查看数据专区的数据资源情况，包括资源主题、数据动态、热门标签、排行榜、应用案例等模块。

数据资产统计分析：数据资产功能旨在盘点数据专区数据资产，帮助应急人员全局掌控数据状况，包含盘数据、管数据、用数据三个模块。

应用成效分析：数据专区的应用成效绩效统计汇总的页面呈现，是通过生产系统的应用数据库，实时计算并生成应用成效绩效统计汇总结果，并通过统计相关参数，如涉及的表单、数据范围，最终生成多维度交叉的统计表单。

4）应急指挥后台信息管理

管理员可通过后台信息管理了解本项目所有建设的应用系统的基本情况，包含应用图标、应用名称、应用类型、工作台显示、建设单位、服务商、应用简介、应用主页地址、应用PC端地址等。支持用户维护应用系统信息。

5）应急指挥统一用户中心

建立应急指挥中心统一用户中心，实现应急指挥中心用户账号基本信息的统一维护，用户基本信息的统一访问，统一的用户业务信息的接口扩展，用户信息的清洗与整理，完善的用户运营支持管理功能。应急指挥中心统一用户中心可以基于数字政府统一认证服务（如有），同步全辖区政务侧统一通讯录应急指挥中心节点用户，支持编外人员管理，满足"一张图"及"值班值守系统"用户需求。

2. 指挥中心成果展示

汇总应急指挥中心项目所有的软硬件建设内容，将相应的建设成果通过可视化的方式直观展示出来，并可实时查看到各个建设部分当前的运行情况，实现一屏总览的目的。

1）首页

综合展示应急指挥中心项目建设的成果，包括所有的软硬件设备，"一张网、一张图、一平台"的建设成果，从不同维度统计软硬件设备的使用率、故障率、在线状态等。

2）数据专区成果展示

在大屏端用动态页面展示数据专区整个的建设成果，包括数据汇聚情况、数据资产总量、数据使用情况、数据治理等成果。例如：数据资产总量，可通过不同维度展示数据资产的情况。

3）指挥场所基础设施建设成果展示

基础设施建设成果展示是将所有设备数量进行统计，设备状态进行监控，为前来参观的领导了解应用系统建设成果提供更直观的了解方式，帮助相关系统运行人员了解整体设备当前运行情况。如应急指挥中心配备的显示系统、扩声系统、图像切换系统、视频会议系统等多套系统涉及的设备有拼接大屏、配电箱、功放、音频处理器、照明、会议摄像机等信息。

4）应用系统成果展示

本部分主要展示应用系统建设情况、应急指挥一张图、值守信息系统、应急指挥专区系统建设现状及运行情况，为前来参观的领导了解应用系统建设成果提供更直观的了解方式，帮助相关系统运行人员了解系统当前运行情况。

应用系统建设情况展示：在大屏上展示应急指挥一张图系统当前持续保障时间，系统已处理事件的数量、已接入接口数量、已挂接系统数量等系统统计数据，展示一张图当前的运行情况。

一张图系统运行情况展示：在大屏上展示系统当前已建立场景数量、系统当前的知识库、预案库、案例库、专家数量、队伍数量等数据情况，通过柱形图、饼图、折线图的方式进行展示，展示系统当前的业务数据情况。

值守信息系统运行展示：在大屏上展示值守信息系统当前已接报、处理的事件数量、当前在线情况、当前值班人数、预警信息发布数量等统计数据，展示值守信息系统当前的运行情况。

应急指挥专区建设成果展示：在大屏上展示系统当前已建设的情况，包括全辖区通讯录体系建设、组织数量、人员总数量、已激活人员数量、已接入移动办公平台的应用系统数量等。

3. 行业厅局委办系统融合接入

可以数字政府统一身份认证服务，接入辖区各局委办应急指挥相关的业务系统，完成各系统的用户信息整合，简化用户及其账号的管理复杂度，降低系统管理的安全风险。用户只需登录一次就可以访问所有相互信任的应用系统。

1）系统融合服务

系统提供三种方式接入行业厅局委办系统，即 API 服务对接、直接页面对接和单点登录对接。

API 服务对接：API 服务对接是指厅局委办业务系统开发厂家将需要接入的业务系统需共享的特定界面以原子服务的形式提供给融合平台。融合平台通过服务配置台灵活组装和按需调用这些原子服务。融合平台通过 API 方式对接业务系统对接，向业务系统发出服务请求，并获取多个服务的返回结果。这样，融合平台能够以一种统一的方式与不同业务系统进行交互，实现功能的集成和共享。

直接页面对接：直接页面对接指的是应急指挥中心需要接入的行业厅局委办系统按照融合平台的发起服务请求，返回某个页面给融合平台进行展示。这种对接方式的目的是为行业厅局充分地发挥空间，给领导展示所建设的业务系统的成果和统计数据，可由业务系统的开发厂家按照行业厅局的要求量身定做相应的展示页面。

单点登录对接：单点登录对接是指将行业厅局委办系统接入到融合平台并嵌入到应急指挥"一张图"进行展示，可以直接访问厅局委办系统的页面，而不需再登录，也即融合平台通过对行业厅局委办系统请求账号体系行业厅局委办系统返回整个系统页面。

2）系统接入方式

根据各个厅局委办系统部署方式、网络环境具体情况，采用不同接入方式，实现与其他厅局委办系统的对接。

电子政务云政务外网区接入：各局委办部署在电子政务云政务外网区的业务系统，经业务系统所属单位同意后，通过申请开通政务外网相应网络安全策略实现业务系统接入。

电子政务云互联网区接入：各局委办部署在电子政务云互联网区的业务系统，经业务系统所属单位同意后，通过申请开通电子政务云互联网区相应网络安全策略实现业务系统接入。

互联网环境接入：各局委办及央企国企等单位部署在互联网环境的业务系统，经业务系统所属单位同意后，通过申请开通互联网环境相应网络安全策略实现业务系统接入。

专网接入：专网可满足与政务外网或互联网做逻辑隔离的情况下，通过将专网业务系统进行 nat 映射到政务外网或互联网区，并申请开通政务外网或电子政务云互联网区相应网络安全策略实现业务系统接入；专网对网络安全较高时，通过建设专线进行网络对接，在专线两端部署相对应的安全设备（网闸，防火墙）进行网络安全对接，满足业务系统对对接安全边界的规范要求，实现业务系统接入；专网对网络安全条件要求极高时，通过专线接入并部署独立终端实现业务系统登录使用，不对网络进行打通。

三、系统应用

门户首页是汇聚所有已建设的信息化系统的导航，同时还收录了行业局委办系统接入管理、数据专区、融合平台的服务超市、应急指挥"一张图"、应急值守系统、融合通信平台、基础设施平台管理等模块，让用户能够用最快捷的方式进入到想要查看的子系统中。

系统融合平台的所有子系统按照管理门户的统一建设标准接入到管理门户进行统一管理。

如某省应急指挥中心服务门户，建立了行业厅局委办系统子门户，接入了各厅局委办与应急指挥相关的业务系统，实现各接入系统灵活配置；建立了一个统一的、完善的、易用的后台配置管理平台，通过后台管理功能，实现统一访问，统一单点登录，实现按需接入和切换，全面提升一张图系统应用通用支撑能力，满足应急指挥中随时调阅其他业务系统的需求，辅助领导决策；建立了统一集成服务门户，用户可通过该入口进入统一集成服务系统，在统一集成服务系统中，各厅局委办用户及开发商用户可实现接口在线调试、使用指引、服务在线订阅申请、服务创建等功能。

为了达到更好的用户体验效果，实现融合平台能够快速进入不同行业厅局委办的业务系统，未接入省统一身份认证体系的行业厅局委办系统，可由系统开发厂商对行业厅局委办系统进行用户体系适配改造，对接省统一身份认证体系，从而实现各系统接入。

第五节 应急指挥辅助支撑

一、概述

以移动优先的理念，将政务应用逐渐转移到"指尖"，建设辖区通讯录，实现移动办公和智能消息推送，进一步提升沟通和办公效率。建立多部门联动、跨部门协作、一体化运行的政务办公平台和机制，以信息系统整合共享促进政务工作协同化、体系化，打破部门业务隔阂。

应急指挥专区是围绕"人"打通应急指挥"最后一公里"。建立科学高效、左右互通、上下联通的融合指挥体系，做到即时连通零距离、场景即时传播零时差、指令即时下达零延误。

二、系统设计

（一）业务需求

需要满足灾害事件发生后，现场应急通信、现场会商、指挥调度、移动办公、现场图像视频采集等功能，重点缓解指挥效率问题，通过 APP 即时通信能力横向与多部门联动，纵向部省市区县镇多级融通。

（二）功能需求

1. 辖区通讯录

辖区通讯录包括政务通信录、本地通讯录、通讯录分级分权管理、通讯录搜索等功能。

2. 移动门户

实现用户可在 APP 中使用移动门户，用户可在工作台上查看相关应急日报推送信息、使用相关基础应用或应急指挥体系专项应用等功能。

3. 管理后台

需要包括管理首页、应用信息管理、专项系统标签库管理、权限管理、应用消息推送等内容。

（三）解决方案

1. 辖区通讯录

（1）政务通信录。基于统一用户管理中心建立辖区应急指挥用户节点，根据辖区应急指挥实现用户对应急指挥通讯录进行管理，为应急日常工作提供人员通讯保障。政务通讯录可由用户在统一身份认证平台进行人员信息及组织架构等信息进行维护和管理，支持批量导入或导出人员。

（2）本地通讯录应用。支持用户在应用中查看本地通讯录的组织架构树，以及该对应节点下的用户，查看各编外组织以及编外人员信息，为应急日常和突发事件处置提供最准确的联络信息。

（3）分级分权管理。应急指挥体系通讯录可实现各级管理员下放通讯录管理权限至各下属单位及各地市，由各辖区通讯录管理员管理各自所属地区用户，上级管理员可管理全辖区应急指挥通讯录内所有组织机构及用户。

（4）通讯录搜索。系统支持用户通过输入用户姓名、单位名称、部门名称等关键字模糊查询的功能，搜索结果展示该用户姓名以及所属的单位，支持重名区分。用户可点击查看搜索结果用户的基本信息。

2. 移动门户

应急指挥体系中的政务用户可在 APP 中使用移动门户，用户可在工作台上查看相关应急日报推送信息、使用相关基础应用或应急指挥体系专项应用等。

（1）专项移动端应用接入。将辖区应急知识库以及相关应急监测预警信息以模块化的形式在应急专属门户进行展示。为用户提供全面、权威的应急信息资料库以及实时预警信息，为日常应急工作、突发事件处置提供辅助信息。移动端应用接入包括应急知识库、应急指挥监预警、值班信息、突发事件上报、突发事件任务管理、灾害应急响应等内容。

（2）应急日报。工作台对接"信息发布"的应急日报栏目，用户可通过应急日报文章获取相关重要应急资讯。包括文章主题名、展示的时间、信息来源以及阅读状态等，点击相应标题后可进入查看文章详情。但仅支持用户查看其范围内的文章。应急日报需要包括发布应急日报、栏目对接配置等模块功能。

（3）应用专区。应急指挥体系中的政务用户可在移动门户中查看各应用，以及进入应用页面。包括应急专项应用区展示、单位重点应用管理展示、个人常用应用展示等模块内容，方便用户选用相关应用。

（4）指尖总览。打造随时随地指尖即可查看指标看板，支持应急指挥体系的领导实现在指尖上便可查阅数据概况。包括 APP 看数、APP 批示直达、特别关注等模块内容。

（5）日常任务管理。支持通过 APP 消息推送能力将相关任务推送给对应责任人，从而实现跨部门、跨地域、跨层级的快速响应，实时监测多级高效应急联动机制。同时用户可单独新建任务，选择任务类型，选择任务紧急程度、负责人、执行人、填写任务内容，设置任务开始和结束时间，上传附件等。同时可拆分子任务，每个子任务都有负责人和执行人，都可更新任务进度，参与任务成员可直观地了解其他人的工作进展情况。

（6）数据资源共享。用户通过接入政务工作台中的"政务大数据中心"应用，支持向有关部门单位提出数据申请或进行数据审批。

3. 管理后台

应急管理后台需要包括管理首页、应用信息管理、专项系统标签库管理、权限管理、应用消息推送等内容。

（1）管理首页。支持设置自己的常用应用入口，通过入口快速进入应用的 PC 端地址以及管理后台。支持用户修改"我的常用应用入口"信息、查询"我的常用应用入口"信息、删除"我的常用应用入口"信息、新增"我的常用应用入口"信息。

（2）应用信息管理。应用信息管理需要包括应用管理数据权限控制、应用基本信息、凭证信息、应用发布、系统用户操作指引等功能模块。

（3）专项系统标签库管理。需要建设专项系统标签库，支持管理员根据局委办系统的业务情况，设置不同的标签，便于使用人员可根据业务需求检索到对应系统，如治水、移动指挥、应急指挥等标签。

（4）权限管理。权限管理需要包括管理后台权限、业务系统授权中心、应用角色基本信息、角色权限配置信息、用户授权信息、子系统信息、菜单信息、页面权限信息、用户权限清单信息等功能模块。

（5）应用消息推送。APP 提供消息推送标准接口，支持各业务系统接入，实现应急指挥中心各业务系统对相关用户进行消息推送，用户可收到相关业务应用的消息通知。

（四）关键设备/服务

应急辅助支撑相关的关键设备/服务，包括便携式综合指挥调度终端、手持式移动终端、应急通信车等，具体见表6-4。

表6-4 应急辅助支撑相关的关键设备/服务

序号	设备类型	功　能	应 用 场 景
1	便携式综合指挥调度终端	实时图像视频采集、即时通讯、地理信息显示、导航定位、多方会商	现场指挥调度、移动办公、应急救援
2	手持式移动终端	即时通信、实时图像视频传输、紧急求援	现场指挥调度、移动办公、应急救援
3	应急通信车	移动通信指挥调度、卫星通信、射频扩展	现场应急通信、指挥调度、通信保障
4	现场视频综合采集设备	视频监控、实时图像视频采集、数据共享	现场指挥调度、应急救援、安防监控
5	移动电源设备	为其他设备提供电力支持	现场指挥调度、移动办公、应急救援
6	一体机	集成指挥调度、视频监控、信息发布等功能	指挥中心、应急现场
7	车载终端	实现现场指挥调度、图像视频采集、通信等功能	应急车辆、指挥车辆
8	手持终端	实现现场通信、图像视频采集、地理定位等功能	应急人员、巡查人员
9	多功能显示终端	显示多路视频、信息发布、实时监测等功能	指挥中心、应急现场

表 6-4（续）

序号	设备类型	功　能	应　用　场　景
10	智能音箱	实现语音交互、语音广播、智能识别等功能	指挥中心、应急现场
11	无线路由器	提供现场网络覆盖、无线通信等功能	应急现场、指挥车辆
12	无人机	实现空中巡查、图像视频采集等功能	大面积、复杂地形、危险区域
13	紧急呼叫器	实现紧急呼叫、SOS 信号发送等功能	重点区域、重要场所

三、系统应用

如某省应急管理厅在省应急指挥中心项目中，建设"粤政易"移动应急专区，围绕"人"打通应急指挥"最后一公里"。通过"粤应急"满足灾害事件发生后，现场应急通信、现场会商、指挥调度、移动办公、现场图像视频采集等功能，重点缓解指挥效率问题，通过"粤政易"即时通信能力横向与多部门联动，纵向省市区县镇五级融通。建立科学高效、左右互通、上下联通的融合指挥体系，做到即时连通零距离、场景即时传播零时差、指令即时下达零延误。实现基于突发事件应急过程中的现场信息采集、现场指挥和随时随地的移动办公和协同联动的需求，为应急指挥和救援处置人员提供事件现场信息报送、指令下达、任务跟踪与反馈、快速通信、现场信息实时掌控、研判分析、协同联动以及领导音视频会商、辅助决策、指挥调度等提供移动端应用功能，实现事故的移动指挥和移动救援处置，同时发挥"粤政易"的优势，打造全省统一的应急通讯录以及统一的移动门户，支持领导及工作人员及时查看通讯录、工作安排、值班表、应急资料、应急资源等，实时进行视频回传与查看，建立音视频协同会商，高效完成应急工作。

第六节　指挥数据专区辅助支撑

一、概述

数据专区是针对《中华人民共和国突发事件应对法》规定的四类突发事件，汇聚各渠道相关数据，实现对应急指挥全过程的支撑。通过集中数据治理服务，为政府各级应急指挥中心和各线条单位应急相关业务提供支撑，提供对指挥中心的数据支撑和数据治理服务，并为各局委办的数据共享和应急相关业务进行支撑。

二、系统设计

（一）业务需求

应急指挥数据专区可以基于数字政府数据基础能力框架，利用已建政务大数据中心从横向、纵向汇聚各政府部门、地市及社会单位所属的应急相关数据，同步至应急数据资源专区,并通过数据治理各项服务,形成应急主题库和专题库。除直接支撑应急指挥中心业务系统建设外,还将整合后的应急领域相关数据共享至政务大数据中心以提供上级相关部门使用。

(二)功能需求

1. 应急数据共享交换服务

该服务是利用政务大数据中心的数据共享交换工具,为应急指挥数据专区提供相应服务,需要包括数据接入服务、数据汇聚服务、数据共享交换服务、需求管理服务等功能模块。

2. 应急数据资源池建设

数据资源池需要包含原始库、基础库、主题库、专题库,逐步实现原始数据、基础数据的接入汇聚,经数据治理后按不同的主题、专题实现对数据的进一步汇总沉淀,支持上层应用。

3. 应急数据治理服务

按应急指挥的数据标准和业务逻辑规范,对应急管理内部数据、其他各厅局的数据、中央驻各省单位、在范围内的大型国企的数据、社会数据、互联网数据等提供数据治理服务。

(三)解决方案

1. 应急数据共享交换服务

实现跨部门、跨层级信息交换共享,实现对应急有关数据的异地、异构数据源管理、数据采集服务的配置与管理等工作。通过在内部大数据中心建设的数据交换能力,支持与应急指挥有关的内部多业务系统,及外部单位的数据采集、共享。

(1)应急数据接入服务。应急数据接入主要需要实现应急管理内部数据、外部数据、社会数据、感知数据等应急数据的接入,通过统一接入,将源数据集中存储至原始库。利用数据抽取、消息服务、网络爬取、数据交换、填报采集等技术手段,解决应急信息资源在集中汇聚时面临的分散孤立、源头多样、跨网传输等问题,为应急数据资源的汇聚集中、统一标准化处理和信息资源池构建提供源数据支撑。

(2)应急数据汇聚服务。该数据专区需要利用政务大数据平台的数据汇聚工具对社会数据、外部厅局数据和应急管理部门主要业务系统数据进行汇聚。应急数据汇聚服务需要包括梳理数据资源、制定数据采集策略、数据同步实施等功能模块内容。

(3)应急指挥数据共享交换服务。支持借助政务大数据平台的数据共享交换管理的工具实现本数据专区的应急数据共享交换。共享交换服务需要包括数据编目支撑、数据目录检查及反馈修改等内容。

(4)应急需求管理服务。按照应急指挥的业务需求,为全辖区范围内应急的数据资源需求申请、审核、流转提供支撑服务。跟踪数据共享需求申请、审核、交付情况并评估数源部门的共享效能,综合考虑各数据目录、数据名称、数据代码、数据标准之间的关联关系,实现对政务数据需求的全生命周期管理。应急需求管理服务需要包括过程可视化配置、数据处理任务日志、任务过程执行情况等功能模块。

2. 应急数据资源池建设

（1）原始库。原始库是指各种渠道所获取的原始数据，需要通过汇聚政务大数据中心的人口库、法人库、地理空间库、权利事项库、电子证照库、业务数据库、第三方数据库及中央驻地方企业、大型国企的数据资源，按照数据来源和类型，经过简单的校验、去重、清洗之后，仍与来源结构保持一致的数据信息。该数据信息将为后续的数据提取、数据追溯提供明细支持。原始库包含内部、外部所有需要的组织数据。原始库需要包括内部数据、外部数据、社会数据、感知数据、其他数据等功能模块内容。

（2）基础库。基础库支持调用政务大数据中心的基础信息库，包括人口基础信息库、法人单位基础信息库、社会信用信息库和政务空间地理信息资源库。

（3）主题库。主题库是将分散在基础库各业务数据表中的要素提取出来，根据应急对象要素、要素特征等进行搭建，抽象成为对象后，形成的多维度的公共数据集合。以实现数据的最小粒度融合，主要用于对原始库的存储层中的数据进行深度关联整合。构建主题库的目的是要打破数据表之间存在的数据壁垒，通过梳理单位部门数据之间的关联关系，从逻辑上打通各个业务数据表，为专题库以及关联查询等提供数据支撑。主题库内需要包括灾害事故、管理对象、应急环境、救灾资源、动态感知等主题库内容。

（4）专题库。专题库设计面向应急管理常态与非常态业务需求，通过将基础库、主题库数据进行二次抽取装载的方法重新组织数据，并按照不同领域专题应用的需求重新整合形成对应的专题库，进而支撑上层多样化的数据应用。专题库需要包括突发事件、应急资源、应急响应、辅助决策、综合业务及联合值守、专题库运维服务等功能模块。

3. 应急数据治理服务

实现应急内部数据资源汇聚、全生命周期数据治理和应急内部数据服务接口统一管理。按照应急指挥的数据标准和业务逻辑规范，对内部数据、其他各厅局的数据、中央驻各省单位、在范围内的大型国企的数据、社会数据、互联网数据等提供数据治理服务。

（1）应急数据处理。数据处理服务主要是面向结构化数据记录、半结构化文本等具体数据内容建立标准化的数据处理模式，借助数据抽取、转换、清洗、去重、补全、关联、融合、标识等规范化的处理流程和工具，加载至目标数据库，实现应急指挥数据的标准化、规范化以及融合处理等，为各类应急业务应用和共享服务提供数据基础。

（2）应急指挥数据服务。数据服务是结合政务大数据中心原有的数据服务平台对应急数据进行数据服务构建封装，以促进数据共享应用。根据共享数据需求，针对建设完成的主题库、专题库，构建对应数据服务接口。支持主流关系型数据库、全文数据库、分布式数据库、内存数据库。可以组合利用多种数据库实现数据服务性能的最优化。同时提供数据服务情况的统计分析功能。

（3）应急数据管控。数据管控是结合政务大数据中心原有的数据管控工具对应急数据进行标准管理、质量管理及资产管理，根据需求优化指标管理功能。应急数据管控包括数据标准管理、应急数据质量管理、应急数据资产管理、应急数据运维管理等功能模块内容。

三、系统应用

应急指挥数据专区主要服务于新时代突发事件应急管理工作的新形势新任务新要求，

服务于"统一指挥、专常兼备、反应灵敏、上下联动、平战结合"的中国特色应急管理体制，建立高效科学的自然灾害防治体系和安全生产事故预防体系，提供基础性、综合性、战略性可靠的数据支撑。

如某省应急指挥中心建设的应急指挥数据专区是基于省数字政府数据基础能力框架，利用省一网共享平台横向、纵向汇聚省内外各厅局、地市及社会单位所属的应急相关数据，同步至应急数据资源专区，并通过数据治理各项服务，形成应急主题库和专题库。除直接支撑应急指挥中心业务系统建设外，还将整合后的应急领域相关数据共享至省一网共享平台，以提供给国家层面、省相关职能部门使用。

第七节 融合通信一张网

一、概述

融合通信一张网整合接入各类通信网络，实现互联互通、一张网调度，为政府高效应对重特大突发事件提供一体化的应急通信支撑保障。为应急管理提供统一、高效、稳定、可靠的网络通信保障，推动防灾减灾救灾能力跨越式发展。

二、系统设计

（一）建设需求

在应急指挥中心建设融合通信系统，实现多种通信手段的深度融合，解决非常态下应急通信"看不见，听不到"的问题，为应急救援指挥提供统一高效的通信保障；实现应急指挥中心与公网、政务网、5G网络、指挥信息网、卫星通信网和无线通信网等通信网络的接入，部署应急通信指挥车和应急移动值勤车等；确保各网络间能够安全互联，实现上下联动，构建"天地一体、全域覆盖、全面融合、全程贯通、韧性抗毁、随遇接入、按需服务"的融合通信一张网，提升全省应急指挥和通信保障能力，为应急救援和指挥工作提供通信支撑。

（二）解决方案

1. 总体架构

在应急指挥中心建设无线通信基站、卫星通信基站等基础设施，接入Ka/Ku卫星通信网、应急370M/公安350M数字集群通信网、短波通信网络等。建设大楼内部网络，配置安全接入区、核心交换区和网管运维区。同时，通过专线或政务外网接入各厅局单位，通过专线接入邻近省份，通过专线接入国家各应急救援指挥中心、中央驻地方单位、关键行业重点央企等。通过各厅局专网实现和国家各相关部委、省内各地市各区县相关厅局单位的网络互通，通过专线实现与省内各地市/区县应急指挥中心的网络互通，支撑实现构建"横向到边、纵向到底、天地一体化"的融合通信一张网。接入网络拓扑图如图6-7所示。

构建完备可靠、高效可用、科学联动的应急通信保障体系，保障应急指挥中心通信网络等基础设施稳定可靠运行。"平时"主要以使用公网为主（主要为地面网络，含固定网

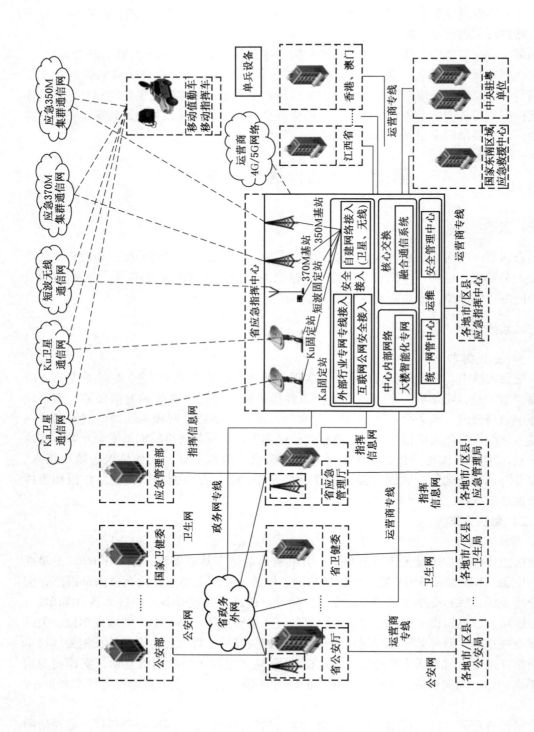

图 6-7　接入网络拓扑图

和移动网），用以实现数据和语音指挥。"战时"优先使用公用网络，支持接入使用 Ka/Ku 卫星通信网络或无线通信网络，其中，短波通信技术作为最终保底应急通信保障手段，即使在极其恶劣的紧急环境下仍可支持快速建立通信通道，进而保障应急指挥中心的基本应急指挥能力。

融合通信一张网中所涉及的所有通信网络都要求符合国家安全等级保护三级的要求，具备良好的安全性、可靠性、便携性、可延展性和可扩展性。

融合通信一张网实现各类通信网络的融合，主要包括大楼内部网络、指挥信息网、其他行业专网、Ka/Ku 卫星通信网、370M/350M 数据集群网、短波通信网、互联网公网等外部网络。应急指挥中心大楼内部网络采用分区分层设计，主要包括计算机网络系统区、外联区和运维区。

2. 计算机网络系统区

计算机网络系统包含政务外网区、政务内网区、智能化专网区、专网区、核心交换区、边界安全区，其中政务外网区、政务内网区、智能化专网区、专网区之间相互物理隔离。计算机网络系统连接应急指挥中心大楼内的办公终端、信息终端、数字监控设备、工作站等前端设备，可支撑融合通信系统与视频联网平台的部署运行。

3. 外联区

（1）行业专网接入。接入医疗、水利、自然资源等行业专网，汇聚相关行业数据于应急指挥中心，用于承载医疗应急指挥、水利应急指挥调度等关键业务。主要通过专线或政务外网接入。

（2）公安网接入。将公安网接入到应急指挥中心，实现与各级横向纵向公安相关部门间的互联互通，共享公共安全视频图像信息等资源。主要通过专线接入。

（3）视频联网接入。通过专线接入全省各级各类部门已建的视频监控平台，其中，应急管理部门的视频联网数据可通过应急指挥信息网接入。

（4）指挥信息网接入。接入指挥信息网到应急指挥中心，面向指挥决策部门、应急救援部门的特定用户，承载应急指挥救援、大数据分析、视频会议、部分监测预警等业务应用。

（5）互联网接入。通过专线为应急指挥中心接入互联网公网，为平时等大多数情况下的应急指挥调度、现场视频通信、常规移动通信等提供通信支撑，为 Ka 卫星通信提供高通量卫星信关站到应急指挥中心的承载链路。

（6）无线通信网接入。在应急指挥中心建设数字集群固定站和短波固定站等，接入无线应急通信网络，作为应急通信网络的重要补充和应急保障。

（7）卫星通信网接入。在应急指挥中心建设 Ka/Ku 卫星固定站，接入卫星通信网，为应急通信提供更可靠的保障，确保打造天地一体化的应急通信体系。

（8）移动通信指挥。部署应急移动通信指挥车和移动值勤车，具备机动功能，作为移动现场指挥部，在行驶过程中实现跟后方指挥中心和灾害一线的应急通信。

4. 运维区

（1）统一网管中心。建设融合通信一张网的统一综合网络管理中心，实现对融合通信一张网中的全面管理。

（2）安全管理中心。建设融合通信一张网的统一安全管理中心，实现对融合通信一张网的安全管理。

三、系统应用

在同一网络中，通过标准开放的协议对接，实现和公安、交通、消防等关键部门现有融合通信系统的对接，在现有容量可满足的条件下，将 PSTN 电话、150M/350M/370M 集群及 800M 集群对讲、移动 APP、视频会议终端、执法仪、视频监控、LTE 宽带集群、短波，各种车载、单兵、无人机、卫星电话等信息采集终端对接到本次融合通信系统中，实现基本音视频互通，保障战时指挥调度的及时可视，满足自然灾害、安全生产、公共卫生、社会治安等四大领域内应对突发事件的指挥调度、决策支持、协同会商需求。

如某省在省应急指挥中心项目建设过程中，建设的融合通信系统，按照"平战结合"的原则，遵循平台化、组件化的设计思想，采用统一的数据交换、统一的接口标准、统一的安全保障，以保证各子系统的无缝集成。

（1）实现与各类通信系统的语音互通，主要融合包括内网电话、公网电话、常规对讲、B－TRUNC 宽带集群、卫星电话、350M PDT 集群、370M PDT 集群、800M Tetra 集群、短波超短波对讲等，实现多方语音互通调度，实现异构集群间的指令下达和沟通。语音业务要求 500 个集群群组，500 路语音业务并发规模。

（2）实现与各类系统的视频互通，包括视频监控平台、视频会议、4/5G 图传、宽带集群移动视频等，提供视频呼叫、视频浏览、多方视频通话、视频分发、视频录制等功能，实现应急可视化指挥调度。视频业务要求具备 30W 视频监控接入容量，512 路 D1 视频并发规模。

（3）实现视频会议融合，包括监控摄像头、会议终端、公网终端、专业 LTE 集群终端、无人机等音视频源。

（4）实现数据调度，提供调度台、终端之间进行短数据的发送和接收。短数据包括图片、声音、文字、视频等；实现定位业务，要求支持在线地图或离线地图，支持一张图调度。

（5）提供语音、视频、数据、位置等能力的 SDK 开发接口，用于支持各类业务应用系统二次开发，以满足各厅委办业务需求。

（6）提供语音接报、短信接报等多种接报渠道，为上层应用提供基础通信服务，支持多种接报方式接入（固话、手机、短信等），适用不同事件接报需求，避免单一语音接报造成的业务阻塞。同时应支持包括先到先服务、客户优先级服务、先闲先受话、排队超时处理、排队溢出处理等多种路由策略，以满足多种场景下值班值守策略需要。

第八节　视频联网系统

一、概述

建设视频联网系统的主要目标是汇聚与应急管理相关的局委办单位以及各地市已有的

视频监控资源,不仅为应急管理监测预警提供统一的视频接入转发能力,更重要的是,为应急管理业务提供统一的视频管理、联动策略配置、告警数据查询和统计、智能报表、视频质量诊断等功能,也为上层应急业务软件系统提供统一开放接口以及客户端,同时根据应急相关专题进行目录重构,在应急指挥一张图进行呈现。

按规划,各局委办、各地市的视频资源均接入视频和感知数据共享管理平台,也是建设视频联网系统服务的主要视频来源,同时支持从应急森林防火、危化品大中小企业、互联网接入无人机/单兵、移动指挥车、应急指挥中心大楼等平台获取应急特殊场景监控视频流,具备对接其他国标和非标平台、设备的能力。

二、系统设计

视频联网系统主要构建面向应急监测感知中的视频感知体系,解决应急领域中涉及各种视频源整合及智能分析服务,如重大事件安保、重要节假日交通监测、防汛重点监测、森防监测、尾矿库监测、危化企业监测及其他应急重点业务应用。系统通过视频整合,提升视频监测效率,做到事前可预警,事中可视化决策,事后可追溯。

视频联网系统:主要提供视频及图片的接入,已建视频平台接入、视频调阅、视频录像、视频转发,视频质量诊断等功能。支持标准的 GB 28181 协议对接,实现各类视频及图像资源的整合。

开放服务接口:通过统一的接口平台,给上层集成平台或应用系统提供服务,开放能力。

(一) 系统架构

视频联网系统参考架构如图 6-8 所示。

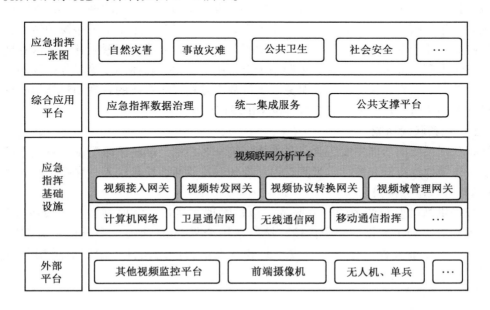

图6-8 视频联网系统参考架构

建设视频联网共享平台，支持将非标视频转换成标准 GB 28181 协议，根据需求进行外域视频接入及路视频转发容量设计，支持视频域管理服务。视频监控接入单元与监控平台的互联遵循 GB/T 28181—2016《安全防范视频监控联网系统信息传输、交换、控制技术要求》协议，支持监控系统注册、实时视音频点播、设备控制、报警事件通知和分发、设备信息查询、状态信息报送、历史视音频文件检索、历史视音频回放、历史视音频文件下载、网络校时、订阅和通知等。

视频联网系统可对接省级视频和感知数据共享管理平台和互联网接入进来的无人机、移动指挥车等设备，将视频统一汇聚并回传到指挥中心，使领导在指挥中心即可快速调阅查看相关视频。通过协议转换网关，将部分不符合国标 GB 28181 协议的平台码流转换成统一的 GB 28181 码流，实现视频的统一融合和管理。视频联网系统开放北向接口，业务应用可以调用视频联网接口，在业务应用中集成摄像机实时视频、录像检索、录像回放等安防能力，与业务信息化系统结合，提升应急指挥中心的效率和安全性。

视频域管理服务包含支持平台管理、地域管理、组织管理等系统初始化信息管理，支持多平台异构接入、统一管理，支持联动策略配置、告警数据查询和统计、联动动作编排等功能模块，支持视频传输协议转换，包含且不限于具备将视频在 RTSP、HLS、HTTP 等视频传输协议间相互转码的能力。

（二）网络拓扑图

可以建设的省级视频和感知数据共享平台获取视频资源，其他厅局视频资源通过省级视频和感知数据共享平台汇聚形成视频资源池，最后将和应急业务紧密相关的森林防火、地震、危化品大中小企业、无人机/单兵、应急指挥中心大楼等特殊场景监控统一汇聚。视频联网网络拓扑图如图 6 – 9 所示。

视频接入网关用于实现电子政务外网的省级视频联网接入、互联网区域的视频联网接入、视频质量诊断功能。视频转发网关作为视频转发云平台，用于上千路视频转发，视频域管理网关，用于部署关系数据库软件、微服务框架、业务管理配置服务、运营管理、报表、维护管理等；部署总线服务器集群用于设备用户鉴权、媒体调度等服务；额外独立视频转码网关用于上百路视频的转码服务以支持数十万路视频资源的管理和对外的配置。协议转换网关用于将非标准协议转换成标准 GB 28181 协议。

（三）视频联网功能

视频联网系统的功能主要包含目录重构、统一客户端、联动策略配置、系统管理、统计报表、告警数据查询和统计、视频转码、视频质量诊断、视频接入、视频转发等功能。

（四）开放服务接口

系统提供基础监控能力的开放服务，包括管理类接口、实时视频类、设备控制类、数据上报类等。为了数据的安全传输，接口采用全程 https 通道，另外使用者需要做好防护。这样可以最大程度地保证开发工具和开发语言的通用性，做到前后端分离，简化交互。

（五）关键设备

视频联网系统相关的关键设备包括视频接入网关、视频转发网关、视频域管理网关等，具体见表 6 – 5。

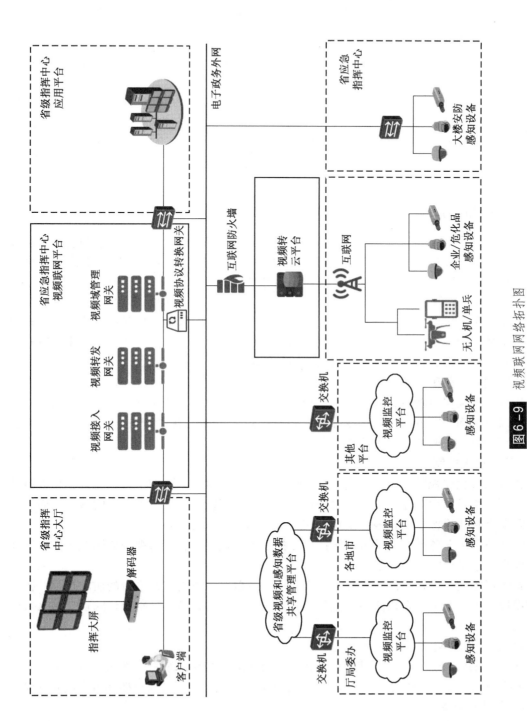

图6-9　视频联网网络拓扑图

表6-5　视频联网系统相关的关键设备

序号	设备类型	用　途	指　标
1	视频接入网关	将前端视频信号接入系统	视频输入端口数量、支持的视频格式、视频输入分辨率
2	视频转发网关	实现视频流的转发与分发	视频输出端口数量、视频转发速度、支持的视频格式、视频输出分辨率
3	视频域管理网关	对接入系统的视频进行管理	支持的视频格式、视频录制时间、视频存储容量、支持的用户数量
4	视频协议转换网关	实现不同视频协议之间的互通	支持的视频协议类型、转换速度、转换准确度、支持的视频格式

三、系统应用

如某省应急管理厅视频监控共享平台按照省、市、县三级架构设计，建设省级平台和市级接入单元，实现省级有关单位视频和图像的资源整合，并支持保证地市监控平台接入，为各级提供可视化视频图像资源与应用服务支撑。

（一）目录管理

为了满足各级政府、委办局用户对视频监控终端的统一管理，使各级用户能够清晰地查看设备的位置、厂家、设备状态等详细信息。平台中的目录管理功能能够汇聚和整合各级设施及信息资源，包含目录库，目录订阅等功能。

（二）账号管理

账号管理模块负责应对接入的用户身份进行注册，并进行合法性认证，账号管理模块应支持以下访问控制方式的一种或几种：限制登录客户端提供的 IP 地址；限制客户端多点登录（即同一账号在多个客户端登录）。

（三）权限控制

省应急管理厅视频共享平台用户权限控制模块负责对接入监控平台和业务平台设备的鉴权认证，负责平台间业务调阅和设备资源订阅的鉴权认证，负责平台间的鉴权。而客户端访问某个具体摄像机的权限，由视频应用单位的业务平台控制。

默认情况下业务平台是没有访问任何监控平台的权限，省直属视频应用业务平台访问其他地市共享平台时需要申请。

省级视频共享平台控制着省级和地市级业务平台对本省内监控平台的访问权限；权限控制模块负责在业务平台访问地市摄像机和业务平台向省视频共享平台订阅目录信息时认证鉴权。

（四）共享交换

省应急管理厅视频共享平台及下级监控平台遵循国标 GB/T 28181—2016，实现平台间共享的主要功能有实时视频查看、云台控制、最优媒体路径、历史视频点播和历史视频下载。

1. 实时视频查看

各级政府、委办局通过客户端发起实时视频点播时，与监控平台之间通过省级视频共享平台进行转发。支持视频查看、显示比例调整、图片抓拍、轮巡切换、录像回放、模糊查询、双码流视频预览、数字缩放等功能。

各级政府、委办局通过客户端/业务平台发送控制命令（遵循国标 GB/T 28181—2016 的要求）远程对监控摄像机进行控制，控制命令包括发送球机/云台控制命令、远程启动命令、设置关键帧、放大、缩小命令，这类控制命令不需要摄像机应答；录像控制、报警布防/撤防、报警复位、看守位设置、设备配置，这类控制命令需摄像机应答。

2. 云台控制

支持对云台和镜头的远程实时控制。客户端在全屏显示状态下，也可以通过键盘进行云镜控制。系统支持设定控制权限的优先级，对级别高的用户请求应保证优先响应，提供对前端设备进行独占性控制的锁定及解锁功能，锁定和解锁方式可设定。支持 PTZ 控制、3D 智能定位、预设位设置、云镜自动巡航、看守位、锁定云镜。

3. 最优媒体路径

媒体下沉建设方式把接入单元部署到省级、市级和县级共享平台，当省级部门调阅市级或者县级视频资源时，媒体不需要逐级转发省共享平台，大大节省核心网路由器带宽。

4. 历史视频点播

各级委办局通过客户端或业务平台发起历史视频点播，请求通过联网共享平台的子系统接入和视频共享模块路由到市监控平台，监控平台根据请求流媒体地址寻址到视频监控平台，平台应答后发送历史视频流给客户端或业务平台。

客户端或业务平台根据需要可以选择暂停、播放、快进和快退选择控制视频流播放。视频播放结束后，发送消息通知客户端或业务平台，客户端或业务平台收到结束通知后，结束历史视频点播。

5. 历史视频下载

各级委办局通过客户端或业务平台发起历史视频下载请求，历史视频下载请求通过监控共享平台的子系统接入和视频共享模块转发到市监控平台，监控平台根据请求流媒体地址寻址到监控平台，客户端或业务平台开始下载历史视频。

第九节　计算机网络系统

一、概述

建设应急指挥中心所需的计算机网络环境和系统，将计算机、信息终端、数字监控设备、工作站、服务器等设备，通过网络通信交换设备和通信线路互相连接起来，在网络通信协议和网络操作管理软件控制下，实现互相通信、资源共享和分布处理。应急指挥中心计算机网络系统是整个信息化系统实现相互通信的基础通信平台，同时也是与外部信息网络进行通信连接的平台。

二、系统设计

计算机网络系统建设范围为政务外网、指挥信息网、卫星网络等接入。以省级应急指挥中心为例，计算机网络拓扑图如图 6-10 所示。

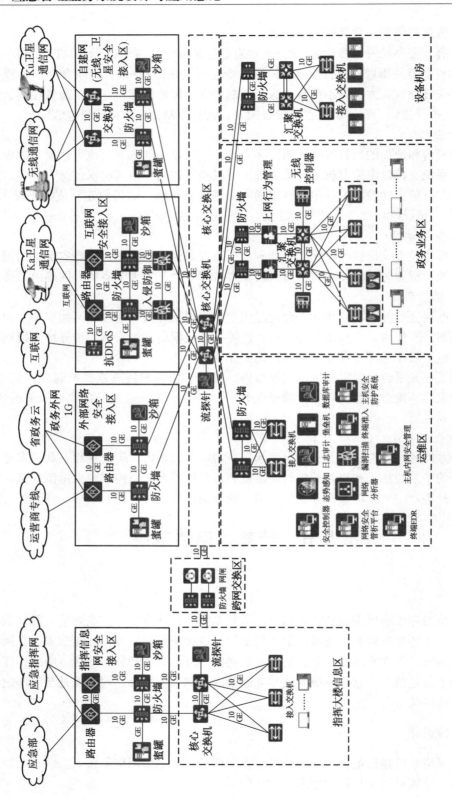

图 6-10 计算机网络拓扑图

（一）行业网络接入

应急指挥中心需要在战时能够指挥大局，调动人力、物资等用于应急救援指挥，因此除了应急、消防、公安等应急指挥相关的通信网络需要接入，还需要打通应急指挥中心与省应急管理厅、省水利厅、省公安厅、省民政厅、省交通运输厅、省卫生健康委、省气象局、省水文局、省自然资源厅、省农村农业厅、省住房城乡建设厅、省消防救援总队、省武警总队、海事局、广铁集团、交通集团、机场集团等各行各业的网络，确保战时资源可调度。

1. 应急指挥信息网接入

应急指挥信息网作为应急管理部门通信网络的重要组成部分，主要承载应急指挥救援、大数据分析、视频会议、部分监测预警等关键应用，是基于 IPv6 的网络系统，支持IPv4 共网运行，具有高可靠、高稳定、高安全特点。

1）网络架构

应急指挥信息网依托于省－市－县三级电子政务外网的骨干链路建设，保证应急指挥业务高效稳定。对于指挥中心来说，属于外部网络，需要通过跨网交换区实现应急指挥信息网的安全接入，实现指挥中心与各级横向纵向应急管理相关部门间的互联互通，包括横向与省应急管理厅、省水利厅、省公安厅、省民政厅、省交通运输厅、省卫生健康委、省自然资源厅、海事局、自然资源部各分局局、省水文局等全省厅局委办的互联互通，纵向与地市应急管理局的互联互通，以及与国家（北京）应急指挥中心、国家各区域应急救援中心的互联互通，与省委、省地震局、省军区、武警省总队、省军民融合办等的互联互通网络，融合打通各应急网络系统，促进构建可快速响应和综合协调的应急指挥调度通信体系。应急指挥信息网拓扑图如图 6 - 11 所示。

2）建设部署

需在应急指挥中心建设指挥信息网安全接入区，用于应急指挥信息网的安全接入，具体的组网如网络架构所示，双机部署路由器、防火墙（开启入侵防御、防病毒、URL 过滤功能）等设备进行路由转发、安全访问控制和非法入侵检测和阻断。通过跨网交换区和政务外网区实现逻辑隔离和安全互访。

部署沙箱用于恶意文件和未知威胁的攻击，部署蜜罐用于诱捕非法行为，防火墙、沙箱和蜜罐的部署方案详见信息安全保障系统的方案设计。

2. 公安网接入

公安信息网用于公安机关传输警务工作秘密信息的重要网络，承载公安机关非涉及国家秘密的业务应用，是公安信息化的重要基础设施，覆盖了县级以上公安机关和公安基层所队，并已广泛延伸到社区和农村警务室，为各公安机关、各警种的业务协同和信息共享提供网络支撑。

可通过专线将公安信息网接入应急指挥中心，在指定场所接入公安信息网及视频专网，按需使用，在省府应急指挥中心业务需要使用公安业务系统时，由省公安厅专职人员派驻应急指挥中心操作展示相关业务系统，平时公安专线管理拟断网处理确保数据安全。

3. 其他行业网络接入

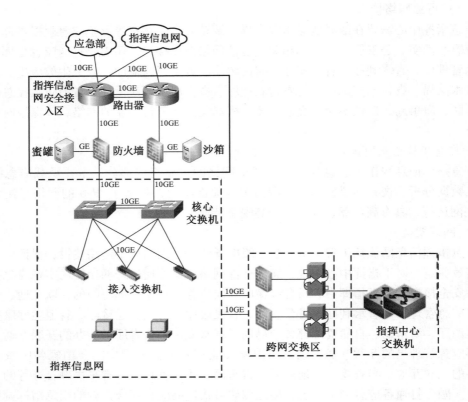

图 6-11 应急指挥信息网拓扑图

应急、消防、公安已有自己的行业网络，其他相关行业暂定可通过现有的政务外网与应急指挥中心网络互通，确保战时资源可调度。

1）网络架构

应急指挥中心需要在战时指挥大局，调动人力、物资等用于应急救援指挥，因此除了应急、消防、公安等应急指挥相关的通信网络需要接入，还有水利、医疗、粮食、气象等行业专网需要接入。政务外网是按照国家相关标准及规范要求建设的重要电子政务基础设施，服务于各级党委、人大、政府、政协、法院和检察院等政务部门，满足各级政务部门经济调节、市场监管、社会管理和公共服务等方面需要的政务公用网络。根据国家及省相关政策要求，现有的非涉密业务专网应逐步向电子政务外网迁移，采用统一的电子政务外网承载业务。当前行业业务专网和政务外网共存且会安全互联，因此应急指挥中心可通过政务外网接入各行业专网，实现信息共享。政务外网接入行业专网拓扑图如图 6-12 所示。

2）建设部署

行业专网可通过政务外网接入到应急指挥中心，政务外网经过外部网络安全接入区后接入到应急指挥中心的网络核心交换区。

（二）互联网和 Ka 卫星接入

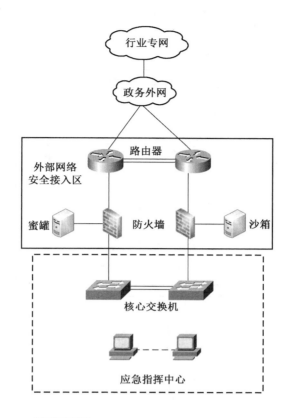

图6-12 政务外网接入行业专网拓扑图

在应急指挥中心建设 Ka 卫星固定站，接入 Ka 卫星通信网，实现应急环境下的高速数据传输、高清图像回传、音视频传输，提高应急处置水平。利用中国首颗 Ka 波段高通量宽带卫星提供应急通信网络的延伸和补充，确保应急指挥救援工作中信息互通、上下联动、快速反应。

1. 网络架构

互联网属于行业外的公共网络，属于不可信网络，需要在应急指挥中心网络系统外联区部署互联网安全接入区将指挥中心接入互联网，实现与国家其他相关部门、其他相关社会组织、其他交通、电信、电网等大型重要国企、其他相关部门及专家人员等的互联互通。支持终端设备通过互联网远程移动接入应急指挥中心，包括无人机设备、省及各地市移动指挥车、单兵设备、出差途中各领导的移动手机等智能终端、各类手持公用移动终端等，促进构建融合通信一张网体系。

在应急指挥中心建设 Ka 卫星固定站，保障指挥中心通过指挥信息网接入应急管理部高通量卫星统一接入服务系统，通过运营商专线和互联网与中国卫星通信高通量卫星信关站实现互联，同时可通过互联网或运营商专线实现应急指挥中心与中国卫星通信高通量卫星信关站的直连互通。指挥中心 Ka 固定站能够通过通信卫星线路，实现与中国卫星通信高通量卫星信关站及各高通量卫星远端站的互联互通，Ka 卫星通信网接入拓扑图如图 6 – 13 所示。

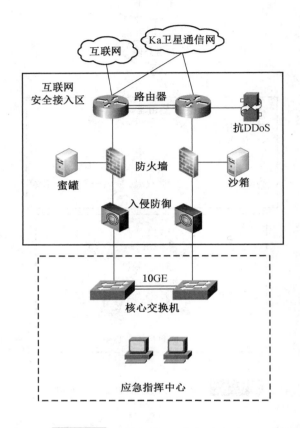

图 6 – 13　Ka 卫星通信网接入拓扑图

2. 建设部署

需在互联网安全接入区双机部署路由器、防火墙、入侵防御等进行路由转发、安全访问控制和非法入侵检测和阻断。部署抗 DDOS 设备用于流量的检测和清洗，防止 DDOS 攻击。部署沙箱用于恶意文件和未知威胁的攻击，部署蜜罐用于诱捕非法行为。

（三）Ku 卫星/无线通信网接入

无线通信网络作为应急通信有线网络的重要补充和应急保障，以应急重点关注的自然灾害易发、多发、频发地区和高危行业领域为首要覆盖目标，横向实现多部门网络互联互通，纵向实现区县 – 市 – 省 – 部各级应急管理机构统一指挥调度，为应急救援实施不间断指挥提供有力通信保障。

1. 网络架构

在应急指挥中心建设 Ku 卫星固定站，实现接入卫星通信网，打造天地一体化的应急通信体系，确保战时地面有线网络故障时也能进行应急指挥通信，省指挥中心通过 Ku 卫星通信。Ku 卫星通信网接入拓扑如图 6 – 14 所示。可通过互联网或者运营商专线实现高通量卫星信关站与应急指挥中心的网络互联互通，此种方式分别遵从互联网接入和运营商专线接入的安全接入方案。

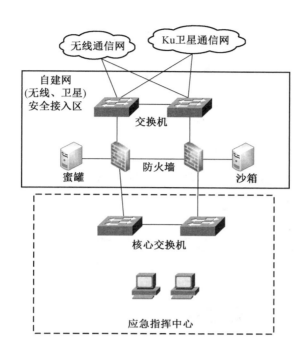

图6－14　Ku 卫星通信网接入拓扑图

在应急指挥中心建设数字集群固定站和短波固定站等，实现接入无线通信网，为地面的有线网络作补充。

2. 建设部署

需在应急指挥中心建设自建网安全接入区用于卫星通信网、无线通信网等自建网络的安全接入，具体的组网如网络架构所示，双机部署交换机、防火墙（开启入侵防御、防病毒、URL 过滤功能）等设备进行卫星固定站的网络接入转发、安全访问控制和非法入侵检测和阻断。部署沙箱用于恶意文件和未知威胁的攻击，部署蜜罐用于诱捕非法行为。

其中防火墙、沙箱和蜜罐的部署规划，详见信息安全保障系统的方案设计。接入交换机部署在楼顶卫星机房。

（四）政务外网接入

政务外网采用独立的网络设备，为办公人员提供 1000M 快速以太网交换功能，政务外网建设以承载政务办公和行政执法等应用为目的，具备经授权访问其他外部网络、互联网和无线、卫星等自建网的能力。系统结构采用核心－汇聚－接入三层架构，政务外网接入拓扑如图 6－15 所示。

1. 网络架构

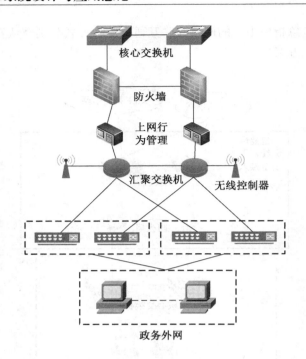

图6-15 政务外网接入拓扑图

2. 建设部署

（1）核心层。部署核心交换机，承载全网所有的流量，利用虚拟化技术，建立逻辑隔离的网络通道，实现不同业务之间无干扰地稳定运行。核心层设备建议采用主流 CLOS 架构设备双机部署设计，在主控、交换网板、风扇模块、电源模块等皆冗余部署，且支持热插拔。采用 1+1 冗余部署方式，通过横向虚拟化模式来增加稳定性。

（2）汇聚层。部署汇聚交换机，采用堆叠部署，增强网络的可靠性，同时消除了网络环路。部署两台无线控制器旁挂在汇聚交换机侧，实现无线 AP 的统一纳管。

（3）接入层。由接入交换机和 AP 组成，接入与汇聚之间万兆互联，部署支持 wifi6 且支持 IoT 模块的物联网 AP，实现 Wi-Fi&IoT 网络融合极简管理。

（4）边界安全。部署边界防火墙实现政务外网与其他业务区域互访流量的安全管控，防火墙需具备传统防火墙、VPN、入侵防御、防病毒等多种安全功能于一体，开启多重防护下仍保持高性能。

（五）运维区网络接入

运维区网络主要用于接入感知计算机网络运行状态，通过网络管理、智能运维等手段实现对于计算机网络状态的运维管理。

1. 网络架构

通过部署网络控制系统，提供网络业务管理、网络安全管理、用户准入管理、网络监控、网络质量分析、网络应用分析、告警和报表等特性，提供大数据分析等能力，同时提供开放的接口，支持与其他平台集成。计算机网络系统管理员可以通过网络控制系统独立开展业务开通配置、日常运维等工作，实现规模设备的云化管理。网络管理的主要功能包括网络设备即插即用、网络业务监控、支持网络业务维护、提供移动运维 APP、提供日志管理功能。运维区网络架构如图 6－16 所示。

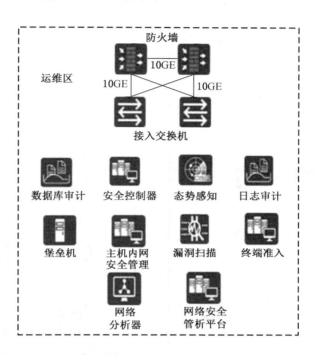

图6－16 运维区网络架构图

同时通过部署网络分析器，使用大数据分析平台，采用 Telemetry 技术方案接收设备上报的数据，通过运用智能算法实现对网络数据进行分析、呈现。

2. 建设部署

运维区部署接入交换机；网络控制系统，用于网络安全设备统一管理及终端准入控制；部署网络分析器，基于 Telemetry 实时数据采集，感知用户全旅程体验可视，用于有线和无线 WiFi 网络的智能运维，快速故障定位。

根据等保三级的要求，在运维区部署日志审计、堡垒机、漏洞扫描、态势感知、安全控制器、终端准入控制、数据库审计等设备，用于融合通信一张网的安全防护。

（六）图像切换系统网络

图像切换系统能够实现指挥中心所需要的一人多机、一机多屏、信号一键上屏与分发、坐席权限分组、远程数据访问、多网段实时切换、远程调用大屏画面等常用的功能，实现坐席之间快速便捷的信息共享和处理的需求。

1. 网络架构

在应急指挥中心建设分布式 KVM 网络系统，实现指挥中心各职能部门之间的互联互通、协同办公。分布 KVM 网络架构如图 6－17 所示。

2. 建设部署

需在应急指挥中心建设分布式 KVM 网络系统,具体的组网如网络架构所示,双机部署核心交换机和多台接入交换机,实现分布式 KVM 网络的接入需求。

(七)设备机房区域网络

设备机房区域在指挥中心通过搭建数据中心承载桌面云、相关专业业务及专业设备区域,在本地部署相关业务系统。

1. 网络架构

设备机房网络架构如图 6-18 所示。

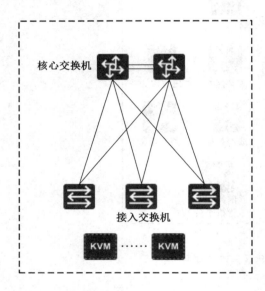

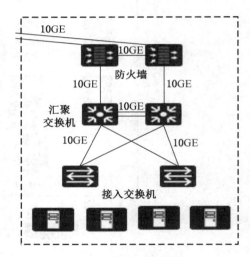

图 6-17 分布式 KVM 网络架构   图 6-18 设备机房网络架构

2. 建设部署

需在应急指挥中心建设分布式桌面云等相关业务的网络系统,具体的组网如网络架构所示,双机部署核心交换机和多台接入交换机,实现网络的接入需求。

(八)关键设备

计算机网络系统相关的关键设备包括路由器、交换机、防火墙等,具体见表 6-6。

表 6-6　计算机网络系统相关的关键设备

序号	设备类型	用　途	指　标
1	路由器	在不同网络之间转发数据,实现互联互通	转发速率、接口数量、协议支持等
2	交换机	在同一网络内转发数据,提高网络传输效率	转发速率、端口数量、VLAN 支持、QoS 支持等

表6-6（续）

序号	设备类型	用　　途	指　　标
3	防火墙	保护网络安全，限制网络访问	安全策略、防御能力、性能、支持协议等
4	负载均衡器	平衡网络流量，提高网络可用性和性能	负载均衡算法、性能、稳定性、可扩展性等
5	VPN 设备	实现远程访问，保障远程用户数据安全	安全性、性能、支持的协议、连接数等
6	DHCP 服务器	分配 IP 地址，提高网络管理效率	分配速度、可靠性、容错能力、安全性等
7	DNS 服务器	实现域名解析，提高用户访问效率	解析速度、容错能力、安全性、支持的记录类型等
8	邮件服务器	实现邮件的接收和发送，提供邮件服务	安全性、可靠性、存储容量、支持协议等
9	Web 服务器	提供网页服务，实现用户的访问	响应速度、并发能力、安全性、支持的协议、可扩展性等
10	网络存储器	提供网络存储服务，实现数据共享和备份	存储容量、存储性能、可靠性、扩展性、安全性等
11	交换机堆叠	实现多台交换机的集中管理，提高管理效率和网络可靠性	堆叠容量、可靠性、管理功能、可扩展性等
12	无线 AP	实现无线网络覆盖，提高网络灵活性和可用性	覆盖范围、速率、安全性、稳定性、支持的协议等
13	NAC 设备	实现网络准入控制，保障网络安全	安全性、准入控制能力、性能、支持的协议、易用性等

三、系统应用

计算机网络系统建设范围为内部网络系统、政务内网、政务外网、指挥信息网、卫星网络等接入。

如某省建设的省应急指挥中心，计算机网络系统包括了指挥中心内部网络、互联网接入、KA、KU 等卫星网接入、无线通信网接入、国家政务内网、政务外网接入、指挥中心内部图像切换系统网络接入等应用。

第十节　指　挥　信　息　网

一、概述

应急管理指挥信息网采用先进组网技术，覆盖部、省、市、县四级，具有"主备双路、柔韧抗毁、全域覆盖、敏捷高效"的特点。指挥信息网是部级网络的向下延伸，由省级－市级－县级三级组成，实现省内各级网络节点分级接入，逐级汇聚。网络覆盖省、市、县各级应急管理部门和直属驻地单位，并预留乡镇接口，后期根据需求逐步推进乡镇覆盖。

指挥信息网作为应急通信网络的重要组成部分，主要面向指挥决策部门、应急救援部门的特定用户，承载应急指挥救援、大数据分析、视频会议、部分监测预警等关键应用，是基于IPv6的网络系统，支持IPv4共网运行，具有高可靠、高稳定、高安全特点，通过接入应急管理指挥信息网，实现应急指挥中心与国家电子政务外网、互联网等安全互联，作为应急指挥最核心网络，实现上至中央、下至地市区县的连通，实现应急指挥通信网络贯通。

二、系统设计

（一）网络架构

指挥信息网依托于省－市－县三级电子政务外网的骨干链路建设，用于保证应急指挥业务高效稳定。实现指挥信息网安全接入应急指挥中心，实现应急指挥中心与各级横向纵向应急管理相关部门间的互联互通，包括横向与省应急管理厅、省水利厅、省公安厅、省民政厅、省交通运输厅、省卫生健康委、省自然资源厅、海事局、自然资源部分局、省水文局等全省厅局委办，纵向与地市应急管理局的互联互通，以及与国家（北京）应急指挥中心、东南区域应急救援中心的互联互通，与省委、省地震局、省军区、武警省总队、省军民融合办等的互联互通网络。将来与各大救援中心实现互联互通，融合打通各类应急通信网络，促进构建可快速响应和综合协调的应急指挥调度通信体系。

（二）建设部署

在应急指挥中心设备机房部署核心路由器（主备）和综合网关设备（主备）等网络设备，将应急指挥中心接入指挥信息网，接入到省应急管理厅已有的核心路由器。应急指挥中心通过已搭建的指挥信息网络实现与国家应急管理部及地市应急管理局等的互联互通。通过政务外网或运营商专线，建立起应急指挥中心与国家（北京）应急指挥中心、国家各区域应急救援中心的互联互通及与省委、省地震局、省军区、武警省总队、省军民融合办等的互联互通网络。

（三）关键设备

指挥信息网相关的关键设备包括核心路由器和综合网关设备，具体见表6－7。

表6－7　指挥信息网相关的关键设备

序号	设备类型	功　能	指　标
1	核心路由器	用于互联网主干网的交换和路由控制，支持高速转发	路由性能、交换容量、接口数、可靠性、安全性等
2	综合网关设备	连接不同网络的网关，支持多种协议和应用服务的转换	接口类型和数目、协议支持、可靠性、安全性、性能等

三、系统应用

如某省应急指挥网建设，重点依托省电子政务外网进行组网，电子政务外网为应急指挥信息网提供基础链路承载，并实现逻辑隔离，保证应急指挥业务高效稳定。省各级应急管理部门通过链路接入电子政务外网各级节点，利用电子政务外网提供的 MPLS – VPN 专线为应急指挥信息网提供专用的承载链路，实现指挥信息网省、市、县三级网络的纵向贯通，构建应急指挥信息网的整体网络框架，实现信息的上传下达，同时满足应急管理部对指挥信息网的网络带宽、网络时延、网络地址等各项指标要求。

第十一节 Ka 卫星通信网

一、概述

在应急指挥中心楼顶建设 Ka 卫星固定站，接入 Ka 卫星通信网，实现紧急情况下的高速数据传输、高清图像回传、音视频传输等，提高应急指挥中心的综合应急处置水平。利用我国首颗 Ka 频段高通量宽带卫星中星 16 号卫星，提供应急通信网络的延伸和补充，确保应急指挥救援工作中信息互通、上下联动、快速反应。Ka 频段大容量多媒体通信卫星具有可用频带宽、点波束增益高、终端小型化等技术特点优势，系统容量高于传统系统十倍到百倍。"平时"提供一定的通信流量满足日常演练需求，"战时"则为应急指挥中心提供具有保证质量的通信服务，并确保有足够的数据流量可用。

二、系统设计

（一）网络架构

在应急指挥中心建设 Ka 卫星固定站，保障应急指挥中心通过指挥信息网接入应急管理部高通量卫星统一服务系统，通过运营商专线或互联网公网实现与中国卫星通信高通量卫星信关站的网络互联和卫星信号互通。应急指挥中心 Ka 固定站可通过通信卫星线路实现与中国卫星通信高通量卫星信关站及省内各高通量卫星远端站的互联互通。Ka 卫星通信接入网络架构如图 6 – 19 所示。

（二）建设部署

在应急指挥中心屋顶天面建设指挥中心专用 Ka 卫星固定站及配套系统，利用指挥中心屋顶自有空间，放置卫星固定站天线，天线对准中星 16 号卫星方位，在楼顶卫星信号接收机房配备卫星调制解调器等设备，提供数据、视频、语音等服务。天线底座同时搭载高功率射频放大器、低噪声放大器、合路器、分路器等设备。卫星信号通过路由交换与应急通信数据专用接收设备光纤直连，实现与应急指挥中心各业务应用系统互联。

为更好地发挥应急通信装备在抢险救灾、重大任务中的通信保障作用，加强应急管理与调度的协调联动保障，采购应急管理通信网络回传和指挥装备，完善应急通信网络链路和基础设施建设，构建"响应迅速、专业可靠、手段融合、统一高效"的应急通信体系。为确保卫星通信网络完全连通，可购买卫星基站的 20M 带宽速率、不限流量的 Ka 卫星链

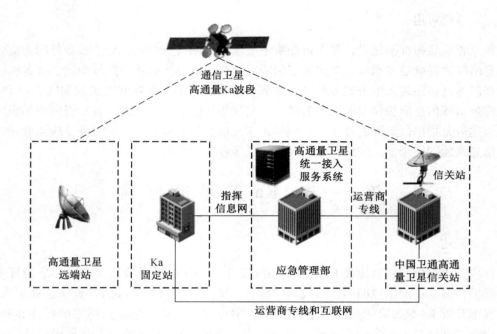

图6-19 Ka卫星通信接入网络架构

路及专线服务，并且提供相应应急卫星通信支撑服务。

（三）关键设备

Ka卫星通信网相关的关键设备包括地面站天线、天线地基、天线伺服跟踪系统等，具体见表6-8。

表6-8 Ka卫星通信网相关的关键设备

序号	设备类型	功能	指标
1	地面站天线	接收和发射卫星信号	工作频段、增益、方向图、交叉极化隔离度等
2	天线地基	支撑地面站天线	承受风载、自重，耐腐蚀等
3	天线伺服跟踪系统	控制地面站天线方向和俯仰角度	跟踪精度、控制方式、位置反馈精度等
4	卫星功放	放大卫星信号	工作频段、功率输出、线性度、电源稳定度等
5	卫星调制解调器	实现卫星信号的调制解调	支持波特率、码型、调制方式、误码率等
6	L波段步进跟踪接收机	接收卫星信号并进行初步处理	接收频段、中频带宽、灵敏度、动态范围等
7	波导线缆	连接卫星地面站设备与天线等设备之间	工作频段、阻抗匹配、耐压、耐腐蚀等

三、系统应用

Ka 卫星通信网是一种高速、高可靠性的卫星通信网络，已经在应急指挥中心中得到了广泛应用。它可以实现多机构、多部门、多地域之间的实时信息共享和互通，提高应急指挥中心的信息化水平，促进信息化与指挥一体化。

例如，在一次重大突发事件中，某地区应急指挥中心利用 Ka 卫星通信网实现了指挥中心与灾区现场的高速联络和数据传输，有效保障了指挥决策的及时性和准确性。通过 Ka 卫星通信网，指挥中心可以随时了解灾区情况、指导抢险救援、调度物资运输等，从而实现对灾区救援的全面指挥。

此外，Ka 卫星通信网的高速、高可靠性，也大大提升了应急指挥中心的响应速度和灵活性。在应对灾害、突发事件等紧急情况时，指挥中心可以迅速通过 Ka 卫星通信网获取现场信息，制定有效的救援计划，及时响应，最大限度地减少灾害损失。

总之，Ka 卫星通信网在应急指挥中心中的作用和应用效果非常显著，不仅可以实现信息共享和互通，提高指挥效率，还可以促进信息化与指挥一体化，提升灾害应对能力和水平。

第十二节　Ku 卫星通信网

一、概述

在应急指挥中心建设部署 Ku 卫星固定站，包括卫星通信天线、射频系统和业务调制解调器等设备。通过指挥信息网或卫星通信网将应急指挥中心固定站接入固定站和部级中心站纳入管理，实现与辖区所属远端站音视频等数据业务的连接。

在 VSAT 卫星通信网建设完成后，可实现应急指挥中心与国家有关部门、应急管理部、各级应急管理相关部门等的视频、话音和数据的传输通信，也可实现应急指挥中心与内其他 VSAT 卫星固定站及各地市远端车载站、船载站、机载站、便携站等的视频、语音和数据实时传输通信，支撑指挥调度和协同作战等应急指挥工作，为应急指挥救援工作提供高质量卫星通信支撑能力。

二、系统设计

（一）网络架构

在应急指挥中心建设 Ku 卫星固定站、核心网及卫星网络管理系统，提升在应对突发紧急情况下的协同指挥、综合调度等应急指挥能力，确保极端紧急情况下应急指挥中心与各地市的应急通信能力。采用动中通及天通卫星终端等多种方式和途径，确保在日常及突发事件发生时，应急指挥中心能够快速实现指挥部署，及时获取现场信息，并通过后方指挥中心、现场指挥部与灾害一线的一体化协同联动，实现应急指挥及时到位、救援调度快速响应。Ku 卫星通信接入网络架构如图 6 - 20 所示。

（二）建设部署

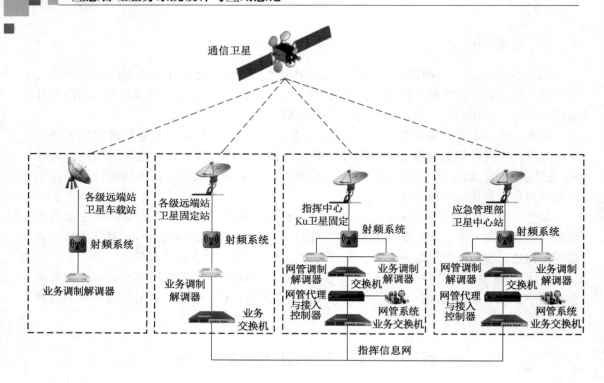

图 6-20 Ku 卫星通信接入网络架构

在应急指挥中心天面建设 Ku 卫星固定站系统，天线对准中星 10 号方位，同时使用中星 12 号作为备份卫星链路。天线底座同时搭载高功率射频放大器、低噪声放大器、合路器、分路器等设备，同时需天线具有承重能力和抗风能力。

在应急指挥中心卫星信号接收机房安装网管调制解调器（主备）、业务调制解调器（支持应急移动指挥车同时接入）、频谱仪等配套设备。卫星固定站的射频单元光纤链路接入卫星信息接收中心机房机柜内的网管交换机和业务交换机，同时使用频谱仪实时监控载波链路信号质量，并通过路由交换与应急通信数据专用接收设备光纤直连，实现应急指挥中心各应用系统的信号互联。

为确保卫星通信网络完备连通，可租赁卫星基站的 20M 带宽速率、不限流量的 Ku 卫星链路及专线服务，并且提供相应应急卫星通信支撑服务。另外，配置网管终端设备，供 Ka 和 Ku 卫星通信网络使用。将应急指挥中心通过指挥信息网接入已部署的卫星网管系统平台，实现对卫星应急通信网络中地面站设备的管理监控、网络资源的分配等功能，确保卫星链路资源利用率最高、卫星网络性能最佳及卫星通信的安全。

1. 通信体制

使用过程中可能会有多个小站同时接入到应急指挥中心系统，因此采用 TDM/TDMA/FDMA 融合卫星通信体制的宽带卫星通信系统，提供高机动、低延时、适应多种平台和应用场合的宽带卫星网络，提供话音、数据、视频监控、视频会商等业务。同时提供一站式、功能全面的网络管理功能，支持为用户分配独享频点，在主站与小站之间采用 FDMA

通信模式，提高通信效率。配置 TDMA 载波并行接入，支持车载或便携终端同时接入，支持后期可根据用户需求扩容。

2. 系统组成

应急指挥中心 Ku 卫星地面站由卫星地面站天线、天线地基、卫星功放、低噪声放大器、分合路器、业务调制解调器、网管调制解调器、IP 接入控制器、频谱仪、路由器、交换机等设备组成。其中，卫星天线、卫星功放、低噪声变频器和相关线缆属于室外建设部分；分合路器、卫星调制解调器、IP 接入控制器、交换机、路由器等设备和相关线缆属于室内建设部分。卫星通信频段为 Ku 频段，采用 TDM/TDMA/FDMA 融合卫星通信体制，具有自主可控、组网能力强、带宽分配灵活等特点。

3. 逻辑连接图

卫星地面站的逻辑关系如图 6-21 所示。

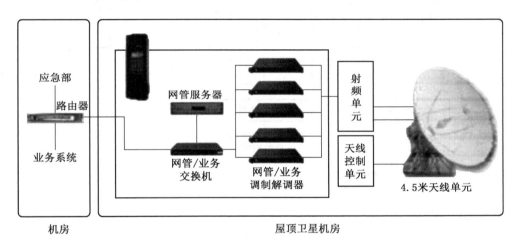

图 6-21　卫星地面站的逻辑关系

卫星接收业务链路分别经过卫星地面天线、波导线缆、低噪放大变频器、分路器、卫星调制解调器、交换机等设备；卫星发射业务链路则经过交换机设备、卫星调制解调器、合路器、卫星功放和卫星地面天线。具体上下行数据处理过程下如图 6-22 所示。

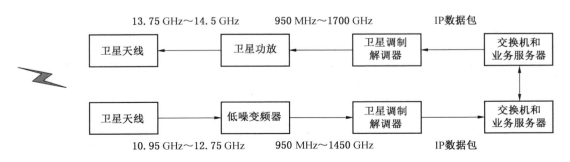

图 6-22　卫星数据上下行数据处理过程

4. 物理连接图

卫星地面站的具体物理连接关系如图 6−23 所示。

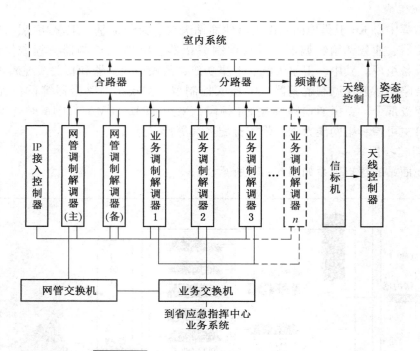

图 6−23　卫星地面站的具体物理连接关系

根据 VSAT 卫星网的规划和通信技术要求，结合水文、地质、地震、交通、城市规划及维护管理等因素综合比较，合理选择卫星固定站部署位置，部署符合相关标准要求。另外，将天线接地引线直接（独立）接至接近地面的接地点上，进入三合一地网，不采用直接接在原建筑物避雷带上的方式，而是在电缆或波导进机房的"窗口"外侧重新作复接地，以免雷击进入机房。

（三）关键设备

Ku 卫星通信网相关的关键设备包括地面站天线、天线地基、天线伺服跟踪系统等，具体见表 6−9。

表 6−9　Ku 卫星通信网相关的关键设备

序号	设备类型	功　能	指　标
1	地面站天线	接收和发送卫星信号	频率范围为 12.25 ~ 12.75 GHz；增益为 41 dBi
2	天线地基	固定天线装置的地基	重量不超过 2000 kg
3	天线伺服跟踪系统	控制天线自动跟踪卫星信号，确保信号稳定传输	位置精度为 0.05°

表 6-9（续）

序号	设 备 类 型	功　　能	指　　标
4	卫星功放	增强卫星信号的强度	功率范围为 10~400 W
5	低噪声变频器	提高接收机灵敏度，增强卫星信号接收能力	噪声系数不超过 1 dB
6	分路器、合路器	分/合卫星信号	分合失配损耗不超过 0.2 dB
7	业务调制解调器	将数据信号调制为卫星信号发送，将卫星信号解调还原数据	支持的调制方式为 BPSK/QPSK
8	网管调制解调器	对网络管理信息进行调制解调，实现网管通信	支持的调制方式为 BPSK/QPSK
9	网管平台	网络管理平台，提供网络管理功能	支持的协议为 SNMP/VBNS
10	频谱仪	检测卫星信号频谱，分析信号特征	频率范围为 12.25~12.75 GHz
11	波导线缆等附件	连接卫星通信系统各设备	质量符合国家标准
12	路由器	实现数据包转发	转发速率不低于 100 Mbps
13	网管交换机	网络管理交换机，实现网络管理功能	支持的协议为 SNMP/VBNS
14	网管终端	网络管理终端，提供网络管理功能	支持的协议为 SNMP/VBNS
15	业务交换机	实现不同用户之间的业务交换	端口数不低于 24 个

三、系统应用

实现应急管理厅、市县应急管理部门系统指挥中心视频、话音和数据的专网传输。

（1）应急通信功能。

（2）卫星通信、4G 公网通信等多种通信方式，与应急管理部、省应急管理厅等各级单位实现有线通信，也可与任务现场移动车载站通过卫星进行组网通信。

（3）固定站指挥中心可实现与远端执行任务人员进行实时话音、图像、视频和数据传输。

（4）通过固定站指挥中心可实现对远端各级执行任务人员队伍综合指挥调度。

（5）通过固定站指挥中心可实现与应急管理部、其他应急部门的视频会议功能。

（6）能够独立工作以及与其他车载站的组网协同工作。

第十三节　天通卫星通信网

一、概述

天通卫星通信网被广泛应用于突发公共灾害、防汛抢险指挥调度、水文与地质灾害应急与救援等行业，在应急保障通信领域发挥着不可替代的作用，是灾情现场报告、救灾抢险协调指挥调度时最直接有效的通信工具。天通卫星通信网具有填补现有通信（有线通信、地面蜂窝移动通信）终端无法覆盖的区域，为没有地面网络覆盖的边远地区、地面网络出现故障或瘫痪状态时提供通信保障，保障极端条件下，特别是台风、暴雨、地震等防汛抢险救灾期间汛情信息和防汛指令及时畅通、不受地域限制、不需交流电源等。提高基层单位应急保障能力，在出现资源不足时可以立刻进行卫星资源调配，保障灾区通信链路的应急畅通。天通卫星通信可与 Ku/Ka 卫星形成有利并行与互补，优势体现在覆盖范围广、使用 S 频道的信号穿透能力比 Ku/Ka 强、终端小型化、便于携带等，天通 384 kbps 数据终端同时可弥补 Ka/Ku 受雨衰影响时的视频通信功能。

二、系统设计

（一）网络架构

按照应急管理部《应急管理卫星通信系统建设规范》，依托应急管理部天通统一接入服务系统，使用"国家应急用户专用号段"，结合实际需求在应急指挥中心部署天通卫星终端管理平台，支持实现对天通卫星各类形态终端的统一管理。根据应急管理部授权，应急指挥中心通过应急指挥信息网与应急管理部天通统一接入服务系统对接，获取天通卫星终端的位置、设备状态、资费情况等信息，实现对天通卫星移动终端的管理。天通卫星通信网络架构如图 6 – 24 所示。

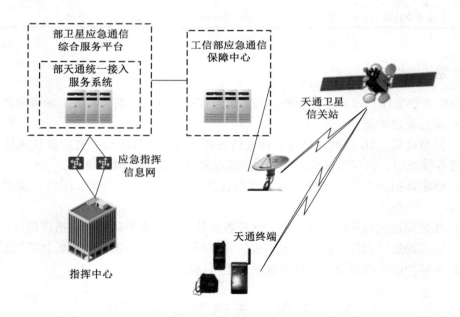

图 6 –24　天通卫星通信网络架构

（二）建设部署

在应急指挥中心部署天通卫星管理系统，包含天通卫星应急终端管理平台、智能全网通天通卫星终端服务等，支持更好地发挥天通卫星通信技术在抢险救灾、重大任务中的通信保障作用，与地面移动全网通网络相融合，实现与公安执法等相关部门的应急指挥系统整合联通，加强协调联动保障。

（三）关键设备

天通卫星相关的关键设备为调度指挥平台，具体见表 6 – 10。

表 6 – 10　天通卫星相关的关键设备

序号	设备类型	功　　能	指　　标
1	调度指挥平台	实现对天通卫星终端的调度、指挥、管理和维护，提供图像、声音、数据等多种通信服务	支持多种业务，如实时视频、语音、图像传输等 支持用户管理、权限控制、故障管理等功能支持多种接入方式，包括有线、无线、卫星等 支持远程升级和维护 支持接入大量天通卫星终端和其他终端设备

三、系统应用

为了更好地发挥天通卫星通信技术在抢险救灾、重大任务中的通信保障作用，与地面移动全网通网络相融合，实现与公安执法等相关部门的应急指挥系统整合联通，加强广东省应急管理与调度的协调联动保障。某省应急管理厅在 2020 年采购了天通卫星应急管理系统，包含天通卫星应急终端管理平台、智能全网通天通卫星电话。

（一）天通卫星应急终端管理模块

天通卫星应急终端管理模块作为应急救援、抢险救灾指挥现场的最快捷和最有效的通信保障手段，为灾情报送人员提供话音通信保障，终端体积小、质量轻，可车载、手持和随身携带，工作稳定、简单易用，为各级指挥中心提供话音、短消息、IP 数据等业务，实现救灾现场的综合指挥。另外，天通卫星应急终端管理服务也是地面通信网络无法覆盖的海上通信的主要应急手段。

（二）天通卫星应急通信管理模块

与应急管理部天通统一接入服务系统进行完整数据对接，实现对天通通信网络、地面移动全网通网络的通信融合，支持包括天通双模卫星电话在内的多种应急通信设备的接入和在线管理，支持对位置信息、音视频、图片、文本信息等数据的采集、存储和综合分析。

（三）智能全网通天通卫星终端

支持通过天通卫星通信网络提供地面移动网络和固定网络覆盖以外的可靠、高质量的语音通话、短信收发，在运营商的支持下还可与网外扩展的陆地固定电话、移动电话进行通信。

天通卫星终端支持双模通信，即天通卫星通信、地面全网通移动通信；具备较长的通话时间和待机时间；硬件配置合理，能支持安装和运行多种常用 APP 应用；支持北斗定位。

支持与多种天通卫星设备的综合组网，满足应急通信多场景的实际需要。

第十四节 应急370M数字集群无线通信网

一、概述

数字集群通信系统是用于指挥调度的专用移动通信系统，是现场应急通信保障能力的重要手段之一。数字集群系统支持的基本集群业务有单呼、组呼、广播呼叫、紧急呼叫等功能，可极大地方便指挥人员并适应指挥调度工作要求。工业和信息化部已批准应急管理部门使用370 MHz频段无线电频率。在应急指挥中心建设370 MHz无线应急网络集群固定站、交换控制中心和指挥调度中心，实现接入全省370M数字集群网络，对全辖区PDT基站（含集群同播固定基站和数字集群移动基站）实现联网控制和统一指挥调度、管理。指挥中心PDT交换控制中心横向接入一体化通信指挥平台，为实现一体化应急通信指挥调度提供技术支撑。

二、系统设计

（一）网络架构

在应急指挥中心建设应急370M PDT集群同播固定站和核心网设备等，确保应急指挥中心通过传输网接入应急管理部370M交换中心，并接入全辖区各级370M PDT集群同播基站和数字集群移动基站。确保应急指挥中心可通过370M数字集群通信实现与移动通信车、移动便携站等实现互联；通过交换控制中心和指挥调度中心，实现对PDT基站的联网控制和统一指挥、调度、管理。应急370M网络架构如图6-25所示。

（二）建设部署

在应急指挥中心建设370M通信核心网设备和PDT集群基站。在应急指挥中心卫星信息接收中心机房配置机柜部署核心网设备，主要包括建设汇聚路由器（主备），应急交换控制中心（主备）设备，横向接入一体化应急通信指挥平台，通过应急通信指挥平台实现统一指挥调度，纵向实现应急体系的部-省-市-县/区的联网。基站布设在卫星信号接收机房内，玻璃钢全向天线架设在楼顶，天线通过低损耗电缆接入机房内PDT基站，实现对应急指挥中心周边无线信号的覆盖。

建4载频集群同播基站，实现对应急指挥中心以及周边的无线信号覆盖。4载频集群同播基站设备包括分站基站控制器、信道机、分合路器、网络设备、授时天线等，可为PDT用户提供最大4个载频（8个信道）的数字信道通信能力，满足应急指挥中心对无线应急指挥通信的需求，支持有线IP、卫星、公网及无线专网链路方式与PDT交换控制中心进行联网。采用IP软交换技术及DSP技术，提供PDT数字集群控制及各种控制、联网接口的功能。

建设370M集群同播交换控制中心，并配备软交换系统、调度系统、录音系统等，实现对全网的调度。370M集群同播交换控制中心建设在应急指挥中心机房内，由交换子系统、录音子系统、网管子系统、同播中心控制器、路由器、交换机等组成，实现370M集群同播系统的联网交换控制、网络管理、指挥调度、系统录音等功能。交换控制中心为各

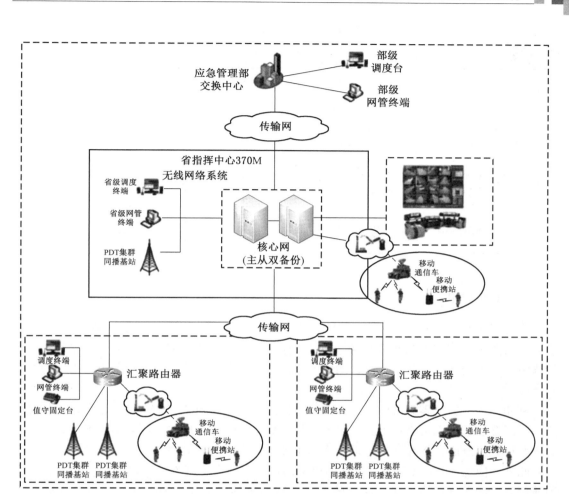

图 6－25　应急 370M 网络架构

地市 370M 集群同播基站预留接入接口，为各地市的 370M 集群同播基站提供联网交换。交换控制中心具备扩容能力，未来随着全辖区用户数量的增多和各地市基站的建设，在必要时，可以通过增加相关软硬件设施实现对系统的扩容升级，满足用户数量的增长，具备异地容灾备份能力，提高系统的可靠性。

配备若干集群手持终端，手持终端设备为应急指挥中心用户提供可靠通信保障，提供高性能、高质量的语音和数据通信服务，支持满足政府及应急行业用户在各种严酷环境下无线应急通信使用需要。

（三）关键设备

应急 370 数字集群无线通信网相关的关键设备包括汇聚路由器、指挥中心交换控制中心、370M 4 载频基站及配套硬件和手持数字终端，具体见表 6－11。

表 6 – 11　应急 370 数字集群无线通信网相关的关键设备

序号	设备类型	功　能	指　标
1	汇聚路由器	实现网络数据的接入和转发,将各个子网连接成一个整体网络	传输速率不低于 1 Gbps
2	指挥中心交换控制中心	实现对无线网络的统一管理、控制和调度,对语音和数据进行分配和调度	通信容量每秒可处理 2000 个语音通道,5000 个数据通道
3	370M 4 载频基站及配套硬件	负责对数字信号进行调制解调,发射和接收信号	覆盖范围为半径 10 ~ 30 km,发射功率 3 ~ 5 W,接收灵敏度不低于 – 104 dBm
4	手持数字终端	提供便携式通信服务,支持语音、数据等多种业务	通信容量:支持 2 ~ 4 个语音通道、1 个数据通道,电池续航时间不低于 8 h

三、系统应用

应急 370M 数字集群无线通信网是一种集数字通信、数据传输、视频传输、GPS 定位等多种功能于一体的无线通信网络,已经在应急指挥中心中得到了广泛应用。它可以实现指挥中心、前线指挥、救援人员之间的实时语音通信和数据传输,提高了应急指挥的效率和准确性。

例如,在一次地震灾害中,某地区应急指挥中心利用应急 370M 数字集群无线通信网与前线指挥、救援人员进行了实时语音通信和数据传输,指挥中心可以随时了解救援现场的情况和救援进展,指导救援行动,提高了救援的准确性和效率。

此外,应急 370M 数字集群无线通信网还可以实现多个网络的互联互通,从而实现多种通信方式的无缝切换,保证通信的连续性和稳定性,提高了通信网络的可靠性和覆盖范围。

总之,应急 370M 数字集群无线通信网在应急指挥中心中的作用和应用效果非常显著,不仅可以提高指挥效率和准确性,还可以提高通信网络的可靠性和覆盖范围,保障应急指挥中心的信息化建设和应急救援能力。

第十五节　公安 350M 数字集群无线通信网

一、概述

公安 350 MHz 频段无线电频率,是经过国家有关部门批准公安部门专用的通信频率。公安 350M 集群无线通信网(PDT)能够解决大量干警语音通信的需要,解决跨部门跨区域通话的需要。在应急指挥中心建设 350 MHz PDT 基站,接入公安厅 PDT 交换控制中心和调度中心,实现公安系统通信系统、信息支撑系统的融合,进一步为应急及公安系统进行快速反应、处理突发事件、作战指挥、进行日常调度协调提供重要通信保障。

二、系统设计

(一) 网络架构

在应急指挥中心楼顶建设公安 350M PDT 集群基站，确保应急指挥中心的 350M 数字集群固定站与公安厅交换中心互联互通，支持实现与公安部交换中心的互通。指挥中心公安 350M 数字集群基站可通过 350M 数字集群通信实现与移动通信车、移动便携站等的互通。公安 350M 网络架构如图 6 - 26 所示。

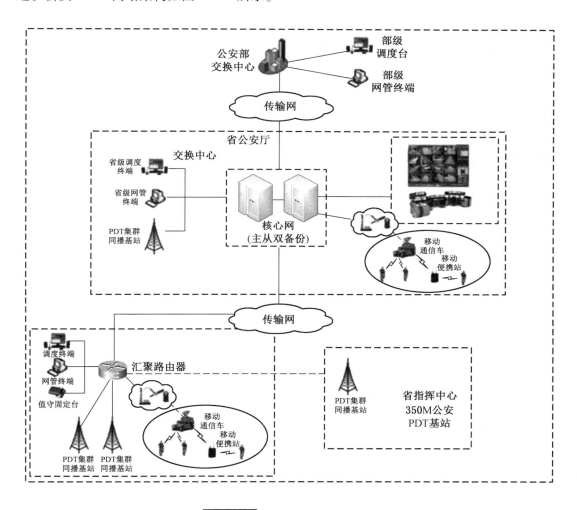

图6-26 公安 350M 网络架构

(二) 建设部署

在应急指挥中心部署建基站，接入公安厅核心网，实现互联互通。在应急指挥中心楼顶建设 PDT 集群基站 4 载频（使用 350M 频率），供指挥中心公安用户无线终端入网使用。

（三）关键设备

公安 350M PDT 数字集群相关的关键设备包括汇聚路由器、指挥中心交换控制中心、370M 4 载频基站及配套硬件等，具体见表 6-12。

表 6-12　公安 350M PDT 数字集群相关的关键设备

序号	设备类型	功　能	指　标
1	汇聚路由器	负责将用户分组后的数据流向指挥中心和交换控制中心	传输速率不低于 1 Gbps
2	指挥中心交换控制中心	负责对接各级公安机关的综合业务信息，实现通信转发、集群呼叫、语音指挥等功能	支持接入数不少于 5000 个
3	370M 4 载频基站及配套硬件	提供无线通信的基础设施，支持数字化、集群呼叫等功能	覆盖范围不低于 10 km
4	手持数字终端	提供语音、短信、位置共享、多媒体传输等多种通信方式，支持 GPS 定位	覆盖范围不低于 10 km；电池续航时间不低于 12 h

三、系统应用

公安 350M 数字集群无线通信网是一种集数字通信、数据传输、视频传输、GPS 定位等多种功能于一体的无线通信网络，已经在应急指挥中心中得到了广泛应用。它可以实现指挥中心、前线指挥、警力之间的实时语音通信和数据传输，提高了应急指挥的效率和准确性。

例如，在一次重大社会安全事件中，某地公安机关利用公安 350M 数字集群无线通信网与前线指挥、警力进行了实时语音通信和数据传输，指挥中心可以随时掌握警力的行动轨迹、战斗力等信息，指导前线警力的行动，保障了事件的处理效率和安全性。

此外，公安 350M 数字集群无线通信网还可以实现多个网络的互联互通，从而实现多种通信方式的无缝切换，保证通信的连续性和稳定性，提高了通信网络的可靠性和覆盖范围。

总之，公安 350M 数字集群无线通信网在应急指挥中心中的作用和应用效果非常显著，不仅可以提高指挥效率和准确性，还可以提高通信网络的可靠性和覆盖范围，保障应急指挥中心的信息化建设和应急处置能力。

第十六节　短波应急通信网

一、概述

短波通信是无线电通信的一种，通过发射电波经电离层反射到达接收设备实现信号传递，通信距离较远，具有极高的抗毁能力和自主通信能力，具有成本低廉、机动灵活等特点。在应急指挥中心建设应急短波固定站，接入短波无线通信网络，作为最终保底通信手段，在所有的有线及无线通信手段均失效的情况下，即使在极其恶劣通信环境下仍可快速建立通信通道，保障指挥中心的基本应急指挥能力。通过在应急指挥中心部署固定短波电台，与应急管理部门、应急管理中心、事发现场的相关固定短波电台、车载短波电台、便携短波电台等实现短波业务通信，保障全辖区应急指挥调度的可靠通信能力。

二、系统设计

（一）网络架构

在应急指挥中心楼顶建设短波固基站，确保应急指挥中心能够通过短波通信信号实现与国务院应急平台、应急管理部门应急平台及突发事件事发现场的车载短波电台和事发现场人员的便携短波电台等的互联互通。短波通信网络架构如图6-27所示。

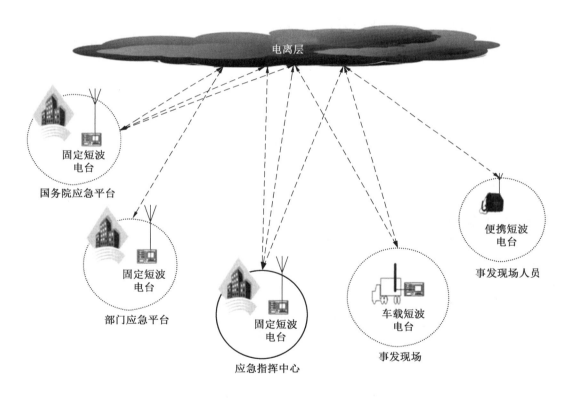

图6-27　短波通信网络架构

（二）建设部署

在应急指挥中心部署建设短波固定站，接入应急短波通信网络，在指挥中心卫星信息接收中心机房部署125 W短波设备，包括20 W收发信机、125 W功率放大器、125 W天线调谐器、手柄式送受话器及相关电源电缆、射频线缆等。同时，部署短波框型天线。短波自主选频电台是应急短波通信网的关键设备，具有模拟话、等幅报、数字话、数据流、数据报等业务通信能力，适用于中、远距离信息传输。另外，配置网管终端设备，供应急370M数字集群通信系统和短波通信网络使用。应急指挥中心可与各级应急管理部门建立直接短波通信链路，各地市与县级建立第二级通信链路，平时保持通信联络和通信网络正常，在出现紧急情况时，可根据灾害大小选择逐级上报或者直接上报。通过部署短波电台主机、天调、短波天线等，实现与后方指挥中心短波系统的点对点通信，实现最终的通信保底通信。

在应急指挥中心部署 Ka 卫星天线、Ku 卫星天线、数字集群及短波通信等多种设备，为确保各类卫星和无线通信信号的高质量传输和接收，要求所有卫星天线及无线通信设备等应具备良好的电磁兼容性。部署的相关设备或系统在电磁环境中能够符合要求运行，不对环境中的任何设备产生无法忍受的电磁骚扰，也不产生电磁污染，同时，要求对所在环境中存在的电磁骚扰具有一定程度的抗扰度。为进一步提高设备及系统的电磁兼容性，可在具体实施过程中考虑以下措施：

（1）使用完善的屏蔽体，防止外部辐射系统，防止系统干扰能量向外辐射。

（2）设计合理的接地系统，小信号、大信号和产生干扰的电路尽量分开接地，接地电阻尽可能小。

（3）使用合适的滤波技术，滤波器的通带经过合理选择，尽量减小漏电损耗。

（4）使用限幅技术，限幅电平应高于工作电平，并且应双向限幅。

（5）正确选用连接电缆和布线方式，必要时可用光缆代替长电缆。

（6）采用平衡差动电路、整形电路、积分电路和选通电路等技术。

（7）系统频率分配要恰当，当一个系统中有多个主频信号工作时，尽量使各信号频率避开，避开对方的谐振频率。

（8）天面的各种设备在条件许可时，保持较大的隔距，减轻相互之间的影响。

（三）关键设备

短波应急通信网相关的关键设备包括125W短波电台、短波框形天线、网管终端等，具体见表6-13。

表6-13　短波应急通信网相关的关键设备

序号	设备类型	功　能	指　标
1	125 W 短波电台	用于短波应急通信	频率范围为 1.6~30 MHz；最大输出功率为 125 W；工作模式为 AM/CW/LSB/USB；频率稳定度为 ±0.5 ppm
2	短波框形天线	用于短波信号的接收和发送	频率范围为 2~30 MHz；增益 2~6 dBi；极化方式为水平或垂直极化；阻抗 50 Ω 左右
3	网管终端	用于对短波通信网络进行管理和监控	支持远程管理和监控；支持告警处理和故障排除；支持网络拓扑图的展示；支持设备配置和参数修改

三、系统应用

短波应急通信网是应急指挥中心非常重要的通信手段之一，已经在应急响应和抗灾救援中得到了广泛应用。相较于其他通信手段，短波应急通信网具有通信距离远、覆盖范围广、适应性强等优点，在自然灾害、重大事故等情况下可以有效地弥补其他通信手段的不足。

例如，在一次突发自然灾害中，由于电力设施受损、通信基站故障等原因，通信网络出现了瘫痪，应急指挥中心可以利用短波应急通信网与受灾区域进行实时语音通信，了解受灾情况，指导抗灾救援，保障灾区群众的生命安全和财产安全。

此外，短波应急通信网还可以实现多频段、多模式、多接入等功能，从而适应不同环境下的通信需求，提高通信的可靠性和稳定性。

总之，短波应急通信网在应急指挥中心的作用和效果非常显著，不仅可以弥补其他通信手段的不足，还可以保障应急指挥中心的信息化建设和应急处置能力。

第十七节　4G/5G 移动通信网

应急指挥中心 4G 移动通信网络由中国移动、中国联通、中国电信三大运营商自行负责建设，应急指挥中心 5G 移动通信网络由中国移动、中国联通、中国电信、广电集团（含 700M）四大运营商自行负责建设部署，确保做好整栋指挥中心大楼移动通信信号覆盖。

第十八节　移动通信指挥网络

一、概述

在应急指挥中心部署应急通信指挥车和应急移动值勤车，提升应急指挥中心移动通信指挥综合保障能力。应急通信指挥车是处理突发性事件的前沿阵地，在提高事故现场信息获取能力和处理突发事件的快速反应能力、组织协调能力、决策指挥能力等方面具有重要意义。当出现突发灾害事故时，通过使用应急通信指挥车，可在最短时间内将应急通信、救灾抢险等设备及人员带入突发事件发生地点，从而实现将现场灾难情况、人员伤亡情况等以视频语音的方式传送至应急指挥中心，帮助领导迅速确定灾难级别，有效地调动救援物资及医疗救援力，在最短时间内挽救伤者生命，挽回经济损失、恢复社会秩序。

应急通信指挥车实现现场图像信息的采集、监视、编码处理及存储，实现与指挥中心之间双向实时图像信息传输；支持通过车载集群基站现场独立组网和与集群大网互通互联；支持通过卫星通信系统与指挥中心进行图像、数据和语音通信；支持通过公众移动通信网络、卫星通信网络、短波电台等与现场及以外用户进行语音通信；支持进行统一指挥调度，通过车载语音统一指挥调度系统，对有线和无线话音通信终端集中调度和派接，实现有线无线互通；支持组成现场无线局域网，为现场移动用户提供与指挥中心内部网联网及信息查询能力；实现与指挥中心电视电话会议设备联网，支持召开和接收电视电话会议；支持对信息传输过程加密处理及安全认证。同时，支持提供一系列全面的现场勤务保障能力。

二、系统设计

(一）网络架构

在应急指挥中心部署应急移动指挥车具备机动功能，可作为移动现场指挥部，在行驶过程中实现跟后方指挥中心和灾害一线的通信。移动应急指挥车到达预定的指挥现场后，可展开部署卫星车载系统和宽带集群指挥调度系统，具备组建区域宽带指挥调度网络能力，可实现网内应急终端的话音调度、视频回传，并在指挥车内统一调度。支持根据需要上传不低于 2 路的视频到指挥中心，实现快速部署、及时获取现场信息，并可通过后方区域指挥中心、现场指挥部、灾害一线的一体化协同实现指挥及时到位、救援快速响应。移动通信网络架构如图 6 - 28 所示。

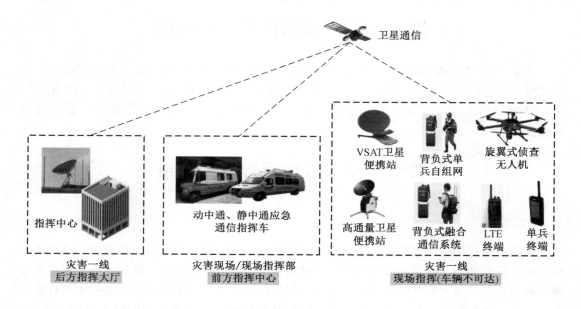

图 6 - 28 移动通信网络架构

(二）建设部署

为提升灾害现场通信指挥的及时性，保证应急通信指挥系统的可靠性，在应急指挥中心配置应急移动指挥车，与现场应急通信保障形成联动，保证灾害一线现场救援的快速、可视化调度。

同时，提供现场应急通信保障服务，部署 3 支具备专业通讯保障技术能力的队员组成的应急保障队伍，强化现场应急通信保障能力。每支队伍有队伍长 1 名，技术保障队员 7 名。3 支队伍共设管理人员 1 名，应急通信队伍共计 25 名队员。应急通信队伍服务人员应具备相应管理资质、设备操作资质，熟练掌握各类通信设备，及时掌握事件状况和领导动态，完成人员安排及车辆调度工作，保障能够按照建设单位需求开展应急通信工作。

应急通信保障队伍的配备包括四旋翼无人机、实时图传单兵模块设备等的必要通信设备。为满足灾害一线救援人员精准救援工作需要，应配备无人机设备及相应的管理平台，强化在短时间内对大面积灾害现场的快速、精准图像采集。为满足应急救援实际需要，应具备长时间续航、离线航拍、较大载重等特点。为满足灾害现场重点场所的实时音视频信息动态监测需要，需配备相应的音视频采集设备。为满足不同灾害现场环境需要，采集设备应支持全网通 4G 传输、2.4G WIFI 无线传输、RJ45 有线传输等多种传输方式，且自带充电电池等功能以保证长时间应急救援工作需要。

（三）关键设备

移动通信指挥相关的关键设备包括前线移动应急指挥系统、动中通卫星天线、卫星功放等，具体见表 6 - 14。

表 6 - 14　移动通信指挥相关的关键设备

序号	设备类型	功　能	指　标
1	前线移动应急指挥系统	快速搭建移动指挥中心，支持现场指挥、监控、通信等功能	支持快速部署和拆卸；具备指挥调度、通信、视频监控等功能；能够实现与后台指挥中心联动
2	动中通卫星天线	提供卫星通信服务	高度可调；信号传输稳定可靠；能够支持不同频段的卫星通信服务
3	卫星功放	增强卫星信号传输能力	信号放大增益高；抗干扰能力强；能够支持不同频段的卫星信号放大
4	频谱仪	监测和分析无线电频谱	能够实时监测无线电频谱；支持频谱图、频率域图、时间域图等多种显示模式；能够对无线电频谱进行分析和定位
5	卫星控制软件	控制卫星天线、调制解调器等设备	提供友好的用户界面；能够实现对卫星天线、调制解调器等设备的控制和管理；支持卫星信号传输参数的调整
6	调制解调器	实现数字信号与模拟信号的转换	能够支持不同频段的数字信号和模拟信号的转换；支持不同协议的数据传输；传输速率高
7	高频头	提供无线电频率转换和放大	能够支持不同频段的无线电频率转换和放大；信号传输稳定可靠；抗干扰能力强
8	KA 二维全电扫相控阵天线	提供高速宽带卫星通信服务	支持高速宽带卫星通信；信号传输稳定可靠；能够实现与不同卫星的通信
9	天通卫星电话	提供卫星通信电话服务	支持卫星电话通信；信号传输稳定可靠；支持语音加密
10	125W 车载短波电台	提供无线电通信服务	支持不同频段的无线电通信；信号传输稳定可靠
11	便携式 LTE 专网基站	提供现场应急指挥所需的数据通信服务，支持多种接入方式，具有高速数据传输、覆盖范围广、系统可靠性高等特点	支持 LTE/TD - LTE/FDD - LTE 等多种制式，支持频段的快速切换和载波聚合；支持天线多输入多输出（MIMO）和中继

表 6 - 14（续）

序号	设备类型	功　　能	指　　标
12	LTE 专网手持终端	提供移动语音、视频、数据传输等功能，支持广域覆盖、高速率、多业务接入、语音视频品质高、数据传输可靠等特点	支持 LTE/TD - LTE/FDD - LTE 等多种制式，支持频段的快速切换和载波聚合，支持天线多输入多输出（MIMO）和中继
13	工控机	负责接收、处理、存储各种应急指挥数据，提供数据处理、存储、分发等功能	支持高性能 CPU、大容量内存、高速硬盘存储，具备工业级可靠性和抗震能力
14	VPN 安全网关	提供加密隧道通信、用户身份认证、网络访问控制等安全功能，确保移动通信指挥系统数据安全	支持多种加密算法和安全认证协议，具有高速传输、可靠性高、可管理性好等特点
15	三层交换机	提供高速数据交换和路由转发功能，实现各种网络协议的通信互连	支持高速转发、多种交换方式（静态路由、动态路由等）、多种网络协议（TCP/IP、UDP、ICMP 等），具有可靠性高、稳定性好等特点
16	高清智能分体式视频终端	提供高清视频采集、编解码、传输等功能，实现对指挥现场的全方位监控	支持高清视频采集、H. 265/H. 264/MJPEG 等多种视频编解码格式、多种传输协议（RTSP、RTMP、FTP 等），具有抗干扰能力强、画质清晰等特点
17	高清视频会议终端	提供高清视频通话、语音通话、数据协作等功能，支持多人远程会议和多媒体协作	支持 1080P 高清视频通话
18	车外一体化摄像机	实时监控车辆周围环境，提供视频数据支持实时指挥调度	支持全高清视频传输；支持红外夜视；支持 IP67 防护等级
19	车顶双光谱云台热成像夜视摄像机	实时获取车辆周围环境温度信息，提供全天候环境监测及火情监测	支持高清可见光摄像和热成像摄像；支持云台 360°水平旋转和 - 30°到 + 90°垂直旋转；支持长波红外辐射探测
20	高清视频摄像头	实时获取高清视频数据，支持实时监控及证据保全	支持 1080P 高清视频传输；支持智能分析和识别功能；支持 IP67 防护等级
21	全电扫相控阵天线	用于接收卫星信号，提供远程通信支持	工作频段 Ka，支持双轴指向；覆盖面积大；轻便便携；高稳定性；支持高速移动

三、系统应用

移动通信指挥网络是一种基于移动通信技术的应急指挥通信系统，可以实现多媒体通信、实时视频传输、GIS 位置共享等功能，为应急指挥提供了更加高效、便捷的通信手段。

在实际应用中，移动通信指挥网络已经被广泛应用于应急指挥中心。例如，在一次突发事件中，应急指挥中心可以通过移动通信指挥网络实现与现场指挥员的语音、短信、图像、视频等多媒体通信，及时了解现场情况，指导应急处置。此外，移动通信指挥网络还可以通过 GIS 位置共享功能，实时获取现场指挥员的位置信息，快速部署救援力量，提高应急处置的效率。

移动通信指挥网络还具有网络安全性高、接入方式多样化等优点。通过采用加密传输、权限控制等措施，可以保障通信内容的安全性和机密性，防止恶意攻击和信息泄露。

总之，移动通信指挥网络在应急指挥中心的作用和应用效果非常显著，可以提高指挥决策的准确性和效率，增强应急处置的能力和水平，保障应急工作的顺利进行。

第十九节　融合通信系统

一、概述

依托融合通信一张网构建应急指挥、可快速响应和综合协调的融合通信系统，打通应急指挥中心各部门之间的通信网络，对接外部相关部门的通信网络，融合"一张网"中的各类网络，通过互联打通，真正实现应急通信"一张网"，在应急救援及指挥调度等过程中保障通信系统的畅通，进一步提升应急通信保障能力和应急指挥调度和救援能力，实现"天地一体、全域覆盖、全面融合、全程贯通"的目标，保障人民生命财产安全。

在同一网络中，通过标准开放的协议对接，实现和公安、交通、消防等关键部门现有融合通信系统的对接，在现有容量可满足的条件下，将 PSTN 电话、150 M/350 M/370 M 集群及 800 M 集群对讲、移动 APP、视频会议终端、执法仪、视频监控、LTE 宽带集群、短波，各种车载、单兵、无人机、卫星电话等信息采集终端对接到融合通信系统中，实现基本音视频互通，保障战时指挥调度的及时可视，满足自然灾害、安全生产、公共卫生、社会治安等四大领域内应对突发事件的指挥调度、决策支持、协同会商需求，加强政府在各类突发事件、重大活动中的应急指挥调度能力，解决应急指挥中心与救援现场远程指挥调度需要，同时作为政府的平台能力之一，更好地支撑应急应用建设需要。

二、系统设计

融合通信系统是应急指挥中心的核心组件，是全辖区统一的指挥调度平台，支撑各局委办的音视频调度业务，可实现全辖区范围的跨层级、跨部门、跨系统的可视化指挥调度。

作为基础通信平台，对上与应用系统对接，对下连接各类终端，实现多种通信手段的融合及多种通信终端的互联互通，有效支撑融合指挥业务。

在向下融合方面，融合通信系统提供丰富的开放接口，可与视频会议系统、视频监控系统、窄带集群系统、公共电话系统、公网手机系统、应急现场背负式通信系统等多个系统对接，用于政府的指挥调度，从而为政府对特殊、突发、应急和重要事件做出有序、快速而高效的反应提供强有力的通信保障。

在向上支撑方面，融合通信系统作为平台能力，提供多种形式的 SDK，采用开放架构，支持 CS/BS 模式开发，提供标准完善的音频、视频、GIS、短彩信、会议等功能二次开发接口,支撑上层应用根据业务诉求开发满足具体使用需求的应用系统,简化上层业务系统的开发难度。

通过音视频和 GIS 地图数据的集成服务,指挥中心大屏可以同时显示各种应急数据,实现实时调度。

(一) 总体架构

融合通信系统架构设计按照"平战结合"的原则,遵循平台化、组件化的设计思想,采用统一的数据交换、统一的接口标准、统一的安全保障,以保证各子系统的无缝集成。

融合通信系统针对用户不同应用场景设计,可提供覆盖会商研判、指挥调度、大屏调度、移动指挥、值班值守及其他多种应用功能。融合通信系统主要包括能力展现层、软件服务层、硬件网关层和能力开放层,配合相应的通信网络与各个厅局的接入终端互联互通。融合通信系统参考架构如图 6 - 29 所示。

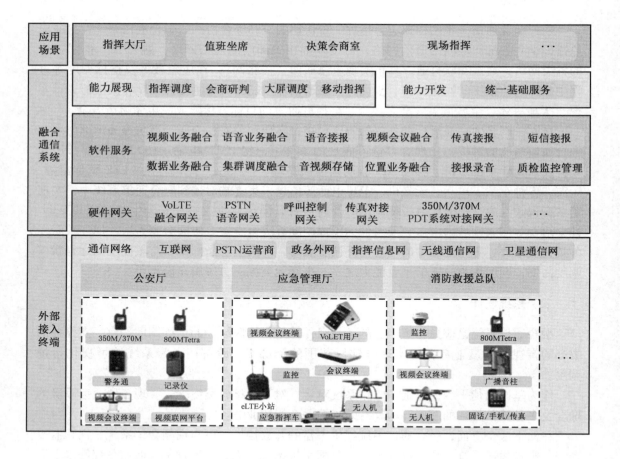

图 6 - 29 融合通信系统参考架构

能力展现层:融合通信系统提供 BS 架构和 CS 架构两种界面供不同应用场景进行使用,便于快速指挥与准确决策。主要功能有会商研判、指挥调度、大屏调度、移动指挥等能力。界面可呈现各种系统终端、各类视频摄像头、地理位置等融合信息。调度员可通过能力展现层进行语音、视频、图片、文字等多媒体指挥调度。

软件服务层：主要包括语音业务、视频业务、视频会议、集群调度、数据业务、位置业务的融合，实现各类音频、视频、数据、信息的汇聚流转，从而形成多媒体融合调度的能力，同时提供终端管理和音视频存储能力。

硬件网关层：主要为各类专业通信网关，包括 VoLTE 融合网关、呼叫控制网关、边界媒体网关、PSTN 语音网关、Tetra 窄带集群网关、350 M/370 M PDT 对接网关等，实现不同通信系统和终端的接入。

能力开放层：主要以 JS 和 API 两种方式进行能力开放。开放接口主要分为语音业务接口、视频业务接口、音视频会议业务接口、群组业务接口、GIS 业务接口、短彩信业务接口和查询业务接口等，用于上层第三方异系统进行互连互通开发。

通信网络层：主要依托现有 PSTN/PLMN 网络、运营商语音宽带、互联网、政务外网、指挥信息网、无线信息网、卫星通信网等，实现对单位基础业务的接入，使融合通信系统能够通过各个网络来连接调度终端层的各个终端。

终端层：指系统需要调度的各类终端，如视频会议终端、固话/手机、超短波/短波系统、卫星通信、智能移动终端、可视话机等。

（二）组网架构

在应急指挥中心建设融合通信系统，依托政务云提供数字政府的基础平台能力，配套相关网关、通信网络及接口软件等，实现应急指挥中心公网，政务外网，窄带集群，宽带集群，卫星，4G/5G、PSTN 电话，视频会议和指挥信息网等不同网络的接入融合汇聚和安全互联，为指挥中心在平时和战时与国家应急管理部、其他厅局、各级应急管理部门、大型关键国有企业等各级各类部门单位和移动通信车、移动便携站、单兵互联互通提供统一高效、安全可靠的通信保障。融合通信系统组网架构如图 6 - 30 所示。

（三）系统功能

在应急指挥中心建设融合通信系统，支持指挥大厅音响设备，PSTN 电话，150 M、350 M、370 M、800 M 集群对讲，融合通信 APP，视频会议终端，4G 单兵执法仪，视频监控，LTE 宽带集群，各种车载、单兵、无人机、公网、政务外网和 5G 网络等不同类型的媒体接入，支持标准接入接口，兼容移动端手机 APP 的接入，兼容 5G 终端指挥调度、现场连线等功能，实现对不同种类的终端进行全融合，规划统一会控、统一调度等功能，提供融合调度服务。对于其他单位已建设的融合通信系统，如果两套系统在同一网络中，则通过标准 SIP 协议对接，实现和现网融合通信系统的对接，在现有容量可满足的条件下，可将现网视频终端对接到融合通信系统中，实现基本视频互通。如果涉及跨网络，可通过网络穿越或者终端背靠背方式，实现两套系统的视频互通。

具体包括语音业务融合、视频业务融合、视频会议融合、集群调度融合、数据业务融合、位置业务融合、用户数据管理、融合通信终端管理、音视频存储、可视化调度台、分控调度台、VoLTE 融合网关、呼叫控制网关、边界媒体网关、PSTN 语音网关、Tetra 窄带集群网关、350 M PDT 对接网关、370 M PDT 对接网关等功能，同时满足融合接报支撑系统、容灾备份模块、安全性设计、融合通信系统多级组网、融合通信能力开放模块及定制

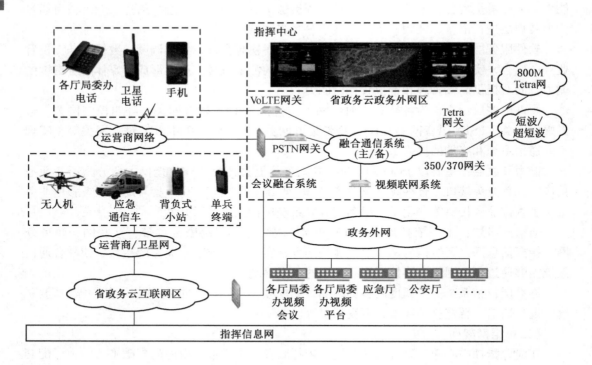

图6-30 融合通信系统组网架构

开发等方面需要。

1. 操作使用要求

融合通信系统界面融合通信系统操作界面采用可视化、人性化、专用性的分屏调度指挥图形界面，便于快速指挥与准确决策。主要包括：

（1）提供语音、视频、录音录像、短彩信和GIS功能的呈现与管理，满足用户不同应用场景的业务需求。

（2）可呈现各种系统终端、各类视频摄像头、地理位置等融合信息。调度员可通过融合通信平台进行语音、视频、图片、文字等多媒体指挥调度。

（3）界面采用专业化图形化界面，支持鼠标的点选拖曳操作，支持多语种。

（4）分屏显示。支持以一机多屏的形式将业务界面分屏显示，使调度工作更便捷、更直观，提升工作效率。

2. 性能要求

要求根据实际用户接入授权，包括移动终端、专网终端、视频会议等。

融合通信系统，实现与各类通信系统的语音互通，主要融合包括内网电话、公网电话、常规对讲、B-TRUNC宽带集群、卫星电话、350M PDT集群、370M PDT集群、800M Tetra集群、短波超短波对讲等，实现多方语音互通调度，实现异构集群间的指令下达和沟通。语音业务要求500个集群群组，500路语音业务并发规模。

实现与各类系统的视频互通，包括视频监控平台、视频会议、4/5G图传、宽带集群移动视频等，提供视频呼叫、视频浏览、多方视频通话、视频分发、视频录制等功能，实现应急可视化指挥调度。视频业务要求具备 30 W 视频监控接入容量，512 路 D1 视频并发规模。

实现视频会议融合，包括监控摄像头、会议终端、公网终端、专业 LTE 集群终端、无人机等音视频源。

实现数据调度，提供调度台、终端之间进行短数据的发送和接收，短数据包括图片、声音、文字、视频等；实现定位业务，要求支持在线地图或离线地图，支持一张图调度。

提供语音、视频、数据、位置等能力的 SDK 开发接口，用于支持各类业务应用系统二次开发，以满足各厅委办业务需求。

提供语音接报、短信接报等多种接报渠道，为上层应用提供基础通信服务，支持多种接报方式接入（固话、手机、短信等），适用不同事件接报需求，避免单一语音接报造成的业务阻塞。同时应支持包括先到先服务、客户优先级服务、先闲先受话、排队超时处理、排队溢出处理等多种路由策略，以满足多种场景下值班值守策略需要。

按照 1 + 1 异地备份模式部署，异地部署部分包含集群调度音视频调度平台、语音、视频、数据、位置融合模块、用户数据管理模块。

融合通信系统自身具有指挥调度的操作界面，在不依赖上层业务系统的情况下，具有音视频指挥调度的能力。

（四）关键设备

融合通信系统相关的关键设备包括可视化调度台、分控调度台、VoLTE 融合网关，具体见表 6 – 15。

表 6 – 15　融合通信系统相关的关键设备

序号	设备类型	功　能	指　标
1	可视化调度台	提供呼叫、监控、调度等功能，可实现语音、数据、视频等多种通信方式	支持多种通信方式，具备音频、视频、数据等多种格式的传输和显示功能
2	分控调度台	用于辅助管理可视化调度台，实现对终端的实时控制和监管	具备良好的互操作性，支持与多种调度系统的对接
3	VoLTE 融合网关	提供 VoLTE（Voice over LTE）融合通信服务，实现语音、数据、视频等多种通信方式	支持多种语音编解码算法，具备高清语音、低延迟等特点
4	呼叫控制网关	实现不同网络之间的呼叫转接和路由，保障通信的稳定性和可靠性	具备高可靠性、高可扩展性和高效性，支持多种呼叫控制协议
5	边界媒体网关	提供不同网络间音视频的转换和传输功能，保障跨网络通信的稳定性和可靠性	支持音频、视频、图像等多种媒体格式，具备良好的互操作性
6	PSTN 语音网关	提供 PSTN（Public Switched Telephone Network）语音服务，实现固定电话和移动通信网络之间的语音互联互通	具备高可靠性、高可扩展性和高效性，支持多种语音编解码算法
7	Tetra 窄带集群网关	提供 TETRA（Terrestrial Trunked Radio）窄带集群通信服务，实现窄带语音和数据通信	具备高可靠性、高可扩展性和高效性，支持多种窄带语音和数据编解码算法

表6-15（续）

序号	设备类型	功　能	指　标
8	350 M PDT 对接网关	提供 350 M PDT（Public Digital Trunking）数字集群通信服务，实现数字语音和数据通信	具备高可靠性、高可扩展性和高效性，支持多种数字语音和数据编解码算法
9	370 M PDT 对接网关	实现融合通信系统与 370 M PDT 的对接	支持 370 M PDT 系统，能够实现与其他融合通信系统的对接
10	融合接报支撑系统	实现接报信息的汇集、归并、分发、处理和统计	支持各种接报方式，能够接收并处理来自各种终端的语音、视频、短信等信息，并实现对信息的统计、分析和呈现
11	传真对接网关	实现融合通信系统与传真机的对接	支持多种传真格式，能够实现传真机与其他终端之间的互通
12	容灾备份模块	在系统出现故障时自动切换到备份模块，保证系统的可靠性	支持实时备份和手动切换，能够在系统出现故障时及时切换到备份模块，确保系统的正常运行
13	融合通信能力开放模块	提供开放接口，实现系统的扩展和定制	支持开放接口和协议，能够满足用户不同的需求和定制要求

三、系统应用

融合通信系统是指将传统的语音通信、数据通信和视频通信等多种通信方式融合在一起，形成一个统一的、无缝连接的通信系统。在应急指挥中心中，融合通信系统发挥了重要的作用。

以某市的应急指挥中心为例，其融合通信系统整合了数字语音通信、数据通信、视频会议、广播通信等多种通信方式，实现了多种业务的实时传输和快速响应。系统支持通信方式间的无缝切换和互操作，确保了指挥中心与外部单位的联动和信息共享。此外，融合通信系统还支持多种加密算法和安全认证方式，保障通信内容的保密性和完整性。

通过融合通信系统，某市应急指挥中心能够实现对突发事件的快速响应和高效指挥，为应急指挥工作提供了可靠的通信保障。

第二十节　融合通信统一网管

一、概述

应急指挥是一项特殊的保障工作，应急指挥信息系统不同于一般的信息化系统，应急指挥工作就是作战，是通过一切手段保护及拯救生命财产特别是生命。系统必须满足 7 × 24 h 无故障，一旦发生故障，必然会耽误指挥救援，导致更多的人员死伤及财产损失。因此，保障体系的建设十分必要也十分重要，是必须建设的系统，保证实时掌控系统运行状态，时刻准备投入到指挥救援的支持保障工作中去。

统一网管中心使用微服务、大数据技术架构，对现有运维工具（如网络管理工具、机房动环监控工具）进行适配，完成对应急指挥中心信息化网络资源、计算资源、平台资源、业务资源等 IT 对象的运行管理，实现对整体机房环境、视频会议、网络设备、服务器、存储设备、云平台、数据库、中间件、大数据平台、应用拨测、集中告警等业务模块的实时监控，为应急指挥中心核心业务系统的正常运行提供全面透视的态势分析。

二、系统设计

（一）业务需求

根据应急指挥中心统一网管中心要求，结合保障运营实际需求，平台运行状态保障服务保障体系建设将从流程体系、组织体系、统一网管系统三个方面进行总体规划。

（1）流程体系。应急指挥中心应进一步完善各级机关事件、问题、变更、服务级别及知识管理，建立运行管理制度体系，涵盖管理制度、流程、操作规范，以适应业务保障管理的需要。

（2）组织体系。从整体架构出发，充分参考行业标准及先进管理经验，结合应急指挥中心信息化统一网管中心现状"化项目管理为岗位管理"，设计运行需求，逐步构建符合信息化发展的团队。团队主要负责具体工作的执行，包括基础设施维护、状态监控、事件故障处置等工作。

（3）统一网管系统。统一网管系统需建立相应的建设技术规范，为工作的开展提供标准化、服务化、自动化的手段，将好的实践通过技术手段固化，提升效率。

（二）功能需求

融合通信统一网管系统是一种综合性的管理平台，旨在提供全面的通信网络设备管理和维护功能，包括基础管理、实时监控、配置管理、知识库、可视化等功能。

（1）基础管理。该功能包括设备信息管理、用户管理、权限管理、日志管理等。设备信息管理包括设备的添加、删除、修改和查询等操作。用户管理包括用户信息的添加、删除、修改和查询等操作。权限管理包括用户权限的分配、修改和查询等操作。日志管理包括系统操作日志和设备操作日志的记录和查询等。

（2）实时监控。该功能包括设备实时状态监控、性能监控、报警监控等。设备实时状态监控可实现对设备状态的实时监控，包括设备的在线状态、CPU、内存、硬盘等性能信息的监控和展示。性能监控可对网络带宽、丢包率等进行监控，可为管理员提供实时的网络运行状况。报警监控可对设备故障、性能异常等进行监控，当设备发生故障或性能异常时系统会自动发出报警信息。

（3）配置管理。该功能包括设备配置文件备份、配置文件比较、配置文件下发等。设备配置文件备份可实现对设备配置文件的备份、恢复和管理。配置文件比较可将两个配置文件进行比较，以便管理员了解两个配置文件之间的差异。配置文件下发可实现对设备配置文件的下发、更新和管理。

（4）知识库。该功能包括设备故障处理知识库和技术文档库。设备故障处理知识库为管理员提供设备故障排除的详细方法和步骤。技术文档库为管理员提供设备的技术规格、操作手册等详细资料，以便管理员更好地理解和使用设备。

（5）可视化。该功能为管理员提供图形化的设备拓扑视图、网络拓扑视图等，可通过图形化方式展示设备之间的关系、连接状态、链路质量等信息，方便管理员对网络设备进行管理和维护。

（三）解决方案

融合通信统一网管参考架构如图 6-31 所示。

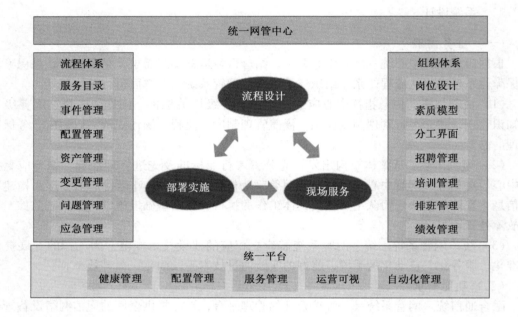

图 6-31 融合通信统一网管参考架构

1. 基础平台子系统

1）资源采控管理

平台通过资源采控管理功能，聚焦在运维业务场景的实现上，降低了应急指挥中心信息化运维人员成本、时间成本，提高运维服务的质量。

（1）后台技术功能。

适配器框架：制定运维工具适配器的开发规范，并会驱动遵循规范的运维工具适配器的执行，同时适配器框架负责与汇聚网关服务接口的通信。

可执行适配器：在运维工具的适配场景中，执行适配器提供可供运维工具联通访问的网络端口，通过该端口，执行适配器接收那些来自运维工具产生的数据。

汇聚网关及接口：汇聚适配器可通过适配器框架，将采集的运维工具数据，通过服务接口发布出去，供其他运维应用使用。

（2）前台视图功能。运维人员可通过系统界面，定义适配器如下关键信息：所需适配的第三方工具类型（如机房动环监控管理工具等）、工具版本、可选适配器、适配器与平台网关。

2）系统门户管理

系统服务门户是管理系统的人机交互入口，为人员、业务人员提供了集中访问、操作、管理界面。通过门户，平台将监控、资源、流程和可视化展示等功能模块在门户中进行统一展示，使各项 IT 运行维护工作通过统一管理门户得到有序处理。门户通过单点登录模块，实现了运维人员统一身份认证和用户信息的统一维护。从而使得应急指挥中心信息化运维人员能够通过运维门户这个单点登录到平台内部，获得一站式服务。

3）用户权限管理

系统支持为应急指挥中心信息化运维人员分配不同的权限角色、组织机构和展现内容，实现安全的权限控制。

（1）机构管理。支持用户自定义机构，调整机构。机构需与角色和用户关联，支持通过页面功能的调整当前机构的启用和停用等状态。支持管理员给某个机构添加下级机构，也可给机构增加相关人员信息。

（2）用户管理。统一网管系统应支持用户凭用户名、口令登录到平台，用户具有所属机构、联系电话等基本信息。可支持用户角色和权限的叠加。

（3）角色管理。角色决定了功能操作的基本权限，对角色进行管理时，设定其管理范围和管理内容以控制角色的管理权限，统一网管系统应支持预置角色、角色扩展、角色查询等功能。

（4）授权管理。角色授权：将角色授权给用户，支持一个用户可以有一个或多个不同角色，拥有不同的权限和职能。在角色授权管理中，自动将已定义的角色罗列出来供用户选择，对已授权给用户的角色，支持删除功能，用户对角色可进行伸缩性管理。

菜单授权：菜单授权是对被授权角色进行可操作菜单的授权，系统应支持授权过程的可视化，根据角色类型的不同，角色所看到的可视菜单也不同。

2. 实时监控子系统

1）机房环境监控

通过机房环境管理软件对综合性机房环境进行深入管理。动环监控功能支持对温湿度、烟感、水浸等29种资源统一监控，实现机房动力环境对业务影响的一体化管理，同时提供告警及报表功能。同时，提供机房可视化管理视图，多角度深层次的呈现和挖掘所关注的机房内部所有信息。通过全仿真的虚拟机房环境，洞悉每一个机房元素，了解机房相关信息、机柜相关信息，各种机房设施的信息均以分级分层的效果呈现。

2）视频会议监控

视频会议监控功能，支持对视频终端、丢包、时延、带宽等资源运行状态全面的监测、告警及分析功能。监控视频会议丢包率、网络时延、图像抖动（最大值、最小值、平均值）等信息。

3）网络设备监控

网络设备监控功能提供包括端对端服务状况，以及系统响应和网络应用的测量和管理能力，能够从网络基础设施中通过 SNMP 协议轮询采集性能数据，以进行趋势分析和容量规划。网络设备监控全面覆盖应急指挥中心机房网络设备（交换机、路由器）、防火墙和负载均衡设备。提供网络设备监控告警服务和数据分析服务。

4）服务器监控

服务器监控功能提供主流厂商服务器操作系统和硬件设备的监控、告警及分析功能。服务器监控功能还应支持对服务器重要事件的主动监控，包括 Windows 事件、Syslog 等。

5）存储设备监控

存储设备监控管理功能，能够发现的存储设备信息，支持对存储设备故障告警和统计分析。支持对块存储、SAN 交换机、文件存储等存储资源的监控告警。

6）数据库监控

数据库监控功能，提供对 Oracle、Sysbase、SQLServer、Mysql、DB2 等多种数据库进行监控，支持按照属性划分监控组，支持对于数据库中的不同表空间设定不同的监控阈值。

7）中间件监控

中间件监控功能，提供对 Nginx、Tomcat、redis、kafka、zookeeper、Hbase、Hadoop、Opentsdb 等中间件进行监控。监控指标包括进程数量、端口状态、集群状态、链接数等内容。

8）应用拨测监控

支持对应急应用支撑集成服务、应急综合管理应用、移动应急应用系统，提供面向业务系统可用性拨测、应用监控和故障分析、应用日志集中管理功能。实现对应急指挥中心核心业务系统应用性能运行态势的全面透视。

9）集中告警管理

提供集中告警管理功能，用于实现对上述各类监控功能所产生的告警消息进行统一的分析和处理。系统需要将 IT 环境中产生的异构、复杂且关联的事件信息通过集中告警管理功能进行格式化、过滤、归并和关联分析，并将处理结果发送给管理人员，帮助管理人员对各种事件进行有效的分析和后续处理。集中告警管理包括告警压缩处理、告警多维展示、告警通知管理、告警沉默管理等模块内容。

3. 配置管理子系统

1）配置模型管理

配置模型管理包括运维配置模型标准、模型自定义、配置字典管理等模块内容，支撑模型的定义及配置管理。

2）配置维护管理

支持用于集中、动态的管理用户配置数据，支持配置以群组的形式展示。维护群组主要针对采集入库的数据进行综合管理，包括分组管理、群组动态展示以及权限管理。

3）配置拓扑应用

支持从全景视角以概览形式查看全部的配置统计，配置全景图直观展示了所有的配置数据类型及配置间的关联关系，并展示了各配置项的总计数，并可单击进行级联查看，多层次、可视化、开放式展示配置全景。管理者或用户可以查看配置统计情况，以及统计分类。

4）服务流程子系统

服务流程子系统包括事件管理流程、问题管理流程、变更管理流程、服务请求管理等模块内容。

4. 知识库子系统

构建统一知识库，为故障分析提供技术支撑，提升运维人员的技能水平，缩短故障分析处理时间，知识库管理涵盖知识创建、知识审核、知识使用、知识搜索等，知识收集一方面从历史案例中提炼加载，另一方面沉淀固化专家经验。

知识库子系统支持制定的自定义分类，可提供多种搜索方法，对任意字段进行查询、过滤、排序等操作，支持对知识条目的检索功能。主要包括知识录入、审核、检索、联动、管理等功能。

（1）知识录入：人员的经验（包括故障、问题、变更等处理过程中形成的）可以形成知识并记录到知识库，支持图片上传嵌入，支持附件文档的上传。

（2）知识审核：对录入知识进行审核，通过后才能入库。

（3）知识检索：支持对关键字进行快速检索。

（4）知识联动：知识库与告警模块和工单模块联动，支持告警自动搜索知识，工单自动录入知识。

（5）知识管理：支持知识分类管理，支持配置知识库类型和标签标识；支持对知识的查看，编辑修改和删除；支持知识的历史版本对比及历史版本的恢复；支持知识的评论和回复。

5. 可视化子系统

可视化子系统通过将资源、资产、业务等数据场景化分析，挖掘数据价值，辅助分析决策。系统提供数字可视化引擎、数据洞察、数据分析能力，协助人员从全局到局部整体地把控数据中心的运行情况。可视化展示主要包括报表展示和视图展示。

1）可视化视图管理

系统通过简单的数据关系定义，可实现丰富的可视化效果，针对图表类可视化视图页面，可进行拖拉拽、数据拾取、函数计算、属性配置等操作，大大简化前端样式、数据适配的开发工作量，提高开发工作效率。同时，可视化展示模块支持多种类型的前端开源脚本，包括 js、css、html 三方脚本和库，为前端大屏场景开发提供更多的方案选择。可视化展示视图提供数据中心、云资源专题、大数据专题、运行场景、调度视图、值班视图等应急指挥中心运行状态专题图。

2）统计报表管理

统计报表管理可实现对资源容量趋势统计、基础设施运行状况、重要应用系统运行状况、IT 服务流程统计、安全故障分析等场景统计报表输出。

（四）关键设备

融合通信统一网管系统相关的关键设备包括服务器、网络交换机、路由器等，具体见表 6 - 16。

表6-16　融合通信统一网管系统相关的关键设备

序号	设备名称	用　途	应　用　场　景
1	服务器	提供计算资源和服务支持	统一管理多种通信设备
2	网络交换机	提供网络连通性	将不同通信网络连接起来
3	路由器	实现不同子网间的互通	实现不同区域间的通信
4	防火墙	保障网络安全	限制非法访问和攻击
5	存储设备	存储数据和文件	存储通信记录和文件
6	电源设备	为系统提供稳定的电源	防止断电导致的通信中断
7	传输设备	提供数据传输功能	实现电话、短信、视频等信息的传输
8	无线设备	提供无线通信功能	实现无线电话、短信、视频等通信
9	终端设备	提供接入系统的终端设备	手机、电脑、电视等终端设备

三、系统应用

融合通信统一网管是指通过软件系统将融合通信网络中的所有设备进行集中管理和控制，实现对设备的远程监控、维护、配置和故障诊断等功能。在应急指挥中心中，融合通信统一网管可以帮助指挥中心进行快速响应和高效管理。

以湖南省长沙市的应急指挥中心为例，其融合通信统一网管系统集成了多种网络设备和管理模块，能够对多种通信设备进行集中管理和监控。通过该系统，指挥中心可以实时了解网络设备的工作状态和性能参数，及时发现和解决故障，确保通信网络的稳定性和可靠性。

此外，融合通信统一网管系统还支持设备自动发现、自动配置、自动升级等功能，极大地提高了设备的管理效率和管理水平。通过该系统，指挥中心能够轻松实现对通信设备的集中管理和统一控制，提高了指挥中心的应急响应能力和管理水平。

综上所述，融合通信统一网管系统在应急指挥中心中发挥着重要作用，可以帮助指挥中心进行快速响应和高效管理，提高应急指挥工作的效率和水平。

第七章 应急管理日常管理系统

应急管理日常管理系统主要用于平时应急管理工作的日常管理和执行。其中，业务需求包括应急计划编制、演练和评估、危险源识别和评估、安全宣传教育等；功能需求包括应急计划管理、危险源管理、安全宣传教育管理等；解决方案包括应急管理信息化平台、危险源管理系统等；关键设备包括安全生产培训设备、安全检测设备等。

第一节 应 急 资 源

一、概述

应急资源是指公共安全应急体系为有效开展应急活动，保障体系正常运行所需要的人力、物资、资金、设施、信息和技术等各类资源的总和。既是应急管理的对象，也是应急管理有效开展的基础，为整个应急体系正常运转提供动力源。既包括防灾、应对、恢复等环节所需要的各种物质资源（装备、物资和工具等），也包括与灾害防救相关的技术和人才资源。

二、系统设计

（一）业务需求

实现对人力、物力、医疗卫生、交通运输、通信保障等各类应急资源的管理，按本级政府、下级政府和相关部门各自权限实现辖属应急资源的维护管理，辅助应急资源优化配置方案的制定，为突发事件所需应急资源的分析、配置提供数据基础，实现物资调拨、在途、使用、损耗、回收的全过程监控，满足应急救援工作的需要，保障恢复重建工作的顺利进行。

（二）功能需求

实现对人力、物力、医疗卫生、交通运输、通信保障等各类应急资源的管理，辅助应急资源优化配置方案的制定，需要包括专业救援队伍管理、社会救援力量管理、救援装备管理、专家信息管理、装备物资企业管理、运输资源管理、通讯保障资源管理、应急重点工程避难设施管理等模块内容支持最新信息与历史版本的比对，方便应急人员掌握信息的变更情况；通过基础数据的多维查询及基于图表的统计分析，实现基础数据查询结果基于地图分布情况的直观展示，以及统计结果基于地图的直观展示，方便应急人员掌握应急基础数据基于空间的分布和统计情况。

（三）解决方案

应急资源管理系统参考架构如图 7 - 1 所示。

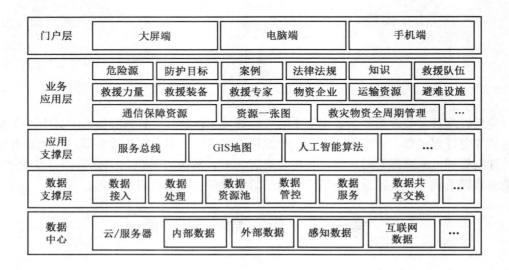

图7-1 应急资源管理系统参考架构

应急资源管理支持对专业救援队伍、社会救援力量、救援装备、救灾物资、专家、装备物资企业、运输资源、通讯保障资源、医疗卫生资源及应急重点工程避难设施数据进行统一集中管理，并建立全面、真实的应急资源动态数据库。

系统主要功能包括应急资源数据采集与汇聚、数据审核、条件查询、分类管理、多维统计等。面向应急救援物资实现了全流程跟踪，包括采购、入库、发放、调配管理等。实现应急资源基础数据的汇聚、统计和分析能够在一张图上进行可视化展示，做到"底数清、情况明、看得见、调的动"。针对应急救援队伍和社会救援力量进行管理，促进救援人员在业务水平、操作技能和救援技能等方面的提升，为进一步提高应急管理队伍的整体能力水平发挥信息化支撑作用。从医疗卫生、运输资源、通讯保障等多方面保障应急救援需要，辅助应急资源配置方案的制定和优化，为抢险救援中的力量调度和物资调配提供数据支撑，保障恢复重建工作的顺利进行，全面提升防灾减灾救灾能力。

1. 危险源管理

具备危险源管理功能，包含危险源信息管理、危险源分类管理、危险源信息审核、危险源全文检索、危险源上报接口、危险源信息同步接口、危险源外部查询接口等内容。

2. 防护目标管理

实现基础信息录入、管理，并且具备 GIS 界面实现一张图一张表呈现，包涵防护目标信息管理、防护目标分类管理、防护目标审核、防护目标全文检索、防护目标上报接口、防护目标信息同步接口、防护目标查询接口等内容。

3. 案例管理

建立应急相关的统一案例库，实现案例统一登记管理，包含案例信息管理、案例审核、案例全文检索、案例上报接口、案例信息同步接口、案例外部查询接口等内容。

4. 法律法规管理

实现对法律法规等基础库的统一维护、汇总统计及导出，包含法律法规信息管理、法律法规审核、法律法规全文检索、法律法规上报接口、法律法规信息同步接口、法律法规外部查询接口等内容。

5. 知识管理

建立应急相关的统一知识库，实现知识信息统一登记管理，包含知识信息管理、知识审核、知识全文检索、知识上报接口、知识外部查询接口、知识同步接口等内容。

6. 专业救援队伍管理

实现对救援队伍库、地理空间库等的统一维护、汇总统计及导出，包含队伍信息管理、队伍备案信息管理、队伍信息审核、演练计划管理、演练方案管理、培训计划管理、质量达标管理考核、其他文件管理、队伍信息全文检索、队伍信息登记接口、队伍信息查询接口、救援队伍同步接口等内容。

7. 社会救援力量管理

实现对社会救援力量库、地理空间库等的统一维护、汇总统计及导出，包含社会力量信息管理、社会力量备案信息管理、社会力量信息审核、竞赛培训管理、竞赛知识库管理、社会救援力量全文检索、社会救援力量登记接口、社会救援力量查询接口、社会救援力量同步接口等内容。

8. 救援装备管理

实现对救援装备信息的统一登记管理，具备快速搜索查询统计和固定模板功能，包含救援装备信息管理、救援装备分类管理、救援装备信息审核、关联企业及运输工具管理、救援装备全文检索、救援装备登记接口、救援装备查询接口、救援装备同步接口等内容。

9. 专家信息管理

按照专家所属区域、专业领域、专家级别等，实现对专家信息的维护管理，包含专家信息管理、专家信息审核、专家组信息管理、专家信息全文检索、专家信息登记接口、专家信息查询接口、专家信息同步接口等内容。

10. 装备物资企业管理

实现装备物资企业集中管理，包含企业信息管理、企业资质管理、企业资质审核、企业分类管理、企业信息发布接口、企业信息全文检索、企业信息登记接口、企业信息查询接口、企业信息同步接口等内容。

11. 运输资源管理

实现运输资源信息集中管理，具备运输资源信息的检索、查看、定位、导入、导出等功能，包含运输资源信息管理、运输资源审核、运输资源分类管理、运输资源全文检索、运输资源信息登记接口、运输资源信息查询接口、运输资源信息同步接口等内容。

12. 通讯保障资源管理

实现通讯保障信息集中管理,具备通讯保障信息的检索、查看、定位、导入、导出等功能,包含通讯保障信息管理、通讯保障信息审核、通讯保障信息分类管理、通讯保障信息全文检索、通讯保障信息登记接口、通讯保障查询接口、通讯保障信息同步接口等内容。

13. 应急重点工程避难设施管理

实现应急重点工程避难设施信息集中管理,具备应急重点工程避难设施信息的检索、查看、定位、导入、导出等功能,包含应急重点工程信息管理、应急重点工程分类管理、应急重点工程信息审核、应急重点工程信息全文检索、应急重点工程信息登记接口、应急重点工程信息查询接口、应急重点工程信息同步接口等内容。

14. 资源一张图可视化

实现对各类应急资源的条件查询、分类统计、输出展示,包含资源综合分析管理、地图接入、风情接入、雨情接入、水情接入、台风信息接入、天气信息接入、内荡信息接入、AIS 船舶信息接入、气象预警信息接入、地质监测点信息接入、交通路况信息接入、兴趣点符号管理系统、综合统计图层叠加、专题图管理、专题图模板管理等内容。

15. 应急救灾物资全周期管理

实现对社会捐赠信息管理、救灾物资储备仓库信息管理、应急救灾物资库存信息管理、应急避难场所信息管理、应急救灾物资回收和损耗信息管理、应急救灾物资分类管理、应急救灾物资规划管理、救灾物资动态需求管理、应急救灾物资调拨信息管理、应急避难场所信息管理等功能。

16. 应急救灾物资的辅助决策支撑应用系统

实现应急物资需求估算、优化分配、快捷流转的智能分析决策,包含路径规划分析、物资实时信息汇总、物资实时情况汇总报告等内容。

17. 应急装备物资需求管理

实现应急救灾物资需求信息管理、救援装备需求信息管理、应急救灾物资调拨信息管理等功能。

18. 应急资源平台接口建设

实现与粮食和物资储备局仓储系统、物流配送系统、京东物联网系统的系统对接。

(四) 关键设备/系统

应急资源管理系统相关的关键设备/系统包括应急资源管理终端、应急资源信息采集设备、应急资源调度平台等,具体见表 7 - 1。

表 7 - 1　应急资源管理系统相关的关键设备/系统

序号	设备类型	功　能	应　用　场　景
1	应急资源管理系统软件	实现应急资源的统一管理,包括各类资源的信息录入、审核、查询、调度等功能	在灾害事件发生前、期间和事后,对各类应急资源的管理和调度
2	应急资源管理终端	与应急资源管理系统软件联动,提供数据采集、调度、反馈等功能	在应急现场或者资源管理中心等地方,对应急资源的信息采集、处理和调度

表 7-1（续）

序号	设备类型	功　能	应　用　场　景
3	应急资源信息采集设备	包括 RFID 标签、二维码扫描设备、传感器等，用于对应急资源的信息采集	在应急资源的收集和管理过程中，对资源信息进行快速准确地采集
4	应急资源调度平台	基于 GIS 技术，实现应急资源的可视化调度和管理	在应急资源调度中心，对应急资源进行快速准确的调度和管理
5	应急资源监测预警设备	包括气象、地震、水文等监测设备，用于对灾害事件进行监测和预警	在灾害事件发生前，对可能出现的灾害进行预警，及时调配和储备应急资源
6	无人机应急资源监测设备	利用无人机等无人机器人，对应急资源的情况进行监测和调查	在复杂的地形和环境中，对应急资源的情况进行快速准确的监测
7	应急资源调度指挥车	配备应急调度指挥系统，实现对应急资源的现场调度和管理	在应急现场，对应急资源进行快速准确的调度和管理
8	应急资源储备设施	包括物资储备库、医疗救援设施、临时避难所等，用于储备和保障应急资源的供应	在灾害事件发生后，为应急救援提供必要的物资、医疗等支持和保障
9	应急资源调度指挥系统	包括应急调度指挥中心、应急调度指挥软件等，用于实现应急资源的调度和管理	在应急调度指挥中心，对应急资源进行快速准确的调度和管理

三、系统应用

应急资源管理系统是一种用于协调和管理应急资源的信息系统。在应急指挥中心，应急资源管理系统通过与各级政府、相关部门和社会组织建立数据共享机制，实现了对应急资源的全面管理和调配，从而提高了应对突发事件的能力和效率。

该系统具有以下应用效果：

（1）快速调配资源。应急资源管理系统可通过信息化手段快速了解当前灾情和资源情况，为应急指挥决策提供准确的数据支持，实现资源的快速调配。

（2）实现信息化管理。应急资源管理系统将应急资源的信息化管理，包括资源清单、分布位置、使用情况、调配记录等全部纳入系统，从而实现了资源管理的信息化。

（3）提高效率。应急资源管理系统可通过系统化的调配和协同机制，最大限度地发挥应急资源的作用，提高了应对突发事件的效率。

（4）实现智能化决策。应急资源管理系统将资源管理与应急指挥决策相结合，实现资源管理的智能化和决策的科学化。

因此，应急资源管理系统是一种重要的应急管理技术，可以提高应急管理的效率和水平，实现应急资源的快速调配和科学管理。

第二节 应 急 预 案

一、概述

应急预案指面对突发事件如自然灾害、重特大事故、环境公害及人为破坏的应急管理、指挥、救援计划等。应急救援预案的主要内容包括应急组成员、危险源来源、事故发生后的应急措施和应急演练，主要包括总体应急预案、专项应急预案、部门应急预案等。

二、系统设计

（一）业务需求

对应急预案实现数字化管理、审核、备案和修订，可在线编制数字化预案，对预案智能结构化解析、应用，支撑预案调度的可视化方便进行预案执行。应用综合分析研判的风险分析和资源分析结果，结合预案利用智能辅助决策技术，辅助应急决策人员快速制定出针对性强、操作性强的处置调度方案，为应急处置与救援提供指导。

（二）功能需求

实现对应急预案编制流程和预案备案的信息化处理，提高对预案内容的检索、统计分析能力，为正确决策提供必要的辅助支持。需要包括预案编制服务、预案管理、预案审核、预案备案、预案交流共享、数字化预案等功能模块内容。

（三）解决方案

应急预案管理系统参考架构如图 7 - 2 所示。

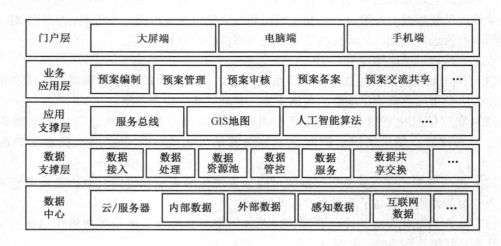

图 7 - 2 应急预案管理系统参考架构

1. 预案编制服务

实现预案的编制和持续完善，包含预案参考材料维护、预案模板管理、预案内容对比分析等内容。

（1）预案参考材料维护。建立统一的应急预案参考材料信息资源库，实现对收录预案参考材料的维护。

（2）预案模板管理。实现对总体预案、各专项预案及部门预案等模板进行管理。

（3）预案内容对比分析。基于数字化预案，实现对不同预案的组织指挥体系进行对比分析。

2. 预案管理

具备预案管理功能，包含预案信息管理、预案分类管理、事件链预案链图形化、事件链管理、预案链管理、预案全文检索、预案体系图管理、操作手册管理、预案查询接口、预案上报接口等内容。

（1）预案信息管理。建立文件系统下的存取路径以对预案信息进行存取；支持对预案信息进行维护和管理，支持预案信息的添加、编辑、删除等基础维护管理功能，记录更新时间及最新预案信息查询；支持按预案级别、类别、类型、编制单位、编制依据、预案管理单位等维度对预案信息进行查询，支持查询结果结构化展示；记录更新时间、维护操作日志，对维护管理操作可追溯。

（2）预案分类管理。对预案进行分类管理，支持对预案类别信息进行维护和管理，支持预案类别的添加、编辑、删除等基础维护管理功能，记录更新时间及最新预案分类信息。支持对应急预案进行创建分类、修改分类、删除分类等操作，支持预案分类汇总结果的结构化展示。记录维护管理操作日志，对维护管理操作可追溯。

（3）事件链预案链图形化。以链表图形方式，实现对系统现有的事件链信息和预案链信息进行展示。

（4）事件链管理。建立文件系统下的存取路径以对其进行存取，支持对事件链条目进行添加、编辑、删除等基础维护管理功能，支持具体条数中参数的修改，支持对文件进行编辑和编译等，通过事件链附件文件统一目录分级分类存储，实现事件链文件版本管理，记录更新时间、维护操作日志，对维护管理操作可追溯。

（5）预案链管理。建立文件系统下的存取路径以对其进行存取，支持对预案链条目进行添加、编辑、删除等基础维护管理功能，支持具体条数中参数的修改，支持对文件进行编辑和编译等，通过预案链附件文件统一目录分级分类存储，实现预案链文件版本管理，记录更新时间、维护操作日志，对维护管理操作可追溯。

（6）预案全文检索。实现对各级各类应急预案进行多维全文检索。

（7）预案体系图管理。按预案级别、类别等维度，对预案进行梳理、排列，快速生成某一类别下预案体系的架构图，直观地展示该类别下的预案体系，以及分布规律，实现用户对所持预案情况的全面了解。

（8）操作手册管理。以预案为载体，实现预案配套操作手册的管理。

（9）预案查询接口。为用户提供全文检索和准确定位所需预案及内容的功能。

（10）预案上报接口。提供预案上报接口调用服务。

3. 预案审核

预案审核具备预案审核功能，包含预案审核管理、预案审核流程管理、预案审核人员管理、预案审核结果管理、通讯录接口调用、审核提醒管理等内容。

（1）预案审核管理。实现对业务处室提交的待审核预案进行查看和审核。

（2）预案审核流程管理。针对不同的专项预案，提供预案审核流程添加、删除、查看、修改等管理功能。

（3）预案审核人员管理。针对不同的专项预案，具备选择相关的审核人员组成审核成员小组能力；系统能够向小组成员推送待审核预案，并支持对审核小组成员的基本信息进行查看。

（4）预案审核结果管理。实现预案审核结果统计和反馈。

（5）通讯录接口调用。针对预案审核的全过程，提供审核人员通讯录接口调用。

（6）审核提醒管理。针对预案审核的全过程，实现审核信息更新状态智能化提醒管理，生成记录提醒信息。

4. 预案备案

具备预案备案功能，包含预案备案管理、预案备案单位管理、预案备案进度跟踪管理、预案修订周期管理、备案提醒管理等内容。

（1）预案备案管理。实现预案备案的管理。

（2）预案备案单位管理。实现对预案备案单位及其基本信息的添加、修改、删除、查询等管理功能。

（3）预案备案进度跟踪管理。实现对应急预案备案的全流程进行跟踪。

（4）预案修订周期管理。实现对预案修订全生命周期的管理。

（5）备案提醒管理。预案备案过程中，实现智能化提醒功能，生成记录提醒信息。

5. 预案交流共享

预案交流共享是通过控制访问权限的方式，实现预案材料的信息共享，包含预案共享材料管理、预案材料反馈意见管理等内容。

（1）预案共享材料管理。建立统一的预案材料共享资源库，实现对预案共享材料的管理。

（2）预案材料反馈意见管理。建立统一的预案材料共享意见反馈资源库，实现对预案材料反馈意见的管理。

6. 数字化预案

建立数字化应急预案，包含预案智能结构化、预案人工结构化、预案数字化结构管理、结构化预案全文检索、结构化预案查询接口等内容。

（1）预案智能结构化。实现对预案每一部分进行文本内容的系统自动结构化处理，构建统一的预案智能结构化资源库，实现对预案的快速检索，实现对结构化预案进行书架形式直观展示。

（2）预案人工结构化。通过人工添加预案节点索引信息，提交后生成预案节点索引，提供预案智能结构化信息新增、编辑、删除、查询等管理维护操作，实现对结构化预案进行书架形式直观展示。

（3）预案数字化结构管理。通过预案解析模型把预案内容进行数字化，提供在线预案内容数字化编制界面功能，实现预案内容数字化直观展示。

（4）结构化预案全文检索。基于结构化预案内容资源库，通过限定时间范围、关键词快速搜索匹配全部字段属性值，检索结果信息按照匹配度进行排序，同时按照分类进行分组，网页分页展示。

（5）结构化预案查询接口。实现对预案数字结构化信息的汇总展示，具有查询、统计分析功能。

（6）统计分析评估。统计分析评估模块重点实现对预案结构化、体系化、关联性的分析和展示。功能模块主要由预案结构化分析、预案关联分析、预案要素维度分析等组成。

（7）应急演练。应急演练主要是对系统用户进行应急演练的计划管理、材料汇总管理和演练交流共享管理。由演练报备、演练材料关联、演练交流共享等模块组成。

（8）业务移动应用 APP 功能。移动 APP 主要是对系统用户提供预案查看、预案数字化检索、导调控制和演练实施等功能，具体包括预案查看、预案数字化查看、导调控制、演练实施等内容。

（9）预案查看。在移动 APP 中，可对预案库中的预案电子化文件进行多维度的检索，并支持在线查阅。

（10）预案数字化查看。支持预案数字化体系的检索与查看，查看各类预案基本信息与适用范围、事件分级与分级响应、处置流程阶段与任务、行动指令与触发条件、应急准备与应急资源等内容的关键信息要素。

（11）导调控制。导调控制的移动端化，局域网和外网双重模式，根据用户权限，在任意地点进行演练的控制和干预。根据演练制定，一场演练一个移动控制端即可。

（12）演练实施。简化版演练实施，包含信息报送、现场数据反馈、位置反馈、即时通讯，可接入真实系统的系统进行虚实结合的演练。根据外场演练的队伍数量决定，一个队伍至少一个移动端，反馈相应队伍的信息。

（四）关键设备

应急预案管理相关的关键设备/系统包括应急预案编制软件、应急响应指挥调度系统、应急通信系统等，具体见表 7－2。

表 7－2　应急预案管理相关的关键设备/系统

序号	名　称	功　能	应 用 场 景
1	应急预案编制软件	提供编写、审核、发布应急预案的功能	政府部门、企事业单位
2	应急响应指挥调度系统	提供应急响应、指挥调度、应急资源调配等功能	应急管理机构
3	应急通信系统	提供紧急通信、语音、短信、数据传输等功能	应急现场
4	应急物资管理系统	提供物资管理、调配、使用等功能	应急现场、物资管理部门
5	应急救援车辆及装备管理系统	提供车辆、装备管理、调配等功能	应急现场、车辆、装备管理部门

表7-2（续）

序号	名　　称	功　　能	应 用 场 景
6	人员管理系统	提供人员信息、调度、定位等功能	应急现场、人员管理部门
7	应急预警系统	提供灾害预警信息的发布、传输、展示等功能	政府部门、社区、企事业单位
8	无人机应急监测系统	提供无人机应急监测、图像传输、数据分析等功能	应急现场、监测部门
9	应急培训管理系统	提供应急培训计划、资料、考核等功能	应急管理机构、企事业单位
10	应急预案演练系统	提供应急预案演练、评估等功能	应急管理机构、企事业单位

三、系统应用

应急预案是指事先制定的应急处置计划，旨在在突发事件发生时对其进行及时、科学的处置和应对。

在应急指挥中心的实际应用中，应急预案通常以电子化的形式存在于应急管理业务系统中，以方便操作和管理。应急预案在系统中的应用效果主要表现在以下几个方面：

（1）快速调取。应急指挥中心可以在系统中快速调取各种应急预案，从而迅速响应突发事件，实现快速处置和应对。

（2）多方协同。系统中的应急预案可以实现多方协同，各相关单位可以共同制定、调整和完善应急预案，提高应对突发事件的整体效能。

（3）实时更新。应急预案在系统中的实时更新，可以根据实际情况进行修改和完善，保持应急响应能力的有效性和时效性。

（4）数据统计。系统中的应急预案可以进行数据统计和分析，以便更好地了解应急响应情况，为后续的预案完善提供数据支持。

综上所述，应急预案在应急指挥中心的实际应用中具有重要的作用和应用效果，它是保障应急响应能力的重要保障。

第三节　移　动　应　用

一、概述

在移动端实现灾害事故信息报送、查收、批示处理等功能，实现通信联络快捷化、应急资讯查询便捷化。

二、系统设计

（一）业务需求

面向赶赴途中、救援现场等不同作战环境使用需求，充分利用移动通信、卫通等技术，当突发事件发生时，应急处置人员在第一时间报送事件的现场信息，接收上级下发的任务，并进行实时联动；领导在途处置过程中，针对事件快速做出批示以及紧急公文批示；领导及工作人员及时查看通讯录、工作安排、值班表、应急资料，实时进行视频回传与查看，高效完成应急工作。

（二）功能需求

突发事件发生时，应急处置人员在第一时间报送事件的现场信息，接收上级下发的任务，并进行实时联动；领导在途处置过程中，针对事件快速做出批示以及紧急公文批示；领导及工作人员及时查看通讯录、工作安排、值班表、应急资料，实时进行视频回传与查看，高效完成应急工作。具体功能需要包括移动业务功能、音视频融合等功能。

（三）解决方案

应急管理移动应用系统参考架构如图7-3所示。

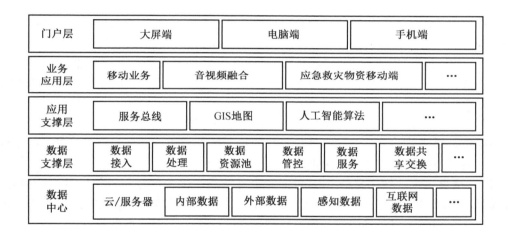

图7-3 应急管理移动应用系统参考架构

1. 移动业务

（1）事件信息。具备事件信息上报、事件信息录入、事件信息维护和事件信息多维属性查询功能。

（2）预警信息。通过移动APP系统，汇总整理出事件预计发生时间、预计持续时间、预警级别、信息详情、应对措施、报送单位、信息附件等内容，实现上报预警信息到上级单位。

（3）其他信息。通过移动APP系统，汇总整理出事项详情、报送单位、联系人、附件信息、上报时间等，实现其他信息上报到上级单位。

（4）地名智能匹配。通过移动APP，实现自动匹配对应的经纬度信息并保存；支持在移动端地图上拖动选点，根据选点结果确定经纬度坐标并查询所选点的地址信息；支持根据手动输入的经纬度，查询所对应的地址信息，以实现突发事件经纬度的精准定位和地址的精确查找。

（5）退报信息。根据信息报送要求规范，通过移动 APP，对各级单位上报的突发事件信息进行审查核对，对不符合规范的报送规范的信息，可填写录入退报理由，指出需要完善的内容，进行信息退报操作。

（6）重报信息。信息被退回后，上报单位可通过移动 APP，在被退报信息的基础上，自动提取退报信息内容，生成新的值班信息记录，根据退报意见进行完善补充并重新进行信息上报。信息上报后，原退报信息的状态发生改变并自动与重报信息进行关联，形成信息链，以重报信息为入口可以查看原先被退报的信息。

（7）关注信息。根据事件的类型、详情、等级、影响范围确定需要关注突发事件的机构和单位。通过移动 APP，在事件信息页面填写关注理由，将事件信息派发给需关注的单位，关注单位可追加。

（8）核报信息。提供信息核实途径，接报信息上报后，若操作人员对信息内容，如事发地点、信息详情、事发时间等具体信息存在疑问，可通过移动 APP 选择需要对信息核实的单位，填写需核报内容，进行核报操作，将核报信息进行下发。核报可多次、多单位进行。

（9）续报信息。提供信息更新途径，原始接报信息上报后，若事件情况有了较大变化，可通过移动 APP，在原报送信息记录的基础上，记录事件的发展情况以及最新的处置措施，以新信息的方式进行续报操作。

（10）转办信息。根据事件的类型、详情、等级、影响范围，确定该信息需要转办的机构和单位。通过移动 APP，在事件信息页面填写转办理由、办理时限等信息，将事件信息派发给需转办单位，转办单位可追加。

（11）信息送审。使用移动 APP 对突发事件信息、预警信息、其他信息进行核对后，如有需要，可依据突发事件信息，套用公文模板，自动生成 Word 格式的送审报告。可选择一个或多个领导用户，将报告和突发事件信息一同送领导审核审批。

（12）信息分享。提取突发事件信息，按照详情页布局方式生成移动端分享链接，可将链接通过短信、微信、QQ 等方式进行分享。信息接收者可直接点击链接进行查看突发事件信息详情，无须登录验证。

（13）办理过程留痕。建立事件办理过程数据库，以单条事件为主线，详细记录突发事件信息的信息上报、信息录入、信息维护、信息退报、信息核报、信息转办、信息重报、信息关注、签收等每项操作的详细信息，主要包括操作时间、操作人员、操作人员联系方式、办理内容等信息。

（14）多方报送。实现多部门报送、跨级报送和报送具体联系人功能。

（15）领导批示录入。支持多种领导批示意见录入方式，领导用户可在线对值班信息多次录入批示，值班人员也可将纸质或文字形式的领导批示手动录入，系统自动建立批示信息和接报信息之间的对应关系，并根据领导职务对批示进行分级。

（16）事件信息全文检索。使用全文检索引擎，对突发事件接报信息数据库的信息标题、联系电话、上报机构、事发地点、事件等级、事件类型、事件详情、办理过程、领导批示等信息进行结构化梳理，建立信息索引文件。

（17）移动端信息提醒。建立适配 APP 的全局的通用信息提醒机制，接收到接报、预警信息、其他信息，或有转办、退报、核报等任务时，系统生成提醒消息，发送给对应值班人员，同时播放音乐或伴以震动，值班人员通过手机 APP 进行接收，查看信息。

（18）短信提醒。接收到接报、预警信息、其他信息，或有转办、退报、核报等任务时，除系统内部发送的提醒信息外，还会根据短信提醒模板自动生成提醒短信，调用外部调度设备的短信发送接口进行短信发送，提醒相关人员尽快查阅信息。

（19）通讯录查询接口调用。在移动 APP 端，调用通讯录信息查询接口，获取通讯录信息数据。但需要使用由接口平台提供的凭证才能调用成功。

（20）一键电话。提供基础电话呼叫功能，在移动 APP 端进行信息浏览办理时，可直接点击出现的移动电话号码或座机电话号码，调用一键电话功能，利用手机进行拨号呼出。

（21）一键短信。提供基础短信发送功能，在移动 APP 端进行信息浏览办理时，可直接点击出现的移动电话号码，调用一键短信功能，利用手机进行短信发送。

（22）GIS 地图接入。支持以 OGC 标准的方式接入地理信息平台提供的 GIS 地图服务。提供基础地图操作功能，如地图缩放、地图平移、距离测算、矢量/影像切换、图层显示/隐藏等操作。

（23）实时定位信息发布接口。获取所有搭载 APP 的移动端设备的实时位置信号，生成实时定位图层，在 GIS 地图上叠加展示，并可隐藏。

（24）移动轨迹管理。建立终端位置信息库，记录所有移动终端历史位置信息，并可按照设备持有人、设备编号，结合时间区间，统计出终端在某一时间段内的所有点位信息。

（25）接口调用。在移动 APP 端，调用危险源、防护目标、专业救援队伍、社会救援力量、救援装备、应急专家、救灾物资、社会捐赠、生产企业、运输资源、通信资源、医疗卫生资源、应急重点工程、应急避难场所、预案、案例、法律法规等信息查询接口，获取相关信息。

（26）值班表查看。可通过移动 APP，查看当日、当周、当月等多种周期的值班情况，包括值班人员姓名、班次、移动电话、办公电话信息，并可以执行拨打电话和发送短信等操作。

（27）通讯录查看。可在在移动 APP 端，查看通讯录数据库资源中的数据，包括机构名称、机构办公电话、机构传真号码、机构负责人、机构负责人联系方式、人员姓名、人员职务、人员办公电话、人员家庭电话、人员移动电话等信息，并可以直接拨打电话或发送短信。

（28）信息简报查看。在移动 APP 端，可在线查看系统生成的各类信息简报及简报办理过程记录，并可将简报以 Word，Exel 或者 PDF 的方式保存到本地手机端。并可通过关键字，对简报信息记性检索。

（29）下发任务接收。进行事件处置时，上级单位可将需办理任务，以 APP 通知消息的形式直接发送到手机端，并伴随震动和短信提醒，操作人员可通过手机端，对接收任务进行查看。

（30）任务情况反馈。根据实际时间处理情况，操作人员可通过手机 APP 端，填写事件处理进度,现场最新情况,需要协调事项等信息,对下发的任务进行反馈。系统接收并记录反馈信息后,将反馈自动传达给任务发下人员进行汇总。针对同一任务可进行多次反馈。

(31)值班日报查看。在移动 APP 端,可在线查看系统生成的当日值班日报和历史值班日报。并可通过关键字对值班记录进行检索。

(32)交接班查看。在移动 APP 端,可在线查看系统生成的当日交接班情况和历史交接班记录。并可通过关键字对交接班记录进行检索。

(33)下载及检索。在移动 APP 端,可通过接口在线查看知识记录、知识信息,并可下载知识附件到本地,还可通过关键字对知识记录进行检索。

2. 音视频融合

实现单兵、无人机、布控球等现场移动终端与应急指挥中心的信息交互,具备各种语音、视频、图形、数据系统间的协同调度功能,包含移动端实时音频回传、移动端实时视频回传、频会议管理、视频会议管理等内容。

(1)移动端实时音频回传。通过与融合通信子系统的对接,实现单兵、无人机、布控球等现场移动终端对现场音频实时回传,在 APP 端可实时播放回传的音频信息。

(2)移动端实时视频回传。通过与融合通信子系统的对接,实现单兵、无人机、布控球等现场移动终端对现场视频实时回传,在 APP 端可实时播放回传的视频信息。

(3)音频会议管理。与融合通信子系统的对接,APP 端可进行加入创建、加入、离开、暂停、解散音频会议等操作,并可邀请其他移动端或 PC 端用户参加。

(4)视频会议管理。与融合通信子系统的对接,APP 端可进行加入创建、加入、离开、暂停、解散视频会议等操作,并可邀请其他移动端或 PC 端用户参加。

3. 应急救灾物资信息平台移动端

具备急救灾物资信息平台移动端,包含待办事项管理、应急救灾物资社会捐赠信息、应急救灾物资采购信息、应急救灾物资库存信息、应急救灾物资调拨信息、应急救灾物资保障全周期档案、异常问题预警信息接收、可视化综合信息、最优应急救灾物资配送方案牛成、最优应急救灾物资配送方案查看等内容。

(1)待办事项管理。利用移动 APP,实现待办事项管理、事项催办、事项综合查询和待办事项统计分析功能。

(2)应急救灾物资社会捐赠信息。通过移动 APP,对救灾物资社会捐赠信息数据库中的信息进行浏览、统计分析和上图展示。

(3)应急救灾物资采购信息。通过移动 APP,对应急救灾物资采购信息数据库中的信息进行浏览、统计分析和上图展示。

(4)应急救灾物资库存信息。通过移动 APP,对应急救灾物资库存数据库中的信息进行浏览、统计分析和上图展示。

(5)应急救灾物资调拨信息。通过移动 APP,对应急救灾物资调拨信息数据库中的信息进行浏览、统计分析和上图展示。

(6)应急救灾物资保障全周期档案。自动采集和汇总应急救灾物资在调拨、库存、作业、配送过程中的全部基本信息和过程信息,以应急救灾物资为主线,建立应急救灾物资的全生命周期档案。

（7）异常问题预警信息接收。全面整合应急救灾物资在全周期内各个环节的业务数据和处理信息，平台一旦发现应急救灾物资在流程过程中出现业务迟滞、应急救灾物资数据不匹配、应急救灾物资信息不匹配等异常问题和现象，移动 APP 可自动接收预警信息，提醒政府管理人员异常问题详情、分析结果查看。

（8）可视化综合信息。通过移动 APP，实现对综合信息的查看和统计分析。

（9）最优应急救灾物资配送方案生成。综合考量应急救灾物资运输主体、运输方式、运输路线和运输环境等救灾物资配送核心影响因素，基于大数据进行智能分析，自动生成和匹配最优的应急救灾物资配送方案，操作人员通过移动 APP 进行最优配送方案生成。

（10）最优应急救灾物资配送方案查看。通过移动 APP 可以快速查询、查看到相应的最优化应急救灾物资配送方案，并可将方案导出到本地进行查看。

（四）关键设备

移动应用相关的关键设备或系统包括移动终端设备、移动操作系统、移动应用商店等，具体见表7-3。

表7-3　移动应用相关的关键设备/系统

序号	名　称	功　能	应 用 场 景
1	移动终端设备	进行移动应用的安装、运行和使用	手机、平板电脑等移动设备
2	移动操作系统	提供移动设备操作界面、驱动和应用程序运行环境	安卓、iOS 等操作系统
3	移动应用商店	提供移动应用的下载、安装、升级等服务	应用商店、应用平台
4	服务器	提供移动应用的后台支撑服务，包括数据存储、数据分析、消息推送等	移动应用后台、云服务器
5	移动应用测试工具	进行移动应用的测试、验证和优化	移动应用开发过程中、上线前的测试和验证，以及应用性能优化
6	移动应用开发工具	进行移动应用的设计、开发和调试	移动应用开发过程中
7	移动应用管理平台	管理企业内部移动应用的发布、部署和维护	企业内部移动应用管理
8	移动设备管理平台	管理企业内部移动设备的安全性和使用情况	企业内部移动设备管理，保证移动设备的安全性和工作效率

三、系统应用

应急指挥中心中的移动应用系统及装备是指为了满足应急指挥需求而开发的、具有移动性的应用系统和装备。这些系统和装备可以随时随地使用，帮助指挥中心更好地应对各种突发事件。

例如，在地震等自然灾害发生时，应急指挥中心的人员可以使用移动应用系统，快速获取受灾地区的信息，实时掌握灾情，及时做出指挥决策。同时，移动装备如便携式通信设备、便携式电源等，也可以为指挥中心提供应急通讯和电力保障，保障指挥中心在紧急情况下的正常运行。

此外，移动应用系统和装备还可以用于指挥人员的移动办公，提高工作效率和响应速度。例如，在某次实际演练中，应急指挥中心的指挥人员通过移动应用系统和装备，迅速到达灾区现场，组织和指挥抢险救援工作，取得了较好的应急响应效果。

总之，移动应用系统和装备在应急指挥中心中的应用，不仅提高了应急响应能力和效率，还为指挥人员提供了更加灵活的工作方式，对于应对各种突发事件具有重要作用。

第四节　安　全　保　障

一、概述

计算机信息系统的安全保护，应保障计算机及其相关的和配套的设备、设施（含网络）的安全，运行环境的安全，保障信息的安全，保障计算机功能的正常发挥，以维护计算机信息系统的安全运行。

二、系统设计

（一）业务需求

采用分层和纵深防御的思想。采用完整适宜的安全架构，保障系统及应用平台的安全。分层防御旨在采用多种方法，在系统和网络中多个区域执行安全性策略，从而确保没有单点安全故障发生；纵深防御思想使用多重防御策略来管理风险，以便在一层防御不够时，另一层防御将会阻止系统遭受完全的破坏。

（二）功能需求

按照《信息安全技术—网络安全等级保护基本要求》（GB/T 22239—2019）要求，一般需要满足安全物理环境、安全通信网络、安全区域边界、安全计算环境、安全管理中心、安全管理制度、安全管理机构、安全管理人员、安全建设管理、安全运维管理等通用安全需求和其他相关扩展需求。

（1）安全物理环境。包括物理位置选择、物理访问控制、防盗窃和防破坏、防雷击、防火、防水和防潮、防静电、温湿度控制、电力供应、电磁防护等。

（2）安全通信网络。包括网络架构、通信传输和可信验证等。

（3）安全区域边界。包括边界防护、访问控制、入侵防范、恶意代码和垃圾邮件防范、安全审计、可信验证等。

（4）安全计算环境。包括身份鉴别、访问控制、安全审计、入侵防范、恶意代码防范、可信验证、数据完整性、数据保密性、数据备份与恢复、剩余信息保护和个人信息保护等。

（5）安全管理中心。包括系统管理、审计管理、安全管理和集中管控等。

（6）安全管理制度。包括安全策略、管理制度、制定和发布，以及评审和修订等。

（7）安全管理机构。包括岗位设置、人员配备、授权和审批、沟通和合作，以及审核和检查等。

（8）安全管理人员。包括人员录用、人员离岗、安全意识教育和培训，以及外部人员访问管理等。

（9）安全建设管理。控制点包括定级和备案、安全方案设计、安全产品采购和使用、自行软件开发、外包软件开发、工程实施、测试验收、系统交付、等级测评和服务供应商管理等。

（10）安全运维管理。包括环境管理、资产管理、介质管理、设备维护管理、漏洞和风险管理、网络和系统安全管理、恶意代码防范管理、配置管理、密码管理、变更管理、备份与恢复管理、安全事件处置、应急预案管理和外包运维管理等。

（11）云计算安全扩展。包括基础设施位置、网络架构、网络边界的访问控制、网络边界的入侵防范、网络边界的安全审计、集中管控、计算环境的身份鉴别、计算环境的访问控制、计算环境的入侵防范、镜像和快照保护、数据安全性、数据备份恢复、剩余信息保护、云服务商选择、供应链管理和云计算环境管理等。

（12）移动互联安全扩展。包括无线接入点的物理位置、无线和有线网络之间的边界防护、无线和有线网络之间的访问控制、无线和有线网络之间的入侵防范，移动终端管控、移动应用管控、移动应用软件采购、移动应用软件开发和配置管理等内容。

（13）物联网安全扩展。包括感知节点的物理防护、感知网的入侵防范、感知网的接入控制、感知节点设备安全、网关节点设备安全、抗数据重放、数据融合处理和感知节点的管理等内容。

（14）工业控制系统安全扩展。包括室外控制设备防护、网络架构、通信传输、访问控制、拨号使用控制、无线使用控制、控制设备安全、产品采购和使用，以及外包软件开发等。

（三）解决方案

网络安全等级保护基本要求内容如图7-4所示。

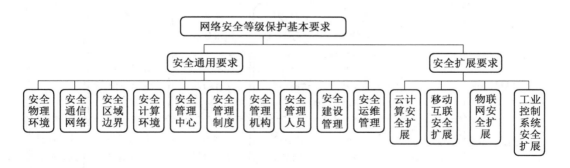

图7-4　网络安全等级保护基本要求内容

1. 安全物理环境建设

1）防盗窃和防破坏

（1）将设备放置在机房内适当的位置，应将设备或主要部件进行固定，并设置明显的不易除去的标记。做好登记包括已经丢失或者被破坏的。

（2）对涉密和重要业务数据机柜上锁，保管好钥匙。对设备出入机房进行严格的审批和检查机制，严格把控设备进出机房。

2）设备安全

（1）加强对通信机房的设备进行安全管理，杜绝人为因素对设备造成影响，进而对业务造成影响。为保障机房内设备处于最佳运行状态，特制定严格的设备维护要求。

（2）机房人员必须熟知机房内设备的基本安全操作和规则。

（3）应定期检查、整理硬件物理连接线路，定期检查硬件运作状态（如设备指示灯、仪表），定期调阅硬件运作自检报告，从而及时了解硬件运作状态。

（4）禁止随意搬动设备、随意在设备上进行安装、拆卸硬件，或随意更改设备连线，禁止随意进行硬件复位（尤其针对做 RAID 的磁盘紧张热插拔）。

（5）禁止在服务器上进行试验性质的配置操作，需要对服务器进行配置，应在其他可进行试验的机器上调试通过并确认可行后才能对服务器进行准确的配置。

2. 安全通信网络建设

基于"以用户为基础、以风险为抓手、业务为核心，贯彻从主动防御、安全韧性"的核心理念，建设成"大协同、大共享的智能化安全体系"，构建边界可控、接入可信、全网可管、全量可查的"三横三纵"网络智能纵深防御体系，保障应急管理信息化的安全、稳定和持续发展，全面提升应急管理业务的智能化、现代化水平，为民生安全、社会安全和国家安全保驾护航。"三横三纵"的通信网络安全保障框架如图 7-5 所示。

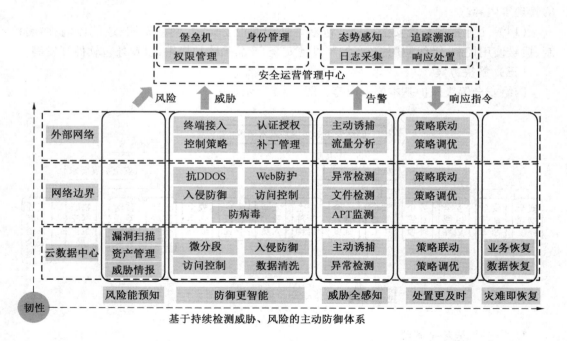

图7-5 "三横三纵"的通信网络安全保障框架

首先构筑外部网络、网络边界和数据中心的"三横"通信网络安全纵深防御体系；

其次在资产安全防护、威胁监测、事件响应的方面为整体安全保障体系提供通信网络安全"三纵"保障能力，构筑覆盖风险、威胁全生命周期主动、连续管理体系，支撑实现"风险能预知、防御更智能、威胁全感知、决策更精准、处置更及时、灾难即恢复"的安全能力建设，以保证业务的连续性；最后遵循最小化权限原则，且所有服务访问必须认证与授权，数据传输必须经过加密，从而进一步提升整个网络的安全性。

1）网元安全防护设计

网元设备主要包含网络安全类设备及网络通信类设备。网络安全类设备通常包含防火墙，抗 DDOS 攻击设备，入侵防御设备，WEB 应用网关，蜜罐设备，沙箱，检测探针等；网络通信类设备通常包含路由器，交换机，DNS 服务器及其他服务器等。

通过安全运营管理中心来实现网元安全的风险识别、增强保护、快速检测、及时响应和恢复业务，保障网元设备全生命周期安全可信。

网元设备的自身安全是网络安全的重要基础，主要包括网元设备的安全配置核查、漏洞检测加固、安全运行监控、安全日志监控等。在应急管理大数据通信网络安全里占据非常重要的位置。

网元安全设计由网元自身安全、外部多重手段安全保障、安全管理中心统一管理调度3 个方面相互作用、共同保障。

2）网络攻击诱捕防御设计

通过在网络交换机和防火墙上开启网络攻击诱捕功能，自动化全网散布陷阱、自动仿真用户业务等技术迷惑和诱捕攻击者，有效检测和防御包括 APT、勒索病毒在内的网络攻击行为，并能联动网络控制器和安全控制器实现微隔离，有效防御已知和未知威胁。基于杀伤链模型对诱捕系统的原理进行阐述和验证，在该模型中入侵被分为 7 个阶段。

诱捕系统能够通过交换机、防火墙设备上在网络中自动或手动的布满陷阱，在真实业务周边自动化产生大量的带漏洞仿真业务，并根据周边环境模拟出相似的仿真业务和诱饵，诱导攻击者进攻其他仿真业务。诱捕系统可对每个攻击者生成可溯源的唯一指纹，能够识别出内网的整个攻击路径。

3. 安全区域边界建设

指挥信息网的边界包含与外部网边界和自建网边界，外部网边界包含与电子政务外网、行业专网边界；自建网边界包含与卫星通信网和无线通信网边界。

在电子政务外网边界和行业专网边界部署下一代防火墙，实现边界防护、访问控制、入侵防御、恶意代码防范、应用识别和加密流量检测的能力；部署流量探针采集网络边界流量，发送到态势感知平台检测，识别未知威胁攻击，态势感知平台再与防火墙联动进行威胁阻断；部署上网行为管理系统，对用户上网行为进行分析，同时结合用户数据源，满足安全审计和取证的需要。

在自建网边界部署下一代防火墙，实现边界防护、访问控制、入侵防御、恶意代码防范、应用识别和加密流量检测的能力；部署沙箱提取网络流量中的文件，在虚拟环境中实时检测，识别未知威胁攻击，并能与防火墙联动进行威胁阻断；部署蜜罐实现网络流量诱捕，追踪溯源并联动下一代防火墙阻断攻击的能力。

在互联网边界部署下一代防火墙，实现边界防护、访问控制、恶意代码防范、应用识别和加密流量检测的能力；部署入侵防御设备实现对入侵攻击的高效检测及防护功能；部署沙箱提取网络流量中的文件，在虚拟环境中实时检测，识别未知威胁攻击，并能与防火墙联动进行威胁阻断；部署蜜罐实现网络流量诱捕，追踪溯源并联动下一代防火墙阻断攻击的能力；部署抗 DDOS 设备，实时防御流量型攻击和应用层攻击。

1）边界保护

安全访问控制：部署防火墙设备，作为外部网络进入指挥信息网的唯一出入口，可根据严格的 ACL 策略和连接状态检测进行通信合法性保护，且能实现对应用层 HTTP、FTP、TELNET、SMTP、POP3 等协议命令级的控制，可限制网络最大流量数及网络连接数，并对重要网段防止地址欺骗，其本身具备较强的抗攻击能力。

入侵检测防御：部署 IPS 设备，实现对入侵攻击的高效检测及防护功能，支持防护的攻击类型有蠕虫、木马、间谍软件、协议异常等。支持基于漏洞的入侵攻击检测，支持零日攻击检测。支持对 Web 应用类的安全防护监测，包括对 Web 服务器的攻击检测防护功能。支持灵活的检测策略，实时签名库升级、灵活的响应方式及详细的攻击报表功能。

恶意代码检测：部署 IPS 设备，支持病毒查杀功能，支持 HTTP、SMTP、POP3、FTP 协议传输的文件进行病毒查杀；支持查杀多种压缩格式的压缩文件、加壳文件以及 Email 中的附件；发现病毒后能采用邮件宣告说明、Web 页面推送等手段有效通知用户；病毒库可以在线升级，用户可让 IPS 在设定的时间点自主连接安全服务中心对病毒库进行自动升级，也可手动实时升级病毒库。

2）安全接入

监测管理：流量探针对进入指挥中心的流量进行监测分析；在边界部署流探针，通过优化的 DPI 技术高效提取原始流量的协议特性，实现高性能的流量数据采集和协议解析。

攻击主动防御：网络诱捕技术可以与攻击源进行主动交互，通过网络欺骗和业务仿真能力，在攻击源发起内网扫描阶段时即将其识别出来，并可通过联动处置能力将其快速隔离，避免真实业务受到影响。

未知威胁分析：通过部署沙箱、蜜罐系统，基于攻击行为分析发现位置威胁；部署态势感知平台能针对 APT 全攻击链中的每个步骤，渗透、驻点、提权、侦查、外发等各个阶段进行检测，建立文件异常、Mail 异常、C&C 异常检测、流量异常、日志关联、Web 异常检测、隐蔽通道等检测模型并关联检测出高级威胁。

恶意文件检测：在边界部署沙箱，可以精确识别未知恶意文件渗透和 C&C（命令与控制，Command&Control，简称 C&C）恶意外联。通过直接还原网络流量并提取文件或依靠防火墙/入侵防御设备提取的文件，在虚拟的环境内进行分析，实现对未知恶意文件的检测。面对高级恶意软件，通过信誉扫描、实时行为分析等本地和云端技术，分析和收集软件的静态及动态行为，沙箱与防火墙/入侵防御设备配合，对"灰度"流量实时检测、阻断和报告呈现，有效避免未知威胁攻击的迅速扩散和企业核心信息资产损。

与边界防火墙或入侵防御设备联动：防火墙或入侵防御设备负责还原文件，并将需要检测的文件送到沙箱进行检测。同时防火墙或入侵防御设备还支持 SSL 流量解密，针对解密后的流量做文件还原，再送沙箱检测；沙箱能与防火墙/入侵防御设备进行威胁信息同步，由防火墙/入侵防御设备进行威胁阻断。

具体部署流量分析：建设包括的安全接入边界主要有外部网络安全接入区、互联网安全接入区以及自建网安全接入区。以互联网出口区为例，外部攻击到达防火墙后，会通过设置的诱捕功能与蜜罐进行业务联动，发现异常攻击流量后，将流量引至运维管理区的态势感知平台，通过大数据算法以及未知威胁感知的能力，对恶意流量进行处理，并联动安全控制器以及网络控制器进行策略下发，对恶意流量进行阻断，实现对出口处流量的恶意防护。

4. 计算环境安全建设

1）认证授权

身份鉴别可分为主机身份鉴别和应用身份鉴别两个方面。

2）主机身份鉴别

为提高主机系统安全性，保障各种应用的正常运行，对主机系统需要进行一系列的加固措施，包括：

（1）对登录操作系统和数据库系统的用户进行身份标识和鉴别，且保证用户名的唯一性。

（2）根据基本要求配置用户名/口令；口令必须采用 3 种以上字符、长度不少于 8 位，并定期更换。

（3）启用登录失败处理功能，登录失败后采取结束会话、限制非法登录次数和自动退出等措施。

（4）远程管理时应启用 SSH 等管理方式，加密管理数据，防止被网络窃听。

（5）主机管理员登录进行双因素认证方式，采用 USBkey + 密码进行身份鉴别。

3）应用身份鉴别

为提高应用系统系统安全性，应用系统需要进行一系列的加固措施，包括：

（1）对登录用户进行身份标识和鉴别，且保证用户名的唯一性。

（2）根据基本要求配置用户名/口令，必须具备一定的复杂度；口令必须采用 3 种以上字符、长度不少于 8 位，并定期更换。

（3）启用登录失败处理功能，登录失败后采取结束会话、限制非法登录次数和自动退出等措施。

（4）对于三级系统，要求对用户进行两种或两种以上组合的鉴别技术，因此可采用双因素认证（USBkey + 密码）或者构建 PKI 体系，采用 CA 证书的方式进行身份鉴别。

4）终端安全

通过建设一套终端安全防护系统，实现对终端的安全准入、安全管控、纵深防护、高级威胁发现、业务安全访问等需求。满足应急指挥中心终端安全建设对于终端管控、病毒防护、应急隔离访问的需求。

终端运维管控体系：从终端安全准入、资产管理、软件管家、终端运维管控、终端审计、移动存储管理等方面解决终端的基础架构安全问题。

终端纵深防御体系：从恶意代码防护、补丁管理、主动防御、防黑加固、网络防火墙、数据防泄露等方面解决病毒与黑客的入侵和攻击问题。

终端高级威胁发现体系：从终端行为采集、主动威胁检测、终端威胁追踪、威胁应急响应等方面解决日益复杂的高级威胁和未知威胁、发现与响应问题。

终端业务安全访问体系：从终端环境感知、终端多网切换功能来解决终端到业务的安全访问问题。

5）终端安全管控体系

终端安全准入：提供控制客户端服务器入网规则，不合规的客户端服务器禁止进行外网访问或访问特定的应用服务器。

资产管理：提供强大的终端发现功能，管理员可以通过定义网络 IP 段分组，对指定的网络分组进行周期性发现（采用多协议、多机制方式）以及统计网络中的终端数量及类型。管理员通过此功能，了解全网终端数量和终端的安装量，为终端安全管理运维提供有效的参考。

软件管家：提供应急管理部私有软件上传管理通道，具备丰富的外网软件快速下载到本地缓存的功能，通过灵活的策略配置和丰富直观的日志报表功能，管理员可以轻松掌握网内软件使用情况，及时发现异常，保证应急管理部软件的正常运行和软件安全性。

6）终端运维管控

外设管理：对终端外设或计算机硬件的管理要求，如 USB、光驱、打印机、无线网卡、蓝牙等。通过对此类终端外设的策略控制，对外设的特定放开，特定权限使用，实现外设的安全接入和使用。

U 盘的禁用、可用、例外：管理端通过 U 盘使用设置功能的策略下发，可实现对 U 盘的禁用、禁止读写、U 盘插入通知、受限 U 盘弹出申请等功能。支持例外 U 盘制作，拥有此策略 U 盘可在内部按权使用。支持 U 盘插入报警以及 U 盘报警数据的导出。

加密 U 盘：管理机制作加密 U 盘，保存策略后，只允许存在加密 U 盘策略的客户端上使用此 U 盘，其他终端无法读取 U 盘。支持制作、添加、删除加密 U 盘。

光驱管理（禁用、可用）：通过禁用外设模块中禁用光驱的功能，对指定的终端批量下发策略，实现对终端的光驱设备禁止使用的效果。

打印机管理：通过打印管控功能策略设置，对指定的终端批量下发策略，实现对终端连接的打印设备禁止使用的效果。

红外/蓝牙/Modem/声卡/COM 口/无线网卡/图形图像设备/便携设备管理：通过禁用外设模块中禁用软驱，红外，蓝牙，Modem，声卡，COM 口，禁用图形图像设备，禁用便携式设备，禁用无线网卡的功能，对指定的终端批量下发策略，实现对终端的外设禁止使用的效果。

终端审计：在系统中查询用户文件操作信息，如文件创建、访问、复制、删除、剪切、重命名等，系统记录每个员工在本机终端以及互联网络上对文件进行的操作。管理员通过程序日志，审计程序安全性，保证终端安全。记录日志包括程序运行路径、开始时间、结束时间、设备名称等信息。系统记录用户开关机信息，监控终端启停情况。同时，系统支持统计终端开关机明细与汇总信息。

移动存储管理：实现对移动存储设备的灵活管控，保证终端与移动存储介质进行数据交换和共享过程中的信息安全要求。移动存储管理包括移动存储介质的身份注册、网内终端授权管理、移动介质挂失管理、外出管理和终端设备例外等功能。

5. 数据安全

整个数据平台系统建设要满足等保三级要求，系统上线后按要求开展等级保护。

1）系统应用安全

系统应用安全主要是通过身份认证、权限分配、安全检查、日志追踪等技术手段保障系统应用安全。

身份认证系统：统一的身份认证系统，做到用户身份的认证，统一认证系统将对用户身份的合法性做严格的验证。

系统权限分配控制：根据用户角色和业务需求提供相应的权限规定，按照用户的实际业务需求，以最小权限分配准则进行权限分配，允许用户在权限范围内访问系统不同的功能模块。

系统安全漏洞检查：通过安全扫描软件定期对系统应用安全漏洞进行扫描，并进行安全加固，及时修复系统安全漏洞，保障系统应用安全。

系统日志访问：增加系统访问日志功能，用户登录系统后对系统的操作流程及访问功能进行访问日志记录，通过日志访问对访问用户进行跟踪、记录，便于对用户行为做安全管理，为有效责任机制和监督机制奠定技术基础。

2）基础设施安全

系统基础设施安全包括安全隔离措施设置、防病毒系统建设、监控监测措施、设备可靠性选择和密码应用说明等。

安全隔离措施：对部署系统进行安全区域划分，需要将内外网络、数据库访问的通信网络采取适当的安全隔离措施，可以通过 VLAN、防火墙等保护区域安全。

防病毒系统：网络防病毒系统用于预防病毒的信息系统所在安全区域内传播、感染和发作，同时定期进行自动扫描检查，完成病毒隔离、查杀和清除操作。

监控检测措施：监控监测措施用于及时发现操作系统、数据库系统、应用系统以及网络协议安全漏洞，防止安全漏洞引起的安全隐患，同时信息安全不受侵害。

设备可靠性：系统将采用成熟的硬件设备，保障系统运行的可靠性，系统关键设备服务器将采用双机高可用模式，避免单点故障问题。应用系统采用多借点负载均衡模式，提高系统性能以及避免单一节点故障造成的应用不可访问问题。

密码应用说明：运行监管系统在安全方面采用数字认证和数据加密技术实现智慧城市基础网络、终端、服务器的高安全性。在加密算法方面支持常规国产 SM1、SM2、SM3、SM4 等密码算法，同时支持国际主流密码算法。在安全访问方面实现各访问用户的设备鉴别和访问授权、控制机制，同时通过数字认证技术，实现对运行监管系统访问的用户身份认证和数字签名。在数据使用方面采用分级标记和分发标志，实现对数据传输、存储的加密，保证数据的安全性，同时采用密码杂凑算法，实现数据的完整性校验，保障数据不被非法篡改和破坏。

3）备份系统设计

建立良好的备份系统除了需要配备有好的软硬件产品之外，更需要有良好的备份策略和管理规划来进行保证。备份策略的选择要统筹考虑需备份的总数量、线路带宽、数据吞吐量、时间窗口及对恢复时间的要求等因素。备份策略主要有全量备份、增量备份和差分备份。全量备份所需时间最长，但恢复时间最短，操作最方便，当系统中数据量不大时，采用全量备份最可靠。增量备份和差分备份所需的备份介质和备份时间都较全量备份少，但是数据恢复麻烦。根据不同业务对数据备份的时间窗口和灾难恢复的要求，可以选择不同的备份方式，亦可以将这几种备份方式进行组合应用，以得到更好的备份效果。系统备份内容主要包括：①系统级备份包含系统程序、配置文件等；②数据库备份：数据文件、日志文件等；③应用备份：应用程序、应用程序日志等。

除此之外系统可以通过控制对备份参数、备份方式、备份内容、备份时间和备份介质进行设置。建设涉及的相关数据统一部署在政务云上，利用政务云的相关能力做好数据备份。

6. 应用安全

运行在电子政务外网的系统应用安全符合等保 2.0 三级的要求，从身份鉴别、强制访问控制、安全审计、入侵防范、恶意代码防范、数据完整性、读访问控制、数据保密性、数据备份和恢复、剩余信息保护、个人信息保护等方面进行防护。

1）身份鉴别

为提高安全计算环境中主机系统安全性，保障各种应用的正常运行，对主机系统的安全防护措施包括：

对登录操作系统和数据库系统的用户进行身份标识和鉴别，且保障用户名的唯一性。所有用户应当具备独一无二的标识符以便跟踪后续行为，从而可以将责任对应到人。用户 ID 不得表示用户的权限级别，比如经理或主管等。

根据基本要求配置用户名/口令，口令必须具备采用 3 种以上字符，长度不少于 8 位，并定期更换。

启用登录失败处理功能。登录失败后采取结束会话、限制非法登录次数和自动退出等措施，重要的主机系统应对与之相连的服务器或终端设备进行身份标识和鉴别。

远程管理时应启用 SSH 等管理方式，加密管理数据，防止被网络窃听。

对主机管理员登录采取双因素认证方式，采用 USBkey + 密码进行身份鉴别。

为提高应用服务安全性，保障各种业务的正常运行，应在应用系统开发过程中进行相应身份鉴别功能的开发，包括根据基本要求配置用户名/口令，口令必须具备采用 3 种以上字符，长度不少于 8 位，并定期更换；保证系统用户名具有唯一性；启用登录失败处理功能，登录失败后采取结束会话、限制非法登录次数和自动退出等措施；对用户登录采取双因素认证方式，采用 USBkey + 密码进行身份鉴别或者通过 CA 系统进行身份鉴别。

2）强制访问控制

启用强制访问控制功能，依据安全策略控制用户对资源的访问，对重要信息资源设置敏感标记，安全策略严格控制用户对有敏感标记重要信息资源的操作。

强制访问控制主要是对核心数据区的文件、数据库等资源的访问进行控制，避免越权非法使用。采用的措施主要包括以下几个方面：

启用访问控制功能：制定严格的访问控制安全策略，根据策略控制用户对应用系统的访问，特别是文件操作、数据访问等，控制粒度主体为用户级，客体为文件或者数据库表级别。

权限控制：对于制定的访问控制规则要能清楚地覆盖资源访问相关的主题、客体及它们之间的操作。对于不同的用户授权原则是进行能够完成工作的最小化授权，避免授权范围过大，并在它们之间形成互相支援的关系。

账号管理：严格限制默认账户的访问权限，重命名默认账户，修改默认口令，及时删除多余的、过期的账户，避免共享账户的存在。

访问控制的实现主要是采取两种方式：采用安全操作系统，或对操作系统进行安全改造，且使用效果要达到以上要求。

根据等级保护基本要求进行访问控制的配置，包括权限定义、默认账号的权限管理、控制粒度的确定等。

通过安全加固措施制定严格的用户权限策略，保证账号、口令等符合安全策略要求。

对于强制访问控制中的权限分配和账号管理部分，可以通过等级保护配置核查产品进行定期扫描核查，及时发现与基线要求不符的配置并进行加固。同时账号管理和权限控制部分还可以通过堡垒机产品来进行强制管控，满足强制访问控制的要求。

部署垒机，对维护人员维护服务器、网络设备过程进行强制访问控制，提供单点登录和集中认证、授权控制功能。

安全审计：安全审计主要用来记录系统用户和数据库用户重要的安全相关事件。

系统用户审计主要包括重要用户行为、系统资源的异常使用和重要程序功能的执行等；还包括数据文件的打开关闭，具体的行动，诸如读取、编辑和删除记录，以及打印报表等。对于系统用户审计建议可以通过桌面管理系统来实现，桌面管理系统能够对网络内部主机进行统一管理，对主机上安装的应用进行限制、管理，对主机具体操作进行审计，提供根据细化的审计功能；同时主机还担任网络运维工作，未了保障系统运维安全需通过部署堡垒机系统，堡垒机是集账号权限管控以及用户行为审计与一体的安全运维产品，能够通过录屏，记录命令行等方式记录用户对重要服务器的访问行为以及所做的各种操作。

数据库用户审计主要包括用户的各种数据库操作，如插入、更新、删除、修改等行为。对于某些对数据可用性、保密性和完整性方面十分敏感的应用，要求能够捕捉到每个所改变记录的事前和事后的情况。对于数据库用户审计建议可以通过网络审计产品来实现，网络审计产品以旁路方式接入网络，不会对网络造成影响，能够对所有数据库操作行为进行细粒度的记录，以便事后追查。

通过在安全管理区部署堡垒机系统，对重要系统采用自主访问控制模式来限制用户权限，以达到保护系统资源安全的目的；对于数据库审计则需在数据库服务器所连接交换机上旁路部署数据库审计设备，对数据库访问进行审计操作。部署堡垒机系统，对运维人员访问和维护服务器过程进行图形和字符全程审计记录。

部署日志审计系统，对重要服务器、网络设备、安全设备日志进行集中的收集和分析。

3）恶意代码防范

针对病毒风险，应在网络中所有服务器和终端主机上部署防病毒系统，加强终端主机的病毒防护能力并及时升级恶意代码软件版本以及恶意代码库。同时在安全管理区部署防病毒服务器，负责制定终端主机防病毒策略，进行防病毒系统的统一管理。

4）数据完整性

网络中传输的重要数据，其安全性要求较高，尤其是业务系统中的隐私信息，建议采用消息摘要机制确保完整性校验。其方法是：发送方使用散列函数，如（SHA，MD5等）对要发送的信息进行摘要计算，得到信息的鉴别码，联通信息一起发送给接收方，将信息以信息摘要进行打包后插入身份鉴别标识，发送给接收方。接收方对接收到的信息，首先确认发送方的身份信息，解包后，重新计算，将得到的鉴别码与收到的鉴别码进行比较，若二者相同，则可以判定信息未被篡改，信息完整性没有受到破坏。在传输过程中可以通过 VPN 系统来保证数据包的完整性、保密性和可用性。数据存储过程中的完整性可以通过数据库的访问控制来实现。

5）读访问控制

必须制定相应的控制措施，以确保获准访问数据库或数据库表的个体能够经过适当的级别验证，以获取符合数据库数据信息分类级别要求的访问权限。通过使用报表或者查询工具提供的读访问必须由数据所有人控制和批准，以确保能够采取有效的控制措施控制谁可以读取哪些数据。

读取/写入访问控制。对于那些提供读访问的数据库而言，每个访问该数据的自然人以及/或者对象或进程都必须确立相应的账户。该 ID 可以在数据库内直接建立，或者通过那些提供数据访问功能的应用予以建立。这些账户必须遵从本标准规定的计算机账户标准。

用户验证机制必须基于防御性验证技术（比如用户 ID/密码）。这种技术可以应用于每一次登录尝试或重新验证，并且能够根据登录尝试的被拒绝情况指定保护措施。

为了保证数据库的操作不会绕过应用安全，定义角色的能力不得成为默认的用户特权。访问数据库配置表必须仅限于数据库管理员，以防未经授权的插入、更新和删除。

6）数据保密性

关于数据保密性，可以通过一些具体的技术保护手段，在数据和文档的生命周期过程中对其进行安全相关防护，确保内部数据和文档在整个生命周期的过程中的安全。

加强对于数据的认证管理。操作系统须设置相应的认证手段；数据本身也须设置相应的认证手段，对于重要的数据应对其本身设置相应的认证机制。

加强对于数据的授权管理。对文件系统的访问权限进行一定的限制；对网络共享文件夹进行必要的认证和授权。除非特别必要，可禁止在个人的计算机上设置网络文件夹共享。

数据和文档加密。保护数据和文档的另一个重要方法是进行数据和文档加密。数据加密后，即使别人获得了相应的数据和文档，也无法获得其中的内容。

网络设备、操作系统、数据库系统和应用程序的鉴别信息、敏感的系统管理数据和敏感的用户数据应采用加密或其他有效措施实现传输保密和存储保密。当使用便携式和移动式设备时，应加密或者采用可移动磁盘存储敏感信息。

加强对数据和文档日志审计管理。使用审计策略对文件夹、数据和文档进行审计，审计结果记录在安全日志中，通过安全日志就可查看哪些组或用户对文件夹、文件进行了什么级别的操作，从而发现系统可能面临的非法访问，并通过采取相应的措施，将这种安全隐患减到最低。

进行通信保密。用于特定业务通信的通信信道应符合相关的国家规定,密码算法和密钥的使用应符合国家密码管理规定。

通过安全防护策略手段建立数据安全保密的要求,保障核心业务数据的安全可靠。

7)数据备份和恢复

针对数据的备份和恢复要求,应用数据的备份和恢复应具有以下功能:

应提供本地数据备份与恢复功能,完全数据备份至少每天一次,备份介质场外存放;相关业务系统数据部署在政务云中,依托政务云的备份能力实现数据的备份和恢复。

应采用冗余技术设计网络拓扑结构,避免关键节点存在单点故障。

应提供主要网络设备、通信线路和数据处理系统的硬件冗余,保证系统的高可用性。

8)剩余信息保护

为实现剩余信息保护,达到客体安全重用,应及时清除剩余信息存储空间,建议通过对操作系统及数据库系统进行安全加固配置,使得操作系统和数据库系统具备及时清除剩余信息的功能,从而保证用户的鉴别信息、文件、目录、数据库记录等敏感信息所在的存储空间(内存、硬盘)被及时释放或者在分配给其他用户前得到完全清除。

7. 安全管理中心建设

等级保护对安全管理中心明确提出技术要求,针对系统的安全策略及安全计算环境、安全区域边界和安全通信网络三个部分的安全机制,形成一个统一的安全管理中心,实现统一管理、统一监控、统一审计。

为了能准确了解系统的运行状态、设备的运行情况、统一部署安全策略,应进行安全管理中心的设计。根据要求,应在系统管理、审计管理和安全管理等几个大方面进行建设。

1)系统管理

通过部署统一网管对系统的资源和运行进行配置、控制和管理,包括用户身份管理、系统资源配置与监控、系统加载和启动、系统运行的异常监控、数据备份与恢复、恶意代码防范管理、系统补丁管理、系统管理员身份认证与审计。

2)审计管理

在各边界安全设备开启审计功能模块,根据审计策略进行数据的日志记录与审计。通过部署日志审计系统对分布在系统各个组成部分的安全审计机制进行集中管理,统一收集设备日志。

3)安全管理

为了保障快速、高效完成策略变更的同时,确保策略下发安全和准确,从而有效提升运维效率、降低运维成本,采用部署安全管理控制器系统,以独立软件的形式部署在服务器或虚拟机,或与网络 SDN 控制器部署在同一物理机的同一虚机,并制定相应的管理策略和制度,集中统一管理。

4)设备管理

设备的统一管理,支持以下能力:设备自动发现、设备的增删改查、双机热备组、设备组的增删改查、设备配置的一致性对比、设备单点登录、设备版本升级、设备配置文件备份。

5）集中管控

等级保护集中管控能力要求构建一个独立的安全区域，对分布在网络中的安全设备或安全组件进行管控，对安全设备需要创建一条加密通道进行远程管理。

独立的安全管理域不仅用于将用于安全设备管控，同时将对网络设备进行远程维护以及动态监控，使用带外管理方式，与其他网络物理隔离，通过部署运维堡垒机对网络中设备进行远程运维管理。

机器学习技术、信誉、情报驱动，有效地发现网络中的潜在威胁和高级威胁，实现内部的全网安全态势感知，实现等级保护解决方案威胁的处置闭环，防患未然。

安全和运维管理区中部署安全运营管理中心和 IT 运维系统，包含业务网络、带内管理以及带外管理的综合管理中心区。安全运营管理中心是整个平台的"安全大脑"，实现全网态势感知、威胁分析、安全管理、智能策略下发等核心功能。通信网络安全方面进行对安全和运维管理区精细粒度访问控制的针对性安全规划设计，在满足安全运营管理中心功能实现的条件下，保障安全和运维管理区的网络安全。

6）全网流量监测设计

流量监测主要包含流量采集、网元信息采集、日志采集、大数据分析、联动闭环处置等流程，网元信息主要通过资产管理设备进行采集。网络流量监测重点从网络攻击、病毒、木马、异常流量等角度进行流威胁检测，达到对网络异常流量、异常行为、已知威胁、变种威胁、未知威胁等的全攻击链检测目的，并通过对协议解析还原的数据内容进行敏感词的检测，防止敏感数据的外泄。

7）智能检索

智能检索提供了一个基于关键字条件快速查询的页面，在用户进行调查取证分析时，可通过输入的关键字条件快速检索到相关的日志和流量元数据，并可以进一步查看日志和流量元数据的详细信息。

8）事件关联分析

事件关联分析是指通过两个或者多个事件之间的关联、统计或者时序关系分析异常行为，以便发现仅从分析单个事件难以发现的安全问题。

9）流量基线异常检测

流量基线异常检测是通过比对检测时流量和流量基线，同时结合流量基线异常策略，从而检测网络访问行为，发现违规访问、访问频次和访问路径异常。

10）WEB 异常检测

WEB 异常检测是通过对互联网出口的 HTTP 协议流量的分析，结合沙箱的文件检测结果检测通过 HTTP 协议的外部渗透行为，基于 HTTP 请求/响应特征发现 Webshell 访问。

11）邮件异常检测

邮件异常检测是通过对互联网出口的 SMTP/POP3/IMAP 协议流量的分析，结合沙箱的文件检测结果检测通过邮件的外部渗透行为。

12）C&C 异常检测

C&C 异常检测是通过对互联网出口的协议流量（DNS/HTTP/3，4 层协议）的分析，检测 C&C 通信异常、可疑的 DGA 域名访问和 HTTP 周期外联。

13）隐蔽通道异常检测

隐蔽通道异常检测是通过对互联网出口的 ICMP、DNS 协议数据进行分析，检测基于隐蔽通道的数据外发行为。

14）威胁判定

威胁判定是按照预定的行为序列模式对异常检测模型发现的异常行为进行关联，并对存在关系的异常行为进行打分评估，从而生成基于攻击链的威胁。

15）态势呈现

通过态势呈现直观展示面临的威胁和最近发现的威胁事件，方便安全运维分析人员能及时发现威胁。

16）攻击路径

从威胁、邮件和文件多个维度展示攻击扩散路径和影响范围。在威胁维度的攻击扩散展示维度，有效呈现高级威胁的多个攻击阶段，包括外部渗透阶段、命令与控制阶段、内部扩散阶段、数据窃取阶段，并直观清晰呈现来自不同地区的外部攻击源/命令控制服务器和内部受到危害和影响的主机。

17）通报预警

要求能够实时根据态势感知和扫描监测到的威胁和漏洞情况，对使用部门开展预警和通报工作。通过对接电子政务外网的邮件、短信、APP 等系统，实现实时或定期发布安全事件的预警信息，对安全态势进行趋势分析及总结，做到对安全态势整体的把握。

18）分析研判

调查分析模块根据产生的告警、日志、事件等信息创建调查任务，在调查任务中能够将多种告警、日志、孤立的线下事件等信息以时间维度串联成完整事件，可对任务进行级别标注、备注说明、历史操作记录，以便于分析，弥补对事件调查分析的不足。

19）网端安全协防闭环联动方案

整个应急指挥中心安全联动闭环方案分为分析器、安全控制器和执行器三部分，实现安全威胁的快速检测、联动闭环。各组件的功能如下：

分析器。分析器对采集的安全日志、流量信息、ECA 特征、诱捕日志等进行关联分析，通过各类威胁检测模型发现攻击事件，并支持和网络控制器联动下发联动策略。

安全控制器。网络控制器将从分析器接收的联动策略下发给联动设备，实现联动响应动作。首选威胁源的认证点为联动设备，否则会向全网的 XMPP 设备下发联动策略。

执行器。一方面是安全日志、安全数据的产生者，将日志以及疑似威胁的数据上报给分析器系统或者沙箱。交换机内置 ECA 和诱捕功能，实现更多威胁信息的采集；另一方面作为执行设备，当安全事件发生后，执行器接收网络控制器下发的联动策略，阻断威胁源。

8. 信息系统管理要求建设

根据等保 2.0 要求，安全管理体系包括安全策略、安全管理制度与流程规范、人员组织、系统建设管理、系统运维管理等 5 个层面。安全管理体系由组织、人员和策略三大要素组成。

1）安全组织

安全组织是信息系统长期稳定运行的有力保障，逐步建立健全统一的安全管理组织机构，按照标准的安全管理流程进行规范化的信息系统安全管理和监督。安全组织体系的设计原则如下：

（1）领导负责。安全属于"一把手"工程，必须引起高层领导的足够重视，在安全系统规划和实施的过程中，势必会影响到某些岗位的工作，只有高层领导的参与，才能保证安全体系建设的顺利推进。

（2）全员参与。安全是属于大家的，安全不仅仅属于技术层面的问题，更多是属于管理层面的问题，所谓技术靠三分，管理靠七分，技术只是从检测、发现、报警、恢复等方面来保障。一个稳定可靠的安全系统，必须要有全员的参与，通过提高整体员工的安全意识和安全技能，才能够从更深的层次上杜绝安全事件的发生。

（3）分工合作。安全的运营和维护往往涉及很多部门，这就需要不同部门的人员能够参与到安全的运营中，必须针对不同的部门，制定不同的角色和分工，从而保障安全运营维护的协调统一。

2）人员安全管理

人员安全管理主要工作包括信息系统管理人员框架及管理人员职责，制定或完善符合生态环境智能监测特色的人员安全管理条例，以及进行信息系统使用人员和运维管理人员的安全意识和安全技能培训等。具体可从岗位职责、培训与教育、安全考核三个部分进行考虑。

（1）岗位职责。从网络安全角度出发，将技术管理人员分为系统管理员、安全管理员、审计管理员，避免责任不清，对网络异常时间响应不及时，发现异常事件反馈不准确等问题，明确三种角色的岗位职责。

（2）培训与教育。为了提高建设质量，实现应急指挥网信息安全、提高安全系统效率。让相关各级技术人员在项目结束后，可以更好地管理、配置和维护此次项目添置的软硬件设备和服务的输出成果，必须考虑如何进行多种培训。

（3）安全考核。为了保障应急指挥网信息安全的长期稳定运行，体现岗位职责，必须从安全的角度对涉及应急指挥网信息安全的人员定期考核，并建议考核作为评价员工业绩的一个重要组成部分。

3）管理制度

安全体系管理层面设计主要是依据《网络安全等级保护基本要求》中的管理要求而设计。分别从以下方面进行设计：

（1）安全管理制度。根据安全管理制度的基本要求制定各类管理规定、管理办法和暂行规定。从安全策略主文档中规定的安全各个方面所应遵守的原则方法和指导性策略引出的具体管理规定、管理办法和实施办法，必须是具有可操作性，且必须得到有效推行和实施的制度。

（2）制定严格的制定与发布流程、方式、范围等，制度需要统一格式并进行有效版本控制；发布方式需要正式、有效并注明发布范围，并对收发文进行登记。

（3）信息安全领导小组负责定期组织相关部门和相关人员对安全管理制度体系的合理性和适用性进行审定，定期或不定期对安全管理制度进行评审和修订，修订不足及进行改进。

（4）安全管理机构。根据基本要求设置安全管理机构的组织形式和运作方式，明确岗位职责。

（5）设置安全管理岗位，设立系统管理员、网络管理员、安全管理员等岗位，根据要求进行人员配备，配备专职安全员；成立指导和管理信息安全工作的委员会或领导小组，其最高领导由单位主管领导委任或授权；制定文件明确安全管理机构各个部门和岗位的职责、分工和技能要求。建立授权与审批制度；建立内外部沟通合作渠道；定期进行全面安全检查，特别是系统日常运行、系统漏洞和数据备份等。

（6）系统建设管理。根据基本要求制定系统建设管理制度，包括系统定级、安全方案设计、设备采购和使用、自行软件开发、外包软件开发、工程实施、测试验收、系统交付、系统备案、等级评测、安全服务商选择等方面。从工程实施的前、中、后三个方面，从初始定级设计到验收评测完整的工程周期角度进行系统建设管理。

（7）系统运维管理。根据基本要求进行信息系统日常运行维护管理，利用管理制度以及安全管理中心进行，包括环境管理、资产管理、介质管理、设备管理、监控管理和安全管理中心、网络安全管理、系统安全管理、恶意代码防范管理、密码管理、变更管理、备份与恢复管理、安全事件处置、应急预案管理等，使系统始终处于相应等级安全状态中。

（四）关键设备

安全保障系统相关的关键设备包括签名验签服务器、密码机、密钥管理系统等，具体见表7-4。

表7-4　安全保障系统相关的关键设备

序号	名　称	用　途	主　要　指　标
1	签名验签服务器	对于网络通信中需要进行安全认证和数据保护的业务，使用数字证书技术进行签名、验证，确保消息的完整性、真实性和不可否认性	签名速度、验证速度、容量、安全等级
2	密码机	为了保障数据的安全性和保密性，对传输过程中的数据进行加密和解密操作	加解密速度、支持算法类型、支持密钥类型、密钥存储容量、安全等级等
3	密钥管理系统	对密钥进行统一管理、分发和撤销的系统	密钥生成速度、密钥存储容量、密钥更新周期、密钥分发的灵活性、安全等级等
4	安全智能卡	安全智能卡是一种具有密码运算和存储数据功能的专用集成电路卡，通常用于身份认证和数据加密	存储容量、算法类型、安全等级等
5	证书认证服务器	对数字证书进行认证、撤销、查询等操作的服务器	证书处理速度、支持证书类型、安全等级等

表7-4（续）

序号	名　称	用　　途	主　要　指　标
6	安全存储设备	用于存储重要的密钥、数字证书等安全信息的设备	存储容量、安全等级等
7	防火墙	防火墙是一种网络安全设备，用于监控和控制网络通信流量，从而保护网络免受恶意攻击和威胁	支持的协议类型、防御能力、性能等
8	安全审计设备	安全审计设备是指对网络安全进行监控、记录、审查和分析的设备	处理速度、存储容量、支持的协议类型、安全等级等
9	安全管理平台	用于对安全设备和安全策略进行集中管理、监控和调度的系统	管理的设备数量、安全管理能力、可扩展性、安全等级等
10	安全网关	安全网关是一种网络安全设备，用于提供多种安全服务和保护，如防火墙	转发性能，并发连接数和 QoS 等。

三、系统应用

安全保障系统是保障指挥中心运行安全的重要组成部分，其主要作用是对指挥中心的信息系统和网络进行保护和监控，防范安全威胁和攻击。以下是一些实际应用和效果：

（1）安全监控系统。通过视频监控、门禁控制、入侵报警等手段，实现对指挥中心内外部环境的全面监控，提高安全防范和应急响应能力。

（2）防火墙和入侵检测系统。通过设置网络防火墙和入侵检测系统，及时发现和防范网络攻击、病毒感染等安全威胁，保障指挥中心网络安全。

（3）访问控制系统。通过对指挥中心内部网络的访问控制，防止未授权的访问和操作，提高信息系统的安全性。

（4）数据备份和恢复系统。针对指挥中心数据的重要性和敏感性，建立数据备份和恢复系统，确保重要数据的安全可靠，以备不时之需。

以上系统的实际应用可以有效地保障指挥中心的信息安全，提高指挥中心应急响应能力和处理效率。

第五节　运　维　管　理

一、概述

随着业务对 IT 运维提出的要求越来越高，原来传统的被动救火式的 IT 运维模式已经不能满足业务需要，无法为业务的发展提高保障，需要借助先进的技术。构建主动巡防式的 IT 监控与运维体系，能够提前预防并智能化处理信息系统组成的各类故障，为业务的快速发展保驾护航，满足应急管理业务需要。

运行维护服务包括信息系统相关的主机设备、操作系统、数据库和存储设备及其他信息系统的运行维护与安全防范服务，保证用户现有的信息系统的正常运行，降低整体管理成本，提高网络信息系统的整体服务水平；同时根据日常维护的数据和记录，提供用户信息系统的整体建设规划和建议，更好地为用户的信息化发展提供有力的保障。

二、系统设计

（一）建设需求

一是对用户现有的信息系统基础资源进行监控和管理，及时掌握网络信息系统资源现状和配置信息，反映信息系统资源的可用性情况和健康状况，创建一个可知可控的 IT 环境，从而保证用户信息系统的各类业务应用系统的可靠、高效、持续、安全运行。用户信息系统的组成主要可分为硬件设备和软件系统两类。硬件设备包括网络设备、安全设备、主机设备、存储设备等；软件系统可分为操作系统软件、典型应用软件（如数据库软件、中间件软件等、业务应用软件）等。

二是通过运行维护服务的有效管理来提升用户信息系统的服务效率，协调各业务应用系统的内部运作，改善网络信息系统部门与业务部门的沟通，提高服务质量，确保用户的运行目标、业务需求与 IT 服务的相协调一致。

（二）解决方案

运维管理基本内容如图 7 - 6 所示。

图 7 - 6 运维管理基本内容

1. 网络、安全系统运维服务

1）用户现场技术人员值守

根据用户的需求提供长期的用户现场技术人员值守服务，保证网络的实时连通和可用，保障接入交换机、汇聚交换机和核心交换机的正常运转；现场值守的技术人员每天记录网络交换机的端口是否可以正常使用，网络的转发和路由是否正常进行，交换机的性能检测，进行整体网络性能评估，针对网络的利用率进行优化并提出网络扩容和优化的建议。

现场值守人员还要进行安全设备日常运行状态的监控，对各种安全设备的日志检查，对重点事件进行记录，对安全事件的产生原因进行判断和解决，及时发现问题，防患于未然。

同时能够对设备的运行数据进行记录，形成报表进行统计分析，便于进行网络系统的分析和故障的提前预知；具体记录的数据包括配置数据、性能数据、故障数据等内容。

2）现场巡检服务

现场巡检服务是对客户的设备及网络进行全面检查的服务，通过该服务可使客户获得设备运行的第一手资料，最大可能地发现存在的隐患，保障设备稳定运行；同时，将有针对性地提出预警及解决建议，使客户能够提早预防，最大限度降低运营风险。

3）网络运行分析与管理服务

网络运行分析与管理服务是指工程师通过对网络运行状况、网络问题进行周期性检查、分析后，为客户提出指导性建议的一种综合性高级服务，其内容包括构建对接网络专家的渠道，每周进行至少1次的技术交流，向客户提交事故汇总分析报告等。

4）重要时刻专人值守服务

保证重要时刻设备稳定运行对客户成功尤为关键，因此，可对客户提供重要时刻的专人现场值守支持，包括政府客户的重大会议期间、应急响应、灾害事故风险等级高的时间或其他客户认为可能对其业务产生重大影响的时刻。

2. 主机、存储系统运维服务

主机、存储系统的运维服务包括主机、存储设备的日常监控，设备的运行状态监控，故障处理，操作系统维护，补丁升级等内容。

现场值守人员可进行监控管理的内容包括 CPU 性能管理，内存使用情况管理，硬盘利用情况管理，系统进程管理，主机性能管理，实时监控主机电源、风扇的使用情况及主机机箱内部温度情况，监控主机硬盘运行状态，监控主机网卡阵列卡等硬件状态，监控主机 HA 运行状况，主机系统文件系统管理，监控存储交换机设备状态、端口状态、传输速度，监控备份服务进程、备份情况起止时间、是否成功、出错告警，监控记录磁盘阵列、磁带库等存储硬件故障提示和告警，并及时解决故障问题，对存储的性能如高速缓存、光纤通道等进行监控。

3. 数据库系统运维服务

数据库系统运维服务包括主动数据库性能管理。通过主动式性能管理可了解数据库的日常运行状态，识别数据库的性能问题发生在什么地方，有针对性地进行性能优化；同时，密切注意数据库系统的变化，主动预防可能发生的问题。

数据库运维服务还包括快速发现、诊断和解决性能问题，在出现问题时，及时找出性能瓶颈，解决数据库性能问题，维护高效的应用系统。

4. 中间件运维服务

中间件运维服务是指对中间件的日常维护管理和监控工作，提高对中间件平台事件的分析解决能力，确保中间件平台持续稳定运行。中间件监控指标包括配置信息管理、故障监控、性能监控。

三、系统应用

应急指挥中心中的运维管理系统主要负责对各种应急管理系统进行监控、维护和管理，确保应急指挥系统的正常运行。具体应用效果如下：

（1）系统监控。运维管理系统可以对应急指挥中心的各个子系统进行实时监控，并在系统出现异常时及时发出警报，提醒运维人员进行处理，保证系统的稳定性和安全性。

（2）远程维护。运维管理系统支持远程对应急指挥系统进行维护，即使运维人员不在指挥中心现场，也可以通过远程操作对系统进行诊断和修复。

（3）系统管理。运维管理系统还可以对系统的配置和权限进行管理，确保只有经过授权的人员可以访问和操作系统，从而保障系统的安全性和保密性。

（4）数据备份。运维管理系统可以对应急指挥系统的重要数据进行备份和恢复，避免数据丢失造成不可挽回的后果。

（5）性能分析。运维管理系统可以对应急指挥系统的性能进行分析，及时发现瓶颈和短板，优化系统的运行效率和响应速度。

通过应急指挥中心的运维管理系统，可以保证应急指挥系统的稳定性和安全性，提高应急响应的效率和质量，为应对各种突发事件提供可靠的保障。

第八章　应急指挥中心及其系统

应急指挥中心及其系统主要用于突发事件的指挥和协调工作。其中业务需求包括事件指挥、信息共享、指挥调度、应急资源管理等，功能需求包括指挥调度系统、信息共享系统、应急资源管理系统等，解决方案包括应急指挥中心系统、应急指挥车、移动应急指挥系统等，关键设备包括指挥调度设备、信息共享设备等。

第一节　显　示　系　统

一、概述

作为应急响应指挥的最高指挥部，可建设高清晰、大容量的显示系统。通过显示系统，可供日常监控、应急指挥调度、辅助决策使用，可随时对各种现场信号和各类计算机图文信号进行多画面显示和分析，满足召开高清电视电话会议、高清指挥调度、高清监控显示等多业务的高清显示的需求，实现"集中管理、集中监控、集中维护"的功能定位，满足各类实时信号通过显示系统进行灵活、全方位的展示，以便全面、及时、准确地开展指挥处置工作。

二、系统设计

（一）业务需求

显示系统可供日常监控、应急指挥调度使用，可随时对各种现场信号和各类计算机图文信号进行多画面显示和分析，满足召开高清电视电话会议、高清指挥调度、高清监控显示等多业务的高清显示的需求。大屏显示系统通过高速的图像处理、超高分辨率图像显示、大数据的提取、筛选、分析、融合的可视化信息联动等综合技术，可实现符合 LED 特点的分屏、画面漫游、画面叠加功能，将视频监控、GPS 定位系统、移动终端定位等系统综合显示屏幕上进行立体综合显示，从而实现扁平化、可视化指挥。

（二）功能需求

1. 大屏显示场景需求

系统平台需支持输入信号预览功能，提高操作的准确性和灵活性。系统具有多种分屏模式，场景信息可以根据实际需要进行划分。

2. 大屏显示模式需求

LED 大屏幕显示系统需支持各种显示模式，用以显示用户的各种输入信号。具体模式可根据用户需要进行制定，包括全屏显示、功能分区显示、视频信号显示、计算机信号显示、网络信号显示、混合信号显示等模式。

1）全屏显示

LED 显示屏在图像切换系统的驱动下形成一个超高分辨率的统一显示平台，既可以整墙显示超高分辨率的大型完整的网络图形 GIS，也可以方便快捷的实现显示标语、欢迎词或高分辨率的演示图片。

2）功能分区显示

整个显示系统可以根据指挥中心系统分工，划分相应的显示区域，各分区独立控制。各系统图像只在本系统的显示分区内进行任意缩放和漫游显示，从而保证各系统之间工作的独立性。系统管理员具有显示屏及所有用户的控制权限，需要时系统管理员可进行跨区域显示或全屏显示，所有功能均能够方便快捷的实现。

3）视频信号显示

支持全制式视频输入信号，视频监控信息、摄像机、录像机、大小影碟机、触摸一体机、彩色实物投影仪等各类视频信号源均可接入图像切换系统，信号经处理后以窗口的形式在 LED 显示屏上任意位置任意移动、无级缩放、跨屏或者重叠等。

4）计算机信号显示

计算机信号可直接接入图像切换系统，由分布式图像切换系统处理后以窗口的形式在拼接墙上快速显示，并且显示窗口可以任意缩放、跨屏移动、叠加或全屏显示等。

5）网络信号显示

通过虚屏软件，可方便地实现虚屏，LED 显示支持整屏超高分辨率显示应用。用户工作组计算机上的各种高分辨率大面积应用程序或者图像，可以快速清晰地在大屏幕上显示。

6）混合信号显示

视频信号、计算机信号、网络计算机信号均可同时在拼接墙上以各自方式显示，互不干扰；或者根据应用系统的需要，把拼接墙进行分区域显示和控制。

以上几种显示模式图只是具体应用中的几种类型，在实际使用中可以根据需求设计相应的信号显示和位置模式，在用户需要的时候直接切换，或者进而定义预案，按照需要自动调用或者切换各种显示模式，实现对拼接墙系统的自动化管理。

（三）关键设备

显示系统相关的关键设备包括全彩 LED 显示屏、LED 控制器、图形工作站等，具体见表 8 - 1。

表 8-1 显示系统相关的关键设备

序号	设备类型	功 能	指 标
1	全彩 LED 显示屏	大屏幕全彩画面显示	像素点间距、像素密度、显示屏面、整屏分辨率、亮度调节范围、水平视角、垂直视角、最大对比度、刷新率等
2	LED 控制器	实现屏幕 LED 阵列控制，从而显示出文字或图形	工作电流、发射频率、遥控距离、传输速率等
3	图形工作站	一种特殊服务器（电脑），专业从事图形、图像（静态）、图像（动态）与视频工作的高档次专用服务器（电脑）	CPU、内存、显卡、硬盘等
4	网络交换机	能为子网络中提供更多的连接端口，以便连接更多的计算机	网络标、传输模式、传输速率、端口数量、交换容量等
5	配电箱	主要用于分配电能、电源（安全）管理，方便对电路的开合操作	主母线最大额定电流、额定短时耐受电流、峰值短时耐受电流、外壳防护等级、内部分隔方式等

三、系统应用

应急指挥中心的大屏显示系统是一种能够将各种类型的信息通过大屏幕进行展示和管理的技术应用。

举例来说，在一次突发事件中，应急指挥中心通过该系统，能够将来自各个部门的信息整合在一个大屏幕上，实现对多维度信息的全面监控和分析，有利于指挥员及时掌握各类信息，做出更为科学、准确的指挥调度。

此外，大屏显示系统还可以提高指挥决策的效率和准确性。通过该系统，中心可以对信息进行多维度、全方位的分析和展示，从而更为科学、准确地把握事态发展趋势，做出更为明智的指挥决策。

第二节　图像切换系统

一、概述

图像切换系统实现对不同应用系统、视频会议、监控图像、无线图传、卫星等音视频图像进行统一调度，解决横向部门和纵向部门同时作业和跨部门协同作业的"孤岛式"弊端。图像切换系统支持实现关键区域和关键系统的实时热备热跳转，所有会商室互联互通，高效共享管理。

二、系统设计

（一）业务需求

图像切换系统需要在复杂环境下，提供准确的数据，同时确保信息系统的安全和提供关键信息。瞬时的数据路由切换能够通过图像切换系统，将计算机接口模块信号源和显示终端进行无缝切换，无任何黑屏，确保的重要决定能随时传达，确保真正实现"看得到、调得动、反应快"的调控系统。

（二）功能需求

1. 图像切换模式需求

1）综合运维管理

综合运维管理支持对整个系统进行一体化管理、调度、监测及控制。综合运维管理采用 B/S 架构，同时支持多个终端进行实时登陆操作。支持对整个平台设备可视化运维管理，日常可预览系统内所有设备的状态；设备发生故障，系统自动检测到问题时，自动直接定位到该设备所在位置，并通过手机短信或者微信等手段直接派单给对应负责人处理；减少人工检索问题的滞后、缩短问题排查的时间、减少中间环节、提高问题解决和维护时效。

2）全局无线可视化

支持信号源预览功能，配合客户端对本地 PC 上墙前预览操作各类信号（VGA、HDMI、DVI、DP）；预览窗口支持高清画面显示，显示窗口支持 1920＊1080 动态显示；支持 128 路高清视频信号的同时动态预览，预览内容以悬浮窗口形式展现，操作员可以根据使用状况自定义窗口的位置；支持大屏图像回显，可在软件中观看大屏的实时画面，同时在软件中可对显示实时图像的窗口进行可视化操作。支持可视化一体调度、AI 体感融合调度、4K/60 大屏拼接处理、大屏协同标绘、自由预案管理、可视化全光 KVM 管理等功能。

2. 图像切换场景需求

1）本地键盘热键一键抓取

可在不同坐席上使用本地键盘，利用快捷键一键抓取关键信息到本地屏幕，同时键盘可编辑实战操作效果，为上级领导命令实现直达末端的一键式作战操作场景。

2）热键一键推送上屏

可在不同坐席上使用本地键盘，利用快捷键一键抓取关键信息到本地屏幕，同时键盘可编辑实战操作效果，为上级领导命令实现直达末端的一键式作战操作场景。

3）坐席工位灵活操作

坐席人员具备可选的用户权限，总控制台可以对所有坐席进行分组分配权限；不同的组对同一个主机的操作权限也可以设置为不同（如全权控制/仅查看信号/完全禁止访问）；每组坐席拥有的权限可以由控制台直接回收，并根据业务需要重新分配给其他坐席位；系统自定义的目标主机快捷访问以及权限跟随用户登录的坐席移动。

4）跨平台跨网段光标编辑

坐席终端使用本地键盘，通过内置于光纤 KVM 引擎的跨平台跨网段极速通畅光标编辑操作系统，实现坐席快速精确定位多个显示终端，无须手动更改键盘和鼠标的连接，无须任何外置按键或外置设备，即时实现通畅平滑的移动光标到显示终端边缘后在另一个显示终端上看到光标，也可启用键盘上的热键来实现到另一个设备的操作，整个过程保持极高的通畅感，为各要素席节省出更多宝贵的时间和空间，为指挥调度提供极速支撑的场景。

5）坐席毫秒级调控场景

毫秒级实时调取数据并实时极速操作的实战效果，切换过程无黑屏、闪屏现象，全无缝效果切换，满足直达末端一键式作战需求。

6）主机引擎自动寻址

引擎端口自适应自动寻址识别技术，实现传输介质带电热拔插至另外一个空余端口，输入输出端口任意指定，极致灵活，确保任何时刻不浪费宝贵的端口，实时匹配坐席工位的场景。

7）坐席一键进入轮询

不同坐席终端使用本地键盘，实现任意可定义热键"一键点击"，将多个内外网数据内容在同一坐席终端实时轮巡显示，和支持大屏幕轮巡显示的场景，支持定义热键"一键点击"存储与取消多种轮巡模式的场景。

8）不同分辨率接口数据全适应

不同坐席终端使用本地键盘，对不同数据操作系统任意源到任意端作战数据全适应极速操作的应用场景；实现不同坐席终端使用本地键盘，对不同分辨率任意源到任意端作战数据全适应极速操作的应用场景；实现不同坐席终端使用本地键盘，对直接接入不同数据接口任意源到任意端作战数据全适应极速操作的应用场景。

9）任意坐席一人多机多屏

坐席终端使用本地键盘，通过坐席协作系统跨平台跨网段极速通畅光标编辑操作系统，实现通畅平滑的移动光标到显示终端边缘后在多个显示终端上看到光标和键盘操作，且无须手动更改键盘和鼠标的连接，无须任何外置按键或外置设备，实现任意坐席一人多机的场景；要求不同坐席终端使用本地键盘，在本地坐席终端显示的同时，其数据也可在大屏幕或其他权限坐席内显示终端实时显示，实现任意坐席一机多屏的场景。

10）坐席自定义分组分权限

支持一键权限管控终端权限分配功能，一键调用监控管理权限，一键编辑操作管理权限，实现整体一键协作。

11）跨区域部门协同工作

打破信息孤岛，构建一体化信息共享资源平台，可调取权限范围视频及计算机资源，避免分散建设、重复建设等问题，确保系统发挥整体效益，加强统一规划，使各部门间信息互联互通。

12）人机分离管理

所有信息主机可放置于机房，达到人机分离，提高统一管理水平，加大数据的安全性。坐席显示端只需要放置显示器与鼠标键盘，即可完全对机房所有主机的控制，简化控制大厅的空间，提供空间资源的利用率。

13）一人管控多业务主机

通过坐席协作管理系统，一个操作员同时管理操作多台电脑，利用 OSD 菜单可快速切换管理远端机房电脑，选取所需业务主机，敲击快捷键后，对应主机无缝切换至当前显示器，并获得对应操作使用权。

14）OSD 快速屏幕显示操作

当敲击键盘设定热键，即可在当前鼠标/键盘所在屏幕跳出 OSD 快捷操作菜单，并可使用热键快速完成操作，实现全键盘快捷键操作。设定快捷访问按键后，2 s 内即可获取控制权/控制信号/推送信号，极大提高了操作员反应速度（全键盘操作）并大大减小工作人员的工作量。

15）席位双向语音对讲场景

基于坐席协作管理平台，通过坐席协作技术和设计手段建设本场景，按照设定的应急指挥流程，通过席位可视化对讲管理界面设定，为各操作人员的坐席提供双向语音对讲功能，以保证应急指挥时各人员之间进行快速便捷沟通对话与协同作业。

16）触摸屏 KVM 接管场景

基于坐席协作管理平台，通过坐席协作技术和设计手段建设本场景，按照既定的应急指挥流程，通过触摸屏 KVM 管理界面设定，为触控端控制人员、指挥人员提供触摸屏接管功能，以保证突发事件时，相关人员无须登录坐席，直接使用便携式触控终端即可对相关业务主机进行接管操控，就地处理业务。

（三）解决方案

指挥中心通过图像切换系统将视频画面投放到监控大屏或者将本地部分工作站的数据信号推送至显示系统，用于指挥调度使用。

图像切换系统主要覆盖的范围支持包括指挥中心及会商室、新闻发布中心、其他分中心、值班室、联合值守区等全楼所有显示屏的上墙及控制。所有区域既可独立使用，同时又互联互通，协同运行。图像切换系统采用完全分布式架构，具备完全去中心化、数据处理分布性、自治性、并行性和全局性特征，高效实现各要素区的信号上屏显示、大屏控制管理、信号资源共享、多用户登陆、中控控制、可视化控制、KVM 坐席调度、设备综合管控等综合管理功能。其中，坐席协作管理部分采用非编解码、无压缩的非 IP 分布式冗余热备光纤节点，以保证坐席协作管理超低时持续高效运转；显示控制部分采用超低带宽全色度取样的 IP 分布式无损编解码节点，以保证指挥中心大屏和各要素区显示系统的源图品质显示效果，提升全局视觉感受。

（四）关键设备

图像切换系统关键设备包括分布式 4K60 节点、超高清业务融合主机、AI 体感融合调度软件等，具体见表 8 - 2。

表 8 - 2 图像切换系统关键设备

序号	设备类型	指 标
1	分布式 4K60 节点	（1）可同时支持信号的输入输出 （2）支持 VGA、DVI、HDMI 常规信号接口输入输出 （3）最高支持 4K60 帧超高清输入 （4）支持 4K60 帧实时编解码处理，确保图像细节不丢失、流畅 （5）内置 H. 265 先进的图像处理平台，采用 4∶4∶4 色度取样，确保原始图像完美呈现 （6）支持 1～50 Mbps 高低清码流同时输出，适用近距离、远距离互联 （7）内置音频输入采集模块和音频输出分离模块，确保音视频能够同步处理 （8）支持实时输入信号预览回显，确保每个信号状态尽在掌控 （9）支持 POE + 供电

表 8-2（续）

序号	设备类型	指　标
2	超高清业务融合主机	（1）采用内核嵌入式硬件架构，不占据系统资源，且无须操作系统，杜绝 IT 病毒侵扰、黑客攻击，确保高度的安全和保密性 （2）支持输入/输出端口接口自适应自动寻址技术，实现任意输入/出设备的线缆从主机一个端口拔下插至另外一个端口，系统自动寻址识别，信号快速恢复，信号恢复时间小于或等于 1 s （3）支持单链路分辨率 4K 信号采集与输出，提供无损压缩非编解码的高速数字切换能力，提供像素对像素的无损传输和音频点到点无压缩的音视频传输；支持 4：4：4 色度取样，无失真还原图像细节，保持色度、亮度、对比度前后一致，并且无卡顿、噪点、拖尾等现象 （4）双备份机制：任意一路信号，均具备主备双光纤接口输出；主备之间无察觉切换；任意两个主机可组成双机热备，自动切换 （5）主机之间支持级联堆叠，级联堆叠数量以端口最大数量为限，不受其他限制 （6）支持 SNMP 网络管理协议，可对系统状态、节点状态、信号状态、用户状态等进行实时反馈，实时自检，并进行故障诊断 （7）具备大屏拼接处理功能，单路输出可实现 4 路 4K 信号拼接。实现大屏显示、规模、显示分辨率、开窗、替换、缩放、漫游、移动、关窗、平铺、全屏、叠加、显示模式等执行操作场景，支持多屏集中管理，多地协同操作与信号源共享
3	AI 体感融合调度软件	（1）实现不同指挥调度场景模式快速切换，响应突发情况，无须额外操控设备，通过生物特征认证和动作姿势捕捉实现 AI 体感指挥调度，提高指挥调度效率 （2）采用肢体关键点识别引擎，实现动作的精准捕捉，并通过光学系统立体视觉进行三维空间测量。运用 AI 智能算法，采集人体特殊标记阈值，支持专业调整，收集强度数据，进行精确处理，防止误操作 （3）采用人手部检测引擎，运用手部区域块特征算法，计算手部图像灰度变化，通过运动前景检测技术确定关键帧中包含人手区域在内的运动前景，结合形状特征与相似性比对，实现手势的快速精准识别 （4）采用人脸检测引擎检测图像采集中的人脸并标记坐标，支持同时识别多张人脸，准确识别多种人脸属性信息 （5）采用人脸识别引擎实现人脸验证、识别、检索，包括视觉特征、像素统计特征、人脸图像变换系数特征、人脸图像代数特征等，单次人脸比对耗时短，识别认证速度小于 100 ms

三、系统应用

应急指挥中心中的图像切换系统是一种能够将各种类型的视频信息进行快速切换和展示的技术应用。

举例来说，在一次突发事件中，某省应急指挥中心通过该系统，能够快速切换不同区域的监控视频，实时了解事态发展情况，做出更为精准的指挥调度。

此外，图像切换系统还可以提高指挥决策的准确性和效率。通过该系统，中心可以实时查看多个区域的视频信息，进行全面、深入的信息分析，从而做出更为科学、准确的决策。

因此，应急指挥中心中的图像切换系统在实际应用中取得了良好的效果，为其他地区应急管理系统的建设和应用提供了有益的借鉴和参考。

第三节　会议运维预约管控系统

一、概述

搭建在政务外网基础上，利用数据通信技术，组成一个设备互联的整合系统。实现系统中所有设备信息共享、远程交互，按照用户预先制定的规范进行预约、管理、控制、诊断、统计。

二、系统设计

（一）业务需求

面向应急指挥中心智能会议的需求，需要基于 IP 架构的政务外网应用，将各个会商室作为一个节点，每一个节点配合一台智能网关，对节点上面所有的设备进行交互，将不同通信协议的设备进行数据汇总、数据传输及控制，从而搭建起整体的会议管理运维系统。

（二）功能需求

会务管控系统从会议开始前的设备状态自检、会中各子系统的使用情况的统计、会商室的实时环境监测数据显示、会后设备故障的实时反馈、设备运行状态、资产管理的查看，具有不可比拟的管理运维优势；实实在在地将会务故障降到最低。会商室管理运维系统充分利用现有网络及设备，灵活部署服务器，搭建起系统内的管理、运维、控制、诊断、统计等应用。管理运维系统不仅保障了会议系统的正常使用，而且通过数据的交互，提升了会商室的使用效率，完全满足日常会商室管理的需求。

1. 远程控制

自动获取各个会商室的控制功能，并能远程对这些控制功能进行调用。在实际应用的场景中无须管理员亲临各个会商室进行控制。功能包括模式调用、视频调度、音频调节等功能。

2. 远程诊断

会议管理运维系统的每个节点（会商室）由视频、音频、控制、网络、电源五个大系统组成。功能包括判断该节点是否在线、是否故障、故障排查等功能。

3. 远程管理

会议管理运维系统将会商室的使用情况、设备情况通过邮件、短信等方式发送至管理员，管理员从而及时对会商室的情况在第一时间把握。

4. 定时功能

系统可对每个节点（会商室）的设备进行定时行为，包括日常行为、每周定时、特定日期定时。

5. 状态预警

对各会商室的设备使用情况进行提前预设，到达预设值时系统自动预警，并在管理平台中显示。

6. 数据统计以及报表输出

会议管理运维系统将会商室的使用情况、设备情况通过邮件、短信、微信等方式发送至管理员，管理员从而及时掌握会商室的情况。

7. 会议大数据

支持各类型的会议信息统计；支持以专业的大数据图表进行动态展示大数据信息；同时会务数据服务器存储，管理者可以随时通过数据统计获取实时分析数据。

8. 智能化控制

智能化控制可对接中控系统，实现智能化集中控制各功能模块。

9. 会议预定系统功能

通过会议预定系统可以对会议室进行快速预定，只需填写基本信息、参会人员、设置通知方式便实现会议室的预定；结合会议室的身份识别系统，实现签到及欢迎的功能。支持会议快速预定、快速延时或释放、移动端预定、自动释放、身份识别坐席系统、播放欢迎词、语音转录预定等功能。

（三）解决方案

会议运维预约管控系统参考架构如图 8-1 所示。

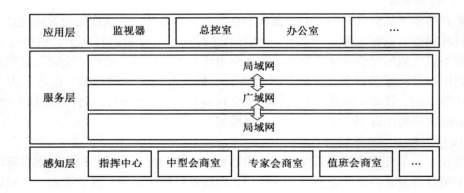

图 8-1 会议运维预约管控系统参考架构

感知层的核心能力是实现会商室内各专业设备的数据采集交互，是系统中末端呈现环节，关键在于具备更精确、更全面的交互能力，并解决整个的数据获取、交互、系统孤立的问题。

服务层主要以广泛覆盖的移动通信网络作为基础设施，是系统中标准化程度最高、产业化能力最强、最成熟的部分，关键在于为系统应用特征进行优化改造，形成稳定数据交互的网络。

应用层提供丰富的应用，将会商室设备与网络平台信息化需求相结合，实现桌面端、移动端、大屏端不同场景的智能化应用模式。

（四）关键设备

关键设备包括会议运维管控系统、会议运维管控接入许可授权软件、接入网关、会议预定系统、会议室预定接入许可授权软件、平台对接服务等，具体见表8－3。

表8－3　会议运维预约管控系统关键设备

序号	名　称	功　能	主　要　指　标
1	会议运维预约管控系统	管理会议室、设备和会议资源，提供会议预约、调度和管理功能	支持多种会议类型和会议规模，支持多方视频会议接入，支持多种预约方式，如手机App、网页端、语音等，支持多语言，支持安全可靠的会议数据传输
2	会议运维管控接入许可授权软件	为接入终端授权，管理接入终端使用权	支持多种授权方式，支持权限管理和用户身份认证，支持实时授权和离线授权，支持日志记录和审计功能
3	接入网关	提供不同网络和协议的互联互通，使不同终端可以接入同一会议系统	支持多种网络接入方式，如Wi－Fi、有线网络等，支持多种协议转换，支持大规模的并发连接和会议，支持网络安全和数据加密
4	会议预定系统	提供会议预定和调度服务	支持多种预定方式和时间段，支持会议室和设备资源管理，支持会议预约状态跟踪和提醒，支持实时监控和管理会议状态
5	会议室预定接入许可授权软件	为会议室授权，管理会议室使用权	支持多种授权方式，支持权限管理和用户身份认证，支持实时授权和离线授权，支持日志记录和审计功能
6	平台对接服务	提供与其他系统的接口和集成服务	支持多种协议和数据格式，支持数据传输和交换，支持API和SDK开发，支持扩展和定制化功能

三、系统应用

应急指挥中心的会议运维预约管控系统是一种能够实现会议预约、资源分配和会议管控的技术应用。

例如，在一次重要的应急指挥会议中，通过该系统就能够实现会议预约、会议资源分配、会议纪要管理等功能，使会议的组织和管理更为规范、高效。

此外，会议运维预约管控系统还可以提高会议资源的利用效率。通过该系统，中心可以对会议室资源进行统一管理和调度，实现多会议室的有效利用，避免会议室资源浪费。

第四节　无纸化会议系统

一、概述

无纸化智能会议系统，改变了传统"一人讲，众人听"的会议模式，倡导"一人讲，众人评"全互动式会议模式，采用独有的图像编解码技术，每个席位都可以是独立的汇报单元，广播本地画面到其他会议终端与大屏幕，从而完成会商室任何终端桌面信号的自由交互，使得会议内容的呈现方式更加多样化，会议过程也充满了更多的乐趣，提高会议效率。

二、系统设计

（一）业务需求

无纸化智能会议系统需要在支持传统会议功能的基础上，为每位参会人提供了一个完全独立的计算机桌面，支撑参会人异步浏览、审阅、批注 Word、XLS、PPT、PDF 等各种格式的会议文件，还应满足上网、登录 OA、E – mail 需求。

（二）功能需求

1. 会前功能

会议建立：设置会议基本信息。

参会者设置：编辑参会人员列表详细信息。

文件分发：上传会议文件，并为文件和文件分类定义权限。

投票设置：管理会议投票。

首页编辑：编辑开机欢迎界面。

视频管理：配置视频直播、点播。

会议档案：控制会议过程中的录制选项

2. 会中功能

会议签到：参会人员电子签到管理及状态查询。

参会人员：显示参会人员的列表详细信息。

会议文件：显示并打开管理员分发的会议文件。

同步现场：支持打开文档并同步共享演示文档、批注文档、观看同步演示。

会议记录：会议过程随手笔记。

电子白板：可在模拟白板上进行手写演示，使会议变得形象生动。

交流提示：支持与会者之间实时交流。

网页浏览：浏览 Internet 网。

个人资料：可以导入本地私有文件。

会议投票：提供会议现场的投票表决功能。

视频服务：播放视频文件、直播源。

PC 模式：把无纸化终端作为普通 PC 电脑使用，并支持全屏共享电脑。

主持功能：主席机有优先权，包括界面强切、投票控制等功能。

中控功能：支持统一升降控制、统一关机。

文件推送：可以把文件推送给任意参会人员。

3. 会后功能

信息记录：可对会议后的各类信息进行记录，包括签到信息、投票信息、文件批注、人员信息、会议信息等，支持一键调用查看。

信息导出：可对会议信息导出至后台主机本地硬盘存储或传输至其他会议终端存储。

会议销毁：自动、手动清空会议资料，支持服务器自动清空所有无纸化会议终端资料，支持会议终端自动清空本机所有会议资料。

后台控制：后台主机支持统一控制无纸化会议终端，包括液晶升降、电源关闭等功能。

（三）解决方案

无纸化会议系统设备连接如图 8 - 2 所示。

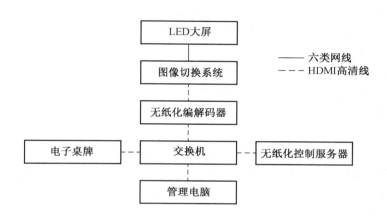

图 8-2 无纸化会议系统设备连接图

智能无纸化会议系统解决方案是一种高效、便捷的会议系统，它通过结合文件管理服务器和智能会议软件，实现了对会议文件的智能化管理和分发，同时提高了会议系统的会务信息交互传输、管理和信息安全备份的能力。

1. 文件管理服务器

文件管理服务器是整个系统的核心部分，它负责会议文件的处理和存储。文件管理服务器提供高效的文件管理功能，支持对会议文件的分类、整理、检索、备份和恢复等操作。在文件管理服务器中，可以创建多个文件夹，每个文件夹可以包含多个文件，以便进行更加细致的管理。此外，文件管理服务器还支持对会议文件进行权限管理，确保只有授权的用户才能查看和修改文件。

2. 智能会议软件

智能会议软件是会议系统的应用程序，它与文件管理服务器配合使用，负责将会议文件推送到终端设备上，并实现签到、投票表决、文件同屏、文件浏览、文件批注、会议交流及记录查看等功能。智能会议软件支持多种操作系统，包括 Windows、iOS、Android 等。

3. 会议终端设备

会议终端设备是智能无纸化会议系统的重要组成部分，包括会议室的大屏幕、电视机、电脑、平板电脑等。会议终端设备可以通过智能会议软件与文件管理服务器进行连接，实现对会议文件的查看、编辑、分享等操作。

4. 文件管理和分发

智能无纸化会议系统通过文件管理服务器和智能会议软件实现对会议文件的智能化管

理和分发。在会议开始前,管理员将会议文件上传至文件管理服务器中,然后使用智能会议软件将会议文件推送到会议终端设备上。会议终端设备可以对会议文件进行查看、编辑、分享等操作,实现了会议文件的智能化管理和分发。

5. 会议交流和记录查看

智能无纸化会议系统还提供了会议交流和记录查看功能,通过智能会议软件可以进行文字、语音、视频等多种形式的交流。同时,系统会自动记录会议的过程和结果,以便在会议结束后进行查看和总结。

(四)关键设备

无纸化会议系统的关键设备包括无纸化服务主机、无纸化升降器、无纸化会议终端等,具体见表 8-4。

表 8-4 无纸化会议系统的关键设备

序号	设备类型	功 能	指 标
1	无纸化服务主机(搭配配套软件)	实现会议的配置管理功能,系统管理员可通过后台配置管理服务器参数、会议室信息、数字会议模式、人员组织架构等	CPU、内存、硬盘、网卡、视频输出接口、操作系统等
3	无纸化升降器	实现触控超薄高清显示屏的升降	升降时间、仰角角度、屏幕尺寸、分辨率、视频接口、背光类型、对比度、亮度、可视角度等
4	无纸化会议终端(含软件)	搭配终端内嵌软件负责处理会议过程文档资料的多媒体会议终端,实现文件推送、文件分发、浏览阅读、文件批注等功能	CPU、内存、硬盘容量、网卡、操作系统等
5	无纸化流媒体主机(含软件)	将会议终端画面输出到大屏幕或其他信号显示设备	CPU、内存、硬盘容量、网卡、操作系统等
6	编码器	实现视频流数据的编解码	编解码延时、网络接口、输入分辨率等

三、系统应用

应急指挥中心的无纸化会议系统是一种能够实现会议信息管理、电子文件共享和多媒体演示的技术应用。

例如,在一次重要的应急指挥会议中,应急指挥中心通过该系统,能够实现无纸化会议的召开、信息共享和多媒体演示等功能。与传统的纸质会议相比,该系统可以有效地减少会议准备和管理的工作量,提高会议的效率和质量。

此外,无纸化会议系统还可以提高会议信息的安全性和可追溯性。通过该系统,中心可以对会议信息进行安全存储和管理,避免信息泄露和丢失,同时还可以方便地查阅和追溯会议记录,为后续工作的开展提供有力支持。

第五节　会议扩声系统

一、概述

完整的扩声系统主要包括信号源设备、信号传输设备、信号处理设备和音箱声场。应急指挥中心视频会议话筒完成会场声音的采集，转换成 0 dB 的线路信号；线路信号输入调音台、数字音频处理器，数字音频处理器将各种输入声音进行增益及衰减处理，对多路声音进行编组；编组后的声音进行系统回声消除，再将声音进行效果、均衡、压限等处理，最后通过功放传到会场内安装的音箱。系统还设置有录音系统，对会议话音进行录制保存。

二、系统设计

（一）业务需求

在指挥中心、会商室等区域配置会议扩声系统，主要用于处理特、重大突发事件、进行远程会商、本地讨论等，应急指挥中心涉及的各个场所的音响必须达到良好的拾音和播放效果。专业扩声系统在应急指挥场所中，需要通过电声设计控制改善厅堂音质。

（二）功能需求

由于指挥中心主要是用于指挥决策、会议，兼顾音频资料播放和影片播放，因此在扩声的设计上，主要考虑语言扩声，这就首先要求有优良的语言清晰度和均匀的、足够的声场声压级。在设计时要重点考虑扬声器的分布以及声压的均匀覆盖。

发言设备主要依靠会议系统多支会议话筒来完成，因为有多个话筒所以有多个音频信号源，作为操作员需要将它们集中、统一管理起来。为了使管理更快捷、集中和统一，需要配置一台混音设备。将输入的信号统一编组控制。可控制某路输入信号输出的音量大小，输出通道甚至静音、切断等。

扩声系统主要实现会议功能，能够播放本场发言语音、远程会议语音、远程其他通信语音、本场各类音乐、远程音乐。声音均匀、清晰、明亮的专业人声扩音覆盖全场、无重声。音箱采用隐蔽安装的方式，确保整个会场的美观性。

（三）解决方案

会议扩声系统设备连接如图 8-3 所示。

对于应急指挥场所，会议话筒完成会场声音的采集，转换成 0 dB 的线路信号；线路信号输入调音台、数字音频处理器，数字音频处理器将各种输入声音进行增益及衰减处理，对多路声音进行编组；编组后的声音进行系统回声消除，再将声音进行效果、均衡、压限等处理，最后通过功放传到会场内安装的音箱。系统还设置录音系统对会议话音进行录制保存。

扩声系统包括数据指挥调度区、应急指挥大厅及其他楼层会议室等会议场所的扩声系统，采用总线式布线，达到布线简洁美观的效果，并且可防止移动电话的干扰。同时，在设计过程中考虑各功能区的实际情况和用途，确保建设以后的各应急指挥场所能够实现良

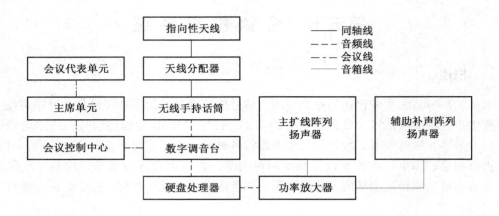

图 8-3 会议扩声系统设备连接图

好的音频效果。

根据系统中各部分功能及在系统架构中的位置，系统可分为拾音部分、调音部分、扩音部分、录音部分四部分。

（四）关键设备

会议扩声系统关键设备包括音箱、功率放大器、数字调音台等，具体见表 8-5。

表 8-5　会议扩声系统关键设备

序号	设备类型	功　　能	指　　标
1	音箱	实现音频输出及扩音	频响、灵敏度、最大声压级（峰值）、功率（AES）、标称阻抗、指向性（H×V）、单元配置等
2	功率放大器	实现音频功率放大功能	频率响应（1W）、总谐波失真（THD）、互调失真（IMD）、转换速率、阻尼系数、信噪比等
3	数字调音台	实现多路输入和单独对每路的音频信号的处理	输入及输出信号信号数量及格式要求、总线/组、矩阵数据 I/O、远程操控等
4	音频处理器	音频处理装置，实现音频（音乐或配乐）控制	摄像跟踪控制、采样频率、平衡话筒/线路电平输入接口数量等
5	全数字化会议系统主机	集发言讨论多功能的数字会议设备	双机热备份、协议、总谐波失真、频率响应、信噪比、通道隔离度、输出阻抗等
6	全数字化会议系统主席/代表单元	用于显示会议进程信息、发言列表、倒计时、发言人、耳机音量调节高清触摸屏，可独立调节会议单元增益和均衡	频率响应、最大声压级等
7	数字无线手持话筒	音频数据采集后以无线方式实现回传的设备	国家标准、UHF 双通道多频道、频率范围选择、自动扫频、频道锁定等

三、系统应用

由于指挥中心主要是用于指挥决策、会议，兼顾音频资料播放和影片播放，因此在扩声的设计上主要考虑语言扩声，这就首先要求有优良的语言清晰度和均匀的、足够的声场声压级。在设计时重点考虑扬声器的分布以及声压的均匀覆盖。

发言设备主要依靠会议系统多支会议话筒来完成，因为有多个话筒多个音频信号源，作为操作员需要将它们集中、统一管理起来。为了使管理更快捷、集中和统一，需要配置一台混音设备。将输入的信号统一编组控制。可控制某路输入信号输出的音量大小，输出通道，甚至静音、切断等。

因此扩声系统主要实现会议功能，能够播放本场发言语音、远程会议语音、远程其他通信语音、本场各类音乐、远程音乐。声音均匀、清晰、明亮的专业人声扩音覆盖全场、无重声。音箱采用隐蔽安装的方式，确保整个会场的美观性。

第六节　语　音　助　手

一、概述

随着人工智能、大数据技术的逐渐发展，以先进的人工智能技术助力业务分析，提升业务洞察力，为应急处置提供更方便的工作方式。语音助手通过给出适合的指令集合，具有文本获取要素、语音获取要素、整段/片段文法分析等特性，为用户提供使用语音发起的指挥功能。

二、系统设计

（一）业务需求

一是借助智能语音交互技术，通过对自然语言进行解析，实现语音指令直接调取视频、地图、预案等信息；二是通过智能化语音交互及意图识别能力，实现在应急指挥调度、会议等场景下，快速使用语音方式进行业务操作，例如发消息、打电话、查找邮件、查询地图要素、系统调度展示等。

（二）功能需求

1. 语音指挥调度系统

具备通过语音指令实现视频资源检索、邮箱检索调度、地图精准定位、预案智能检索、通讯录智能调取等能力。客户终端软件提供桌面语音输入功能，适应于任何可以进行文本输入的介质窗口，可以将说话内容实时转成文字，同时支持根据语义输出标点符号功能。

2. 人工智能语音平台

对会议语音转文字自动音频与文字速记，与会议预定排位系统及智能控制系统结合，可进行座位编排及角色绑定，当对着麦克风发言时，系统可区分设备地址及座位，支持真正意义上准确的角色分离。

（三）解决方案

语音助手参考架构如图 8 - 4 所示。

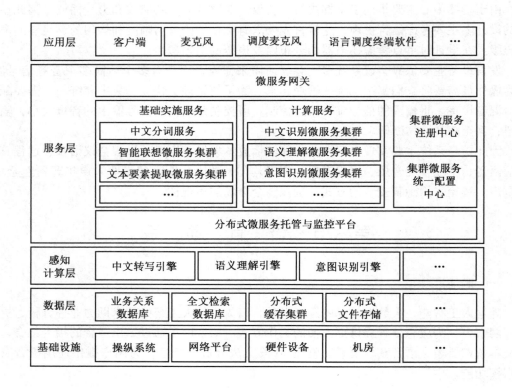

应用层	客户端	麦克风	调度麦克风	语言调度终端软件	...

服务层

微服务网关

基础实施服务	计算服务	集群微服务注册中心
中文分词服务	中文识别微服务集群	
智能联想微服务集群	语义理解微服务集群	集群微服务统一配置中心
文本要素提取微服务集群	意图识别微服务集群	
...	...	

分布式微服务托管与监控平台

感知计算层	中文转写引擎	语义理解引擎	意图识别引擎	...
数据层	业务关系数据库	全文检索数据库	分布式缓存集群	分布式文件存储	...
基础设施	操纵系统	网络平台	硬件设备	机房	...

图8-4 语音助手参考架构

1. 指挥调度场景定制化智能交互操作系统

现场指挥通过引入预案智能语音触发功能，实现通过语音指令下发各级预案；引入智能语音控制系统，通过语音指令直接调取 GIS、视频、人力等信息，使指挥调度流程更加通畅；智能语音汇报指令编辑系统，完成指令的语音方式自动编辑，降低处理时长。处置过程通过引入智能调度、智能推送、业务辅助等功能提高处置效率和规范性。通过指挥中心实施建设，将进一步提高指挥中心日常指挥调度和应急指挥的执行效率，提升指挥中心服务满意度和社会公众形象，加强指挥中心安全事件防范、引导及应急指挥处置能力，深化智能语音交互技术等人工智能技术在指挥中心业务领域的深层次应用。

可在设备机房部署建设统一的人工智能语音平台（软硬件），为智慧语音助手提供人工智能技术能力，包含语音识别、语义理解等核心能力。人工智能语音平台能够为各场景下的应用提供基于长短时记忆的循环神经网络的声学建模和语言模型建模技术的基础语音技术能力，同时还可提供基于识别结果的分段、分词、顺滑、置信度评估等后处理技术以及图文识别技术，可以实现语音数据的自动笔录、关键信息抽取、结构化存储、信息检索、智能分析等智能化的关键技术。

2. 智慧语音助手

智慧语音助手，主要应用于办公场景，是以语音识别为核心的服务，通过便捷的语言输入方式将信息录入到各种系统中，实现公务人员文书、材料的书写和录入工作，自动生成会议纪要底稿，同时结合专业领域定制化的语音识别优化引擎，提高个性化输入的识别准确率。智慧语音助手极大地提高了公务人员日常工作效率。

基于统一人工智能平台，支持在新闻发布中心、数据指挥调度区和应急指挥大厅等重要会商室办公电脑上部署智慧语音助手客户端。

五层结构设计的系统具有较好的扩展性。随着业务的拓展，可以很方便地在必要的层面中添加相应的应用，实现系统功能的扩展。

在基础设施层，在充分利用现有基础设施的基础上，完善了网络基础、电话平台、计算机终端、大屏控制、存储设施等基础设施的建设，为平台提供了良好的基础物理支撑；在数据层，完成了基础数据、录音数据、语音数据模型、语义数据、POI 地址数据、预案数据的设计及规整，并同时为数据搭建了相应的存储平台；在感知计算层，为应用层提供智能语音、智能图像、意图识别系列计算引擎等；在服务层，基于各种感知计算能力，提供语音识别、语音导航、POI 地址定位、数据搜索引擎、实时转写等服务，为智能指挥调度、智慧语音助手要工作等应用提供服务支撑；在应用层，统一规划为智能指挥调度系统和智慧语音助手。随着指挥中心的需求变化，可便捷拓展更多智能应用。

（四）关键设备

语音助手关键设备包括实时字幕显示终端和语音识别客户端（含配套软件），具体见表 8 - 6。

表 8 - 6　语音助手关键设备

序号	设 备 类 型	功　　能	指　　标
1	实时字幕显示终端	用于实时显示字幕的设备	主板、CPU、内存、闪存、系统等
2	语音识别客户端（含配套软件）	用于提供语音识别服务的服务器及配套软件	主板、CPU、内存、闪存、架构、通讯方式等

三、系统应用

应急指挥中心中的语音助手是一种基于语音识别和自然语言处理技术的智能辅助系统，能够为指挥人员提供语音交互式服务，使指挥人员能够更快速、准确地获取所需信息和指令，并实现指挥过程中的自动化、智能化和人性化。下面是语音助手的应用效果。

（1）提高指挥效率。语音助手可以在指挥人员需要的时候，快速响应并提供相关信息，不需要人工干预。通过语音交互，指挥人员可以更快速、准确地获取所需信息和指令，从而提高指挥效率。

（2）降低工作负担。语音助手可以自动完成一些烦琐、重复的工作，如填写表单、录入数据等，从而减轻指挥人员的工作负担。指挥人员只需要简单地发出指令，语音助手就可以自动完成相应的操作。

（3）增强指挥安全性。语音助手可以对指挥人员的身份进行验证，确保只有授权人员才能使用系统。同时，语音助手还可以将指挥信息加密传输，保障指挥的安全性。

（4）提高指挥精度。语音助手可以通过语音识别技术自动识别指挥人员的语音指令，并将其转化为文本形式，避免人工录入时的误差。这样可以提高指挥的精度，减少因人为因素导致的错误。

综上所述，应急指挥中心的语音助手应用效果显著，有助于提高指挥效率，降低工作负担，增强指挥安全性和提高指挥精度。

第七节　作业操作台及终端设备

一、概述

对大屏、图像切换系统、会议扩声系统等各类系统进行操作的操作台及专业设备控制台设计不仅能够提升指挥中心的整体视觉效果，还能为指挥中心工作人员提供一个良好的工作环境。它可以在保护设备的同时，把错综复杂的线缆全部隐藏，铺设更加美观。同时符合人体工程学的设计，从包括台面高度、显示距离及倾斜角、设备操作及调试、对人员的保护等方面进行多角度、多层次的考虑，使操作人员得到 7×24 小时的健康保护，对日常操作起着至关重要的作用。

根据实际应急指挥调度需要，在全楼层业务用房配置专业操作台及专业设备控制台，以满足信息化设备安装及使用需求，另外配置相应的电脑、电话、传真、打印机等终端。

二、系统设计

（一）业务需求

1. 指挥大厅座席和操控台技术要求

（1）技术要求与线缆管理，结构与覆盖层与设备全面接触。全面接触到控制台的后面部分，减小系统维护对操作员正在进行的工作的影响。可选的外部数据驱动器安装在设备前面易于接触的位置。密封的控制台下部保持静止，或与密封的控制台上部同时移动。在两种情况下，能够保证连接的电缆在移动时能可靠运行。

（2）控制台设计和布局，控制台以直线分列的形式布置；所有的技术上的设备全部密封在控制台里，以使可听见的噪声降到最小，从而保持一致的有序的控制台环境。

（3）人体工学，操控台的外部各处尺寸必须符合人体工程学的统计数据。在对显示屏的目视距离、高度、角度的可调整性，工作台面和键盘的高度，人体膝部空间等设计均应以人体工程学为设计依据。在相邻工作人员的间距，控制台的行间距上则应按照人性因素的设计要求。控制台的整体样式，色彩搭配则应依据美学原理。从而实现完美控制台的设计目的。

（4）所有人机接口相关的设备（显示器，键盘，鼠标等）在控制台上方使用。

（5）工作台面相对显示器及其他外围设备可调，允许对其进行微调来形成一个最佳的工作环境；系统可记忆配置，允许用户在控制台高度改变的过程中用手即可完成此项任务。

2. 指挥大厅座席和操控台座椅技术要求

监控大厅是 7×24 小时的工作环境，为监控人员配置一个舒适的人体工学椅是很有必要的，座椅相关技术要求如下。

（1）可通过手杆个性化地调节靠背的倾斜角度。

（2）可通过调节杆，根据人体所需高度上下调整座面。

（3）扶手可升降，根据坐的姿势可自由调节高度。

（4）扶手可内外、分阶段调节，保证在电脑操作时手肘可更舒适地得到依靠。

（5）座面可根据需要前后调节，双手自然下垂处有调节杆，操作简便。

（6）椅背备有柔和地支撑头部的宽型可调节或固定头枕。

（7）采用具有透明感的网状素材，使背部更具舒适感和贴切感，有高位靠背和低位靠背，以及加高靠背。

（8）根据体格和腰部形状，备有前后、上下调节范围可调节腰靠。

（9）有脚轮进行滑行，能够调节高低，椅面具有旋转功能。

（二）解决方案

系统控制工作站控制设备可采用"云桌面＋普通一体机 PC"混合部署，灵活应用。云桌面系统主要用于部署在政务外网应用，可配普通一体机 PC 用于行业网络应用，包括国产化架构，及高性能工作站用于对图形处理要求高或未适配国产环境的专业应用系统。

（三）关键设备

专业操作台及终端设备包括专业操作台、电脑一体机、电脑摄像头及监听耳机等，具体见表 8-7。

表 8-7　专业操作台及终端设备

序号	设备类型	功　能	指　标
1	专业操作台	给专职人员设计定制的办公桌面	支持定制化、钢木结构、钢木厚度、是否含控制椅等
2	电脑一体机	主机显示器一体的办公电脑	处理器、内存、硬盘、操作系统、显示器等
3	工作站	用于支持业务系统的服务器	CPU、显卡、内存、硬盘、双屏显示器、操作系统等
4	电脑摄像头及监听耳机	实现视频采集及音频输出	电脑摄像头：码流、分辨率、拾音距离等 监听耳机：灵敏度、频响范围等
5	便携式操作电脑	一般为笔记本电脑	处理器、内存、硬盘、操作系统等
6	打印机（含配套软件）	打印设备	打印格式、是否支持彩打、是否具备扫描及复印功能等

表 8-7 (续)

序号	设备类型	功 能	指 标
7	打印装订扫描一体机（含配套软件）	具备打印、装订、扫描等功能的多功能一体机	A4 黑白/彩色复印速度、首张输出时间、打印分辨率、扫描速度、纸张大小、装订器等
8	碎纸机	分割纸张成很多的细小纸片，以达到保密的目的设备	可碎介质、纸箱容量、最大碎纸幅面、功能、噪声、碎纸速度、连续碎纸机时间等
9	IPPBX 主机	支持内部使用的电话业务网络的设备	注册容量、通信用户许可数量等
10	数字中继网关	连接 PSTN 和软交换网络的设备	E1 口数量等
11	综合接入网关	连接多种网络的设备	模拟电话接入端口数量等
12	IP 视频话机	一种多媒体终端，支持视频通话	分辨率、像素、协议、接入方式、系统等
13	话机扩展板	用于增加电话机的操作功能，和电话机配合使用	可编程按键、背光图形液晶显示屏等
14	模拟话机	通信是以电信号模拟语声变化的一种通信终端	免提、时间显示、语音拨号、停电使用、夜光照明、防雷击等
15	传真机	把文件、图表、照片等静止图像转换成电信号，传送到接收端，以记录形式进行复制的通信设备。	多址发送、传真转发、中文操作、无纸接收、大容量纸盒、鼓粉分离、介质类型、介质尺寸、复印幅面、打印参数等
16	应急可视化终端	一种多媒体终端	分辨率、屏幕类型、屏幕比例、前后置摄像头分辨率、AI 语音、分屏功能等

三、系统应用

应急指挥中心的作业操作台及终端设备是应急管理业务系统的重要组成部分。其主要作用是为指挥中心的运维人员提供实时监控、指挥调度、信息发布等功能，以保证应急响应和处置工作的高效进行。

具体应用效果包括以下方面：

（1）实时监控。作业操作台可以实时接收和显示现场监控设备传回的图像、视频和声音等信息，为指挥人员提供全面的现场情况和状态，帮助指挥人员更好地判断事态、制定应急预案和决策。

（2）指挥调度。作业操作台可以对现场设备进行远程控制和调整，通过图像传输、语音指令等方式，指挥中心可以对现场设备进行操作和指挥，实现现场指挥调度的全过程。

（3）信息发布。作业操作台可以实现多种形式的信息发布，包括文字、图片、视频等，为指挥中心的决策提供更全面和准确的信息支持。

总之，作业操作台及终端设备的应用使得指挥中心具备了更强大的信息处理和调度能力，有效提高了应急响应和处置的效率和水平。

第八节　融合会商系统

一、概述

应急融合会商系统主要针对应急指挥、演练、抢险等业务，解决跨部门协同难、资源调度难、现场呈现难、过程追溯难、事后研讨总结难的问题。系统的建设可实现各层级的协同指挥功能和视频会议功能，建设内容主要为大楼内应急融合会商系统，并对接现有相关单位融合会商系统。

二、系统设计

（一）业务需求

高清会议系统具备 4K 视频编解码技术，宽频语音和高清晰数据传送，最大可支持 8M 会议带宽，提供高清晰图像和高保真语音，让与会者全方位体验极度高清的视频会议。

应急融合会商系统具备协同指挥功能和视频会议功能，其中协同指挥功能主要包括扁平化的垂直指挥、强大的终端接入功能、终端具备智能跟踪，人脸识别签到等智能化应用，身临其境的高临场感和灵活的平台融合能力；视频会议功能包括跨级跨部门行政会议、自助多点视频会议和点对点会议，支持视频会商、业务培训、应急指挥联动和移动会场接入。系统支持对接接入辖区局委办单位的视频会商系统及云视频会议系统，形成一体化应急融合视频会商体系。

此外，系统通过标准 SIP 协议的对接，可支持和应急管理部门三方视频会商等系统无缝对接，打通各级应急管理部门会商系统，也可支持和横向单位视频会议系统对接，实现应急管理多级指挥调度和视频会议功能。

（二）功能需求

（1）系统需支持最高 4K25/30 fps 视频和 4K25/30 fps 辅流的双流高清，采用 AAC - LD、Opus 宽频的语音技术，可以达到 CD 音质效果。

（2）系统需采用快速自适应回声抵消、自动增益控制和自动噪声抑制技术，可提供清晰的全双工数字音频。

（3）系统需内置丰富的软/硬件图像编解码资源，最大限度任意会场、任意协议、任意速率的支持速率、协议动态适配，即所有参会的会场均能够以不同的通信协议、不同的带宽、不同的视音频协议、不同的清晰度加入会议。所有的会场加入会议中均先进行图像解码，然后再进行重新编码组合成新的图像。

（4）系统需支持 SVC 多流转发技术，多流转发会议仅在网络侧完成视频转发，不需要进行视频编解码转换，由终端侧完成视频编解码和多画面的布局。

（5）系统需具备超强的网络适应能力，在网络丢包率达 20% 环境下仍可保障视频流畅，采用 IRC 智能调速技术，动态调整视讯码流带宽，保证最优的音视频体验；应具备超强的抗网络抖动能力，最大可达 1000 ms，保证会议顺利进行。

（6）系统需支持协作白板之间进行多方实时交互式数据协作体验，扩展视频会议的协作能力，实现应急指挥调度场景下的协同标绘功能。

（三）解决方案

融合会商系统参考架构如图 8−5 所示。

应用层	态势研判	远程协作会商	应急指挥	⋯
平台层	会商管理系统	MCU多点控制单元	会商录播系统	⋯
终端层	沉浸式终端	协作终端	桌面终端	移动终端	⋯

图 8−5　融合会商系统参考架构

应急融合会商系统总体架构分为终端层、平台层和应用层。终端层包含各类视频会议终端，如全景智真、会议室高清终端、协作终端、桌面终端和移动终端等，负责采集音视频信号并做编解码工作，平台层则主要包含会商关系系统、MCU 多点控制单元以及会商录播系统，负责将音视频信号从一方会场转发至另外一方或者多方会场，并实现会场终端的管理和视频录制等功能，应用层则主要负责给客户提供相关业务应用系统，通过业务应用系统调取相关会议音视频信号进行展示，从而实现态势研判、远程协作会商、应急指挥等业务呈现。

指挥中心会场属于一个超大型的会商室，用于各种领导会议、辖区应急指挥会议等重要会议，因此对会议终端要求高可靠，重点会场做到 1 + 1 备份。在应急指挥中心设置视频会议终端，配置视频会议摄像头，满足视频会议及会商需求。

数据指挥调度区、应急指挥大厅、专家会商区、专家研判区，由于面积较大，业务场景所需，部署高清终端，配置多台高清摄像机。在终端备份也设置 1 + 1 的高清终端备份，主备终端均连接到外围视频矩阵、音频处理等集成设备，一旦主设备故障，马上启用备份设备做无缝切换，保证会议不中断。

同时根据会商室的需求，部署摄像机做全景覆盖及发言人特写，通过视频矩阵连接前端摄像机信号，再切换输入到终端，包括主显示系统、辅助显示系统，通过调音台输入输出音频，也经过扩声系统来外放，让整个会议室的声音比较均衡。

其他小型会商室、分中心，部署分体式高清视频会议终端、高清摄像机以及拾音麦克风，同时配置大屏幕液晶电视等显示设备。

同时预留软终端，满足应急非常时期在外应急专家的快速接入能力。软终端只需安装终端软件，登录提前设置账号，通过网络即可加入到会议中。简化远端的会议部署工作，提升作战快速响应能力。

系统可支持和其他横向单位如公安、水利、消防、气象、交通等部门视频会商系统实现对接，在突发事件下可以快速呼叫周边系统进行协同会商，提高会商决策效率。指挥中心与其他外部单位的线路连接采用政务外网和专线的方式对接。系统具备与现有云视频会议的对接功能。

（四）关键设备

融合会商系统关键设备包括会商管理系统、MCU多点控制单元、会商录播服务器等，具体见表8-8。

表8-8　融合会商系统关键设备

序号	设备类型	功　　能	指　　标
1	MCU多点控制单元	实现对视频、音频、辅流、数据等格式数据的全编全解处理和多流转发	操作系统、协议、电子白、网络丢包等
2	会商录播服务器	提供双流超清录制，支持直播、点播、移动观看等功能设备	录制带宽、视频编解码协议、高清视频会议并发直播路数、并发点播观看或直播观看路数等
3	视频会议终端	实现音视频采集、输出的设备	协议、分辨率、编解码、网络丢包、网络协议、音视频接口等
4	高清摄像机	实现高清图像数据的采集设备	分辨率、光学变焦倍、高清视频输出接口路数等
5	专业摄像机	用于融合会商场景的专业高清摄像机	像素、分辨率、变焦倍数、轨迹保存功能等
6	阵列麦克风	音频采集设备，配套视频会议终端使用	拾音距离、拾音范、采样率、灵敏度等
7	分体式高清视频终端	摄像机与视频终端可分离部署的设备组合	音视频输入及输出、设备视频数据调取及语音对讲等

三、系统应用

应急指挥中心的融合会商系统是一个集成了音视频会商、文件共享、多方协作等功能的系统。其主要作用是为指挥中心提供一个高效、便捷、安全的会商平台，使各部门、单位之间能够快速协调、迅速决策，协同应对突发事件。下面举例几个实际应用和效果。

（1）提高应急响应效率。在突发事件发生时，指挥中心可以通过融合会商系统快速召集相关人员进行会商，协商应对方案，提高响应效率。

（2）加强信息共享。通过融合会商系统，各部门、单位可以及时共享各自的信息和数据，避免信息孤岛，提高信息的完整性和准确性。

（3）改善沟通协作效果。融合会商系统提供了实时音视频会议、文字聊天、文件共享等多种沟通方式，便于各部门、单位之间进行有效沟通和协作，改善协作效果。

（4）增强安全保障能力。融合会商系统具备安全性高、加密传输、防泄密等功能，可以有效保障指挥中心的信息安全和保密需求。

第九节 云 桌 面 系 统

一、概述

云桌面又称桌面虚拟化、云电脑，是替代传统电脑的一种新模式。采用云桌面后，用户无需再购买电脑主机，主机所包含的 CPU、内存、硬盘等组件全部在后端的服务器中虚拟出来，前端设备主流的是采用瘦客户机连接显示器和键鼠，用户安装客户端后通过特有的通信协议访问后端服务器上的虚拟机主机来实现交互式操作，达到与电脑一致的体验效果。云桌面不仅支持用于替换传统电脑，还支持手机、平板等其他智能设备在互联网上访问，成为移动办公的最新解决方案。

二、系统设计

（一）业务需求

一是解决传统 PC 作为工作终端使用过程中存在缺乏有效的管理手段来控制 USB 口、串口、并口的非法设备的接入以至于存在数据泄密风险的问题。二是解决关键信息存放在本地 PC，一旦出现故障将会造成文件丢失及无法办公等问题。

（二）功能需求

1. 系统管理需求

1）镜像管理与更新

（1）管理员只需在管理平台将配置好的操作系统镜像分配给相应的用户或用户组，不需要花费大量的时间去为每个用户安装操作系统，在使用的过程中，管理员只需维护镜像，有效节省时间和人力。

（2）管理员在管理平台发布标准镜像，根据需求将标准镜像分配给用户或用户组。

（3）用户在终端凭用户名、密码登录，终端自动下载镜像并运行。

（4）管理员在管理端创建镜像版本，进行镜像更新维护，完成后指定镜像生效时间并发布。用户登录时自动下载镜像更新版本进行更新。

2）用户管理

管理员在管理平台上创建桌面用户，为用户分配镜像、安全策略、绑定终端。用户可凭用户名、密码在终端登录访问自己的桌面。管理员可通过管理平台管理用户的镜像、策略、主机、重置密码、重置镜像还原点等功能，简化系统运维部署管理操作、降低维护成本。

3）外设策略管理

在对数据安全较高的环境中，针对不同部门或用户的设置不同的外设访问权限，如 U 盘、打印机、U-key、加密狗、扫描枪等。管理员可在管理平台设置使用策略，禁止或允许某些用户对特定外设的使用，从一定程度上保证数据的安全性，避免数据泄漏或病毒入侵。

4）用户终端管理

管理员在云桌面管理平台上创建国产桌面用户以及 Windows 桌面用户，为用户分配镜像、安全策略、绑定终端。用户可凭用户名、密码在终端登录访问自己的桌面。管理员可通过管理平台管理用户的镜像、策略、主机、重置密码、重置镜像还原点等功能，简化系统运维部署管理操作、降低维护成本。

5）用户数据存储

管理员可以在管理端为每个用户分配一定规格的本地个人数据盘、个人云盘以及团队云盘，本地个人数据盘用于存放个人数据，该数据可在网络通畅时与个人云盘进行数据同步，以保障数据安全备份。

个人云盘可在用户使用任意非绑定终端登录时进行数据漂移。

6）统计管理

资源统计可以让管理员查看虚拟机登录、分配以及运行状态信息。包括查看柱状图显示 TOP10 的 CPU 及内存超过 80% 的用户。以列表的形式分页显示用户的性能数据。

7）查看虚拟机历史注册异常统计信息

（1）查看最近一个月用户的在线人数，按时间显示在线人数的折线图。

（2）查看用户使用虚拟机的时间。

（3）查看用户登录信息，以用户列表形式排列显示。

（4）查看最近一个月内未使用的虚拟机信息。

（5）系统支持各种统计报表和运行分析报告，支持根据配置字段进行统计，支持保存为 EXCEL 格式，支持柱状图、折线图和饼状图显示。

2. 桌面部署灵活

桌面云可以提供灵活的桌面形态，包括完整复制、链接克隆等，并支持灵活的发放方式，即可提供 1 对 1、1 对多、多对 1、多对多等多种不同的多种发放方式。

3. 完整复制桌面

完整复制虚拟桌面在创建时，系统会给这个虚拟桌面分配一份独立系统盘空间，并将虚拟机模板完整复制到系统盘上。这样每个完整复制虚拟桌面都有单独的系统盘与用户数据盘。基于虚拟机级别的隔离、安全性高、个性化强、外设支持类型丰富、用户体验与传统 PC 一致，可以按照用户的工作负荷弹性修改虚拟机规格。每个用户都有一个独立的虚拟机，虚拟机系统盘和数据盘都通过集中的存储设备加载。用户通过本地瘦终端或软终端可以远程登录虚拟机。

4. 端到端安全设计

为保障数据安全，云计算采用了完整的安全架构，避免出现安全真空，强化了网络隔离和虚拟化隔离，安全架构层面主要采用了分层和纵深防御的思想。

根据云计算面临的威胁与挑战，提供了端到端的措施保证桌面云安全，从防范非法用户和恶意系统管理员的角度进行系统的防范，保证存放桌面云数据中心的数据做到非法用户"进不来"，即使进入系统数据也"拿不走"，即使进入系统机密敏感数据也"打不开"，非法人员作案后"赖不掉"，机密数据"丢不了"。各分层采用安全措施如下。

1）终端安全

桌面云支持对终端进行合法性认证，如终端与用户或用户组绑定、802.1X 认证（密码方式或证书方式）、CA 认证等方式，防止非法终端接入保证终端安全。

2）接入安全

提供丰富的安全用户身份认证，包括域账户、USBKEY、确保接入用户的合法性。

3）传输安全

客户端用户通过特定协议连接虚拟桌面时，桌面访问采用传输加密（HDPoverSSL）等手段，保证业务运行和维护安全。

业务系统各个组件间通信（WI、HDC、ITA、License、VNCGate、HDA 等），均采用 HTTPS 方式，传送通道采用 SSL 加密。

4）系统安全

根据虚拟化机制，做到 CPU 调度、内存、网络访问、磁盘 IO、存储空间的隔离，保证虚拟机隔离安全。

虚拟化平台从数据完整性、身份认证、数据访问隔离控制、数据机密性等方面保证用户数据的安全。系统进行资源回收时，剩余数据清零。

网络通信平面划分为业务平面、存储平面和管理平面，且三个平面之间是隔离的。

5）管理安全

桌面云所有管理系统都提供完善的日志，保证所有管理员的操作都有日志记录，供事后审计。

桌面云系统支持三员分立的管理，实现系统管理员、安全管理员、安全审计员的权限制衡。

6）用户安全

用户数据保留在数据中心，客户端只传输屏幕更新和键鼠数据。安全删除虚拟机时，删除用户所有数据，保护用户数据不被窃取、不被恶意利用。桌面云支持通过管理员配置桌面显示水印功能，对用户使用摄像设备对虚拟桌面进行拍摄有威慑作用，便于事后追溯。

（三）关键设备

云桌面相关设备包括超融合一体机（含配套软件）、万兆接入交换机、瘦客户机（含显示器）等，具体见表 8-9。

表 8-9 云桌面相关设备

序号	设备类型	功能	指标
1	超融合一体机（含配套软件）	同一节点内实现计算存储融合处理云上服务器	CPU、内存、硬盘、网口、基础架构软件、配套云桌面服务软件
2	万兆接入交换机	能为子网络中提供更多的连接端口，以便连接更多的计算机	交换容量、包转发率、端口数量等
3	瘦客户机（含显示器）	一种简单配置的电脑	CPU、内存、硬盘、显示器等
4	团队云盘	实现团队数据云上存储的服务器	总物理核心数、缓存容量、网卡、硬盘等
5	备份一体机	集成备份软件、备份服务器和备份存储于一体，实现统一管理的处理器	后端容量、处理器配置数量、单处理器主频、总内存容量、硬盘数量等

三、系统应用

应急指挥中心的云桌面是一种基于云计算技术的桌面虚拟化技术，可以实现用户在任何时间、任何地点通过网络登录云桌面，获取其工作环境中的所有应用程序和数据，实现跨平台、跨终端的无缝接入和协作。其主要作用和应用效果如下：

（1）提高工作效率。通过云桌面技术，用户可以在任何地点、任何时间访问自己的工作环境，不需要再受制于特定设备和地点的限制，大大提高了工作效率。

（2）提升安全性。应急指挥中心的云桌面可以实现数据隔离、安全管理和访问控制，有效保障了数据的安全性和机密性。

（3）降低成本。云桌面技术可以实现资源共享和集中管理，降低了终端设备的投资成本和维护成本。

（4）提高可靠性。云桌面技术可以实现数据备份和灾备恢复，提高了应急指挥系统的可靠性和容错性。

在应急指挥中心中，云桌面技术已经广泛应用于指挥决策、数据共享、多终端接入等方面，为应急指挥工作提供了更加便捷、高效、安全的工作环境。

第十节 机 房 系 统

一、概述

机房的建设主要用于保障应急指挥中心网络设备、安全设备、本地存储设备稳定运行，为 IT 设备提供基础环境，涉及装修、供配电、UPS 系统、空气调节系统、气体灭火系统、门禁系统、安防系统、环境监控系统、综合布线系统、防雷接地等及配套设施。

二、系统设计

（一）业务需求

在防火、防水、防尘、防鼠害、防盗、防震、电力、布线、配电、隔热、保温、防雷、防静电等方面要达到国家标准机房建设要求 B 级以上。

（二）功能需求

1. 机房装饰装修

围绕信息化建设的要求，以"面向未来，持续发展"的理念设计一个安全、环保和可持续发展的现代机房环境。

数据中心机房地面及天花打磨平整后刷防尘防潮漆，天面粘贴 15 mm 厚橡塑保温棉，地面粘贴 15 mm 厚带铝箔橡塑保温棉，地板按 250 mm 高度安装无边全钢防静电地板，天面安装 600 mm × 600 mm 金属（微孔）天花及龙骨支架，墙面安装 40 mm × 4 mm 角钢地板支架；设备间墙面刮腻子，墙身挂装 1200 mm（W）× 2800 mm（H）× 12.6 mm（T）金属复合墙板（含踢脚线配件），配电间墙面刮腻子刷墙面漆。机房出入口处安装斜坡，用于大型设备进出，并且安装 500 mm 高金属防鼠板。

机房设计安装设备机柜。网络及强电布线采用机柜上桥架敷设方式，分两条桥架在机柜上方前后安装。

所有机房机柜、精密空调、UPS 设备、配电柜等设备底座采用 T5 铝合金万能钢制作承重支架，并在设备安装侧粘贴 4 mm 厚防震胶垫，电池柜采用设备自带支架。

2. 机房电气设备

指挥中心的用电负荷等级及供电要求按现行国家标准《供配电系统设计规范》（GB 50052）及《数据中心设计规范》（GB 50174—2017）要求执行。供配电系统应为电子信息系统的可扩展性预留备用容量，机房、信息化系统、设备均采用 UPS 保障，后备时长为 30 min。

配电系统包含 LED 大屏幕配电、控制系统配电、操作区的配电、机房区域的照明、后备电源 UPS 供电、防雷与接地部分内容。

3. 机房空调设备

根据《数据中心设计规范》（GB 50174—2017）中规定机房的温湿度要求，计算机机房环境根据开机及停机要求分为 A、B 级。

1）计算机开机时机房的室内温湿度

计算机开机时机房的室内温湿度要求见表 8-10。

表 8-10　计算机开机时机房的室内温湿度

名　　称	A　级		B　级
	夏季	冬季	全年
温度/℃	23 ± 2	20 ± 2	18 ~ 28
相对湿度/%	45 ~ 65		40 ~ 70
温度变化率/(℃ · h⁻¹)	<5，不得凝露		<10，不得凝露

2）计算机停机时机房内的温湿度

计算机停机时机房内的温湿度见表 8-11。

表 8-11　计算机停机时机房内的温湿度

名　　称	A　级	B　级
温度/℃	5 ~ 35	5 ~ 35
相对湿度/%	40 ~ 70	20 ~ 80
温度变化率/(℃ · h⁻¹)	<5，不得凝露	<10，不得凝露

主机房内的空气含尘浓度，在表态条件下测试，每升空气中大于或等于 0.5 μm 的尘粒数，应少于 18000 粒。

机房的温、湿度按"A"级标准执行，因此需设置机房专用精密空调。

4. 机柜及通道系统

配置冷通道，每个冷通道配置若干服务器机柜，规格($W \times D \times H$):600 mm/800 mm × 1200 mm × 2000 mm。

配置密封通道，通道由机柜、密封侧板、天窗以及通道端门组成，形成良好的密封效果，避免冷热气流混合造成能量损失。冷通道上部顶盖应采用平顶结构，按照机柜布置情况对应布置天窗；翻转天窗采用全钢化玻璃天窗，并标配防爆膜，天窗玻璃面积占比应保证不小于90%，玻璃材质透光率应不小于90%。

双排密封通道分为密封冷通道和密封热通道两种场景，模块包括IT柜、网络柜、配电柜、精密配电柜、空调、电池柜、天窗、门、走线槽等部件。

5. 机房消防系统

机房应设置消防烟感探测器、温感探测器、声光报警器、警铃等设备，各防火区应采用气体灭火方式，自动报警、手动方式。控制管理系统与大楼消防控制室直接相连，机房配电管理系统与消防联动。

机房消防系统包括自动气体灭火系统、自动火灾报警系统及灾后排烟系统，一般由土建专业统一完成。

6. 机房动力环境监控

机房环境监控系统主要包括以下部分：

（1）市电参数监测。监测市电输入的工作状态和运行参数。

（2）配电柜监测。监测配电柜的工作状态和运行参数。

（3）UPS监测。监测UPS系统的工作状态和运行参数。

（4）空调。监测数据机房空调的运行状态和运行参数。

（5）新排风机。监测机房新排风机的运行状态和运行参数。

（6）温湿度。监测机房内重要区域的温度、湿度数值及变化情况。

（7）漏水。定位式漏水，配置漏水感应绳，监测机房内有无漏水发生。

（8）视频。监控机房设备的运行情况及配合门禁监控各出入口人员出入情况。

（9）门禁。监测各出入口的安全，防止非法侵入。

（10）消防检测。监测消防系统的工作状态和运行参数。

（11）消毒检测。监测消毒系统的工作状态和运行参数。

（12）测温检测。监测温度系统的工作状态和运行参数。

系统支持电子地图功能、具有报警管理功能、具有美观大方的汇总首页面，便于在液晶电视或大屏幕上展示等。

7. 机房新排风设备

机房新排风一般由土建部分完成。一般可提以下要求：

（1）机房内是一密封的系统，机房内没有新鲜空气的及时补足，将会直接影响到机房内工作人员的健康和工作的顺利进行。为使机房内保持足够的新鲜空气，以及维持洁净区域空气正压，必须有足够的新风。由于室外新风带来很高的湿、热负荷，不但会给专用空调机增加负荷，而且会直接影响机房温湿度的控制精度，因此必须对新风进行处理。

（2）机房的新风需求量 L_1 = 房间的体积（V）×换气次数（N）/H×20%。

（3）机房及 UPS 配电间需保持正压，电池室需配置排气装置保持负压。

（4）机房的排风系统能为机房提供新鲜空气，满足在机房内工作人员健康的要求以及能够保证机房内正压，防止外界未经处理的空气渗入机房。

（5）在对新风机风量进行计算时，按照机房内每小时换气 5 次计算，满足主机室换气、改善机房区域空气质量的要求。

排风量的大小应符合以下两个条件：不大于新风量的 60%；维持室内正压。

8. 机房安防设备

机房安全防范系统是保障机房安全的重要措施。它对机房内的重要区域进行实时图像监视和录音，对出入口实施门禁控制管理和考勤管理，对有可能发生入侵的场所实时报警管理。它由高清图像监控系统、智能门禁系统、自动防盗报警系统等子系统构成。各子系统之间实行一定的联动管理控制，以实现更优化的安全防范控制。

9. 机房防雷及接地系统

1）防雷系统

计算机交流配电系统防雷器采用三级防雷：第一级由大楼低压配电室配电屏实现第一级防雷。第二级在 UPS 室内的 UPS 输入互投配电柜加装三相电源 B 级防雷器，对其所辖的用电系统实施防护。其目的是：①对机房设备实行三级防雷保护；②消除由低压配电室到此配电柜这一段线路受到雷电感应和进一步降低残压；③消除用电设备在启动或停止时，产生的浪涌对供电系统产生的影响。第三级在主机房 UPS 配电柜和动力配电柜端加装三相电源 C 级防雷器。对其所辖的用电设备实施防护。其目的是：①对机房设备实行三级防雷保护；②进一步降低残压；③消除用电设备在启动或停止时，产生的浪涌对供电系统产生的影响。

2）接地系统

采用联合接地的方式，大楼土建提供（符合≤1 Ω 标准的）接地干线到机房内。机房室内等电位做法：用 30×3 紫铜带敷设在活动地板下，纵横组成 1200 mm×1200 mm 网格状，在机房一周敷设 30×3 的铜带，铜带配有专用接地端子，用编织软铜线机房内所有金属材质的材料都做接地，接入大楼的保护地上。

机房内所有设备的金属外壳、各类金属管道、金属线槽、建筑物金属结构等必须进行等电位连接并接地。机房应采用 M 型或 SM 型等电位连接方式，每台机柜应采用两根不同长度的 6 mm² 铜导体就近与等电位连接网格连接；防雷接地、安全保护接地与功能性接地共用一组接地装置时，其接地电阻值必须按设备中要求的最小值确定；进出建筑物的传输线路上应按《建筑物电子信息系统防雷技术规范》要求，装设适配的信号线路浪涌保护器。

在各机房内设置均压网接地系统，以保证机房内部防雷接地需求。

10. 机房综合布线系统

次主机房内强、弱电线缆分别走线，均采用上进线方式。

微模块内部采用微模块自带的走线槽进行强、弱电走线，为了机房内综合布线走线的美观性，建议模块机柜顶部增设 400 mm 网格（铝合金）桥架，用于双绞线、光纤等线缆敷设,也可根据实际需求,设置专门的光纤走线槽。

微模块内机柜间的综合布线系统采用全光缆布线方式,即网络列头柜至本列其他IT机柜布放24芯单模光缆,列头柜至机房总配线机柜布放48芯单模光缆。

(三) 解决方案

根据网络结构和网络设备以及配线机柜的要求,并考虑今后的扩展冗余,业务智能化设备机房采用模块化封闭冷通道技术。包括UPS配电间及电池室。

(四) 关键设备

机房系统相关的关键设备包括机房内电气、UPS、蓄电池及配套等,具体见表8-12。

表8-12　机房系统相关的关键设备

序号	名　称	功　能	指　标
1	电气系统	为机房提供稳定可靠的电力供应	电压范围:AC380 V±10%;频率:50 Hz±5%;供电方式:双路供电;容量:根据机房设备需求配置
2	UPS系统	为机房提供电力稳定的备用电源	输入电压范围:AC380 V±25%;输出电压范围:AC220 V±1%;电压调节精度:≤1%;输出频率:50 Hz±0.1%
3	蓄电池及配套	为UPS系统提供备用电源	工作电压:DC110 V/220 V;容量:根据机房UPS负载情况而定
4	输入输出电缆	将机房内各种设备的信号和电力输入输出	质量可靠,符合国家标准
5	UPS输入配电屏	为UPS系统提供稳定的输入电源	输入电压范围:AC380 V±25%;输出电压范围:AC380 V±1%;电压调节精度:≤1%;输出频率:50Hz±0.1%
6	UPS输出配电屏	将UPS系统输出的电力分配到机房各设备	输入电压范围:AC220 V±1%;输出电压范围:AC220 V±1%;电压调节精度:≤1%;输出频率:50 Hz±0.1%
7	精密配电柜	为机房内的关键设备提供精密电力调节和保护	输入电压范围:AC380 V±10%;输出电压范围:AC220 V±1%;电压调节精度:≤1%;输出频率:50Hz±0.1%
8	机房动力配电	将机房内的电力输出到各设备,确保设备正常工作	电压范围:AC220 V±10%;频率:50 Hz±5%;容量:根据机房设备需求配置
9	精密空调系统	为机房提供稳定可靠的温度、湿度控制	制冷量:根据机房面积、设备数量、热量等因素配置
10	行级空调辅材	支持机房的空调系统运作,包括风口、水管、水泵等配套设备	风量控制精度:±5%;水温控制精度:±1 ℃;噪声:≤70 dB
11	UPS间空调	维持UPS房间内的温度和湿度,确保UPS系统的稳定运作	温度控制范围:20～26 ℃;湿度控制范围:30%～60% RH;制冷量:根据机房面积和UPS功率需求定制

表8-12（续）

序号	名　称	功　能	指　标
12	电池间空调	维持电池房间内的温度和湿度，确保电池组的正常运作	温度控制范围：20～26 ℃；湿度控制范围：30%～60% RH；制冷量：根据电池数量和容量需求定制
13	空调辅材	提供机房空调运行所需的各种辅助设备，如水泵、水箱、风口等	冷却能力：根据机房面积和热负荷需求确定；噪声：在机房内噪音不超过50 dB
14	封闭冷通道	优化空气流通，减少能源浪费，提高空调效率	冷通道宽度：根据机房布局和设备排列情况确定；冷通道门：安全可靠，密封性好
15	防雷接地	保护机房设备免受雷击，提供可靠的接地保护	接地电阻：小于4 Ω；防雷等级：符合国家标准和机房实际需求
16	环境监控系统	监测机房环境参数，及时发现问题并报警	参数监测：温度、湿度、烟感、水浸、门禁、视频等；报警方式：声光报警、短信、邮件等
17	机房3D可视化平台	通过三维模型展示机房设备位置、运行状态和资源使用情况等信息	可视化效果：清晰、流畅、易于操作；数据实时性：与实际设备运行状态同步更新
18	服务器机柜	用于放置服务器等IT设备的机柜，提供安全、稳定、可靠的运行环境	机柜规格：根据设备大小和数量确定；安全性：防盗、防火、防水等措施
19	网络机柜	用于放置网络设备的机柜，提供安全、稳定、可靠的运行环境	机柜规格：根据设备大小和数量确定；通风散热：保持设备正常运行温度
20	机房综合布线	提供机房内各种设备的电力和通信接口，保证设备正常运行和数据传输	布线方式：整体布线或分段布线；设备数量：根据机房设备数量确定

三、系统应用

应急指挥中心的机房系统是指集中管理应急指挥中心计算机房、网络设备房、电话机房等技术设施的系统。其主要作用是提供稳定、可靠的技术基础设施，保障应急指挥中心的日常运转和应急指挥工作。下面以某市应急指挥中心的机房系统为例介绍其应用效果。

首先，机房系统保证了应急指挥中心的基础设施安全和稳定。该系统通过采用高可靠性、高可扩展性的服务器集群技术，保证了系统的稳定性和可靠性。同时，机房系统还采用了先进的UPS不间断电源系统，保证了电源的稳定供应，并且实现了备份电源的自动切换，有效地避免了因电源故障而导致的数据丢失或系统崩溃。

其次，机房系统提供了高速、可靠的数据传输通道。该系统采用了高速光纤通信技术和双机房异地备份技术，保证了数据的快速、稳定传输和备份。同时，机房系统还提供了安全可靠的网络隔离和防火墙技术，有效地保障了应急指挥中心网络安全。

最后，机房系统提供了便捷、高效的管理维护手段。该系统采用了远程管理和监控技术，实现了对机房设备的远程管理和维护，有效地提高了管理效率。同时，机房系统还具备了智能化的机房环境监测和管理功能，实现了对温度、湿度、烟雾等环境参数的实时监测和报警，确保了机房环境的安全和稳定。

总之，应急指挥中心的机房系统是保障应急指挥中心正常运转的重要基础设施，其高可靠性、高可扩展性、高效率、高安全性的特点，有效地保障了应急指挥中心的日常运转和应急指挥工作。

第十一节　综合布线系统

一、概述

为了完成大楼网络信息化的任务，需要在大楼建立一个综合的计算机网络系统。该系统能将各个相互独立的子系统建立起有机的联系，把原来相对独立的资源、功能等集合到一个相互关联、协调和统一的完整系统之中。这就需要有一套可以把语音、数据、视频等不同信号综合起来的标准的综合布线系统。

二、系统设计

（一）业务需求
综合布线建设内容包含大楼全区域业务智能化网络综合布线，区域包含指挥大厅及配套区域、会商室等。

（二）功能需求
（1）指挥大厅操作席每个席位4个信息点（含语音点），其他座席每个席位2个信息点。

（2）会商室会议桌共配置4~6个信息点。

（3）每个席位4个信息点（含语音点）。

（三）解决方案
根据各会议室通信实际情况，结合综合布线结构化设计的规范。建议信号线和控制线（网络、电话等）均采用六类+多模OM4光纤系统设计，提供更高的性能、更高的带宽，可满足视频传输等高速应用，也可轻松应对突发流量的挑战。主配线架设在通信设备间内，产品及元件的选择施工要最大限度地方便以后的维护为此机柜配线的方式，同时配置模块式配线架，可以实现相互替换，保证系统的灵活性。所有信息、数据、图像都必须通过综合布线的网络线缆进行传输，网络信息点位置根据席位规划进行定位，线缆按要求进行铺设。

（四）关键设备
综合布线系统相关设备包括Cat6跳线、24芯OM4光纤、光纤收发器等，具体见表8-13。

表8-13　综合布线系统相关设备

序号	名　称	功　能	指　标
1	Cat6 跳线	在机房内实现数据传输	传输速率：10/100/1000 Mbps
2	24 芯 OM4 光纤	用于光纤通信	传输速率：40 Gbps
3	24 芯单模光纤	用于长距离、高速光通信	传输速率：10 Gbps
4	光纤收发器	光信号转换为电信号进行传输	支持单模和多模光纤，传输距离可达数公里
5	光缆	传输光信号	光缆类型：单模、多模；长度：根据实际需要选择
6	RJ45 插座	连接网线到电脑或其他网络设备上	支持 Cat6 或更高规格的网线
7	机柜	放置服务器、交换机等设备，管理线路	标准尺寸：19 英寸，高度：42U 或 45U；承重能力：800 kg 或更高

三、系统应用

应急指挥中心的综合布线系统是指将各种网络、通信和设备的信号和电源接入点通过一定的布线方式集中在一起，以达到灵活可控的目的。该系统的作用是实现各种设备、信号和电源的高效管理和传输，保证应急指挥中心的正常运行和紧急响应能力。

在一个应急指挥中心，综合布线系统可以将各种传感器、监控摄像头、通信设备等接入到同一个网络中，实现对这些设备的集中控制和监测。同时，综合布线系统还可以将所有电源接入点通过一定的布线方式连接在一起，实现对电源的统一管理和控制。

应急指挥中心中的综合布线系统应用效果主要体现在以下几个方面：

（1）提高了设备和信号的集中控制能力。综合布线系统将各种设备和信号接入到同一个网络中，可以实现对这些设备和信号的集中控制和监测，提高了应急指挥中心的管理能力。

（2）提高了运行效率。综合布线系统可以使各种设备、信号和电源接口集中在同一个区域，使设备管理和维护更加简单，降低了故障率和维护成本，提高了运行效率。

（3）提高了灵活性。综合布线系统可以实现对设备和信号的灵活接入和配置，根据实际需求进行快速的改变和调整，提高了应急指挥中心的应变能力。

（4）综合布线系统是应急指挥中心中必不可少的一项技术，它可以帮助应急指挥中心实现高效、灵活、可控的运行，保障应急指挥工作的顺利进行。

第九章　系统优化与改进

第一节　系统优化和改进的基本方法和技巧

应急管理业务系统优化和改进的基本方法和技巧主要包括数据分析和挖掘、用户需求调研和反馈、技术创新和应用、测试和验证、持续优化和改进、人员培训和管理、反馈和改进机制。

一、数据分析和挖掘

应急管理业务系统的优化和改进需要依赖于各种技术手段和方法，其中数据分析和挖掘是非常关键的一环。下面将具体介绍数据分析和挖掘在应急管理业务系统优化和改进中的基本方法和技巧。

1. 基本方法和技巧

（1）数据采集和整理。应急管理业务系统需要处理大量的数据，因此必须有一个可靠的数据采集和整理的机制。该机制应当能够保证数据的准确性和完整性，并且能够将数据进行有效的分类和归档，方便后续的数据分析和挖掘。

（2）数据可视化。数据可视化是一种重要的数据分析手段，它可以将复杂的数据变得直观易懂，有助于我们更好地理解数据之间的关系。通过可视化技术，我们可以对数据进行分析和挖掘，找出隐藏在数据背后的规律和趋势。

（3）数据挖掘算法。数据挖掘算法是一种自动化的数据分析技术，它可以从大量的数据中自动发现有价值的信息。常用的数据挖掘算法包括分类算法、聚类算法、关联规则挖掘等。

2. 实际案例

以某地区应急管理系统为例，该系统需要收集各种突发事件的数据，如灾害事件的发生时间、地点、类型、受灾人数、经济损失等。通过对这些数据进行分析和挖掘，可以更好地了解该地区的灾害情况，为制定应急预案和救援方案提供支持。具体操作包括以下几个步骤：

（1）数据采集和整理。收集该地区过去几年的灾害事件数据，并将其进行分类和归档，方便后续的分析和挖掘。

（2）数据可视化。使用数据可视化工具，如图表、地图等，将数据进行可视化展示，可以直观地看出该地区的灾害类型、分布情况、影响范围等。

（3）数据挖掘。使用关联规则挖掘算法，找出不同类型的灾害之间的关联性，如暴雨事件容易引发山洪灾害等。

通过对系统运行的历史数据进行分析和挖掘，发现潜在的问题和优化空间，如系统瓶颈、资源利用率、用户行为等方面，为系统的优化和改进提供科学依据。

二、用户需求调研和反馈

及时了解用户对系统的需求和反馈，通过调查问卷、用户访谈、用户体验测试等方式收集数据，发现系统的问题和不足之处，从而针对性地进行优化和改进。

1. 定期开展用户调研

定期开展用户调研可以帮助开发者及时了解用户的需求和问题，并根据反馈做出相应的调整和改进。调研可以通过问卷调查、用户访谈、焦点小组等多种形式进行。

团队定期组织用户调研，通过问卷调查和用户访谈的方式，了解用户对系统功能和界面的需求和反馈。

2. 注重用户反馈

除了定期开展用户调研外，还需要注重用户反馈。通过设置反馈渠道或建立用户社群等方式，鼓励用户提出问题和反馈意见，并及时做出响应和改进。

例如，某地区应急管理系统开发团队建立了用户反馈群组，鼓励用户在群组中提出问题和反馈意见。团队成员及时回应和解决问题，并在系统更新时做出相应的改进和优化。

3. 考虑用户体验

用户体验是应急管理业务系统优化和改进的重要因素。在开发过程中，需要注重用户界面的友好性、操作的简便性、系统的稳定性等方面，以提高用户的满意度和使用效率。

例如，采用智能化的操作界面，通过可视化和可操作性较强的方式呈现数据和信息，方便用户的使用和操作，同时也减少了用户的操作疑惑和错误率。

三、技术创新和应用

应急管理业务系统需要紧跟技术发展的步伐，不断探索新的技术应用和解决方案，如人工智能、物联网、区块链等，以提高系统的效率和精度。

四、测试和验证

在进行系统的优化和改进之前，必须进行全面的测试和验证，确保系统的可靠性、稳定性和安全性。

五、持续优化和改进

应急管理业务系统是一个动态的过程，需要不断地进行优化和改进，及时调整和优化系统的组成要素、功能模块和流程，以适应不断变化的应急管理需求和环境。

六、人员培训和管理

通过对应急管理业务系统使用人员的培训和管理，提高人员的素质和技能，增强人员的协同能力和业务水平，提高系统的整体效率和应急处理能力。

七、反馈和改进机制

建立相应的反馈和改进机制，对系统的运行和业务的实施进行持续的监测和评估，及时发现和解决问题，保证系统的正常运行和不断改进。

总之，应急管理业务系统的优化和改进是一个复杂的过程，需要结合实际情况，采用科学的方法和技术手段，不断地进行探索和创新，以提高系统的效率、精度和可靠性。

以某市的应急管理信息系统为例，该系统包含了应急预案管理、资源调度管理、预警信息发布、指挥调度、数据分析与预测等模块。其中，为了优化系统运行效率，该系统采用了以下优化和改进方法和技巧。

（1）数据库优化。对于大数据量的应急管理系统，数据库的优化是至关重要的。该系统采用了数据分区、索引优化、查询优化等方法，提高了数据库的查询速度和效率。

（2）系统监控和调优。通过对系统性能的监控和调优，可以及时发现和解决系统的瓶颈问题，提高系统的稳定性和运行效率。该系统采用了性能监控工具和日志分析工具，对系统进行实时监控和分析，及时发现问题并解决。

（3）算法优化。应急管理系统中的一些核心算法，如预测分析、资源调度等，对系统的运行效率和预测准确性影响较大。该系统采用了数据挖掘技术、机器学习算法等方法对算法进行优化和改进，提高了系统的运行效率和预测准确性。

（4）用户体验优化。应急管理系统中用户体验的好坏直接影响到系统的使用率和用户满意度。该系统通过对界面设计、交互方式、功能设置等方面进行优化，提高了用户体验和系统的易用性。

通过上述优化和改进方法和技巧，该系统的性能得到了显著提升，用户的满意度和使用率也得到了提高。

第二节　系统分析与优化技术

应急管理业务系统的数据分析和挖掘技术可以帮助系统优化和改进，从而提高应急管理的效率和准确性。

一、系统分析技术与方法

系统分析技术和方法是对已有系统进行分析、评估、诊断和优化的过程。在应急管理系统中，这些技术和方法可以帮助评估系统的功能和性能，发现潜在问题并提出改进方案。下面是一些常用的系统分析技术和方法，以及它们在应急管理系统中的应用。

（1）系统需求分析。系统需求分析是通过对系统的需求进行分析和描述，确定系统的功能和性能要求。在应急管理系统中，系统需求分析可以帮助评估系统的功能是否满足实际需求，确定系统的优化方向。

（2）系统设计分析。系统设计分析是对系统设计方案进行分析和评估，以确定方案是否满足系统需求。在应急管理系统中，系统设计分析可以帮助评估系统的架构是否合理，是否满足安全和可靠性要求。

（3）性能分析。性能分析是对系统的性能进行评估和分析，以确定系统的性能是否达到预期。在应急管理系统中，性能分析可以帮助评估系统的响应速度、可用性和可靠性，发现系统的瓶颈并提出改进方案。

（4）可靠性分析。可靠性分析是对系统的可靠性进行评估和分析，以确定系统的可靠性是否满足实际需求。在应急管理系统中，可靠性分析可以帮助评估系统的故障率、可恢复性和可维护性，发现系统的潜在问题并提出改进方案。

（5）安全分析。安全分析是对系统的安全性进行评估和分析，以确定系统是否能够保护系统和数据的安全。在应急管理系统中，安全分析可以帮助评估系统的安全性能和安全策略，发现系统的安全漏洞并提出改进方案。

（6）故障诊断分析。故障诊断分析是对系统故障进行诊断和分析，以确定故障原因和解决方案。在应急管理系统中，故障诊断分析可以帮助快速定位系统故障，提高系统的可用性和可靠性。

综上所述，系统分析技术和方法对于应急管理系统的优化至关重要，可以帮助发现和解决系统存在的问题，提高系统的可用性和可靠性，保障应急管理工作的顺利进行。

二、系统优化技术与方法

系统优化技术和方法可以提高系统的性能和效率，改善用户体验，降低运维成本。

（1）优化数据库设计。对数据库进行彻底的优化设计，包括索引、表结构、数据类型、存储引擎等方面，能够提高数据库性能和响应速度。

（2）优化算法和模型。对系统中使用的算法和模型进行优化，能够提高系统的计算效率和精度。

（3）优化网络架构。对网络架构进行优化，能够提高数据传输效率，减少延迟和丢包率。

（4）使用缓存技术。将常用数据缓存到内存中，减少数据库访问，从而提高系统的响应速度和吞吐量。

（5）使用负载均衡技术。将请求分发到多个服务器上，均衡服务器的负载，提高系统的可用性和性能。

（6）使用分布式存储技术。采用分布式存储技术，将数据存储在多个节点上，能够提高数据的可用性和可扩展性。

（7）采用多线程和异步处理技术。采用多线程和异步处理技术，能够提高系统的并发能力和处理效率。

（8）优化系统日志管理。对系统日志进行优化，能够提高系统的诊断能力，帮助排查问题。

（9）安全性优化。采用安全性优化措施，包括加密、访问控制、漏洞修复等，能够提高系统的安全性。

在实际的优化过程中，需要根据具体系统的特点和问题采用不同的技术和方法，并结合实际测试和数据分析来评估优化效果。

第三节　系统的模型建立和优化技术

应急管理业务系统的模型建立和优化技术是指在应急管理业务系统中，通过建立数学模型来描述和分析应急管理的各种问题，并通过优化算法和方法，对模型进行优化，提高应急管理系统的效率和精度。

模型建立是指将应急管理系统中的实际问题抽象成数学模型，并通过模型进行分析和预测。常见的应急管理模型包括风险评估模型、应急资源调度模型、人员疏散模型等。在模型建立过程中，需要对数据进行收集和处理，选择合适的模型类型和参数，以及考虑模型的精度和可解释性等因素。

模型优化是指对已有模型进行调整和改进，以提高模型的预测精度和效率。常用的模型优化技术包括参数优化、模型结构优化和模型选择等。其中，参数优化是指通过调整模型参数，使模型在给定数据集上的表现达到最优；模型结构优化是指通过修改模型结构，以适应实际应急管理中的各种场景；模型选择是指在多个候选模型中，选择最优模型来进行预测和决策。

应急管理业务系统的模型建立和优化技术是指通过对系统的数据进行分析和挖掘，建立适合系统的数学模型，从而优化和改进应急管理业务系统的技术和方法。其主要包括以下几个方面。

一、数据预处理

对原始数据进行处理，包括数据清洗、去噪、缺失值处理等，以确保数据的质量和可靠性。

二、数据建模

根据实际应急管理业务系统的需求，选择合适的数学模型，如回归模型、分类模型、聚类模型等，对数据进行建模。

三、模型评价

对建立的模型进行评价，包括模型的准确性、鲁棒性、稳定性等，以确保模型的可靠性和有效性。

四、模型优化

根据模型评价的结果，对模型进行优化，包括参数调整、特征选择、模型组合等，以提高模型的性能和预测能力。

五、模型应用

将优化后的模型应用到实际应急管理业务系统中，对系统的各个环节进行优化和改进，从而提高系统的响应速度、准确性和效率。

例如，在应急预警系统中，可以通过建立灾害预测模型，对历史数据进行分析和挖掘，预测未来可能发生的灾害类型、时间和地点等，从而提前采取有效的预防措施和应急措施，减少灾害损失。在应急资源调配系统中，可以建立资源调配模型，通过对资源的分布、供需情况等进行分析和预测，实现资源的最优化调配和利用，提高应急响应速度和效率。

总之，应急管理业务系统的模型建立和优化技术可以提高应急响应的准确性和效率，降低应急事故的风险和损失，为实现应急管理工作的快速、精准、高效提供支持。

第十章　系统管理与维护

第一节　系统的管理和运行模式

一、管理模式

（一）体系结构和组织架构

（1）加强宏观指导。统筹规划、统一部署，以应急管理部"战略规划框架"为宏观指导，推进各地应急管理业务系统建设。以应急管理部"地方建设任务书"为抓手，结合地方应急管理业务系统现状和建设基础，按照本地"应急管理管理信息化发展规划"，有序开展应急管理业务系统建设。

（2）建立主要领导负责制。各级应急管理部门应以主要领导为核心成立工作小组，研究制定切实可行的应急管理相关业务系统建设工作方案，着力调动各方面积极因素，全力推进相关工作的落实。

（二）业务流程和业务规范

（1）建立以专家咨询与行政管理相结合的决策机制。各级应急管理部门应积极组织应急管理业务专家和信息化专家组成专家组，对本级应急管理业务系统建设工作进行总体把关，在设计、论证、指导和评估等方面提供咨询和建议。

（2）研究制定应急管理业务系统建设的配套制度和流程，加强各级应急管理信息化工作力量的协调，构建统一领导、上下衔接、统筹有力的应急管理信息化组织体系和各地各部门协同联动的综合协调机制，从体制机制上消除信息共享障碍，保障应急管理业务系统建设顺利推进。

（3）建立各级应急管理部门应急管理业务系统项目管理机制。从规划、立项、采购、实施、验收、评价等环节，构建规范的管理模式，将各级应急管理科技信息化部门、应急管理业务部门在系统建设、应用、管理过程中的职责予以明确，构建各部门"共建、共用、共治"的科技信息化管理格局。

（4）采用购买服务的建设模式，推动应急管理信息化服务体制机制创新。按照"方式灵活、程序简便、公开透明、竞争有序"的原则组织实施政府购买服务，通过公平竞争择优选择方式确定政府购买服务的承接主体，建立优胜劣汰的动态调整机制，将部分应急管理业务系统软件开发、业务和数据运营、系统设备维护等服务，交由具备条件的企业承担。有序引导社会力量参与应急管理信息化服务供给，形成合力，"多、快、好、省"地开展应急管理信息化建设。

（三）人员配备和培训

（1）完善人才培养机制，分层次、分系统对人才进行培养，培养既精通应急业务又能运用互联网技术和信息化手段开展工作的综合型人才。

（2）将应急管理信息化建设列入各级领导干部和工作人员学习培训内容，建立普及性与针对性相结合的培训机制，提高各级应急管理部门开展信息化建设、应用的意识和素质。

（3）建设运维保障队伍，为各级应急管理部门做好保障工作，奠定人才队伍基础。有条件的地区与优秀的企业、科研机构、高效成立联合创新中心，一方面增强区域应急管理部门自主创新能力、提升科技支撑能力；另一方面培养应急管理科技人才、促进并带动生态建设。

（四）财务预算和资金管理

依据国家和地方相关政策，做好应急管理信息化建设资金保障，加大资金统筹力度，积极申请财政资金，完善和加强应急管理信息化建设相关资金管理。研究制定应急管理信息化建设资金管理办法，完善和加强应急管理信息化专项资金管理，并同时建立支撑应急管理信息化项目快速迭代建设的资金审核程序和机制。

建立健全应急管理保障资金投入机制，将应急业务系统建设等工作经费纳入各级财政预算。按照共建共治共享原则，会同应急管理业务相关部门，共同承担应急管理业务系统建设。推动制定相关共建共治共享项目建设资金权重，由主导部门主要负责项目建设和运维。避免重复建设，减轻财政资金压力。

（五）性能评价和绩效考核

开展人员满意度调查，定期收集服务满意度调查表，对出现问题的环节和人员进行限期整改，并作为服务质量考核指标。

考核关键指标包括用户满意度、服务时间、水平达标评价、指令任务完成满意度、投诉事件、重大故障事件、运维室管理规范等；考核内容主要包括（但不限于）事件跟踪处理率、事件记录准确率、回访率和质量改进报告、事件处理满意率等。

二、运行模式

（一）呼叫中心的运行模式

典型的呼叫中心运行维护服务模式有自主运维模式、外包运维模式和混合运维模式三种。建议呼叫中心的运行运维管理和升级可外包给相关专业公司负责。

（二）应急指挥中心的运行模式

典型的应急指挥中心运行维护服务模式有自主运维模式、外包运维模式和混合运维模式三种。建议应急指挥中心的运行运维管理和升级可外包给相关专业公司负责。

（三）应急救援的运行模式

安全应急演练服务包括应急演练方案、脚本、指导、执行、总结等一系列服务。通过模拟各类突发情况发生时的场景，从实战环境中提升应急救援人员的现场救援技能和救援水平。

（四）应急演练的运行模式

制定应急响应培训计划，将应急预案作为培训的主要内容，并组织相关人员参与。同时，为验证应急预案的有效性，同时使相关人员了解预案的目标和内容，熟悉应急响应的操作规程，定期组织应急演练。演练前必须制定演练计划和方案，过程中应有详细记录并形成报告，演练不能影响业务的正常运行。同时，可根据演练结果，对应急预案进行完善。

（五）应急预案的管理和更新

应急响应预案制定。针对核心或者重要应用系统，需要根据紧急故障级别制定应急响应预案。应急预案应包括人员职责、监控和预警机制、突发事件级别及处置流程、应急预案的保障措施等。

三、技术支持模式

（一）硬件设施和网络支持

需加强对机房基础设施及机房环境的灾备演练、应急演练工作，确保在设备故障的极端情况下仍然能顺利开展，并完善应急演练机制。

需加强对服务器、网络、安全设备、存储设备的实时监控，主动发现问题和隐患，提供 7×24 小时响应和处理服务。

需加强对机房线路与环境的管理与优化，保障线路规整，环境清洁，排除安全隐患。

（二）软件平台和系统维护

软件系统平台运维工作需进一步加强标准化和规范化，需进一步加强系统的灾备演练、应急演练工作，确保业务系统在极端情况下仍然能顺利开展，需根据应急管理的工作职责和性质，进一步完善应急演练管理制度。

系统运行环境须有统一的监控管理平台，进行统一纳管，建立规范的权限管理体系，实现 7×24 小时响应和处理。

（三）数据管理和数据安全保障

应急管理业务系统的数据有较高的安全要求，需要按项目设计和政府要求，安全分级标准和政策对数据中心的数据、应用软件根据一系列的数据，定义数据安全级别，为数据应用以及数据管理中实施数据安全保护和访问提供数据安全控制的基础。同时根据安全分级授权访问清单对执行情况进行严格监控，定期出具安全检查报告。

（四）信息共享和交换

直接交换：在数据安全要求级别较低的情况下，数据共享者发布时指定共享方式为直接交换，数据资源目录系统将数据按照申请的要求直接装载到指定目标库，支持实时、增量、批量的数据交换。

授权访问：依托于数据中心的授权机制，授权后数据不需要发生搬移，授权用户可以直接访问共享数据，方便快捷。

API 交换：支持对数据进行 API 封装，并以 API 的方式进行数据共享调用。交换申请通过后，数据或服务以 API 的形式提供给申请者、用户应用程序进行访问。

（五）技术保障和问题处理

应急管理业务系统涉及的应急管理系统较多，建设过程中容易出现系统对接联调、系统程序调用困难等问题。在和转隶部门进行系统对接获取数据时要依照数据交换校准进行，保障接口的兼容性以应对后续的对接业务需求。此外，系统建设过程中也要综合考虑数据中心、平台、系统等的数据安全。

第二节　系统的数据质量和安全管理

应急管理业务系统的数据质量和安全管理是指对系统中数据进行全面管理和保护的一系列技术和方法，以确保数据的准确性、完整性、一致性、可靠性和安全性。其中，数据质量指对数据的准确性、完整性、一致性、时效性和有效性进行监控和保证的过程。这些数据可以是业务数据、系统数据、交互数据和监控数据等；数据安全管理则主要包括数据加密和安全传输、数据备份和恢复、数据审计和监控、灾备和容灾等。它对于保障系统正常运行和应对突发事件具有重要的作用，是保障数据安全和可靠性的关键环节。

一、数据质量

（一）数据准确性

数据准确性是指数据与现实世界中事物的关系的正确性。在应急管理业务系统中，错误的数据可能导致错误的决策和行动，因此确保数据的准确性非常重要。为了保证数据准确性，可以采用如下方法：

（1）数据输入前进行检查和验证，例如输入框架、检查数据类型、逻辑验证等。

（2）实现数据的规范化和标准化，以确保数据的一致性和准确性。

（3）采用数据校验机制，对数据进行验证和确认。

（二）数据完整性

数据完整性是指数据是否完整、不缺失和不重复。在应急管理业务系统中，如果数据不完整，可能导致重要信息丢失，影响应急响应效果。为了保证数据完整性，可以采用如下方法：

（1）定义数据的必要字段，确保数据输入时不会遗漏必要信息。

（2）对数据进行重复性检查，确保数据不会重复输入。

（三）数据一致性

数据一致性是指数据在不同的应用程序中保持一致。在应急管理业务系统中，数据一致性非常重要，可以避免不同部门或系统中存在不一致的信息。为了保证数据一致性，可以采用如下方法：

（1）数据的定义和规范化，确保不同部门或系统使用相同的数据定义和命名规范。

（2）确保数据的唯一性，避免不同系统使用相同的数据，导致数据不一致。

（四）数据时效性

数据时效性是指数据的实时性和更新频率。在应急管理业务系统中，数据时效性非常重要，可以使应急响应更加准确和及时。为了保证数据时效性，可以采用如下方法：

（1）采用实时数据传输技术，确保数据的实时性。

（2）对数据进行定期更新，确保数据的时效性。

（五）数据有效性

数据有效性是指数据是否满足应用的需求。在应急管理业务系统中，有效的数据可以帮助决策，可以采用如下方法：

（1）数据采集前置检查。在进行数据采集之前，需要进行前置检查，以确保所采集的数据符合预期，并且满足需求和标准。

（2）数据校验。数据校验是对数据进行检查的过程，以确保数据的正确性和完整性。常见的数据校验方法包括数据合法性检查、数据一致性检查、数据重复性检查等。

（3）数据清洗。数据清洗是指通过一系列的数据处理操作，使数据更加干净、整洁、准确、完整，从而提高数据质量。数据清洗可以采用一些数据清洗工具或者编写脚本来实现。

（4）数据分析。通过对数据进行分析，可以检测数据是否符合预期，并且可以提供对数据质量的定量分析。

（5）数据监控。数据监控是对数据进行实时监测的过程，可以及时发现数据质量问题，确保数据的可靠性和有效性。数据监控可以采用一些数据监控工具或者编写脚本来实现。

（6）数据治理。数据治理是对数据进行全面管理的过程，包括数据质量管理、数据安全管理、数据共享管理等，以确保数据的有效性和可信度。数据治理需要制定相关政策、流程和规范，建立相关机制和体系，以确保数据质量和安全。

二、数据安全管理

数据安全是指在应急管理业务系统中，确保数据受到合适的保护、备份和恢复措施，以保证系统的可靠性、机密性和完整性。数据安全管理包括以下几方面。

（一）数据备份和恢复

对于应急管理业务系统中的重要数据，需要定期进行备份，并制定相应的数据恢复计划。备份应该存储在安全的地方，并能够快速、可靠地恢复数据，以便在系统遭受损坏或攻击时能够及时恢复。

（二）数据访问权限控制

在应急管理业务系统中，数据访问权限控制是非常重要的。只有授权用户才能访问和操作系统中的数据，从而防止未经授权的人员访问和修改数据。因此，需要对系统中的用户进行认证和授权，同时建立严格的访问控制策略，限制用户的访问权限。

（三）数据加密和解密

对于应急管理业务系统中的重要数据，需要采用加密技术来保证数据的机密性。加密技术可以有效地防止未经授权的人员访问和窃取数据。同时，在需要使用数据时，需要对数据进行解密，并确保解密过程的安全性。

（四）安全审计和日志管理

在应急管理业务系统中，需要对系统的访问和操作进行监控和审计，以及记录安全事件和异常情况。这样可以及时发现和处理安全问题，从而保证系统的安全性和完整性。同时，需要对系统日志进行管理，确保日志记录的完整性和可靠性。

（五）网络安全管理

应急管理业务系统通常需要通过网络进行数据传输和共享，因此需要采取相应的网络安全管理措施。这包括防火墙、入侵检测、反病毒和反间谍软件等措施，以保护系统免受网络攻击和恶意软件的侵害。

以上是应急管理业务系统数据质量和安全管理的几个方面。在实际应用中，应急管理部门需要对系统的数据质量和安全性进行全面的管理和监控，确保系统的可靠性和安全性。同时，需要加强人员培训和意识教育，提高员工对数据安全的重视和保护意识。

第三节　系统的故障排除和维护技术

应急管理业务系统的故障排除和维护技术是确保该系统正常运行的关键。

一、监控和诊断

应急管理业务系统需要进行实时监控和诊断，以便及时检测到潜在的问题并进行修复。可以使用各种监控工具和技术来实现，例如运行日志文件分析或使用网络流量分析工具来监视网络带宽和连接速度。监控和诊断工具可以帮助系统管理员更好地了解系统的性能和健康状况，并及时解决问题。此外，监控和诊断还可以帮助系统管理员预测潜在的故障和问题，并采取预防措施来避免问题的发生。

二、备份和恢复

定期备份系统可以帮助避免数据丢失，并且如果系统遭受攻击或发生其他问题，备份可以用来恢复数据和重建系统。备份可以采用云备份或本地备份的方式。建议定期备份数据，并测试备份数据是否可以正常恢复。此外，为了确保数据安全，建议采用加密和多重备份的方法来保护数据，以防止意外数据泄露。

三、安全更新

定期进行安全更新可以确保应急管理业务系统的安全性和稳定性。这包括更新操作系统、应用程序和安全补丁等。安全更新可以加强系统的防御措施，保护系统免受恶意攻击和漏洞的影响。建议定期进行安全更新，以确保系统可以及时采取措施，保护系统和数据的安全。

四、硬件维护

对于应急管理业务系统中的硬件设备，例如服务器、网络设备和存储设备，定期维护可以确保它们正常工作。建议定期清洁和检查设备、更换旧设备和升级硬件等。定期维护可以延长硬件设备的寿命，并减少硬件故障和问题的发生。建议建立硬件维护计划，以确保系统硬件设备的正常工作。

五、培训和支持

为应急管理业务系统提供培训和支持可以帮助系统管理员和用户更好地了解系统并及时解决问题。建议提供技术支持、用户手册和培训课程等。技术支持可以及时解决系统问题，并为系统管理员提供必要的帮助。

第十一章 系统发展趋势与展望

第一节 业务系统的发展现状

应急管理信息化的建设可以大致分为建设期、完善期、成熟期三个阶段应急管理信息，如图 11−1 所示。建设期的基本特征是大规模（分面建设）的应急管理信息化基础设施，如应急指挥中心、应急云、应急通信网、全域感知网的建设，统一的应急管理综合应用平台的开发及成体系的业务系统的建设。

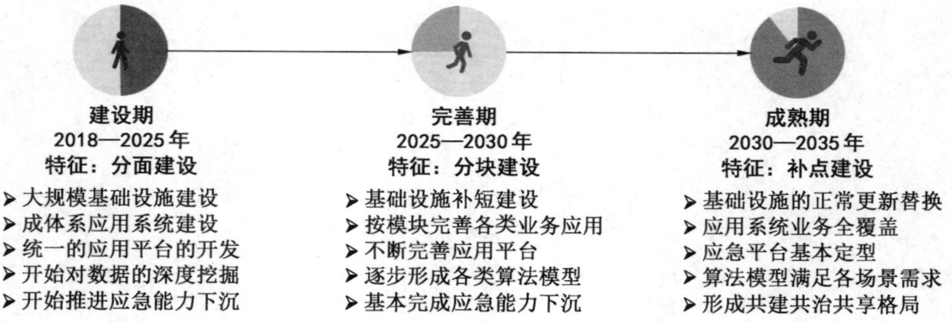

建设期	完善期	成熟期
2018—2025 年	2025—2030 年	2030—2035 年
特征：分面建设	特征：分块建设	特征：补点建设
➤ 大规模基础设施建设	➤ 基础设施补短建设	➤ 基础设施的正常更新替换
➤ 成体系应用系统建设	➤ 按模块完善各类业务应用	➤ 应用系统业务全覆盖
➤ 统一的应用平台的开发	➤ 不断完善应用平台	➤ 应急平台基本定型
➤ 开始对数据的深度挖掘	➤ 逐步形成各类算法模型	➤ 算法模型满足各场景需求
➤ 开始推进应急能力下沉	➤ 基本完成应急能力下沉	➤ 形成共建共治共享格局

图 11−1 应急管理信息化的建设阶段

当前应急行业整体上就处于建设期的中后期，各地方应急管理部门基本对照应急管理部印发的建设任务书的要求，投入了较大资金完成了本地区应急管理信息化基础的打造。总体上，在应急管理部的统筹推进和紧密指导下，过去 4 个年度各省级应急管理部门基本完成了与本地区发展水平相适应的应急管理信息化体系，基本完成了应急指挥中心的建设或改造，打造了本地的基本的应急通信网，搭建了应急管理综合应用平台，实现了原有系统的整合，建设了急用先行的特色应用，能够满足当前各地区应急管理业务的需要。接下来，各地的应急管理信息化的建设先后进入完善期。

应急管理信息化完善期的基本特征是不再大规模开展应急管理信息化基础设施建设，而是按照需要，对比薄弱环节进行补短建设；如果没有特别重大灾害事故的推动（如在安委会和应急管理部共同发文推动各地方建设危险化学品安全生产监测预警系统），不再成体系开发建设各类专业应用，而且根据需要按模块（分块建设）逐步升级完善各类业务系统以满足大应急、大综合的业务需要；同时更加注重对数据的深度挖掘，以发现自然灾害链、安全生产事故链演变的基本特征，找到能够表征本地区灾害事故演变内在规律的高价值数据，迭代完善出相关监测预警算法和辅助决策模型。此外，为实现全社会安全文明水平的明显提升，应急管理部门将逐步推动相关系统能力的下沉以强化基层应急能力，推动加快公众应急意识的形成。各地方应急管理部门建设进度的不同，预计部分省份可能通过 3 年时间就完成完善期业务内容的补短建设，大部分省市可能需要 8 年左右时间才能完成从完善期到成熟期的过渡。因此，全国整体上进入应急管理信息化的业务系统成熟期可能是在 8 年后（2030 年）。

应急管理信息化成熟期的基本特征是应急管理信息化取得重大进展，基本建立和实现与现代化相适应的中国特色大国应急体系。此时，除设备的更新替换和极少数的补点建设，应急管理信息化基础设施规模基本保持在一定水平（如当前的中国地震局、消防救援局且应急管理部门及业务未发生重大改革）；应急管理业务系统基本定型，监督管理、监测预警、辅助决策、指挥救援和政务管理等业务应用系统十分成熟，灾害事故监测预警模型基本实现各业务和场景的基本覆盖，能够有效协助各地方应急管理部门高效应对各类灾害事故风险，消除重特大灾害事故隐患。同时，应急管理能力实现全部社区的下沉，社会公众应急意识和自救互救能力基本达到世界先进水平。

第二节　系统的未来发展方向

一、系统建设方向

（一）上层应用融合化

随着"数字政府"改革建设事业不断推进，政府区域治理"一网统管"思想的不断深化及丰富，各级政府及组成部门工作人员，特别是具有决策需求的领导愈发需要一个实现各上层应用全部融合的"驾驶舱"，能够更加正确、精准、高效的实现业务决策。以广东省数字政府改革为例，在省政府的领导下，省政务服务数据管理局统筹推进了全省省域治理"一网统管"项目建设，省应急管理厅承担其中的风险防控与应急指挥专题内容的规划建设，打造了"三态势一趋势"的上层应用总体框架，为实现"一屏观全域、一网管全省、数据广归集、应用大融合"奠定了扎实基础，助力实现应急管理的"可感、可视、可控、可治"。

（二）业务系统专业化

面对"全灾种"挑战，做好"大应急"准备，各级应急管理部门需要不断推进应急管理业务系统的专业化建设，满足各灾种测、报、防、抗、救、建等全链条的应急管理和指挥救援需要。同时随着新领域风险隐患的不断叠加及灾害事故的发生，应急管理业务系统需要不断地向新的专业领域扩展。应急管理部成立时，主要肩负安全生产类、自然灾害两类突发事件应对职能，但随着城市安全新兴风险的发展演化，城市安全管理特别是城市生命线工程已成为各级应急管理部门重要业务领域。以安徽省城市生命线工程为例，合肥市已建成城市生命线工程安全运行监测系统，包含燃气、供水等专题业务系统。该系统得到国务院安委会办公室的认可并将其作为标杆，专门印发《城市安全风险综合监测预警平台建设指南（试行）》文件要求全国推广。

（三）支撑平台模块化

地方应急管理综合应用平台将持续坚持遵循分层解耦设计理念，通过下沉并整合各业务系统之间共同需要调用的如融合通信、地理信息服务、视频联网等支撑能力和服务总线、统一身份认证等软件平台通用管理及服务能力，实现支撑平台的模块化，更有效的对接数据能力，服务上层业务系统。以贵州省应急管理云项目为例，依托于云上贵州"融合通信平台、地图中台、视频中台"三大中台支撑能力，贵州省应急指挥平台实现纵向覆盖贵州省市县三级应急管理部门，横向连接相关单位及行业，通过推广应用的三大系统，提高了应急管理部门的风险监测预警、应急指挥保障、智能决策支持、政务服务和舆情引导应对等应急管理能力，有效推动贵州省"多行业、大应急"管理体系发展。

（四）数据治理标准化

经过多年信息化建设，应急管理部门融合应用、专业系统和支撑平台能力经过实践考验，应急管理系统上层内容对于数据的需求愈发明确，各地方应急管理部门通过吸收项目建设实施经验教训，逐步建立起应急数据标准治理基础体系，基本实现从数据接入、处理、存储、应用、管控、交换等全生命周期的标准治理；与此同时，不约而同树立了数源部门实现对外共享数据的高质量标准化治理及对数据治理负责的共识，有效减少了数据需要重复深度治理的难度，部门间数据共享协调及标准化建设得到极大促进。2023 年 3 月 7日，根据国务院关于提请审议国务院机构改革方案的议案，负责协调推进数据基础制度建设，统筹数据资源整合共享和开发利用的国家数据局成立，这将在更大水平上推动应急管理数据治理标准化进程。

（五）基础建设集成化

在应急管理信息化发展战略规划框架的指引下，各地应急管理部门充分依托地方政务云、应急云开展业务系统部署建设；依托电子政务外网、指挥信息网实现指挥通信网络的纵向贯通、横向联通；依托"楚天云""云上贵州""数字广东"等地方有实力公司开展包括前后端基础设施的总集建设或总集服务，基础设施建设质量更有保障。同时，基础设施的集成化建设，有效避免了分包建设导致的常常出现的多项目协同管理困境，减少了因系统界面分工不清、项目进度及质量问题等导致项目整体推进难、业务系统建设开发完成后基础设施难以配合联调的困境，降低了各级应急管理部门项目对接、管理的难度，在一定程度上助力了应急管理信息化建设进程的推进。

二、系统使用方向

（一）系统应用体系化

应急管理信息化建设"全国一盘棋"是各级应急管理部门开展信息建设的始终追求，也是为满足"全灾种""大应急"需要的信息化建设必由之路。当前部省统建的应急管理业务系统已基本实现到县区级应急管理部门的推广应用，基本实现了数据流、信息流的全体系流转和能力流的向下传播，有效助力区县级应急管理部门业务开展。当前，部分发达城市正在推进系统应用向镇街甚至于社区、乡村的推广，如浙江省杭州市余杭区将余杭街道智慧应急综合指挥平台、人员安置系统、物资管理系统等可视化业务系统延伸至社区，保证村社层的风险隐患排查、任务派发流转、分级跟进处置、结果反馈闭环的全链条管控模式精准实施，提升社区应急管理能力。

（二）数据服务开放化

数据作为一种新的生产要素，蕴含着巨大的应用价值，不仅需要持续的深度挖掘，更为重要的是要将经标准化治理达到质量标准后的数据作为本系统的高质量产品和成果名片，对外开放并提供数据服务，推动加快数据在可信范围内的开放化，最大程度地破除数据流转过程中存在的各种壁垒，推动实现数据的高速畅通流转，让数据尽可能地在更多的包括应急管理部门在内的领域发挥价值，真正实现向数据要生产力的目标，共同促进国家生产、治理体系现代化及应急管理体系和能力的变革。以浙江省应急管理部门为例，自全省部署数据开放工作后，台州市玉环市应急管理局高度重视，要求各分管领导、业务科室负责人转变观念，充分认识数据共享开放的意义，通过数据开放工作培训，促进跨科室、跨业务、跨平台合作，打破数据壁垒，遏制信息孤岛和重复建设，提升行政效率。

（三）建设使用一体化

应急管理工作事关人民群众生命财产安全，应急管理业务系统的建设部署需要紧密贴合实战需求，要始终如一的坚持正确方向，以需求为导向、以问题为导向、以目标为导向，为应急管理而建、为应急管理而用，真正做到始终坚持建设使用一体化，避免建设使用两张皮，才能真正有助于提高自然灾害防治、安全生产事故预防和应急管理指挥救援能力，经得起应急实战考验。2022年，河南省应急管理厅制定印发《河南省安全生产风险隐患双重预防体系专项执法指导手册》以有效解决全省安全生产风险隐患双重预防体系运行中存在"建用两张皮"等突出问题，确保执法检查的针对性、规范性、实效性，推动企业全面提高事故防控能力和水平。

（四）运营维护规范化

应急管理业务系统开发部署后进入时间跨度比较长的运营维护阶段，由于各地应急管理部门编制及工作人员相对有限，同时不仅懂业务、又懂信息化，而且懂运营维护工作的政府工作人员数量更少，使得当前国内应急管理业务系统运营维护项目市场化程度比较高，服务竞争比较激烈充分；同时由于政府部门自身工作业务程序的严肃性，促使应急管理业务系统运营维护工作不断向规范化方向发展。云南省保山市应急管理局印发《全面推进基层政务公开标准化规范化工作实施方案》强调加强政务公开平台建设，严格信息采集、审核、发布等程序，做到专人管理、运营和维护，保证相关应急管理业务系统平台健康运行、安全可控。

（五）安全保障自主化

当前国际形势严峻，局部热战不时发生与扩大，同时受3年新冠疫情影响，国内经济发展增速变缓，各类风险相互影响加剧，国内外形势不容乐观，国家安全特别是网络安全面临严峻挑战，境外敌对机构组织黑客团体攻击我国政府网站及相关服务器的事件此起彼伏，部分国家对其他国家实施的限制芯片卡脖子、无预警切断通信网络、跨国科技企业停止服务等不友好行为手段尽出。作为各级政府的重要组成部门，应急管理部门业务横跨各个产业，涉及国家人口、地理、气候、经济、社会等各领域重要数据和政府、组织、个人等关键信息，业务系统安全保障需求高，急需加快自主化进程，确保应急管理业务系统安全。

第三节　系统的实践与创新

一、系统实践

（一）监管执法能力提高实践

2020年6月，四川省率先被应急管理部选为"互联网＋执法"系统试用单位。2021年，四川省所有安全生产执法工作全部使用系统"互联网＋执法"，全省各级执法人员积极利用系统开展危险化学品、非煤矿山、烟花爆竹、工贸等行业领域执法检查。通过全面应用"互联网＋执法"系统，四川省应急管理执法数据统计、执法规范性和执法效能较往年有质的提升。2022年，四川省应急管理部门持续推进"互联网＋执法"系统实践应用，累计使用系统检查企业19686家次，共发现隐患49613项。

"互联网＋执法"系统的主要构架为"一云三端"。云是指统一部署在国家应急云，各级应急执法用户均可直接使用；三端分别是指网页端、移动端和客户端。网页端的定位是"管"，主要由各级应急管理部门管理员使用，主要功能有人员机构、企业台账、执法活动、执法行为等管理和统计查询，执法人员也可在网页端出具文书、开展执法。移动端的定位是"查"，主要由各级应急管理部门执法审批人员和执法人员使用，主要功能有采证据、智能查、图谱查、简易做等。客户端是一个辅助功能，定位是"做"，主要针对部分文书内容较多、格式调整耗费时间的问题，主要功能有做文书、做清单等。

（二）监测预警水平提升实践

山东省应急管理厅立足防患于未然，2022年建成省级综合监测预警系统，构建安全生产、自然灾害监测预警数据"一张图"，逐步建强专业研判团队，强化日常滚动会商，提升实时分析倾向性、苗头性、趋势性问题能力，及时预报安全生产和自然灾害演变趋势。在森林防火紧要期，利用卫星遥感等手段，每10 min一次扫描监测全省火情，实时追踪和研判形势，每天发出未来24 h、48 h、72 h森林火险等级预报。在防汛防风期，加强气象、水利、海事等部门联合会商，提高台风、暴雨、洪水、地质灾害等要素预报精准度，暴雨预报准确率超过90%，台风路径预报误差小于65 km，强对流天气预报提前量超过45 min。在精准预警方面，利用"应急山东""应急为民""应急之声""应急短信"等多种渠道，靶向发布灾害天气预警，确保把信息发送到每一条船上，提醒所有船只做好防范，提高短临预警、区域预警的时效性和精准性。

（三）辅助决策水平提升实践

黑龙江省加快"智慧应急"建设，应急管理综合应用平台包含50多个系统，涵盖应急管理五大业务域。其中大数据治理平台已汇聚安全生产、自然灾害等51亿条大数据，相关系统上线后，将强化数字化预案、安全生产智能监管、自然灾害模型研判等辅助决策能力，大大提升黑龙江省应急管理信息化水平。

应急辅助决策系统建设是黑龙江省应急管理厅智慧应急建设的重点之一，通过开发应急辅助决策系统建设，利用多维数据融合、数据关联分析等技术，基于法律法规、标准规范、事故案例、专业知识等历史资料，结合全维数据精准查询能力，指挥员可通过系统查看事故现场和周边的救援队伍、应急资源、避难场所、通讯资源等信息资源，为决策指挥提供了全方位的信息保障，有效克服了以往传统灾害事故救援时，主要根据指挥员或专家经验，依靠各种图、册、档案等纸质材料辅助决策的不足。同时应急辅助决策系统支持救援方案自动制定，系统通过对事故或灾害数据进行融合关联分析，能够生成最为合理的指挥部署方案，进而在指挥员确认的情况下实现救援力量一键调度。此外，应急辅助决策系统具备智能研判事件态势功能，系统内嵌林火蔓延分析模型、洪水径流分析模型和次生衍生事件链分析模型等，能够快速生成评估结果提供给指挥员或专家进行决策参考。

（四）救援实战能力提升实践

安徽省应急管理厅以指挥中心、应急指挥系统和智慧应急大脑为三大抓手，积极推进救援实战能力建设。安徽省省市县各级应急管理部门一是结合实际和现有资源，以"纵向贯通、横向互联、科学指挥、高效运转"为目标，建成省市县三级应急指挥中心，集值班值守、信息汇聚、监测预警、会商决策、指挥调度等功能于一体，逐步形成集中、统一、高效、覆盖省市县三级的应急指挥体系。二是开发建设全省应急指挥信息系统，汇聚融合应急管理各类业务数据信息，建立信息共享交换机制，实现灾害事故仿真推演、灾情研判、智能预案、会商研判和辅助决策智能化。三是打造智慧应急大脑，建立应急知识库，研发受灾区域人口分布、灾害事故后果分析、救援队伍路径导航规划、应急物资需求分析和运输路径规划等智能分析模型，逐步建立完备的分析模型体系，为全省智慧应用提供有力的智能引擎；同时推进跨部门、跨区域、跨层级数据互联互通、融合共享，加强应急基础信息统一管理和互联共享，提升数据管理能力和实时共享服务能力。

2020年应急管理部公布"智慧应急"试点建设名单，确定十个省市为建设试点，安徽省跻身其中。此前，安徽省在"智慧应急"试点创建答辩中获得86.9分，总分全国排名第一。

（五）强化社会动员能力实践

江西省应急管理厅以信息化推进应急管理现代化，以数字技术赋能为支撑，通过"党建+应急管理"强化党建对应急管理工作的引领，筑牢防灾减灾救灾人民防线，坚决守住不发生重特大事故底线。为打通应急管理"最后一公里"，江西省应急管理厅在"江西省基层党建信息化平台"基础上，建设了"党建+应急管理"子系统，建立健全"党建+应急管理"系统应用机制，基本构建省、市、县、乡、村五级应急管理联动体系，全省应急管理部门通过系统开展预报预警、转移避险、救灾救助、宣传教育等日常工作，基层应急管理能力得到提升，成功打造社会动员能力底座。

2021年6月至10月，江西省丰城市应急管理局根据不同的预报预警信息，通过"党建＋应急管理"系统靶向发送安全常识信息160条、灾害预警信息36条、转移避险预警信息7次。"党建＋应急管理"系统能够点对点视频连线全省约10万个党组织、220余万名党员，覆盖全省4500万余名群众，极大发挥了党组织的战斗堡垒作用和党员的先锋模范作用。

二、探索创新

（一）无人机强化应急通信保障

2021年7月，河南省突遭大规模极端强降雨，部分区域发生洪涝灾害，巩义市米河镇多个村庄通信中断。7月21日，应急管理部紧急调派翼龙无人机空中应急通信平台，跨区域长途飞行，历时4.5个小时抵达巩义市，18时21分进入米河镇通信中断区，利用翼龙无人机空中应急通信平台搭载的移动公网基站，通过卫星通信链路接入中国移动的网络，即在空中组建了一个临时的、移动的公开网络，克服地面断电、断路的困难，为受灾区域提供通讯信号，实现了约50 km² 范围长时稳定的连续移动信号覆盖，空中基站累计接通用户2572个，产生流量1089.89 M，单次最大接入用户648个，为灾区居民及时报告灾情、报送平安恢复了移动公网信号，打通了应急通信保障生命线。此外，翼龙无人机还装配应用了CCD航测相机、EO光电设备和SAR合成孔径雷达，助力完成对受灾区域的图像采集和数据监测，并将有关信息回传至指挥中心，解决了"三断"极端情况下"信息回传不了"的问题，实现了应急救援行动的高效、准确指挥。

（二）三维建模助力数字化战场

2022年5月，在"应急使命·2022"实战演习中，应急管理大数据中心无人机实时三维建模系统在矿井事故救援演习场，由数字化战场指挥一体机、长航时复合翼无人机等核心产品组成的无人机实时三维建模系统，以多机集群作业方式，对救援现场的露天矿坑进行了实时三维建模，并将三维建模成果回传至后方指挥中心"应急指挥一张图"展示，打造了救援现场的三维数字化底座，利用物联装备实时采集现场灾情和救援信息，叠加到三维数字模型中，实现了灾害现场实时三维态势感知，为现场救援指挥提供了全场景可视化的决策支持。

2022年11月，中电科芜湖钻石飞机制造有限公司携手应急管理部大数据中心研制的国内首款平战兼备"战鸿"载人固定翼空中应急指挥机，首次亮相中国航展。"战鸿"平时可开展日常巡查，灾害发生时能够第一时间到达现场、通过机上光电获得第一手灾情信息源，利用实时三维建模技术获取第一张三维灾区图。在通信信号未覆盖或通信设施遭到破坏的灾区，通过建立空中基站、中继平台，将灾区受灾信息实时传达至地面救援现场、前端指挥部、应急指挥中心以及其他空中救援力量，并对地面及空中救援力量进行综合指挥调度，提升各级应急部门辅助决策和救援实战能力。

（三）数字孪生助力城市安全管理

2022年以来，安徽省滁州市构建城市级立体三维模型赋能体系，直观再现城市格局图景，实现城市安全的精准定位、科学决策。已建成市域1.35万 km² 三维级地形，上线

12.5 m 分辨率的滁城孪生地貌，推进水利调度、农业农村宅基地等 6 个孪生场景应用，助力实现城市可视化治理和部门多维度合作。

在城市可视化治理方面，打造"孪生互动"城市，实时呈现城市安全状态，建成主城区 220 km² 城市生命线空间三维地理模型，全可视化监测燃气、排水等共 3780 km 地下主干管网。构建水利调度虚拟仿真，呈现防洪排涝、水环境调度等动态孪生推演，推进明湖数字流域 69 km² 和琅琊区智慧水利河湖三维实景建模。

在部门多维度合作方面，绘制全市统一"底图"，消除部门"数据壁垒"，归集融合公安 127.5 万标准地址、政法委 2.5D 网格、自规"三调"（政务版）成果等多源数据。建立标准统一、精细化的智能数据资产库，涵盖 1965.3 km 燃气管网、810 km 供水管网、1650.5 km 排水管网、18 座桥梁精细倾斜摄影模型数据。

（四）人工智能技术赋能应急管理

2020 年，浙江省金华市入梅早、出梅偏晚，梅雨期长，入梅以来至当年 9 月已发生七轮强降雨，比常年梅雨量偏多一倍以上。几轮降雨过程中，因部分大降水落区重叠，小流域山洪、城乡积涝、山体滑坡等次生灾害风险频发，给防汛工作带来较大压力和挑战。2019 年金华市应急管理局建设部署的"金华防汛大脑 2.0"智能化平台通过发挥监测预警预报、致灾风险评估、应急响应启动、抢险救灾调度等功能，助力应急管理部门实现了防汛全过程的精密智控，在超长梅雨季的七轮强降雨防御过程中发挥出了关键性的辅助决策作用，确保了人员因灾零伤亡。

"金华防汛大脑 2.0"智能化平台借助内部 AI 算法模型，实现智能收集信息、智能研判分析、智能启动响应功能。在智能收集信息方面，平台累计集成防汛数据 3 亿多条，实现对全市降雨、江河水位、水库水情、供电、学校、医院等基础设施的全领域全天候全流程精准监测；在智能研判分析方面，按未来降雨、干流洪水、城区内涝、山洪灾害、地质灾害、台风风险六大场景，平台会绘制灾害综合风险态势分布图供指挥部研判，并生成推送防御风险提示单，通知相关区域明确防御重点及措施；在智能启动响应方面，平台自行智能分析比对监测数据和未来趋势，一旦达到响应启动条件，立即向指挥部发出相应应急响应级别的启动提示。指令启动后，系统还会根据防指成员单位的不同职能个性化生成工作职责提示函，一键发送给指定部门或责任人，提醒其履行相关应急职责。

（五）ChatGPT/AIGC 提升辅助决策效率

作为人工智能生成内容类的人工智能技术，ChatGPT 能协助完成应急桌面演练、应急处置预案构建等应急管理任务。虽然当前有许多厂家都已经开发较为成熟的应急桌面演练系统，但仍有许多局限，如不能根据上次演练情况构建新的演练方案；而 ChatGPT 可以基于自然语言处理，可以结合上次演练结果，同时根据参演人员提供相关基础材料后提出新的应急桌面演练系统方案。

在应急预案编制方面，ChatGPT 还能帮助完善健全应急预案编制。应急预案是应急处置决策过程的关键依据，能够有效支撑应急管理"防""救"工作开展。但相对的，应急预案的编制需要考虑监测、预警、专家、队伍、物资、预案协同等方方面面的情况，应急预案的编制都是一项繁重的作业，需要花费大量的时间与精力，造成当前存在应急预案编制和更新不能满足应急实战的需要，不能有效支撑应急救援工作开展的问题。ChatGPT 通过自然语言处理技术，能够结合前期应急预案情况，研究任务分解、行动规划等业务流程的语义分析与推理，实现应急预案的快速构建，从而缩短从任务提出到新应急预案生成的时间，提升辅助决策效率，助力应急救援指挥工作。

附　　录

附录一　国 家 级 文 件

（一）法律法规

（1）《中华人民共和国宪法》

（2）《中华人民共和国刑法》

（3）《中华人民共和国消防法》

（4）《中华人民共和国安全生产法》

（5）《中华人民共和国行政处罚法》

（6）《中华人民共和国森林法》

（7）《中华人民共和国道路交通安全法》

（8）《中华人民共和国劳动法》

（9）《中华人民共和国行政许可法》

（10）《中华人民共和国矿山安全法》

（11）《中华人民共和国防洪法》

（12）《中华人民共和国防震减灾法》

（13）《中华人民共和国工会法》

（14）《中华人民共和国行政复议法》

（15）《中华人民共和国突发事件应对法》

（16）《中华人民共和国行政监察法》

（17）《中华人民共和国煤炭法》

（18）《生产安全事故应急条例》

（19）《危险化学品安全管理条例》

（20）《易制毒化学品管理条例》

（21）《地质灾害防治条例》

（22）《自然灾害救助条例》

（23）《地震安全性评价管理条例》

（24）《地震预报管理条例》

（25）《破坏性地震应急条例》

（26）《地震监测管理条例》

（27）《汶川地震灾后恢复重建条例》

（28）《中华人民共和国抗旱条例》

（29）《中华人民共和国防汛条例》

（30）《中华人民共和国消防救援衔条例》

（31）《森林防火条例》

（32）《草原防火条例》

（33）《安全生产许可证条例》

（34）《铁路安全管理条例》

（35）《电力安全事故应急处置和调查处理条例》

（36）《城镇燃气管理条例》

（37）《铁路交通事故应急救援和调查处理条例》

（38）《中华人民共和国行政复议法实施条例》

（39）《生产安全事故报告和调查处理条例》

（40）《铁路运输安全保护条例》

（41）《建设工程安全生产管理条例》

（42）《烟花爆竹安全管理条例》

（43）《中华人民共和国工业产品生产许可证管理条例》

（44）《中华人民共和国道路运输条例》

（45）《劳动保障监察条例》

（46）《使用有毒物品作业场所劳动保护条例》

（47）《中华人民共和国矿山安全法实施条例》

（48）《尘肺病防治条例》

（49）《煤矿安全监察条例》

（50）《中华人民共和国电信条例》

（51）《中华人民共和国无线电管理条例》

（52）《国务院关于特大安全事故行政责任追究的规定》

（二）部门规章

（1）《应急管理行政执法人员依法履职管理规定》

（2）《煤矿安全规程》

（3）《社会消防技术服务管理规定》

（4）《工贸企业粉尘防爆安全规定》

（5）《高层民用建筑消防安全管理规定》

（6）《煤矿重大事故隐患判定标准》

（7）《安全评价检测检验机构管理办法》

（8）《烟花爆竹生产经营安全规定》

（9）《煤矿安全培训规定》

（10）《冶金企业和有色金属企业安全生产规定》

（11）《生产安全事故应急预案管理办法》

（12）《煤矿企业安全生产许可证实施办法》

（13）《金属非金属矿山建设项目安全设施目录（试行）》

（14）《食品生产企业安全生产监督管理暂行规定》

（15）《烟花爆竹经营许可实施办法》

（16）《非煤矿山外包工程安全管理暂行办法》

（17）《化学品物理危险性鉴定与分类管理办法》

（18）《工贸企业有限空间作业安全管理与监督暂行规定》

（19）《危险化学品安全使用许可证实施办法》

（20）《安全生产监管监察部门信息公开办法》

（21）《危险化学品经营许可证管理办法》

（22）《烟花爆竹生产企业安全生产许可证实施办法》

（23）《危险化学品登记管理办法》

（24）《煤层气地面开采安全规程（试行）》

（25）《危险化学品建设项目安全监督管理办法》

（26）《安全生产培训管理办法》

（27）《危险化学品输送管道安全管理规定》

（28）《危险化学品生产企业安全生产许可证实施办法》

（29）《危险化学品重大危险源监督管理暂行规定》

（30）《小型露天采石场安全管理与监督检查规定》

（31）《尾矿库安全监督管理规定》

（32）《建设项目安全设施"三同时"监督管理办法》

（33）《金属与非金属矿产资源地质勘探安全生产监督管理暂行规定》

（34）《金属非金属地下矿山企业领导带班下井及监督检查暂行规定》

（35）《煤矿领导带班下井及安全监督检查规定》

（36）《安全生产行政处罚自由裁量适用规则（试行）》

（37）《特种作业人员安全技术培训考核管理规定》

（38）《海洋石油安全管理细则》

（39）《安全生产监管监察职责和行政执法责任追究的规定》

（40）《生产安全事故信息报告和处置办法》

（41）《非煤矿矿山企业安全生产许可证实施办法》

（42）《安全生产事故隐患排查治理暂行规定》

（43）《安全生产违法行为行政处罚办法》

（44）《安全生产行政复议规定》

（45）《生产安全事故罚款处罚规定（试行）》

（46）《注册安全工程师管理规定》

（47）《煤矿安全监察罚款管理办法》

（48）《煤矿建设项目安全设施监察规定》

（49）《非药品类易制毒化学品生产、经营许可办法》

（50）《海洋石油安全生产规定》

（51）《生产经营单位安全培训规定》

（52）《煤矿安全监察员管理办法》

（53）《安全生产领域违法违纪行为政纪处分暂行规定》

（54）《安全生产监督罚款管理暂行办法》

（55）《煤矿安全监察行政处罚办法》

（56）《注册消防工程师管理规定》

（57）《消防产品监督管理规定》

（58）《火灾事故调查规定》

（59）《消防监督检查规定》

（60）《社会消防安全教育培训规定》

（61）《机关、团体、企业、事业单位消防安全管理规定》

（62）《公共娱乐场所消防安全管理规定》

（63）《仓库防火安全管理规则》

（三）规划计划

（1）应急管理部　国家发展改革委　财政部　国家粮食和储备局关于印发《"十四五"应急物资保障规划》的通知

（2）国务院关于印发"十四五"国家应急体系规划的通知

（3）国务院安委会办公室关于印发《"十四五"全国道路交通安全规划》的通知

（4）国家减灾委员会关于印发《"十四五"国家综合防灾减灾规划》的通知

（5）应急管理部关于印发《"十四五"应急救援力量建设规划》的通知

（6）应急管理部　中国地震局关于印发"十四五"国家防震减灾规划的通知

（7）应急管理部关于印发《"十四五"应急管理标准化发展计划》的通知

（8）国务院安全生产委员会关于印发《"十四五"国家消防工作规划》的通知

（9）国务院安全生产委员会关于印发《"十四五"国家安全生产规划》的通知

（10）应急管理部关于印发《"十四五"危险化学品安全生产规划方案》的通知

（11）应急管理部关于印发《全国应急管理系统法治宣传教育第八个五年规划（2021—2025年）》的通知

（12）国务院安全生产委员会关于印发《全国危险化学品安全风险集中治理方案》的通知

（13）应急管理部办公厅关于印发《"工业互联网＋危化安全生产"试点建设方案》的通知

（14）工业和信息化部　应急管理部关于印发《"工业互联网＋安全生产"行动计划（2021—2023年）》的通知

（15）国务院安委会办公室关于印发《国家安全发展示范城市建设指导手册》的通知

（四）重要通知

（1）《关于进一步加强隧道工程安全管理的指导意见》

（2）《国务院安委会办公室关于进一步加强国家安全生产应急救援队伍建设的指导意见》

（3）《应急管理部　中央文明办　民政部　共青团中央关于进一步推进社会应急力量健康发展的意见》

（4）《人力资源社会保障部　国家发展改革委　交通运输部　应急部　市场监管总局　国家医保局　最高人民法院　全国总工会关于维护新就业形态劳动者劳动保障权益的指导意见》

（5）《关于进一步加强体育赛事活动安全监管服务的意见》

（6）《应急管理部关于推进应急管理信息化建设的意见》

（7）《应急管理部关于加强安全生产执法工作的意见》

（8）《应急管理部　民政部　财政部关于加强全国灾害信息员队伍建设的指导意见》

（9）《住房和城乡建设部　公安部　交通运输部　商务部　应急部　市场监管总局关于加强瓶装液化石油气安全管理的指导意见》

（10）《住房和城乡建设部　应急管理部关于加强建筑施工安全事故责任企业人员处罚的意见》

（11）《应急管理部　人力资源和社会保障部　教育部　财政部　国家煤矿安全监察局关于高危行业领域安全技能提升行动计划的实施意见》

（12）《国务院安全生产委员会关于危险化学品重点县聘任化工专家工作的指导意见》

（13）《国务院安全生产委员会关于加强公交车行驶安全和桥梁防护工作的意见》

（14）《工业和信息化部　应急管理部　财政部　科技部关于加快安全产业发展的指导意见》

（五）国家预案

（1）《国家突发公共事件总体应急预案》

（2）《国家森林草原火灾应急预案》

（3）《国家自然灾害救助应急预案》

（4）《国家防汛抗旱应急预案》

（5）《国家地震应急预案》

（6）《国家突发地质灾害应急预案》

（7）《国家安全生产事故灾难应急预案》

（8）《国家处置铁路行车事故应急预案》

（9）《国家处置民用航空器飞行事故应急预案》

（10）《国家海上搜救应急预案》

（11）《国家城市轨道交通运营突发事件应急预案》

（12）《国家大面积停电事件应急预案》

（13）《国家核应急预案》

（14）《国家突发环境事件应急预案》

（15）《国家通信保障应急预案》

（16）《国家突发公共卫生事件应急预案》

（17）《国家突发公共事件医疗卫生救援应急预案》

（18）《国家突发重大动物疫情应急预案》

（19）《国家食品安全事故应急预案》

（20）《国家粮食应急预案》

附录二　应急管理业务系统的相关标准和规范

（一）信息系统标准

（1）GB 17859—1999　　计算机信息系统安全保护等级划分准则

（2）GB 17859—1999　　计算机信息系统安全保护级划分准则

（3）GB 18218—2009　　危险化学品重大危险源辨识

（4）GB 2312—1980　　信息交换用汉字编码字符集

（5）GB 50174—2017　　数据中心设计规范

（6）GB 50343—2012　　建筑物电子信息系统防雷技术规范

（7）GB 50348—2018　　安全防范工程技术标准

（8）GB 9254—2008　　信息技术设备的无线电骚扰限值和测量方法

（9）GB/T 32419.6—2017　　信息技术 SOA 技术实现规范　第 6 部分：身份管理服务

（10）GB/T 13923—2006　　基础地理信息要素分类与代码

（11）GB/T 13923—2016　　基础地理信息要素分类与代码

（12）GB/T 14394—2008　　计算机软件可靠性和可维护性管理

（13）GB/T 18018—2007　　信息安全技术路由器安全技术要求

（14）GB/T 20158—2006　　信息技术软件生存周期过程配置管理

（15）GB/T 20273—2006　　信息安全技术数据库管理系统安全技术要求

（16）GB/T 20279—2015　　信息安全技术网络和终端隔离产品安全技术要求

（17）GB/T 20281—2015　　信息安全技术防火墙安全技术要求和测试评价方法

（18）GB/T 20945—2013　　信息安全技术信息系统安全审计产品技术要求和测试评价方法

（19）GB/T 20988—2007　　信息安全技术信息系统灾难恢复规范

（20）GB/T 21050—2007　　信息安全技术网络交换机安全技术要求（评估保证级 3）

（21）GB/T 22239—2008　　信息安全技术信息系统安全等级保护基本要求

（22）GB/T 22240—2008　　信息安全技术信息系统安全等级保护定级指南

（23）GB/T 2260—2007　　中华人民共和国行政区划代码

（24）GB/T 25062—2010　　信息安全技术鉴别与授权基于角色的访问控制模型与管理规范

（25）GB/T 25063　　信息技术服务器安全测评国家标准

（26）GB/T 25069—2010　　信息安全技术 术语

（27）GB/T 25070—2010　　信息安全技术信息系统等级保护安全设计技术要求

（28）GB/T 2887—2011　　计算机场地通用规范

（29）GB/T 29240—2012　　信息安全技术终端计算机通用安全技术要求与测试评价方法

（30）GB/T 30278—2013　　信息安全技术政务计算机终端核心配置规范

（31）GB/T 30319—2013　　基础地理信息数据库基本规定

（32）GB/T 30320—2013　　地理空间数据库访问接口

（33）GB/T 31167—2014　　信息安全技术云计算服务安全指南

（34）GB/T 31168—2014　　信息安全技术云计算服务安全能力要求

（35）GB/T 31504—2015　　信息安全技术鉴别与授权数字身份信息服务框架规范

（36）GB/T 32399—2015　　信息技术 云计算 参考架构

（37）GB/T 32400—2015　　信息技术 云计算 概览与词汇

（38）GB/T 32421—2015　　软件工程软件评审与审核

（39）GB/T 34080.1—2017　　基于云计算的电子政务公共平台安全规范 第1部分：总体要求

（40）GB/T 34080.2—2017　　基于云计算的电子政务公共平台安全规范 第2部分：信息资源安全

（41）GB/T 34942—2017　　信息安全技术云计算服务安全能力评估方法

（42）GB/T 35274—2017　　信息安全技术大数据服务安全能力要求

（43）GB/T 35279—2017　　信息安全技术云计算安全参考架构

（44）GB/T 35282—2017　　信息安全技术电子政务移动办公系统安全技术规范

（45）GB/T 35283—2017　　信息安全技术计算机终端核心配置基线结构规范

（46）GB/T 35301—2017　　信息技术云计算平台即服务（PaaS）参考架构

（47）GB/T 35649—2017　　突发事件应急标绘符号规范

（48）GB/T 36325—2018　　信息技术云计算云服务级别协议基本要求

（49）GB/T 36327—2018　　信息技术云计算平台即服务（PaaS）应用程序管理要求

（50）GB/T 36623—2018　　信息技术云计算文件服务应用接口

（51）GB/T 9361—2011　　计算机场地安全要求

（52）GB/T 9385—2008　　计算机软件需求规格说明规范

（53）GB/T 20277—2015　　信息安全技术网络和终端隔离产品测试评价方法

（54）GB/T 25058—2010　　信息安全技术信息系统安全等级保护实施指南

（55）GB/T 35651—2017　　突发事件应急标绘图层规范

（56）GB/Z 20986—2007　　信息安全技术信息安全事件分类分级指南

（57）GB/Z 24294.2—2017　　信息安全技术基于互联网电子政务信息安全实施指南 第2部分：接入控制与安全交换

（58）GB 50395—2007　　视频安防监控系统工程设计规范

（59）GA 308—2001　　安全防范系统验收规则

（60）GA/T 1143—2014　信息安全技术数据销毁软件产品安全技术要求

（61）GA/T 1293—2016　应用软件接口标准编写技术要素

（62）GA/T 1345—2017　信息安全技术云计算网络入侵防御系统安全技术要求

（63）GA/T 1346—2017　信息安全技术云操作系统安全技术要求

（64）GM/T 0010—2012　SM2 密码算法加密签名消息语法规范

（65）GM/T 0015—2012　基于 SM2 密码算法的数字证书格式规范

（66）GM/T 0018—2012　密码设备应用接口规范

（67）GM/T 0019—2012　通用密码服务接口规范

（68）GM/T 0009—2012　SM2 密码算法使用规范

（69）GM/T 0020—2012　证书应用综合服务接口规范

（70）GM/T 0029—2014　签名验签服务器技术规范

（71）GM/T 0029—2014　签名验签服务器技术规范

（72）GW 0013—2017　政务云安全要求

（73）GW 0014—2017　国家电子政务工程项目应用软件第三方测试规范

（74）C 0110—2018　国家政务服务平台统一身份认证系统接入要求

（75）C 0111—2018　国家政务服务平台统一身份认证系统身份认证技术要求

（76）C 0114—2018　国家政务服务平台可信身份等级定级要求

（77）C 0116—2018　国家政务服务平台网络安全保障要求

（78）C 0119—2018　国家政务服务平台统一电子印章签章技术要求

（79）C 0124—2018　国家政务服务平台电子证照跨区域共享服务接入要求

（80）IETF RFC3261　会话初始化协议（SIP）

（81）IETF RFC3550　实时应用传输协议（RTP）

（二）新应急业务标准

（1）GB/T 42300—2022　精细化工反应安全风险评估规范

（2）AQ 1029—2019　煤矿安全监控系统及检测仪器使用管理规范

（3）AQ 1119—2023　煤矿井下人员定位系统通用技术条件

（4）AQ 2068—2019　金属非金属矿山提升系统日常检查和定期检测检验管理规范

（5）AQ 2069—2019　矿用电梯安全技术要求

（6）AQ 2070—2019　金属非金属地下矿山无轨运人车辆安全技术要求

（7）AQ 2078—2020　老龄化海上固定式生产设施主结构安全评估导则

（8）AQ 2079—2020　海洋石油生产设施发证检验工作通则

（9）AQ 3010—2022　加油站作业安全规范

（10）AQ 4128—2019　烟花爆竹零售店（点）安全技术规范

（11）AQ 4129—2019　烟花爆竹化工原材料使用安全规范

（12）AQ 4131—2023　烟花爆竹重大危险源辨识

（13）AQ 6201—2019　煤矿安全监控系统通用技术要求

（14）AQ 9010—2019　安全生产责任保险事故预防技术服务规范

（15）AQ/T 1009—2021　矿山救护队标准化考核规范

（16）AQ/T 1118—2021　矿山救援培训大纲及考核规范

（17）AQ/T 1120—2023　煤层气地面开采建设项目安全验收评价实施细则

（18）AQ/T 1121—2023　煤矿安全现状评价实施细则

（19）AQ/T 1122—2023　煤层气地面开采企业安全现状评价实施细则

（20）AQ/T 1123—2023　矿山救援队风险预控管理体系要求

（21）AQ/T 2033—2023　金属非金属地下矿山紧急避险系统建设规范

（22）AQ/T 2034—2023　金属非金属地下矿山压风自救系统建设规范

（23）AQ/T 2035—2023　金属非金属地下矿山供水施救系统建设规范

（24）AQ/T 2076—2020　页岩气钻井井控安全技术规范

（25）AQ/T 2077—2020　页岩气井独立式带压作业机起下管柱作业安全技术规范

（26）AQ/T 2080—2023　金属非金属地下矿山在用人员定位系统安全检测检验规范

（27）AQ/T 2081—2023　金属非金属矿山在用带式输送机安全检测检验规范

（28）AQ/T 3001—2021　加油（气）站油（气）储存罐体阻隔防爆技术要求

（29）AQ/T 3002—2021　阻隔防爆橇装式加油（气）装置技术要求

（30）AQ/T 3033—2022　化工建设项目安全设计管理导则

（31）AQ/T 3034—2022　化工过程安全管理导则

（32）AQ/T 4105—2023　烟花爆竹　烟火药 TNT 当量测定方法

（33）AQ/T 8012—2022　安全生产检测检验机构诚信建设规范

（34）AQ/T 1087—2020　煤矿堵水用高分子材料

（35）AQ/T 1089—2020　煤矿加固煤岩体用高分子材料

（36）AQ/T 2071—2019　地质勘查安全防护与应急救生用品（用具）技术规范

（37）AQ/T 2072—2019　金属非金属矿山在用电力绝缘安全工器具电气试验规范

（38）AQ/T 2073—2019　金属非金属矿山在用高压开关设备电气安全检测检验规范

（39）AQ/T 2074—2019　金属非金属矿山在用设备设施安全检测检验报告通用要求

（40）AQ/T 2075—2019　金属非金属矿山在用设备设施安全检测检验目录

（41）AQ/T 2077—2020　页岩气井独立式带压作业机起下管柱作业安全技术规范

（42）AQ/T 3055—2019　陆上油气管道建设项目安全设施设计导则

（43）AQ/T 3056—2019　陆上油气管道建设项目安全验收评价导则

（44）AQ/T 3057—2019　陆上油气管道建设项目安全评价导则

（45）AQ/T 4130—2019　烟花爆竹生产过程名词术语

（46）AQ/T 9007—2019　生产安全事故应急演练基本规范

（47）AQ/T 9011—2019　生产经营单位生产安全事故应急预案评估指南

（48）C0210—2021　全国一体化政务服务平台 电子证照 特种作业操作证

（49）DB44/T 2390—2022　粉尘涉爆企业安全风险防控技术规范

（50）MT 1080—2008　煤炭产量远程监测系统使用与管理规范

（51）MT 1082—2008　煤炭产量远程监测系统通用技术要求

（52）MT 1162.1—2011　矿灯　第 1 部分：通用要求

（53）T/GDPAWS 16—2022　博物馆安全生产标准化规范

（54）XF/T 3014.1—2022　　消防数据元　第1部分：基础业务信息

（55）XF/T 3015.1—2022　　消防数据元限定词　第1部分：基础业务信息

（56）XF/T 3016.1—2022　　消防信息代码　第1部分：基础业务信息

（57）XF/T 3017.1—2022　　消防业务信息数据项　第1部分：灭火救援指挥基本信息

（58）XF/T 3017.2—2022　　消防业务信息数据项　第2部分：消防产品质量监督管理基本信息

（59）XF/T 3017.3—2022　　消防业务信息数据项　第3部分：消防装备基本信息

（60）XF/T 3017.4—2022　　消防业务信息数据项　第4部分：消防信息通信管理基本信息

（61）XF/T 3017.5—2022　　消防业务信息数据项　第5部分：消防安全重点单位与建筑物基本信息

（62）XF/T 3018—2022　　消防业务信息系统运行维护规范

（63）YJ/T 1.1—2022　　社会应急力量建设基础规范　第1部分：总体要求

（64）YJ/T 1.2—2022　　社会应急力量建设基础规范　第2部分：建筑物倒塌搜救

（65）YJ/T 1.3—2022　　社会应急力量建设基础规范　第3部分：山地搜救

（66）YJ/T 1.4—2022　　社会应急力量建设基础规范　第4部分：水上搜救

（67）YJ/T 1.5—2022　　社会应急力量建设基础规范　第5部分：潜水救援

（68）YJ/T 1.6—2022　　社会应急力量建设基础规范　第6部分：应急医疗救护

参 考 文 献

［1］沈灿煌等．应急管理信息化应用［M］．厦门：厦门大学出版社，2022．

［2］周文明．突发公共事件应急指挥管理系统的设计与实现［D］．哈尔滨：哈尔滨工业大学，2015．

［3］袁毅．基于融合通信的应急指挥系统设计与实现［J］．电子技术．2022，51（6）：55－57．

［4］姚国章．应急管理信息化建设［M］．北京：北京大学出版社，2009．

［5］应急管理部．应急管理信息化发展战略规划框架（2018—2022年）［EB/OL］．2018．

［6］国家标准化管理委员会．应急物资分类及编码GB/T 38565—2020［S］．北京：中国标准出版社，2020．

［7］闪淳昌，薛澜．应急管理概论：理论与实践（第2版）［M］．北京．高等教育出版社，2020．

［8］广东省应急管理厅．广东省应急指挥中心项目信息化工程设计服务项目 http：//gpcgd. gd. gov. cn/ bsfw/cgxx/cgxxgg/content/post_ 3974590. html 广东省政府采购中心，2022．

［9］宋元涛，等．以信息化加速推进应急管理现代化［J］．中国应急管理，2021（6）：14－25．

［10］郭丰毅，等．我国应急管理信息化面临的问题与对策［J］．科学发展，2022（12）：105－112．

［11］刘莹．应急管理信息系统的设计与实现［D］．北京：北京工业大学，2018．

［12］张燕芳，黄晓，赵梦雨，等．应急管理体系完善思考及信息化应对建议［J］．中国电子科学研究院学报，2021，16（6）：617－620．

图书在版编目（CIP）数据

应急管理业务系统设计与应用总论/广东省电信规划设计
院智慧应急行业能力中心编著 . – – 北京：应急管理出版社，
2023

ISBN 978 – 7 – 5020 – 9990 – 9

Ⅰ . ①应⋯　Ⅱ . ①广⋯　Ⅲ . ①应急系统—研究　Ⅳ . ①X92

中国国家版本馆 CIP 数据核字（2023）第 106822 号

应急管理业务系统设计与应用总论

编　　著	广东省电信规划设计院智慧应急行业能力中心
责任编辑	籍　磊
责任校对	李新荣
封面设计	之　舟

出版发行　应急管理出版社（北京市朝阳区芍药居 35 号　100029）
电　　话　010 – 84657898（总编室）　010 – 84657880（读者服务部）
网　　址　www. cciph. com. cn
印　　刷　北京地大彩印有限公司
经　　销　全国新华书店

开　　本　787mm×1092mm$^1/_{16}$　印张　22$^1/_4$　字数　516 千字
版　　次　2023 年 7 月第 1 版　2023 年 7 月第 1 次印刷
社内编号　20230520　　　　　　定价　98. 00 元